高等院校公共基础课系列教材

低起点晋级式线性代数基础

解顺强　著

電子工業出版社
Publishing House of Electronics Industry
北京•BEIJING

内容简介

本书是作者几十年从事一线数学本专科教学经验的总结和升华，是对目前线性代数教学中的难点问题展开有针对性的深入研究后的创新性成果. 本书具有低起点晋级式的鲜明特色，同时有多处较大的创新，概况如下：①起点低，中学数学没有学好的学生也能通过本书的学习，循序渐进地掌握线性代数的基本内容. ②循序渐进，层层递进，全书根据学生的数学基础情况分为基础篇、中级篇和高级篇三个层次. ③本书给出了线性方程组的向量组表示并通过线性方程组的同解来定义向量组之间的等价，利用冗余线性方程组经过同解处理后出现可缩减的方程这一结果给出了向量组线性无关、线性相关以及极大无关组的新定义，对于这些定义都证明了与普通采用的定义之间的等价性. ④本书将二次型、正交变换、特征值特征向量等难理解的概念，通过二次方程所表示图形的形状识别联系起来，给出了这些抽象概念的几何解释. ⑤针对线性代数内容相对零散的情况，以方程未知数的次数和未知数个数为编写顺序，一方面将线性代数的基本理论与求解线性方程组联系起来；另一方面将二次型化标准形、正交变换、特征值和特征向量等内容与二次方程图形形状的识别联系起来，使得线性代数的整体结构更加脉络清晰. ⑥在数学定义的编写上，用问题的解决来引出概念. 在讲解抽象的结论时，先通过特殊情况，做到用小问题讲解大道理.

本书可作为高职院校各类专业线性代数相关课程的通用教材，也可用作专科学校、成人高校的教材或参考书，还可以作为本科院校线性代数的教材. 此外，本书适用于想学习线性代数而苦于数学基础差的广大社会读者，对从事线性代数教学的数学教师也有一定的参考价值.

图书在版编目（CIP）数据

低起点晋级式线性代数基础 / 解顺强著. —北京：电子工业出版社，2024.3

ISBN 978-7-121-47672-3

Ⅰ. ①低… Ⅱ. ①解… Ⅲ. ①线性代数—高等职业教育—教材 Ⅳ. ①O151.2

中国国家版本馆 CIP 数据核字（2024）第 074748 号

责任编辑：魏建波
印　　刷：天津嘉恒印务有限公司
装　　订：天津嘉恒印务有限公司
出版发行：电子工业出版社
　　　　　北京市海淀区万寿路 173 信箱　　　邮编：100036
开　　本：787 × 1092　1/16　印张：15.5　字数：417 千字
版　　次：2024 年 3 月第 1 版
印　　次：2024 年 3 月第 1 次印刷
定　　价：49.00 元

凡所购买电子工业出版社图书有缺损问题，请向购买书店调换。若书店售缺，请与本社发行部联系，联系及邮购电话：（010）88254888，88258888。

质量投诉请发邮件至 zlts@phei.com.cn，盗版侵权举报请发邮件至 dbqq@phei.com.cn。

本书咨询联系方式：（010）88254609，hzh@phei.com.cn。

前　言

线性代数是大学工科和经管类专业三门重要的数学课程（高等数学、线性代数、概率论与数理统计）之一，它为学生学习后续课程和进一步深造提供必不可少的数学基础知识和简洁的表示方法. 自其诞生以来的一百多年时间里，世界范围内的诸多大学都在开设这门课程. 1995 年我国正式将线性代数列为本科必修的三门基础数学课程之一.

在大学教育还是精英教育的时代，学习线性代数的学生的初等数学基础一般很好，即使这样学起来也有的学生感到非常吃力. 这是因为线性代数课程有其独有的特点：抽象难懂（被戏称月球上的语言）、难以找到直观的解释、应用背景少、内容之间逻辑联系相对不紧密，与高等数学的内容联系不密切等. 随着我国大学扩招和高等教育的普及，越来越多的人可以升入高等院校，面临着学习线性代数的任务，而部分学生连初等数学还没有学好，要学习线性代数则更加困难. 同时，我国高等院校多数专业采取按总分录取，造成同一课堂学习线性代数时学生的数学基础差异很大，这种现象在高等专科学校和高等职业院校尤为突出.

遗憾的是，国内众多线性代数教材没有充分考虑到以上实际情况，大都想尽快让学生了解最精确的抽象概念，往往是直接给出定义、定理，导致学生不能很好地认识或理解定义、定理产生的必然性，没有从具体的实际问题中引出所要阐述的概念或定义，使学生产生学而无用的错觉. 另外，它与高等数学缺乏联系，不能很好地将数与形联系在一起，这种违背人类认识规律、"欲速则不达"的教学，造成很多学生对线性代数学习感到恐惧进而厌倦.为此，作者在长期的教学中不断摸索高等院校本、专科线性代数的教学规律，用科学研究的精神和方法，以问题为导向，通过深入研究形成了低起点晋级式模块化的编写模式，为中学数学没有学好而又需要学习线性代数的学生铺设了一条简单易学的通道.

具体对策是：

1. 针对学生数学基础薄弱的实际情况，照顾到所有学生在数学学习上的差异，从"零点"起步，逐步展开. 首先，将线性代数所需的中小学的数学内容进行归纳总结，让部分中学甚至连小学数学都没有学好的同学也能够轻松地学习线性代数. 其次，在讲解各部分内容时，按照学生中学没有学过相关内容对待，采用通俗的讲法娓娓道来，让学生尽快理解其含义.

2. 针对学生之间差异大的实际情况，因材施教，将难点分散，先易后难. 教材分为基础篇、中级篇、高级篇 3 个层次，对每个层次确定一个相对完整的模块来进行实施. 基础篇是对全体学生提出的最基本要求.中级篇是对中等程度的学生提出的要求，使这部分学生能够将线性代数的主要思想和方法融会贯通.高级篇主要为数学学习兴趣高和想继续提高的学生设置，使他们在数学方面有更大的提升.

3. 针对线性代数比较抽象、缺少直观解释和实际应用的情况，采取了如下措施：

（1）贯彻由具体到抽象的原则，用简单的事物来揭示抽象的原理，为此以方程未知数的次数和方程的个数为编写顺序，先按方程中未知数的次数为一次且线性方程组未知数个数为两个，以求解二元线性方程组为主线分别给出只有两行的矩阵的相关内容、二阶行列式、三维向量组的线性表示等，并把这些内容归为基础篇.再以三元线性方程组为载体给出相关的矩阵、行列式、向量组表示等，并把这些内容归为中级篇.接下来讨论方程中未知数的次数为二次的相关方程问题，并先讨论二元二次方程等相关的问题，再讨论三元二次方程等相关的问题.

（2）本书给出了线性方程组的向量组表示，并通过线性方程组的同解来定义向量组之间的等价，证明了此定义与普遍采用的向量组相互线性表示的定义之间的等价性；利用冗余线性方程组经过同解处理后出现可缩减的方程这一结果，通过定义向量组的初等运算，给出了向量组线性无关、线性相关以及极大无关组的新定义，得到了极大线性无关组的简明求法，证明了这些定义与普遍采用的定义之间的等价性.

（3）将线性代数问题与解析几何联系起来，并将二次型、特征值特征向量等难理解的概念通过二次方程的图形形状的识别联系起来，给出了这些抽象概念的几何解释，具体做法体现在下面几个方面：

- 给出了二元、三元线性方程组有无穷多解时解空间的几何意义.
- 利用解析几何的两类基本问题的解决，将二次型与二次方程的图形识别联系起来，通过分析二次交叉项对图形形状影响的重要性，说明了消除交叉项的重要性，进而将其转化为二次型化为标准形问题.
- 通过指出配方法化二次型为标准形所做线性变换的几何意义，进而引出具有几何意义的正交变换定义，并证明了此定义与普遍采用的定义的等价性，并由此引出特征值和特征向量的内容.
- 将动坐标系和定坐标系的概念引入到线性代数中，给出了坐标变换或线性变换的几何直观解释以及新的坐标系的位置和形状的求法，将二次方程图形形状的识别问题转化为寻找合适的动坐标系使得二次方程在该动坐标系下是一个标准形式的问题.

（4）在具体内容的编写上，用问题的解决引出概念和定义，很好地解决了为什么要定义抽象数学概念的问题；在讲解抽象的结论时先通过简单的例子引入，做到用小问题讲解大道理，再逐渐概括为一般的结论.

4. 针对线性代数内容相对零散的情况，采取了如下措施：

（1）将向量的线性相关等内容与方程组的求解联系起来，打通了向量组的相关概念与求解线性方程组之间的联系，增补了以求解线性方程组为主线将线性代数的基本理论（矩阵、行列式、向量组的线性相关性）串联起来的链条，便于学生形成一个系统连贯的思路，使得线性代数理论浑然一体，避免学生认为线性代数内容零散的缺陷.

（2）用二次方程图形形状的识别将二次型化标准形、正交变换、特征值和特征向量等内容联系起来，使得线性代数的整体结构更加清晰、逻辑性强，便于学生系统学习掌握.

本书虽然没有讲更高阶的矩阵、行列式、更高维的向量组、更多未知数的二次型等问题，但有了本书介绍的相关内容作为基础，经老师稍加点拨，学生很容易推广到一般情况.

本书的前身是使用多年的讲义，经历了多轮教学实践的完善和验证.由于本书的编写追求新的编写思路，加上作者水平所限和时间仓促，实际编写中会有很多不当和疏漏之处，恳请广大读者批评指正，也希望本书能在国内高等院校数学教学方面起到抛砖引玉的作用.

在本书的编写过程中，北京劳动保障职业学院相关的各级领导对本书的出版发行给予了大力支持，本校的数学教师向雅捷等老师，外聘教师武利刚、申振才、郝海燕、程巧华、芮炎锋、高淑娥等老师，对本书的初稿进行了认真细致的审阅并提出了很多宝贵的修改意见，作者在此一并致谢.

作　者

2024 年 3 月于北京劳动保障职业学院

目　录

基础篇

中级篇

高级篇

基础篇

基础篇主要通过二元线性方程组和二维向量来讲解线性代数的主要思想和方法. 首先将与线性代数相关的中小学内容进行简单的回顾与复习，然后讲解线性代数的最基本的原理，基础篇包括预备知识、二元线性方程组与矩阵、有唯一解的二元线性方程组的求解与二阶行列式、二元线性方程组及其向量组的表示共 4 章内容.

如果你能顺利完成下面的测试题，你可以跳过第一章而直接进入第二章的学习，否则，请你将这部分内容重新复习一下.

测试题

1．已知$2x-3y-4=0$，试用x表示y.

2．已知$\begin{cases}x=2\\y=1\end{cases}$是方程$2x+ay=5$的解，则$a$为多少？

3．当m为多少时，方程组$\begin{cases}2x-3y=1\\x+my=\dfrac{1}{2}\end{cases}$只有一组解？

4．解下列二元线性方程组：

（1）$\begin{cases}x+2y=3\\4x+5y=6\end{cases}$.

（2）$\begin{cases}a_1x+b_1y=c_1\\a_2x+b_2y=c_2\end{cases}$，其中$a_1$，$a_2$，$b_1$，$b_2$均不为零，$a_1b_2-a_2b_1\neq 0$.

（3）$\begin{cases}a_{11}x_1+a_{12}x_2=b_1\\a_{21}x_1+a_{22}x_2=b_2\end{cases}$，其中$a_{11}$，$a_{12}$，$a_{21}$，$a_{22}$均不为零，$a_{11}a_{22}-a_{12}a_{21}\neq 0$.

5．解下列三元线性方程组：

（1）$\begin{cases}x+2y+3z=11\\4x+5y+6z=13\\7x+8y+10z=12\end{cases}$.

（2）$\begin{cases}a_1x+b_1y+c_1z=d_1\\a_2x+b_2y+c_2z=d_2\\a_3x+b_3y+c_3z=d_3\end{cases}$，其中$a_1,a_2,b_1,b_2,c_1,c_2$均不为零，

$$a_1b_2c_3+a_2b_3c_1+a_3b_1c_2-a_3b_2c_1-a_1b_3c_2-a_2b_1c_3\neq 0.$$

（3）$\begin{cases}a_{11}x_1+a_{12}x_2+a_{13}x_3=b_1\\a_{21}x_1+a_{22}x_2+a_{23}x_3=b_2\\a_{31}x_1+a_{32}x_2+a_{33}x_3=b_3\end{cases}$，其中$a_{11},a_{12},a_{13},a_{21},a_{22},a_{23},a_{31},a_{32},a_{33}$均不为零，$a_{11}a_{22}a_{33}+a_{21}a_{32}a_{13}+a_{31}a_{12}a_{23}-a_{31}a_{22}a_{13}-a_{11}a_{32}a_{23}-a_{21}a_{12}a_{33}\neq 0$.

6．求出下列点关于指定直线的对称点的坐标：

（1）点$P(1,2)$关于x轴；（2）点$P(1,2)$关于y轴；（3）点$P(1,2)$关于$y=x$.

7．求点$P_1(-2,1)$与点$P_2(1,3)$间的距离.

8．求出满足下列指定条件的直线方程：

（1）过点$M_1(1,2)$和点$M_2(2,4)$；

（2）过点$M_1(1,2)$且斜率为3；

（3）过点$M(-1,2)$且与x轴正向的夹角为$60°$；

（4）过点$M(2,3)$且与直线$2x+3y-1=0$平行；

（5）过点$M(2,3)$且与直线$2x+3y-1=0$垂直.

9．用坐标表示以原点$O(0,0)$为始点，以$A(2,3)$为终点的平面向量$\overrightarrow{OA}$.

10. 通过建立平面直角坐标系，用坐标表示图 0-1 中的向量$\overrightarrow{AB},\overrightarrow{BC},\overrightarrow{DB}$. 图 0-1 中$AB,AD$的长度分别为 2 和 1.

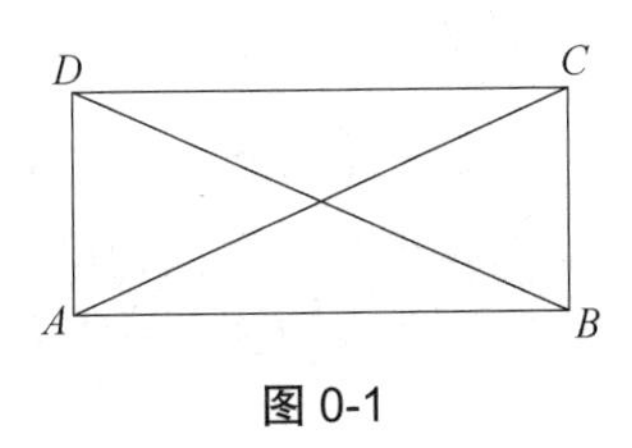

图 0-1

11．已知$\vec{a}=(1,3)$，$\vec{b}=(2,-1)$，计算$\vec{a}+\vec{b}$，$\vec{a}-\vec{b}$，$2\vec{a}-3\vec{b}$.

12．将向量$\vec{a}=(1,3)$单位化.

13．已知$\vec{a}=(1,3)$，$\vec{b}=(2,-1)$，计算（1）$\vec{a}\cdot\vec{b}$；（2）判断$\vec{a}$与$\vec{b}$是否正交；（3）求二者的夹角.

14．现有一长方体$ABCD-EFGH$，在其上建立了空间直角坐标系，如图 0-2 所示，其中长$AB=3$，宽$AD=2$，高$AE=1$，$AM=\dfrac{1}{3}AD$，$GN=\dfrac{1}{4}GH$，分别写出M,N两点的坐标，并利用两点间距离公式求线段MN的长度.

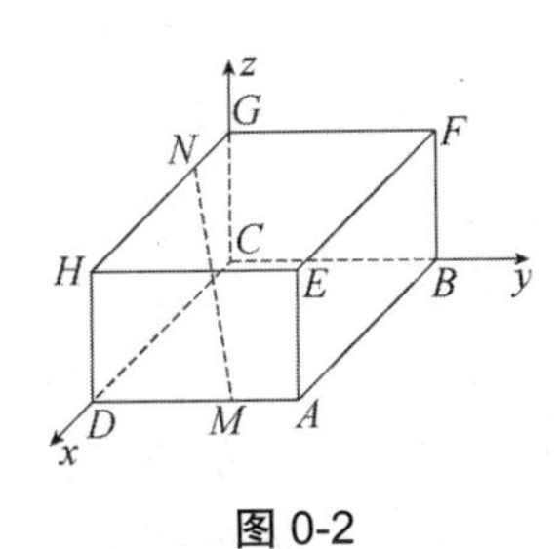

图 0-2

15．用坐标表示以原点$O(0,0,0)$为始点，以$A(2,3,1)$为终点的空间向量$\overrightarrow{OA}$.

16．通过建立空间直角坐标系，用坐标表示图 0-3 中的向量$\overrightarrow{AB},\overrightarrow{CC'},\overrightarrow{B'C'},\overrightarrow{DB'}$. 图 0-3 中$AB,BC,BB'$的长度分别为 3，2，1.

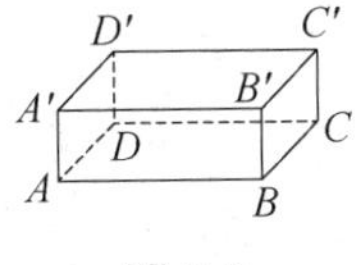

图 0-3

17．已知$\vec{a}=(1,3,1)$，$\vec{b}=(2,-1,2)$，计算$\vec{a}+\vec{b}$，$\vec{a}-\vec{b}$，$2\vec{a}-3\vec{b}$.

18．已知$\vec{a}=(1,3,1)$，$\vec{b}=(2,-1,0)$，计算（1）$\vec{a}\cdot\vec{b}$；（2）判断$\vec{a}$与$\vec{b}$是否正交；（3）求二者的夹角.

19．举例说明$\mathbf{R}^3$向量空间中规范正交基的含义.

第一章　预备知识

大体说来，数学中研究数的部分属于代数学的范畴；研究形的部分，属于几何学的范畴；沟通形与数且涉及极限运算的部分，则属于分析学的范畴．代数学可以笼统地解释为关于数字和字母运算的学科．发展至今，代数学包含算术、初等代数、高等代数、数论、抽象代数五个部分．

算术是数学中最古老、最基础和最初等的部分，它以自然数和非负分数为主要对象．算术的内容包括两部分，一部分讨论自然数的读法、写法和它的基本运算，这一部分包括进位制和记数法，主要是十进制．算术的另一部分包括算术运算的方法与原理的应用，如分数与百分数计算，各种量及其计算，比和比例，以及算术应用题，如$1+2+3+\cdots+50$．

初等代数是古老算术的推广和发展．在古代，当算术里积累了大量的关于各种数量问题的解法后，为了寻求系统的、更普遍的方法，以解决各类数量关系问题，就产生了以解代数方程的原理为中心问题的初等代数．

例 1　现有一篮馒头，已知小明取出 2 个（占总数的 10%），问这篮馒头有多少个？

分析　不难猜出，这篮馒头有 20 个，是通过$2\div 10\%=20$计算出来的．

例 2　某面粉仓库存放的面粉运出 15%后，还剩余 42500kg，则这个仓库原来有多少面粉？

分析　题中给出的已知量为仓库中存放的面粉运出 15%后，仓库中还剩余 42500kg．未知数为仓库中原来的面粉质量．如果将原来的面粉质量看作整体 1，则剩余面粉所占的比例为$1-15\%=85\%$，剩余面粉的质量为 42500kg，所以原来面粉的质量为$42500\div 85\%=50000$．

上面的解法为算术解法，我们也可以引入未知数，设原来有 x kg 面粉，根据原来质量−运出质量＝剩余质量建立方程，然后求解方程得到所求．

解　设原来有 x kg 面粉，则运出的面粉为$15\%\cdot x$ kg，根据题意，得$x-15\%\cdot x=42500$，即$85\%\cdot x=42500$，解得$x=50000$．经检验，符合题意．

答：原来有 50000kg 面粉．

初等代数是从最简单的一元一次方程开始的．例如，求解代数方程$3x+2=4$．之后主要讨论了两方面的问题，一方面讨论二元及三元一次方程组，另一方面研究二次以上及可以转化为二次的方程组．在初等代数中，字母仅用来表示数．

高等代数是代数学发展到高级阶段的总称，它包括许多分支．在高等代数中，一次方程组（线性方程组）发展成为线性代数理论；而二次以上方程发展成为多项式理论．现在大学里开设的高等代数，一般包括两部分：线性代数、多项式代数．

线性代数是讨论线性方程及线性运算的代数，是高等代数的一大分支．它是由研究如何求解线性方程组发展起来的，主要内容有行列式、矩阵、向量、线性方程组、线性空间、线性变换、欧氏空间和二次型等．在线性代数中，字母不仅用来表示数，还可以表示行列式、矩阵、向量等代数量．笼统地说，线性代数是研究具有线性关系的代数量的一门学科．

本章将以前所学的相关内容进行整理和归纳，便于同学们进行复习和巩固，主要包括二元与三元一次方程组、平间解析几何、平面向量与 $\mathbf{R}^2$ 空间的性质、空间解析几何、空间向量与 $\mathbf{R}^3$ 空间的性质．

第一节　二元与三元一次方程组的求解

我们知道，含有未知数的等式称为方程．例如，$2x+1=0$ 就是一个方程．

使方程成立的未知数的值称为方程的解．例如，$x=-\frac{1}{2}$ 就是 $2x+1=0$ 的解．

只含有一个未知数并且未知数的指数是 1 的方程称为一元一次方程，也称一元线性方程．例如，$2x+1=0$ 就是一个一元一次方程．含有多个未知数并且未知数的指数均为 1 的方程称为多元一次方程，也称多元线性方程．例如，$2x+3y=0$ 就是一个二元一次方程．将几个多元一次方程联立在一起，称为多元一次方程组，也称多元线性方程组．例如，$\begin{cases}2x+3y=0\\6x+9y=0\end{cases}$ 是一个二元一次方程组．

下面通过一个具体的例子来说明中学学过的求解多元一次方程组的代入消元法．

例 1　求解二元一次方程组 $\begin{cases}x+2y=3\\4x+5y=6\end{cases}$．

解　对于 $\begin{cases}x+2y=3 & ①\\4x+5y=6 & ②\end{cases}$，由①得

$$x=3-2y \qquad ③$$

将③代入②，得 $4(3-2y)+5y=6$，解得 $y=2$．将 $y=2$ 代入③，得 $x=-1$．所以方程组的解为 $\begin{cases}x=-1\\y=2\end{cases}$．

练习 1　求解下列二元线性方程组：

（1）$\begin{cases}2x-y=2\\3x+2y=4\end{cases}$；

（2）$\begin{cases}a_1x+b_1y=c_1\\a_2x+b_2y=c_2\end{cases}$，其中 a_1,a_2,b_1,b_2 均不为零，$a_1b_2-a_2b_1\neq 0$；

（3）$\begin{cases}a_{11}x_1+a_{12}x_2=b_1\\a_{21}x_1+a_{22}x_2=b_2\end{cases}$，其中 $a_{11},a_{12},a_{21},a_{22}$ 均不为零，$a_{11}a_{22}-a_{12}a_{21}\neq 0$．

例 2　求解三元线性方程组 $\begin{cases}x+2y+3z=10\\4x+5y+6z=11\\7x+8y+13z=12\end{cases}$．

解　对于 $\begin{cases}x+2y+3z=10 & ①\\4x+5y+6z=11 & ②\\7x+8y+13z=12 & ③\end{cases}$，由①得

$$x=10-2y-3z \quad ④$$

将④代入②，得$4(10-2y-3z)+5y+6z=11$，化简得

$$3y+6z=29 \quad ⑤$$

将④代入③，得$7(10-2y-3z)+8y+13z=12$，化简得

$$6y+8z=58 \quad ⑥$$

联立⑤、⑥，即$\begin{cases}3y+6z=29 & ⑤\\ 6y+8z=58 & ⑥\end{cases}$，利用代入消元法，先由⑤解出

$$y=\frac{29-6z}{3} \quad ⑦$$

将其代入⑥，可得$6\times\frac{29-6z}{3}+8z=58$，解得$z=0$．将其代入⑦，可得$y=\frac{29}{3}$．

将$\begin{cases}y=\frac{29}{3}\\ z=0\end{cases}$代入④，得$x=-\frac{28}{3}$．所以方程组的解为$\begin{cases}x=-\frac{28}{3}\\ y=\frac{29}{3}\\ z=0\end{cases}$．

练习 2 求解下列三元线性方程组：

（1）$\begin{cases}x+2y+3z=4\\ 5x+6y+7z=8\\ 9x+10y+11z=12\end{cases}$．

（2）$\begin{cases}a_1x+b_1y+c_1z=d_1\\ a_2x+b_2y+c_2z=d_2\\ a_3x+b_3y+c_3z=d_3\end{cases}$，其中$a_1$，$a_2$，$b_1$，$b_2$，$c_1$，$c_2$均不为零，

$$a_1b_2c_3+a_2b_3c_1+a_3b_1c_2-a_3b_2c_1-a_1b_3c_2-a_2b_1c_3\neq 0；$$

（3）$\begin{cases}a_{11}x_1+a_{12}x_2+a_{13}x_3=b_1\\ a_{21}x_1+a_{22}x_2+a_{23}x_3=b_2\\ a_{31}x_1+a_{32}x_2+a_{33}x_3=b_3\end{cases}$，其中$a_{11}$，$a_{12}$，$a_{13}$，$a_{21}$，$a_{22}$，$a_{23}$，$a_{31}$，$a_{32}$，$a_{33}$均不为零，

$a_{11}a_{22}a_{33}+a_{21}a_{32}a_{13}+a_{31}a_{12}a_{23}-a_{31}a_{22}a_{13}-a_{11}a_{32}a_{23}-a_{21}a_{12}a_{33}\neq 0$．

从上面的两个例子可以看出，求解多元一次方程组的代入消元法的步骤如下：

（1）从方程组中选取第一个未知数前面的系数比较简单的方程，并将第一个未知数用其余未知数表示出来．为了叙述方便，下面把此式称为重新排序的第一个未知数的表达式．

（2）把步骤（1）中所得的表达式代入其余方程中，得到比原方程组少了一个未知数且少了一个方程的新方程组．

（3）从步骤（2）得到的新方程组中，选取第二个未知数前面的系数比较简单的方程，并将第二个未知数用第一个未知数以外的其余未知数表示出来．为了叙述方便，下面把此式称为重新排序的第二个未知数的表达式．

（4）再把步骤（3）得到的重新排序的第二个未知数的表达式代入步骤（2）得到的新方程组的其余方程，得到比原方程组少了两个未知数且少了两个方程的新方程组.

（5）再对步骤（4）得到的新方程组重复步骤（1）～（4）的过程，直到所得到的方程组中只有一个未知数且只有一个方程，并把此式称为重新排序的倒数第一个未知数的表达式.

（6）求解步骤（5）得到的只有一个未知数的方程，由此得到重新排序的倒数第一个未知数的值，再把已求得的这个未知数的值代入重新排序的倒数第二个未知数的表达式中，由此得到重新排序的倒数第二个未知数的值，再将重新排序的倒数第一和倒数第二个未知数的值一并代入重新排序的倒数第三个未知数的表达式中，由此得到重新排序的倒数第三个未知数的值，以此类推，直到求得全部未知数.

这样就可以得到方程组的解. 这种方法是后面讲的求解线性方程组的化对角线形方法的原始形式.

第二节　平面解析几何

相传古时候，埃及的尼罗河经常洪水泛滥. 当时埃及的劳动人民为了重新测出被洪水淹没土地的地界，积累了许多测量土地方面的知识，从而产生了几何学的初步知识. 这些知识传到希腊后，经过逐步充实成为一门完整的学科——几何学. 值得一提的是，欧几里得把他以前的埃及人和希腊人的几何学知识加以系统的总结和整理，创作了《几何原本》一书，影响深远. 现今我们学习的几何学课本多是以《几何原本》为依据编写的.

在《几何原本》问世一千年后，笛卡儿将坐标引入几何，带来革命性进步. 从此，几何问题能以代数的形式来表达，这就产生了解析几何. 它是利用解析式来研究几何对象之间关系和性质的一门学科——几何学分支.

解析几何又分为平面解析几何和空间解析几何. 在平面解析几何中，除研究直线的有关性质外，还研究圆锥曲线（圆、椭圆、抛物线、双曲线）的有关性质.

一、平面直角坐标系

如图 1-1 所示，在平面内画出两条相交成直角并且原点重合的数轴，这两条数轴就组成了平面直角坐标系. 水平的数轴称为 x 轴，习惯上取向右方向为正方向；垂直的数轴称为 y 轴，习惯上取向上方向为正方向；交点称为平面直角坐标系的原点，记作 O，它对应着两个数轴的原点.

有了平面直角坐标系后，平面上的每一个点可以用一个有序数对来表示. 如图 1-2 所示，如果点 P 在 x 轴上的投影的坐标为 x_0，在 y 轴上的投影的坐标为 y_0，则点 P 的坐标为 (x_0, y_0). 反过来，一个有序数对可以表示平面上的一点. 为了说明具有坐标 (x_0, y_0) 的点（我们将此点记作 $P(x_0, y_0)$），在 x 轴上取坐标为 x_0 的点，在 y 轴上取坐标为 y_0 的点，过这两点分别作垂直于所在坐标轴的垂线，二者的交点就是 $P(x_0, y_0)$.

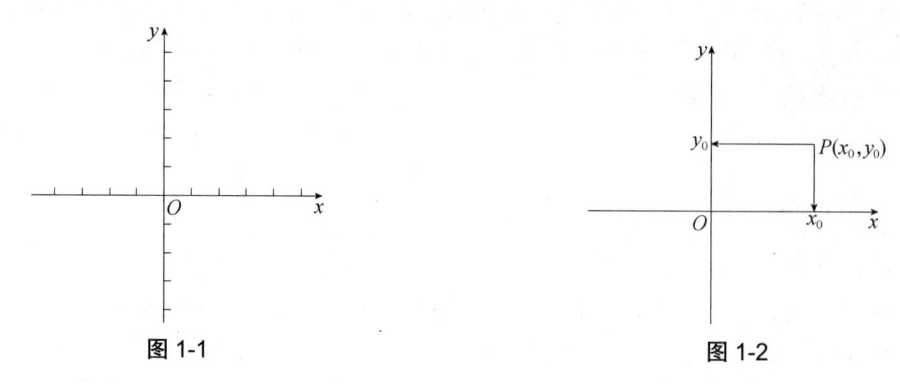

图 1-1　　　　图 1-2

下面用例子来说明点与坐标的联系．

如图 1-3 所示，P_4 点和 P_8 点在 x 轴上，它们的坐标具有 $(a,0)$ 的形式．P_2 点和 P_6 点在 y 轴上，它们的坐标具有 $(0,b)$ 的形式．其余点的横纵坐标均非零且位于四个象限中的一个．四个象限的位置如图 1-4 所示．第一象限的点的两个坐标都是正的．第二象限的点的 x 坐标是负的，y 坐标是正的．第三象限的点的两个坐标均为负的．第四象限的点的 x 坐标是正的，y 坐标是负的．

从图 1-3 中可以看出，$P_1(5,4)$ 和 $P_7(5,-4)$ 、$P_3(-5,4)$ 和 $P_5(-5,-4)$ 关于 x 轴对称；$P_1(5,4)$ 和 $P_3(-5,4)$ 、$P_5(-5,-4)$ 和 $P_7(5,-4)$ 关于 y 轴对称；$P_3(-5,4)$ 和 $P_7(5,-4)$ 、$P_1(5,4)$ 和 $P_5(-5,-4)$ 关于原点对称．

一般地，$P(a,b)$ 和 $P(a,-b)$ 关于 x 轴对称，$P(a,b)$ 和 $P(-a,b)$ 关于 y 轴对称，$P(a,b)$ 和 $P(-a,-b)$ 关于原点对称．

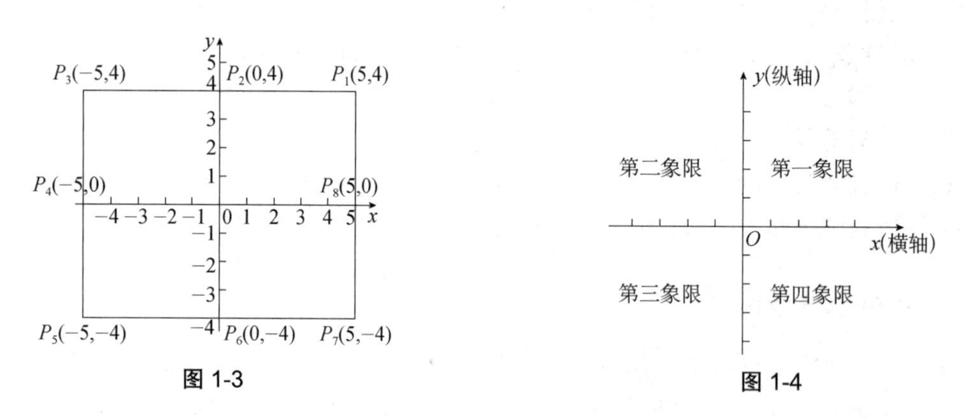

图 1-3　　　　图 1-4

二、两点间距离公式

假设平面上两点的坐标分别为 $M_1(x_1,y_1)$ ，$M_2(x_2,y_2)$ ，如图 1-5 所示．利用勾股定理，不难得到这两点的距离为

$$|M_1M_2| = \sqrt{(x_2-x_1)^2+(y_2-y_1)^2}$$

例 1　通过建立坐标系，利用两点间距离公式，计算图 1-6 中 AC 和 BD 的长度，其中 $AB=4$ ，$AD=3$.

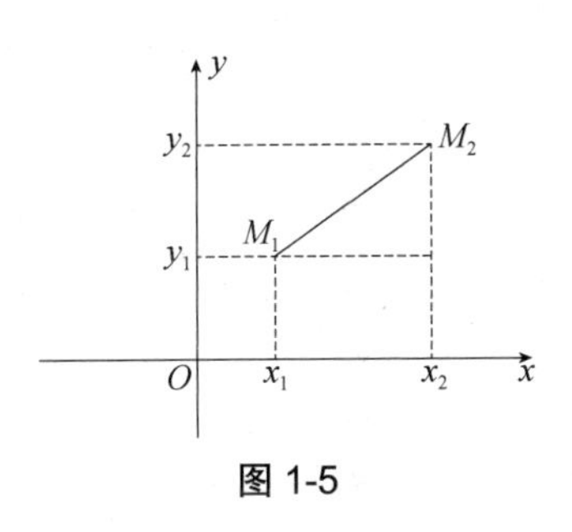

图 1-5

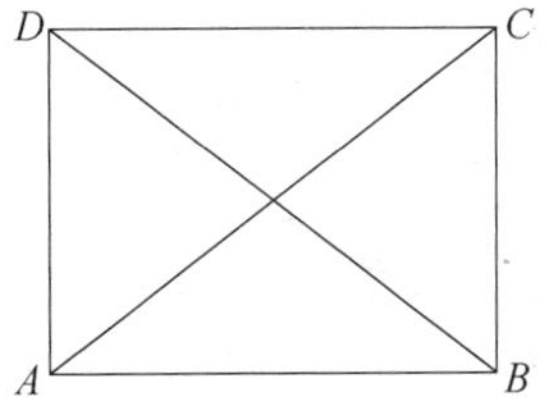

图 1-6

解　将 A 点作为坐标系的原点，建立与图 1-5 类似的平面直角坐标系，则 A、B、C、D 四点的坐标分别为 $A(0,0)$，$B(4,0)$，$C(4,3)$，$D(0,3)$．由两点间距离公式，可得

$$|AC|=\sqrt{(4-0)^2+(3-0)^2}=5\text{，}\quad |BD|=\sqrt{(0-4)^2+(3-0)^2}=5\text{．}$$

三、直线方程

解析几何的两类基本问题：①已知几何图形，求其方程；②已知方程，分析图形的形状及位置．平面解析几何中最简单的图形就是直线．下面来介绍直线方程．

直线的方程就是直线上任意点的坐标 (x,y) 所满足的条件．如 x 轴的方程为 $y=0$；y 轴的方程为 $x=0$；第一、三象限的角平分线的方程为 $y=x$．

在平面直角坐标系中，如果得知直线与 x 轴正向的夹角，且知道通过某点，则这条直线就确定了．

确定直线更常见的方法是已知直线的斜率和通过某点．

图 1-7 给出了通过一点的几条直线，这些直线的倾斜率是不同的．

l_1：当沿 x 轴增加 3 个单位时，直线沿 y 轴增加 5 个单位，所以倾斜率为 $\dfrac{5}{3}$．

l_2：当沿 x 轴增加 3 个单位时，直线沿 y 轴增加 1 个单位，所以倾斜率为 $\dfrac{1}{3}$．

l_3：当沿 x 轴增加时，直线沿 y 轴保持不变，所以倾斜率为 0．

l_4：当沿 x 轴增加 3 个单位时，直线沿 y 轴减少 5 个单位，所以倾斜率为 $-\dfrac{5}{3}$．

一般地，要确定一条不垂直于 x 轴的直线的倾斜率，需要知道两点的坐标．如图 1-8 所示，经过两点 $P_1(x_1,y_1)$ 和 $P_0(x_0,y_0)$ 的直线的倾斜率为 $\dfrac{y_1-y_0}{x_1-x_0}$，这个比值称为直线的斜率，一般用 k 表示．

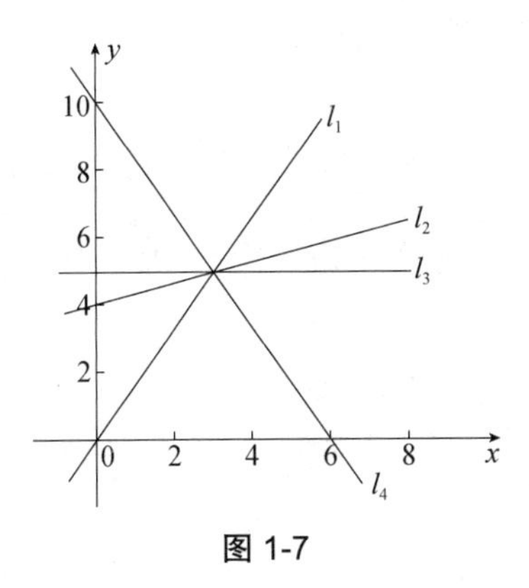

图 1-7

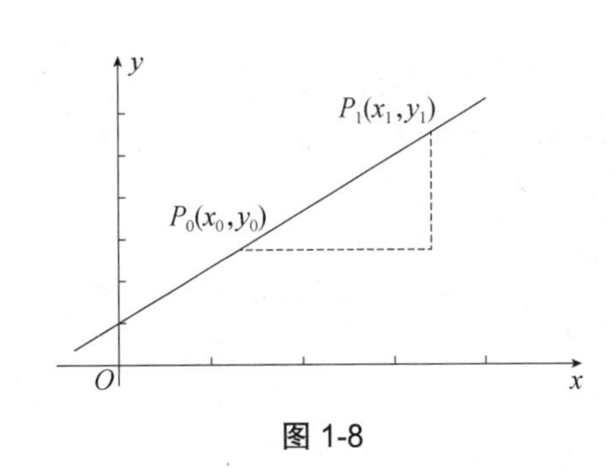

图 1-8

$k>0$、$k=0$、$k<0$的直线如图 1-9 所示.

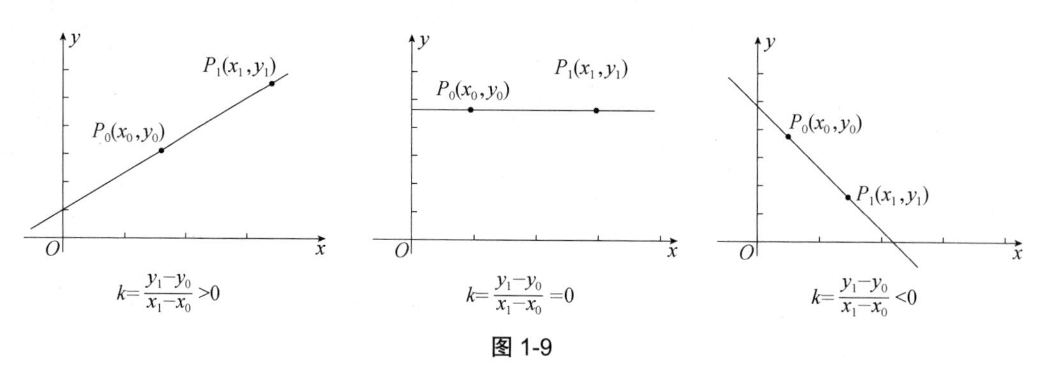

图 1-9

（1）$k>0$，表示直线从左到右上升.

（2）$k=0$，表示直线为水平线.

（3）$k<0$，表示直线从左到右下降.

斜率的概念不适合垂直于x轴的直线，因为在该直线上点的横坐标相同，即$x_1-x_0=0$，所以$\frac{y_1-y_0}{x_1-x_0}$没有定义.

容易看出，两条均不垂直于x轴的直线相互平行的充分必要条件是它们的斜率相等，即它们斜率之间的关系为

$$l_1 /\!/ l_2 \Leftrightarrow k_1=k_2$$

两条均不垂直于x轴的直线相互垂直的充分必要条件是它们斜率的乘积等于-1，即它们斜率之间的关系为

$$l_1 \perp l_2 \Leftrightarrow k_1 \cdot k_2=-1$$

不难看出，直线的斜率是直线与x轴正向的夹角的正切值.

将直线分为垂直于x轴与不垂直于x轴两种情况. 下面分别讨论它们的方程.

1. 垂直于x轴的直线

如果l是一条垂直于x轴的直线，则l与x轴必在某点$P(a,0)$处相交，我们称a为直线l在x轴上的截距. 点$P(x,y)$在直线l上当且仅当$x=a$，于是，垂直于x轴的直线l的方程为$x=a$.

2. 不垂直于x轴的直线

1）点斜式方程

如果直线通过一点$P_0(x_0,y_0)$且斜率为k，则该直线的方程为

$$y-y_0=k(x-x_0)$$

这是因为，设$P(x,y)$为直线上的动点，如图 1-10 所示，则过P和P_0两点的直线斜率为$\frac{y-y_0}{x-x_0}$，根据已知条件，直线的斜率为k，于是有$\frac{y-y_0}{x-x_0}=k$，变形得$y-y_0=k(x-x_0)$.

2）两点式方程

如果直线通过两点$P_0(x_0,y_0)$和$P_1(x_1,y_1)$，则该直线方程为

$$y-y_0=\frac{y_1-y_0}{x_1-x_0}(x-x_0)$$

3）斜截式方程

如果 l 是一条不垂直于 x 轴的直线（见图 1-11），则 l 必有斜率 k 且与 y 轴相交于点 $Q(0,b)$，我们称 b 为直线 l 在 y 轴上的截距．设点 $P(x,y)$ 为在直线 l 上不同于点 $Q(0,b)$ 的任意一点，则通过点 $P(x,y)$ 和点 $Q(0,b)$ 的线段的斜率为 $\dfrac{y-b}{x-0}$，又因为点 $P(x,y)$ 和点 $Q(0,b)$ 在直线 l 上，所以此线段的斜率应等于直线 l 的斜率，即

$$\frac{y-b}{x-0}=k$$

上式两边同乘以 x，得点 $P(x,y)$ 满足的方程为

$$y=kx+b$$

直线 l 上的所有点，包括点 $Q(0,b)$，都满足此方程．此方程称为直线的斜截式方程．它表示该直线具有斜率 k 且在 y 轴上的截距为 b．

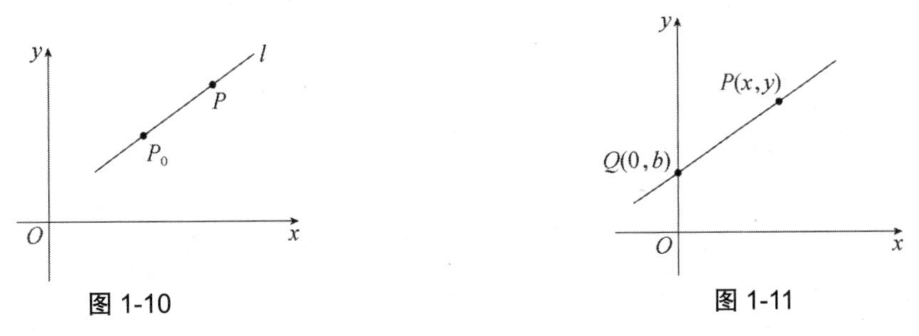

图 1-10　　图 1-11

4）直线的一般式方程

从直线的点斜式方程、两点式方程和斜截式方程，不难看出它们都具有

$$Ax+By+C=0 \text{（其中 } A,B \text{ 不同时为 0）}$$

的形式，例如，点斜式方程 $y-y_0=k(x-x_0)$，可以写成 $kx-y+(y_0-kx_0)=0$ 的形式，其他两种方程也很容易写成这种形式．

反过来，$Ax+By+C=0$（其中 A，B 不同时为 0）都表示一条直线．

下面分情况来讨论．

（1）当 A，B 都不为零时．

在该方程所表示的曲线上选取一点，比如令 $x=0$，则有 $y=-\dfrac{C}{B}$．于是该曲线通过点 $P\left(0,-\dfrac{C}{B}\right)$．设点 $M(x,y)$ 为满足方程 $Ax+By+C=0$ 的曲线上异于 $P\left(0,-\dfrac{C}{B}\right)$ 的任一点，则 PM 的斜率为 $\dfrac{y-\left(-\dfrac{C}{B}\right)}{x}=\dfrac{-\dfrac{A}{B}x-\dfrac{C}{B}+\dfrac{C}{B}}{x}=-\dfrac{A}{B}$，这是一个常数，说明满足方程 $Ax+By+C=0$ 的点都在过点 $P\left(0,-\dfrac{C}{B}\right)$，斜率为 $-\dfrac{A}{B}$ 的直线上．

有时只需要知道直线的斜率，我们有更简便的方法求出此斜率．将直线的一般方程 $Ax+By+C=0$ 变形为 $By=-Ax-C$，$y=-\dfrac{A}{B}x-\dfrac{C}{B}$．可以看出，直线的斜率为 $-\dfrac{A}{B}$，恰好是用 x 表示 y 时，x 前面的系数．此方程也是斜截式方程，可以直接得知直线通过点 $\left(0,-\dfrac{C}{B}\right)$．

（2）当 A,B 有一个不为零，另一个为零时.

第一种情况，设 $A\neq 0$，$B=0$，此时方程为 $Ax+C=0$．不难看出，点 $P\left(-\dfrac{C}{A},0\right)$ 在方程 $Ax+C=0$ 表示的直线上，设点 $M(x,y)$ 为满足方程 $Ax+C=0$ 的直线上异于 $P\left(-\dfrac{C}{A},0\right)$ 的任一点，则 P,M 两点的横坐标相同，只是纵坐标不同，所以 PM 的连线垂直于 x 轴，说明满足方程 $Ax+C=0$ 的点都在过点 $P\left(-\dfrac{C}{A},0\right)$ 且垂直于 x 轴的直线上.

第二种情况，设 $A=0$，$B\neq 0$，此时方程为 $By+C=0$．不难看出，点 $P\left(0,-\dfrac{C}{B}\right)$ 在方程 $By+C=0$ 表示的直线上，设点 $M(x,y)$ 为满足方程 $By+C=0$ 的直线上异于 $P\left(0,-\dfrac{C}{B}\right)$ 的任一点，则 P,M 两点的纵坐标相同，只是横坐标不同，所以 PM 的连线垂直于 y 轴，说明满足方程 $By+C=0$ 的点都在过点 $P\left(0,-\dfrac{C}{B}\right)$ 且垂直于 y 轴的直线上.

例 2　指出下列方程所表示的直线的位置：

（1）$2x+y+3=0$；（2）$3x-4=0$；（3）$2y+3=0$.

解（1）由方程 $2x+y+3=0$ 可解得 $y=-2x-3$，故 $2x+y+3=0$ 表示过点 $P(0,-3)$，斜率为 -2 的直线.

（2）方程 $3x-4=0$ 表示过点 $P\left(\dfrac{4}{3},0\right)$ 垂直于 x 轴的直线.

（3）方程 $2y+3=0$ 表示过点 $P\left(0,-\dfrac{3}{2}\right)$ 垂直于 y 轴的直线.

例 3　求出满足下列指定条件的直线方程：

（1）过点 $M_1(1,2)$ 和点 $M_2(2,4)$；

（2）过点 $M_1(1,2)$ 且斜率为 3；

（3）过点 $M(-1,2)$ 且与 x 轴正向的夹角为 $60°$；

（4）过点 $M(2,3)$ 且与直线 $2x+3y-1=0$ 平行；

（5）过点 $M(2,3)$ 且与直线 $2x+3y-1=0$ 垂直.

解（1）过点 $M_1(1,2)$ 和点 $M_2(2,4)$ 的直线方程为

$$y-2=\frac{4-2}{2-1}(x-1)\text{，即 }y-2=2(x-1).$$

（2）过点 $M_1(1,2)$ 且斜率为 3 的直线方程为

$$y-2=3(x-1).$$

（3）过点 $M(-1,2)$ 且与 x 轴正向的夹角为 $60°$ 的直线方程为

$$y-2=\tan 60°\cdot(x-(-1))\text{，即 }y-2=\sqrt{3}(x+1).$$

（4）由方程 $2x+3y-1=0$ 可解得 $y=-\dfrac{2}{3}x+\dfrac{1}{3}$，故直线 $2x+3y-1=0$ 的斜率为 $-\dfrac{2}{3}$，于是所求直线的斜率也为 $-\dfrac{2}{3}$，所求直线的方程为 $y-3=-\dfrac{2}{3}(x-2)$.

（5）由（4）可知，直线 $2x+3y-1=0$ 的斜率为 $k_1=-\dfrac{2}{3}$，设所求直线的斜率为 k_2，由于所求直线与直线 $2x+3y-1=0$ 垂直，故有 $k_1k_2=-1$，于是所求直线的斜率 $k_2=\dfrac{3}{2}$，所求直线的方程为 $y-3=\dfrac{3}{2}(x-2)$．

第三节　平面向量与 $\mathbf{R}^2$ 空间的性质

在日常生活中，除数量外还会遇到既有方向又有大小的量，这种量称为向量．在众多的向量中，如果所研究的向量可以平移（方向和大小不变，平行移动）到一个平面上，则这些向量称为平面向量．本节讨论与线性代数有关的平面向量的相关问题，包括平面向量的坐标表示、向量空间 $\mathbf{R}^2$、平面向量的线性运算、向量间的夹角与数量积、$\mathbf{R}^2$ 向量空间的正交基与向量的坐标等内容．

一、平面向量的坐标表示

当所研究的向量可以平移到一个平面上时，可以在该平面上建立平面直角坐标系．以原点为始点，平面上的另一点为终点，二者连接得到的有向线段可以作为此平面向量的几何表示．因为此向量被终点的坐标唯一确定，所以可以用终点的坐标作为此向量的坐标表示．

例 1　用坐标表示以原点 $O(0,0)$ 为始点，以 $A(2,3)$ 为终点的平面向量 $\overrightarrow{OA}$．

解　$\overrightarrow{OA}=(2,3)$．

当平面上的向量的始点不在原点时，假设向量的始点坐标为 $A(x_1,y_1)$，终点坐标为 $B(x_2,y_2)$，此时将向量 $\overrightarrow{AB}$ 的始点平移到原点，如图 1-12 所示，不难看出 $\triangle ABD$ 与 $\triangle OCG$ 全等，所以 $OG=AD=x_2-x_1$，$GC=DB=y_2-y_1$．在数学上认为通过平移得到的两个向量相等，或者说向量可以自由平移，并认为是一个向量，所以数学中的向量称为自由向量．于是向量 $\overrightarrow{AB}=\overrightarrow{OC}=(x_2-x_1,y_2-y_1)$．

例 2　建立平面直角坐标系，用坐标表示图 1-13 中的向量 $\overrightarrow{AB}$，$\overrightarrow{BC}$，$\overrightarrow{DB}$．其中图 1-13 中 AB，AD 的长度分别为 2 和 1．

解　以 A 点为坐标系的原点，AB 所在的直线为 x 轴，建立如图 1-14 所示的坐标系．则 A，B，C，D 的坐标分别为 $A(0,0)$，$B(2,0)$，$C(2,1)$，$D(0,1)$．于是 $\overrightarrow{AB}=(2,0)$，$\overrightarrow{BC}=(0,1)$，$\overrightarrow{DB}=(2,-1)$．

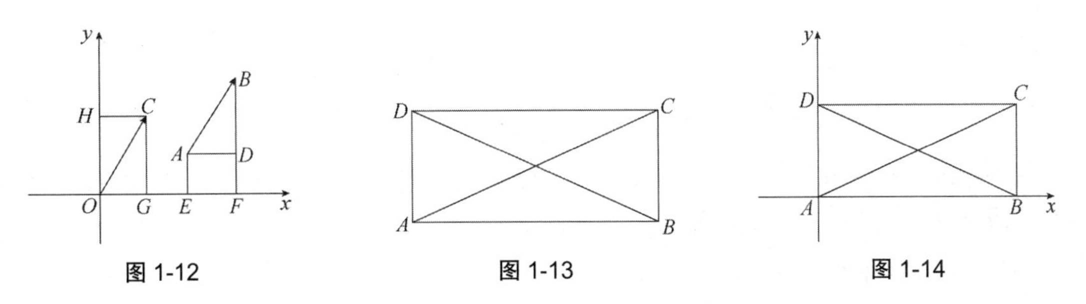

图 1-12　　图 1-13　　图 1-14

二、二维向量空间 $\mathbf{R}^2$

1. 全体有序数对作为点的集合的几何解释

如果将全体实数的集合记为 $\mathbf{R}$，因为任何一个数都与数轴上的点一一对应，所以数轴就是全体实数的几何表示，通常称 $\mathbf{R}$ 为一维空间. 同样，对于全体有序数对 (x,y)（有序数对也称为二元有序数组）的集合，因为第一个坐标和第二个坐标都可以取全体实数，而全体实数的集合用 $\mathbf{R}$ 表示，所以全体有序数对 (x,y) 的集合可以用 $\mathbf{R}^2$ 表示. 因为有序数对与平面上的点一一对应，全体有序数对就与整个平面对应，而平面上的点可以用两个数轴的坐标来表示，所以称 $\mathbf{R}^2$ 为二维空间.

2. 全体二元有序数组作为向量的集合的几何解释

因为二元有序数组与平面上的点一一对应，也与以此点为终点、始点在原点的平面向量一一对应，这样二元有序数组也表示平面向量（平面向量也称为二维向量），所以全体二元有序数组的集合 $\mathbf{R}^2$ 就与整个平面上以原点为始点的所有向量对应. 又因为所有的平面向量都可以将始点平移到原点上，并认为平移前后是相等的，所以全体二元有序数组可以理解为全体平面向量的集合，于是也称 $\mathbf{R}^2$ 为二维向量空间.

三、平面向量的线性运算

向量间的运算不像数量间的运算那么简单. 例如，某人要从在北面的甲地走到在南面的乙地，但是没有直通的道路，为此某人从甲地先沿西南方向走了 2km，再沿东南方向走了 2km 到达乙地，求甲、乙两地的直线距离. 这个问题就不能简单地用 2+2 来计算甲、乙两地的直线距离. 因此需要研究向量的运算法则.

1. 平面向量的加法运算

设 $\overrightarrow{OA}=(a_1,a_2)$，$\overrightarrow{OB}=(b_1,b_2)$，定义 $\overrightarrow{OA}+\overrightarrow{OB}=(a_1+b_1,a_2+b_2)$. 设 $\overrightarrow{OA}+\overrightarrow{OB}=\overrightarrow{OC}$，如图 1-15 所示，则有 $\overrightarrow{OC}=(a_1+b_1,a_2+b_2)$，于是 $\overrightarrow{AC}=(a_1+b_1-a_1,a_2+b_2-a_2)=(b_1,b_2)=\overrightarrow{OB}$，即 $\overrightarrow{AC}$ 通过平移与 $\overrightarrow{OB}$ 重合，于是 $\overrightarrow{OA}+\overrightarrow{OB}$ 的几何意义如下：将向量 $\overrightarrow{OB}$ 平移，使得其始点与向量 $\overrightarrow{OA}$ 的终点重合，则连接 $\overrightarrow{OA}$ 的始点与平移后 $\overrightarrow{OB}$ 的终点的向量为两个向量的和 $\overrightarrow{OA}+\overrightarrow{OB}$. 此性质也称为向量和的三角形法则.

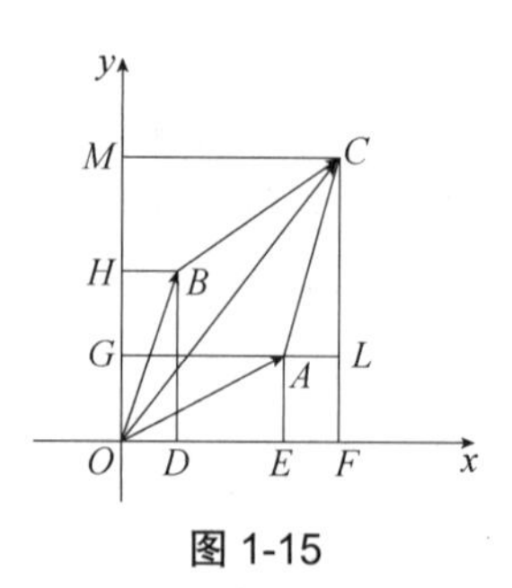

图 1-15

因为 $\overrightarrow{BC}=(a_1+b_1-b_1,a_2+b_2-b_2)=(a_1,a_2)=\overrightarrow{OA}$，即 $\overrightarrow{BC}$ 通过平移与 $\overrightarrow{OA}$ 重合，于是 $\overrightarrow{OA}+\overrightarrow{OB}$ 的几何意义也可以叙述如下：

将向量 $\overrightarrow{OA}$ 平移，使得其始点与向量 $\overrightarrow{OB}$ 的终点重合，则连接 $\overrightarrow{OB}$ 的始点与平移后 $\overrightarrow{OA}$ 的终

点的向量也为两个向量的和$\overrightarrow{OA}+\overrightarrow{OB}$. 这样$\overrightarrow{OA}+\overrightarrow{OB}$也为以$\overrightarrow{OA}$和$\overrightarrow{OB}$为邻边的平行四边形的对角线，此性质也称为向量和的平行四边形法则.

2. 平面向量的数乘运算

设$\overrightarrow{OA}=(a_1,a_2)$，$\lambda$为实数，定义$\lambda\overrightarrow{OA}=(\lambda a_1,\lambda a_2)$. 设$\lambda\overrightarrow{OA}=\overrightarrow{OC}$，如图 1-16 所示，则有$\overrightarrow{OC}=(\lambda a_1,\lambda a_2)$. 不难看出，$\overrightarrow{OC}$与$x$轴正向夹角的正切值为$\dfrac{\lambda a_2}{\lambda a_1}=\dfrac{a_2}{a_1}$，等于$\overrightarrow{OA}$与$x$轴正向

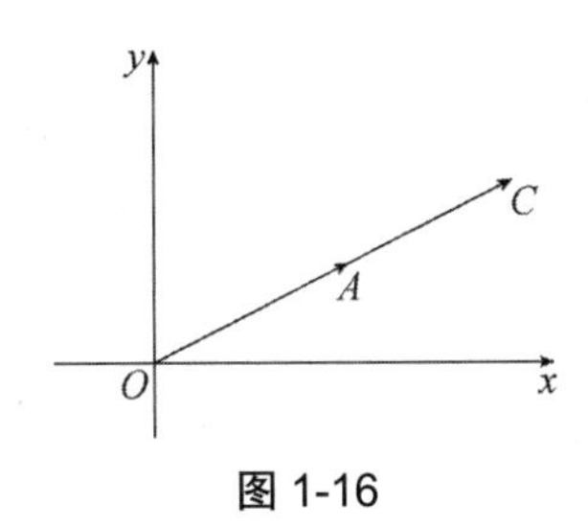

图 1-16

夹角的正切值，这样$\overrightarrow{OC}$与x轴正向的夹角就等于$\overrightarrow{OA}$与x轴正向的夹角，于是$\overrightarrow{OC}$与$\overrightarrow{OA}$在一条直线上. 当$\lambda>0$时，$\overrightarrow{OC}$与$\overrightarrow{OA}$同向. 例如，若$\overrightarrow{OA}=(1,2)$，$\lambda=2$，则$2\overrightarrow{OA}=(2,4)$与$\overrightarrow{OA}=(1,2)$同向. 当$\lambda<0$时，$\overrightarrow{OC}$与$\overrightarrow{OA}$反向. 例如，若$\overrightarrow{OA}=(1,2)$，$\lambda=-2$，则$(-2)\overrightarrow{OA}=(-2,-4)$与$\overrightarrow{OA}=(1,2)$反向.

3. 平面向量的减法运算

有了向量的加法运算和数乘运算，不难得到减法运算的结果.

设$\overrightarrow{OA}=(a_1,a_2)$，$\overrightarrow{OB}=(b_1,b_2)$，则有

$$\overrightarrow{OA}-\overrightarrow{OB}=\overrightarrow{OA}+(-1)\overrightarrow{OB}=(a_1+(-b_1),a_2+(-b_2))=(a_1-b_1,a_2-b_2).$$

设$\overrightarrow{OC}=-\overrightarrow{OB}$，如图 1-17 所示，则$\overrightarrow{OA}-\overrightarrow{OB}=\overrightarrow{OA}+\overrightarrow{OC}$，利用向量和的几何意义，不难得出$\overrightarrow{OD}=\overrightarrow{OC}+\overrightarrow{CD}$，其中$\overrightarrow{CD}=\overrightarrow{OA}$. 这样$\overrightarrow{OD}=\overrightarrow{OA}-\overrightarrow{OB}$. 由于$\triangle OAB$与$\triangle OCD$全等，且$OD$平行于$AB$，所以$\overrightarrow{OD}=\overrightarrow{BA}$. 于是，$\overrightarrow{OA}-\overrightarrow{OB}$的几何意义如下：以$\overrightarrow{OB}$的终点为始点，以$\overrightarrow{OA}$的终点为终点的向量为两个向量的差$\overrightarrow{OA}-\overrightarrow{OB}$.

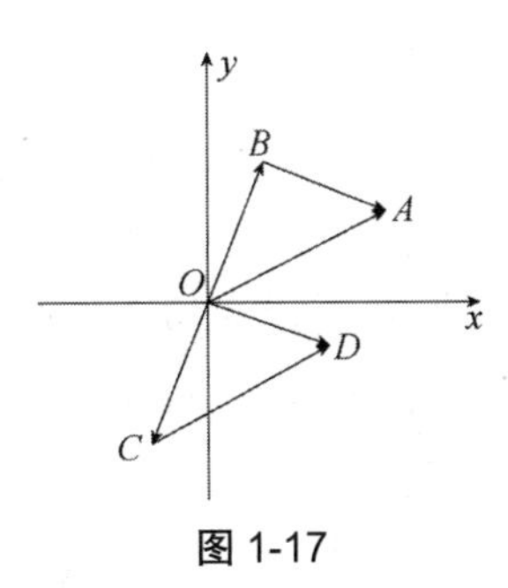

图 1-17

例 3　已知$\vec{a}=(1,3)$，$\vec{b}=(2,-1)$，计算$\vec{a}+\vec{b}$，$\vec{a}-\vec{b}$，$2\vec{a}-3\vec{b}$.

解　$\vec{a}+\vec{b}=(1+2,3-1)=(3,2)$，$\vec{a}-\vec{b}=(1-2,3-(-1))=(-1,4)$，

$2\vec{a}-3\vec{b}=(2,6)-(6,-3)=(2-6,6+3)=(-4,9)$.

四、平面向量间的夹角与数量积

1. 平面向量的模

向量的大小称为**向量的模**．利用两点间距离公式，不难得到向量模的公式．设向量$\overrightarrow{OA}=(a_1,a_2)$，则该向量的模为

$$\left|\overrightarrow{OA}\right|=\sqrt{a_1^{\ 2}+a_2^{\ 2}}$$

$\left|\overrightarrow{OA}\right|$也可以记作$\left\|\overrightarrow{OA}\right\|$．

模为 1 的向量称为**单位向量**，单位向量常记作$\vec{e}$．当给出的向量不是单位向量时，可以将其单位化，方法是求出该向量的模，并用模的倒数乘以该向量，所得到的向量即为与该向量同向的单位向量．

例 4　将向量$\vec{a}=(1,3)$单位化．

解　$\left|\vec{a}\right|=\sqrt{1^2+3^2}=\sqrt{10}$，将向量$\vec{a}=(1,3)$单位化，即$\dfrac{1}{\sqrt{10}}\vec{a}=\left(\dfrac{1}{\sqrt{10}},\dfrac{3}{\sqrt{10}}\right)$．

2. 平面向量间的夹角与平面向量间的数量积

假设向量$\overrightarrow{OM_1}=(x_1,y_1)$，向量$\overrightarrow{OM_2}=(x_2,y_2)$，如图 1-18 所示，下面求向量$\overrightarrow{OM_1}$与$\overrightarrow{OM_2}$的夹角．

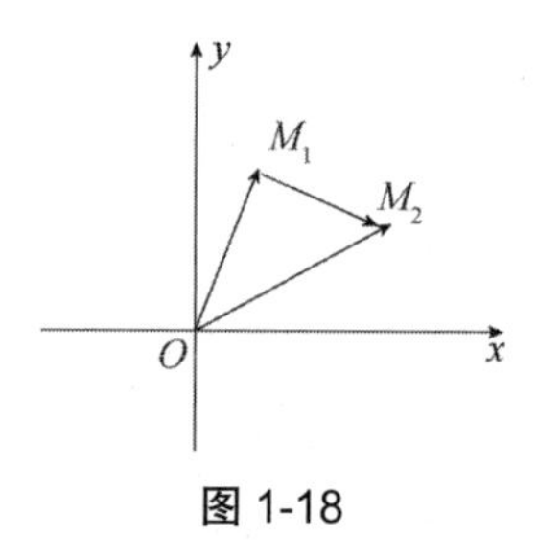

图 1-18

假设两向量的夹角为θ，由两点间距离公式可得，$\left|\overrightarrow{OM_1}\right|=\sqrt{x_1^2+y_1^2}$，$\left|\overrightarrow{OM_2}\right|=\sqrt{x_2^2+y_2^2}$，$\left|\overrightarrow{M_1M_2}\right|=\sqrt{(x_2-x_1)^2+(y_2-y_1)^2}$．

下面要用到余弦定理，为此做一下说明．

余弦定理可以表示为：在任意△ABC中，设∠C所对的边为c，∠B所对的边为b，∠A所对的边为a，则有

$$a^2=b^2+c^2-2bc\cos A$$
$$b^2=a^2+c^2-2ac\cos B$$
$$c^2=a^2+b^2-2ab\cos C$$

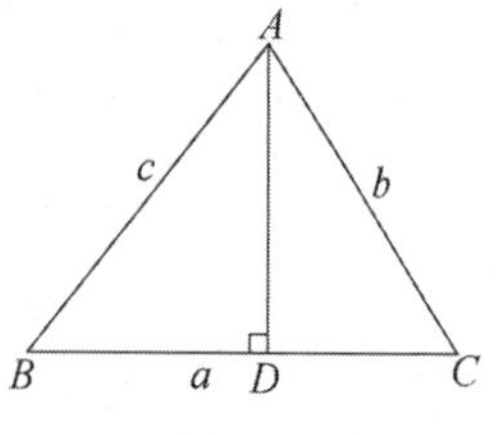

下面只对其中的第二个公式给出证明，其余的证明类似．

证明　在△ABC中，作$AD\perp BC$，如图 1-19 所示．

根据角的三角函数的定义，不难看出，$BD=c\cos B$，$AD=c\sin B$，$DC=BC-BD=a-c\cos B$．

图 1-19

根据勾股定理可得：$AC^2=AD^2+DC^2$，即

$$\begin{aligned} b^2 &= (c\sin B)^2 + (a - c\cos B)^2 \\ &= c^2\sin^2 B + a^2 + c^2\cos^2 B - 2ac\cos B \\ &= a^2 + c^2(\sin^2 B + \cos^2 B) - 2ac\cos B \\ &= a^2 + c^2 - 2ac\cos B \end{aligned}$$

根据余弦定理可知

$$\left|\overrightarrow{M_1M_2}\right|^2 = \left|\overrightarrow{OM_1}\right|^2 + \left|\overrightarrow{OM_2}\right|^2 - 2\left|\overrightarrow{OM_1}\right|\left|\overrightarrow{OM_2}\right|\cos\theta$$

$$\cos\theta = \frac{\left|\overrightarrow{OM_1}\right|^2 + \left|\overrightarrow{OM_2}\right|^2 - \left|\overrightarrow{M_1M_2}\right|^2}{2\left|\overrightarrow{OM_1}\right|\left|\overrightarrow{OM_2}\right|} = \frac{{x_1}^2 + {y_1}^2 + {x_2}^2 + {y_2}^2 - (x_2 - x_1)^2 - (y_2 - y_1)^2}{2\sqrt{{x_1}^2 + {y_1}^2}\sqrt{{x_2}^2 + {y_2}^2}}$$

$$= \frac{x_1x_2 + y_1y_2}{\sqrt{{x_1}^2 + {y_1}^2}\sqrt{{x_2}^2 + {y_2}^2}}$$

已知某个角的余弦函数值，求该角，可以利用反函数的概念，将其表示为

$$\theta = \arccos\frac{x_1x_2 + y_1y_2}{\sqrt{{x_1}^2 + {y_1}^2}\sqrt{{x_2}^2 + {y_2}^2}}$$

为了说清楚这个问题，我们先从反函数说起.

函数 $y = f(x) = x^3$，在其定义域 $(-\infty, +\infty)$ 内单调递增，值域为 $(-\infty, +\infty)$，如图 1-20 所示. 在值域内任取一点，都可以通过反对应找到定义域内唯一的点. 例如，$f(2) = 2^3 = 8$，8 反对应定义域内的一点 2. 这样就建立了函数 $f(x) = x^3$ 的反函数 $x = \sqrt[3]{y}$，在此表达式中，y 作为反函数的自变量，x 作为反函数的因变量，与一般的表示方法不一致，通常将此反函数表示为 $y = \sqrt[3]{x}$. 于是，8 反对应点 2，可以写成 $2 = \sqrt[3]{8}$.

函数 $y = f(x) = x^2$，定义域为 $(-\infty, +\infty)$，值域为 $[0, +\infty)$，此函数在定义域内不是单调的，但在 $[0, +\infty)$ 内是单调的，如图 1-21 所示. 对于定义域为 $[0, +\infty)$，在值域内任取一点，都可以通过反对应找到 $[0, +\infty)$ 内唯一的点. 例如，$f(2) = 2^2 = 4$，4 反对应定义域内的一点 2. 这样就建立了函数 $f(x) = x^2$ 的反函数 $x = \sqrt{y}$. 通常将此反函数表示为 $y = \sqrt{x}$. 于是，4 反对应点 2，可以写成 $2 = \sqrt{4}$.

图 1-20　　图 1-21

函数 $y = f(x) = \cos x$，定义域为 $(-\infty, +\infty)$，值域为 $[-1, 1]$，此函数在定义域内不是单调的，但在 $[0, \pi]$ 上是单调的，如图 1-22 所示. 在定义域 $[0, \pi]$ 内，在值域 $[-1, 1]$ 上任取一点，都可以

通过反对应找到$[0,\pi]$内唯一的点．例如，$f(0)=\cos 0=1$，1 反对应定义域$[0,\pi]$上的一点 0；$f\left(\dfrac{\pi}{2}\right)=\cos\dfrac{\pi}{2}=0$，0 反对应定义域$[0,\pi]$上的一点$\dfrac{\pi}{2}$；$f\left(\dfrac{\pi}{4}\right)=\dfrac{\sqrt{2}}{2}$，$\dfrac{\sqrt{2}}{2}$反对应定义域$[0,\pi]$上的一点$\dfrac{\pi}{4}$；$f\left(\dfrac{3\pi}{4}\right)=-\dfrac{\sqrt{2}}{2}$，$-\dfrac{\sqrt{2}}{2}$反对应定义域$[0,\pi]$上的一点$\dfrac{3\pi}{4}$．这样就建立了函数$f(x)=\cos x$的反函数，记作$y=\arccos x$．于是$\arccos 1=0$，$\arccos 0=\dfrac{\pi}{2}$，$\arccos\dfrac{\sqrt{2}}{2}=\dfrac{\pi}{4}$，$\arccos\left(-\dfrac{\sqrt{2}}{2}\right)=\dfrac{3\pi}{4}$．

可以看出，$\arccos\left(-\dfrac{\sqrt{2}}{2}\right)=\dfrac{3\pi}{4}=\pi-\dfrac{\pi}{4}=\pi-\arccos\dfrac{\sqrt{2}}{2}$，这个式子隐含着一般的公式：

对于$M\in[0,1]$，都有$\arccos(-M)=\pi-\arccos M$成立．这个结论，不难从余弦函数的对称性得到证明．

从图 1-23 可以看出，$\arccos(-M)=\pi-\arccos M$．

有了上面的这些介绍，自然可以得到下面的公式

$$\theta=\begin{cases}\arccos\dfrac{x_1x_2+y_1y_2}{\sqrt{x_1^2+y_1^2}\sqrt{x_2^2+y_2^2}}, & x_1x_2+y_1y_2\geqslant 0\\ \pi-\arccos\dfrac{-(x_1x_2+y_1y_2)}{\sqrt{x_1^2+y_1^2}\sqrt{x_2^2+y_2^2}}, & x_1x_2+y_1y_2<0\end{cases}$$

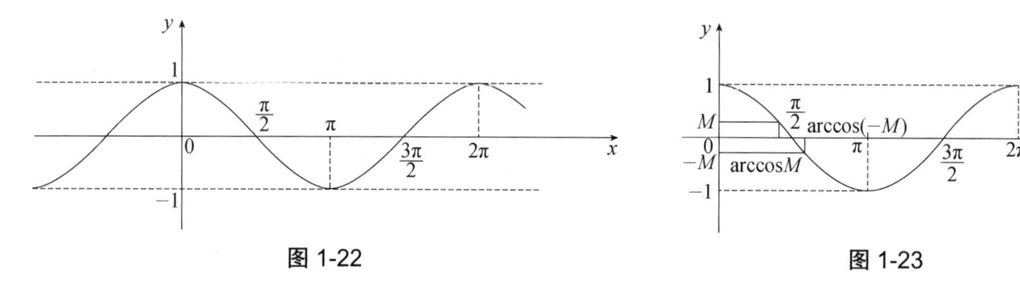

图 1-22　　图 1-23

为了今后叙述方便，将上式的分子称为向量$\overrightarrow{OM_1}$与$\overrightarrow{OM_2}$的数量积（也称为内积），记作$\overrightarrow{OM_1}\bullet\overrightarrow{OM_2}$或$\left[\overrightarrow{OM_1},\overrightarrow{OM_2}\right]$，即$\overrightarrow{OM_1}\bullet\overrightarrow{OM_2}=x_1x_2+y_1y_2$．

同时有

$$\overrightarrow{OM_1}\bullet\overrightarrow{OM_2}=\left|\overrightarrow{OM_1}\right|\left|\overrightarrow{OM_2}\right|\cos\theta$$

当两个向量相同时，数量积为

$$\overrightarrow{OM_1}\bullet\overrightarrow{OM_1}=\left|\overrightarrow{OM_1}\right|\left|\overrightarrow{OM_1}\right|\cos 0°=\left|\overrightarrow{OM_1}\right|^2$$

3. 正交的平面向量

将两个相互垂直的平面向量称为**正交平面向量**．

当向量$\overrightarrow{OM_1}$和$\overrightarrow{OM_2}$垂直时，夹角为$90°$，此时$\cos 90°=0$，于是$\overrightarrow{OM_1}$和$\overrightarrow{OM_2}$的数量积为零，即$x_1x_2+y_1y_2=0$．反之也成立．由此得到下面的等价定义．

若向量$\vec{a}$和$\vec{b}$的数量积$\vec{a}\cdot\vec{b}=0$，则称向量$\vec{a}$与$\vec{b}$正交．

例 5 已知$\vec{a}=(1,3)$，$\vec{b}=(2,-1)$，计算（1）$\vec{a}\cdot\vec{b}$；（2）判断$\vec{a}$与$\vec{b}$是否正交；（3）求二者的夹角.

解（1）$\vec{a}\cdot\vec{b}=1\times 2+3\times(-1)=-1$；

（2）因为$\vec{a}\cdot\vec{b}=-1\neq 0$，所以$\vec{a}$与$\vec{b}$不正交；

（3）$|\vec{a}|=\sqrt{1^2+3^2}=\sqrt{10}$，$|\vec{b}|=\sqrt{2^2+(-1)^2}=\sqrt{5}$，设$\vec{a}$与$\vec{b}$的夹角为$\theta$，则$\cos\theta=\dfrac{\vec{a}\cdot\vec{b}}{|\vec{a}|\cdot|\vec{b}|}=$

$\dfrac{-1}{\sqrt{10}\cdot\sqrt{5}}=-\dfrac{1}{5\sqrt{2}}$，于是$\theta=\pi-\arccos\left(\dfrac{1}{5\sqrt{2}}\right)$.

五、$\mathbf{R}^2$向量空间的正交基与向量的坐标

对于平面中的任意向量，当建立了平面直角坐标系后，都可以用坐标来表示向量．下面仔细剖析其中的原理.

在平面直角坐标系中，任取一点M，过该点分别作平行于两个坐标轴的直线，这两条直线与两个坐标轴分别相交于P,Q两点，设这两点在各自坐标轴上的坐标分别为x,y，则点M的坐标可以写成$M(x,y)$，如图 1-24 所示.

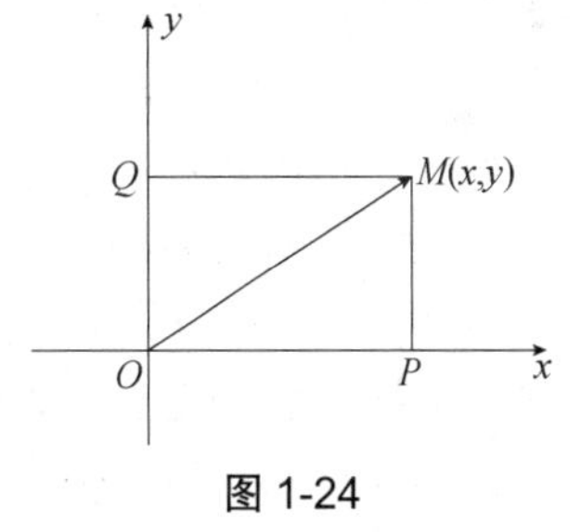

图 1-24

这里面蕴含着下面的意义，$\overrightarrow{OM}=(x,y)=x(1,0)+y(0,1)$，而$(1,0)$和$(0,1)$分别表示与$x$轴和$y$轴同向的单位向量，如果分别记为$\vec{e_1}$和$\vec{e_2}$，则有$\overrightarrow{OM}=(x,y)=x\vec{e_1}+y\vec{e_2}$．由于平面上任意向量都可以通过这种方式表示，所以称$\vec{e_1},\vec{e_2}$为$\mathbf{R}^2$向量空间的基．(x,y)称为向量$\overrightarrow{OM}$在基$\vec{e_1},\vec{e_2}$下的坐标.

因为$\vec{e_1}\cdot\vec{e_2}=1\times 0+0\times 1=0$，所以$\vec{e_1}$与$\vec{e_2}$正交，于是基$\vec{e_1},\vec{e_2}$也是正交基.

又因为$\vec{e_1}$和$\vec{e_2}$都是单位向量，所以基$\vec{e_1},\vec{e_2}$也称为规范正交基.

第四节 空间解析几何

空间解析几何是将坐标引入立体几何中，用代数的方法来解决几何问题的学科．本节介绍与线性代数课程相关的空间解析几何的内容，包括空间直角坐标系与几何问题的解析化、立体几何中线段的长度与空间两点间的距离.

一、空间直角坐标系与几何问题的解析化

1. 一个几何问题

下面将一个立体几何问题，通过引入坐标系，转化为代数问题，从中可以看出解析几何的优势.

引例 现有一长方体$ABCD-EFGH$，如图 1-25 所示，在其上建立了坐标系，如图 1-26 所示，其中长$AB=3$，宽$AD=2$，高$AE=1$，$AM=\dfrac{1}{3}AD$，$GN=\dfrac{1}{4}GH$，求线段MN的长度.

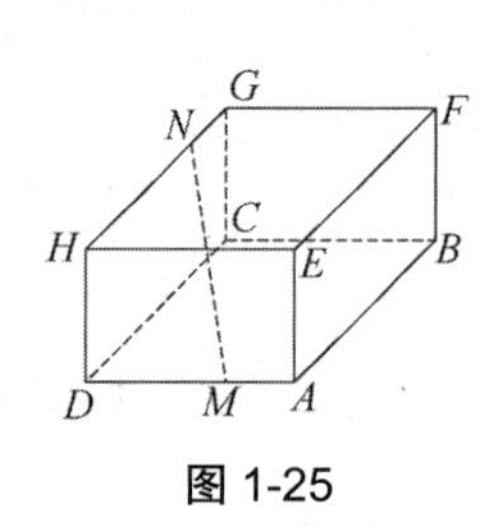

图 1-25

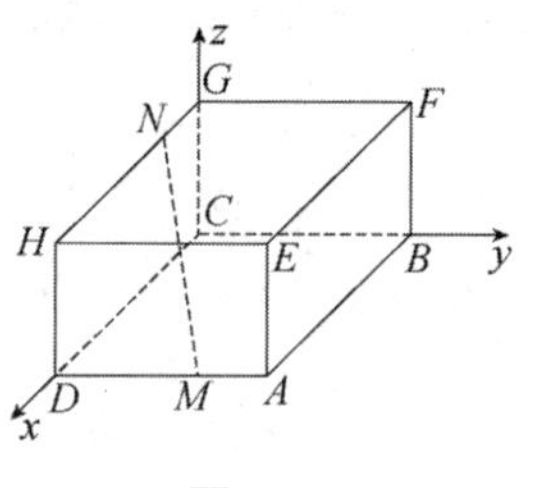

图 1-26

分析 此题可以利用立体几何的知识求解，也可以通过建立坐标系，利用两点间距离公式求解.

2. 空间直角坐标系与点的坐标表示

理论上讲，可以在空间任意选取一定点作为空间直角坐标系的原点，但选择恰当的原点和坐标轴可以使问题简化．对于引例，假如选取C点为坐标系的原点，从C点出发作三条互相垂直的数轴，并且数轴的原点与C点重合，不妨选取如图 1-27 所示的三条数轴，这样就建立了空间直角坐标系．对于空间中的任一点M，过点M分别作垂直于x轴、y轴、z轴的三个平面，它们与坐标轴都会有交点，因为点在数轴上是与实数相对应的，因此就得到了对应M点的三个实数,假设这三个实数分别是x、y、z．于是点M唯一确定了有序实数组(x,y,z)．

例如，对于长方体的顶点E，分别作垂直于x轴、y轴、z轴的三个平面，这三个平面与x轴、y轴、z轴的交点分别为D、B、G，其坐标分别为 3，2，1，所以点E的坐标为$E(3,2,1)$．

在建立空间直角坐标系后，若给定有序实数组(x,y,z)，则它在空间直角坐标系中唯一地对应空间的一个点．例如，给定一个有序实数组$(3,2,1)$，则在空间直角坐标系的x轴、y轴、z轴上对应的点分别是D、B、G，过这三个点分别作垂直于所在坐标轴的平面，则这三个平面唯一地确定了空间的一个点E．

一般地，为了确定空间点的位置，在平面直角坐标系$O-xy$的基础上，通过原点O，再作一条数轴z，使它与x轴、y轴都垂直，且原点也在O处．z轴的方向这样选择，顺着z轴的正方向看平面xOy，x轴顺时针旋转$90°$与y轴重合，如图 1-27 所示．这样，在空间就建立了一个空间直角坐标系$O-xyz$，O称为空间直角坐标系的坐标原点，x轴、y轴、z轴分别称为空间直角坐标系的横轴、纵轴和竖轴.

建立了空间直角坐标系后，空间的点就与有序实数组(x,y,z)一一对应了．一方面，对于空间中的任一点M，它唯一确定了有序实数组(x,y,z)，如图 1-28 所示.

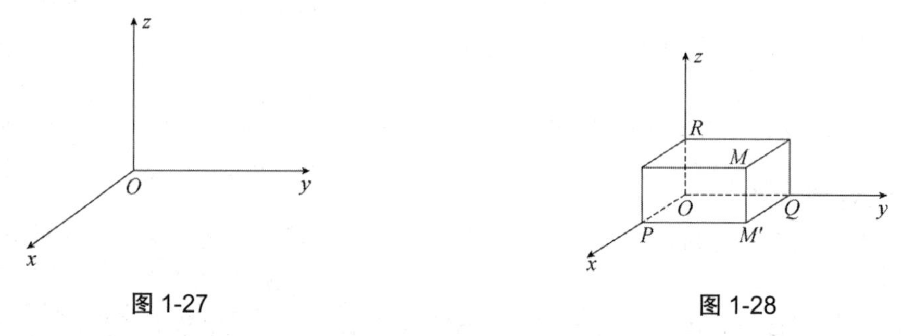

图 1-27

图 1-28

另一方面，若给定有序实数组(x,y,z)，则先在空间直角坐标系的x轴、y轴、z轴上分别找到坐标为x、y、z的点，假设分别是P、Q、R，再分别过这三个点作垂直于所在坐标轴的平面，这三个平面相交于一点 M．于是给定一个有序数组 (x,y,z)，则它在空间直角坐标系中唯一地对应空间的一个点 $M(x,y,z)$，如图 1-28 所示．

二、立体几何中线段的长度与空间两点间的距离

在立体几何中，求线段的长度是常见的问题．在本节的引例中，需要求出线段 MN 的长度，可以利用几何知识，通过添加辅助线来求出其长度．

在建立了空间直角坐标系后，求长度就转化为求带有坐标的两点间的距离了．所以只要给出任意两点间距离的公式，此问题就解决了．为此，下面介绍利用两点的坐标求两点间距离的方法．

先从特殊情况说起．

（一）两点均在平行于坐标平面的平面上的情况

1．两点均在 *xOy* 平面或平行于 *xOy* 平面的平面上

1）两点均在 xOy 平面上

假设此时两点的坐标分别为 $M_1(x_1,y_1,0)$、$M_2(x_2,y_2,0)$，如图 1-29 所示．利用勾股定理，不难得到这两点间的距离为

$$|M_1M_2|=\sqrt{(x_2-x_1)^2+(y_2-y_1)^2}$$

也可以写成

$$|M_1M_2|=\sqrt{(x_2-x_1)^2+(y_2-y_1)^2+(0-0)^2}$$

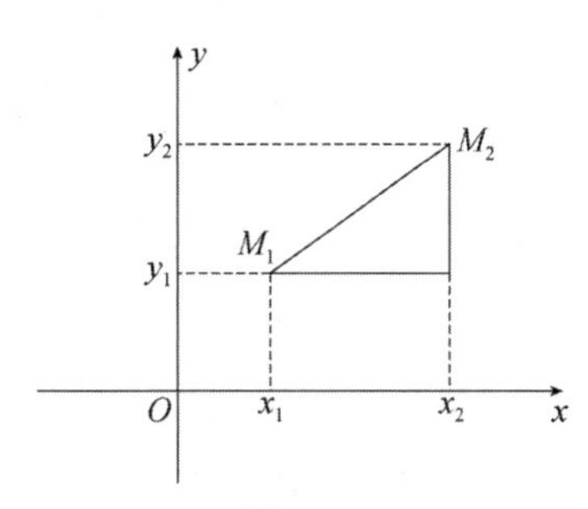

图 1-29

2）两点均在平行于 xOy 平面的平面上

假设此时两点的坐标分别为 $M_1(x_1,y_1,z)$、$M_2(x_2,y_2,z)$，利用勾股定理，不难得到这两点间的距离为

$$|M_1M_2|=\sqrt{(x_2-x_1)^2+(y_2-y_1)^2}$$

也可以写成

$$|M_1M_2|=\sqrt{(x_2-x_1)^2+(y_2-y_1)^2+(z-z)^2}$$

2．两点均在 *yOz* 平面或平行于 *yOz* 平面的平面上

1）两点均在 yOz 平面上

假设此时两点的坐标分别为 $M_1(0,y_1,z_1)$、$M_2(0,y_2,z_2)$，利用勾股定理，不难得到这两点

间的距离为

$$|M_1M_2| = \sqrt{(y_2 - y_1)^2 + (z_2 - z_1)^2}$$

也可以写成

$$|M_1M_2| = \sqrt{(0-0)^2 + (y_2 - y_1)^2 + (z_2 - z_1)^2}$$

2）两点均在平行于 yOz 平面的平面上

假设此时两点的坐标分别为 $M_1(x, y_1, z_1)$、$M_2(x, y_2, z_2)$，利用勾股定理，不难得到这两点间的距离为

$$|M_1M_2| = \sqrt{(y_2 - y_1)^2 + (z_2 - z_1)^2}$$

也可以写成

$$|M_1M_2| = \sqrt{(x-x)^2 + (y_2 - y_1)^2 + (z_2 - z_1)^2}$$

3．两点均在 xOz 平面或平行于 xOz 平面的平面上

1）两点均在 xOz 平面上

假设此时两点的坐标分别为 $M_1(x_1, 0, z_1)$、$M_2(x_2, 0, z_2)$，利用勾股定理，不难得到这两点间的距离为

$$|M_1M_2| = \sqrt{(x_2 - x_1)^2 + (z_2 - z_1)^2}$$

也可以写成

$$|M_1M_2| = \sqrt{(x_2 - x_1)^2 + (0-0)^2 + (z_2 - z_1)^2}$$

2）两点均在平行于 xOz 平面的平面上

假设此时两点的坐标分别为 $M_1(x_1, y, z_1)$、$M_2(x_2, y, z_2)$，利用勾股定理，不难得到这两点间的距离为

$$|M_1M_2| = \sqrt{(x_2 - x_1)^2 + (z_2 - z_1)^2}$$

也可以写成

$$|M_1M_2| = \sqrt{(x_2 - x_1)^2 + (y-y)^2 + (z_2 - z_1)^2}$$

（二）两点均不在平行于坐标平面的平面上的情况

1．其中有一点在原点的情况

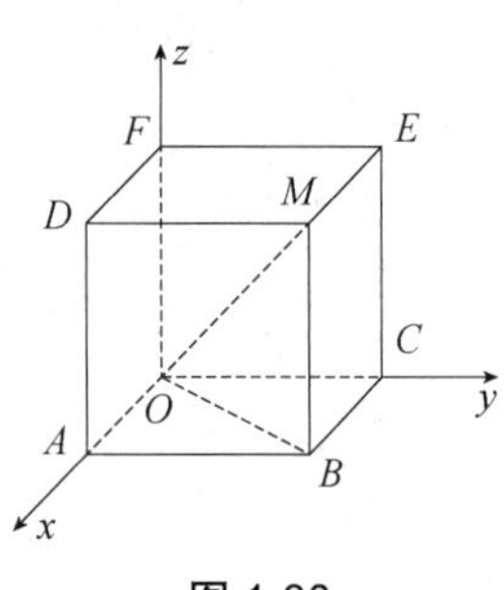

图 1-30

设另一点的坐标为 $M(x, y, z)$，并过 $M(x, y, z)$ 点分别作平行于三个坐标面的平面，这三个平面连同三个坐标面围成一个立方体 $ABCO-DMEF$，如图 1-30 所示，其中 A、B、C、D、E、F 各点的坐标分别为：$A(x,0,0)$，$B(x,y,0)$，$C(0,y,0)$，$D(x,0,z)$，$E(0,y,z)$，$F(0,0,z)$．在直角△OAB 中，$|OA| = |x|$，$|AB| = |y|$，利用勾股定理，可得 $|OB| = \sqrt{x^2 + y^2}$．因为△OBM 为直角三角形，且 $|BM| = |z|$，利用勾股定理，可得 $|OM| = \sqrt{|OB|^2 + |BM|^2} = \sqrt{x^2 + y^2 + z^2}$．

2．两点均不在平行于坐标平面的平面上且两点均不在原点

假设此时两点的坐标分别为 $M_1(x_1, y_1, z_1)$，$M_2(x_2, y_2, z_2)$，过这两点分别作平行于三个坐

标面的平面，这六个平面围成一个立方体 $PNQM_1-SM_2TR$，如图 1-31 所示，其中 P、N、Q、S、T、R 各点的坐标分别为：$P(x_2,y_1,z_1)$，$N(x_2,y_2,z_1)$，$Q(x_1,y_2,z_1)$，$S(x_2,y_1,z_2)$，$T(x_1,y_2,z_2)$，$R(x_1,y_1,z_2)$．在直角△M_1PN中，$|M_1P|=|x_2-x_1|$，$|PN|=|y_2-y_1|$，利用勾股定理，可得$|M_1N|=\sqrt{(x_2-x_1)^2+(y_2-y_1)^2}$．因为△$M_1NM_2$为直角三角形，且$|NM_2|=|z_2-z_1|$，利用勾股定理，可得

$$|M_1M_2|=\sqrt{|M_1N|^2+|NM_2|^2}=\sqrt{(x_2-x_1)^2+(y_2-y_1)^2+(z_2-z_1)^2}$$

于是有

$$|M_1M_2|=\sqrt{(x_2-x_1)^2+(y_2-y_1)^2+(z_2-z_1)^2} \tag{1-1}$$

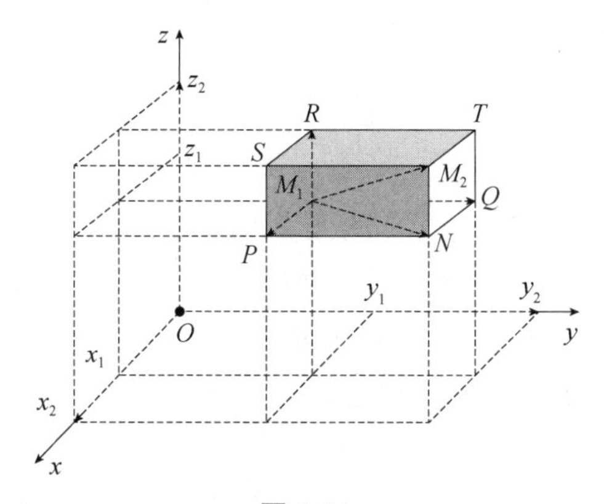

图 1-31

不难看出，式（1-1）对于两点在平行于坐标平面的平面上的情况也是成立的．因此对于任意两点，式（1-1）也都是成立的．

有了这个公式，就可以计算引例中的两点 M、N 之间的距离了．因为点 M、点 N 的坐标分别为 $M\left(3,\frac{4}{3},0\right)$，$N\left(\frac{3}{4},0,1\right)$，所以

$$|MN|=\sqrt{\left(3-\frac{3}{4}\right)^2+\left(\frac{4}{3}-0\right)^2+(0-1)^2}=\frac{\sqrt{1129}}{12}$$

第五节　空间向量与 $\mathbf{R}^3$ 空间的性质

本章第三节介绍了平面向量，在日常生活中，除平面向量外，往往还会遇到所研究的向量不能平移到一个平面上的情况，此时就需要将它们作为空间向量来对待．本节讨论与线性代数有关的空间向量的相关问题，包括空间向量的坐标表示、向量空间 $\mathbf{R}^3$、空间向量的线性运算、空间向量间的夹角与数量积、$\mathbf{R}^3$ 向量空间的正交基与向量的坐标等内容．

一、空间向量的坐标表示

当所研究的向量不能平移到一个平面上时，可以建立空间直角坐标系．以原点为始点，空间内的另一点为终点，二者连接得到的有向线段可以作为空间向量的几何表示．因为空间向量被终点的坐标唯一确定，所以可以用终点的坐标作为此空间向量的坐标表示．

例 1 用坐标表示以原点 $O(0,0,0)$ 为始点，以 $A(2,3,1)$ 为终点的空间向量 $\overrightarrow{OA}$.

解 $\overrightarrow{OA}=(2,3,1)$.

当空间中的向量的始点不在原点时，假设向量的始点坐标为 $M_1(x_1,y_1,z_1)$，终点坐标为 $M_2(x_2,y_2,z_2)$，此时将向量 $\overrightarrow{M_1M_2}$ 的始点平移到原点，如图 1-32 所示，不难看出 $\triangle OAM$ 与 $\triangle M_1HM_2$ 全等，$\triangle ODA$ 与 $\triangle BFC$ 全等，所以 $OD=BF=x_2-x_1$，$OE=DA=FC=BG=y_2-y_1$，$AM=HM_2=z_2-z_1$，在数学上认为通过平移得到的两个空间向量相等，并认为是一个向量，或者说空间向量可以自由平移，所以数学中的空间向量称为自由向量．于是向量 $\overrightarrow{M_1M_2}=\overrightarrow{OM}=(x_2-x_1,\ y_2-y_1,z_2-z_1)$.

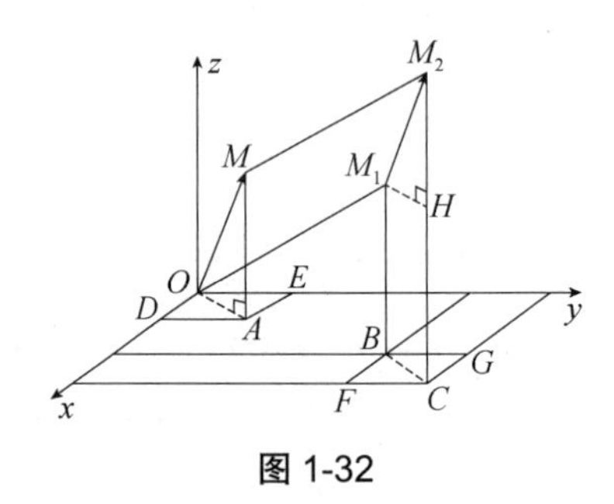

图 1-32

例 2 通过建立空间直角坐标系，用坐标表示图 1-33 中的向量 $\overrightarrow{AB},\overrightarrow{CC'},\overrightarrow{B'C'},\overrightarrow{DB'}$．其中图 1-33 中 AB,BC,BB' 的长度分别为 3，2，1.

解 以 D 点为空间直角坐标系的原点，AD 所在的直线为 x 轴，DC 所在的直线为 y 轴，建立如图 1-34 所示的坐标系，则 A,B,C,D,A',B',C',D' 的坐标分别为 $A(2,0,0),B(2,3,0)$, $C(0,3,0),D(0,0,0),A'(2,0,1),B'(2,3,1),C'(0,3,1),D'(0,0,1)$，于是

$$\overrightarrow{AB}=(0,3,0),\overrightarrow{CC'}=(0,0,1),\overrightarrow{B'C'}=(-2,0,0),\overrightarrow{DB'}=(2,3,1)$$

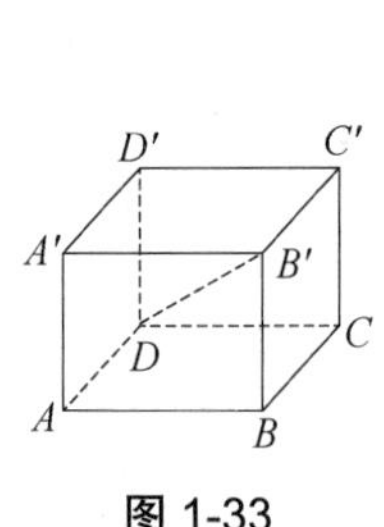

图 1-33

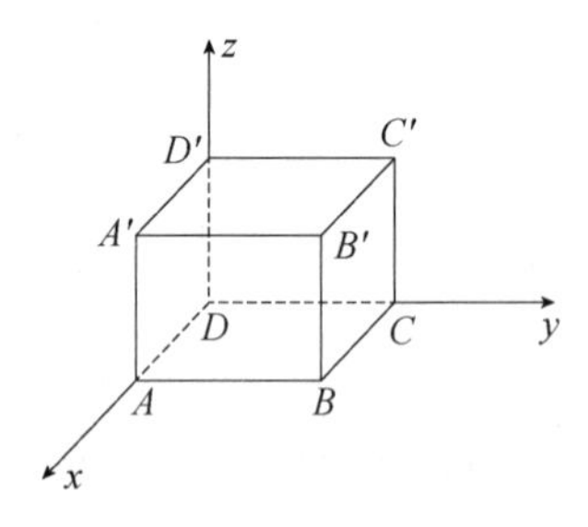

图 1-34

二、向量空间 $\mathbf{R}^3$

1. 全体三元有序数组作为空间点的集合的几何解释

对于全体三元有序数组 (x,y,z) 的集合，因为第一个坐标、第二个坐标和第三个坐标都可以取任意实数，而全体实数的集合用 $\mathbf{R}$ 表示，所以全体三元有序数组 (x,y,z) 的集合可以用 $\mathbf{R}^3$ 表示．因为三元有序数组与空间内的点一一对应，全体三元有序数组就与整个空间对应，而空间内的点可以用三个坐标轴的坐标来表示，所以称 $\mathbf{R}^3$ 为三维空间.

2. 全体三元有序数组作为空间向量的集合的几何解释

因为三元有序数组(x,y,z)与空间内的点一一对应，也与以此点为终点、始点在原点的空间向量一一对应，所以全体三元有序数组(x,y,z)的集合$\mathbf{R}^3$就与整个空间内以原点为始点的所有空间向量（空间向量也称为三维向量）对应. 又因为所有的空间向量都可以将始点平移到原点上，并认为平移前后是相等的，所以全体三元有序数组(x,y,z)可以理解为全体三维向量的集合，于是也称$\mathbf{R}^3$为三维向量空间.

三、空间向量的线性运算

1. 空间向量的加法运算

设$\overrightarrow{OA}=(a_1,a_2,a_3)$，$\overrightarrow{OB}=(b_1,b_2,b_3)$，定义$\overrightarrow{OA}+\overrightarrow{OB}=(a_1+b_1,a_2+b_2,a_3+b_3)$. 设$\overrightarrow{OA}+\overrightarrow{OB}=\overrightarrow{OC}$，如图 1-35 所示，则有$\overrightarrow{OC}=(a_1+b_1,a_2+b_2,a_3+b_3)$，于是

$$\overrightarrow{AC}=(a_1+b_1-a_1,a_2+b_2-a_2,a_3+b_3-a_3)=(b_1,b_2,b_3)=\overrightarrow{OB}$$

即$\overrightarrow{AC}$通过平移与$\overrightarrow{OB}$重合，于是$\overrightarrow{OA}+\overrightarrow{OB}$的几何意义如下：将向量$\overrightarrow{OB}$平移，使得其始点与向量$\overrightarrow{OA}$的终点重合，则连接$\overrightarrow{OA}$的始点与平移后$\overrightarrow{OB}$的终点的向量为两个向量的和$\overrightarrow{OA}+\overrightarrow{OB}$. 此性质也称为向量和的三角形法则.

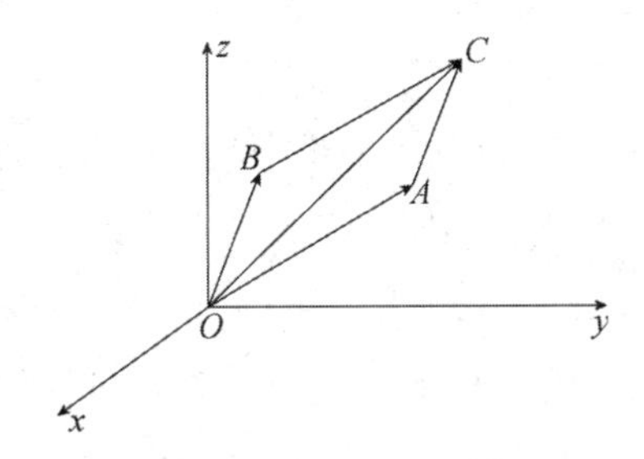

图 1-35

因为$\overrightarrow{BC}=(a_1+b_1-b_1,a_2+b_2-b_2,a_3+b_3-b_3)=(a_1,a_2,a_3)=\overrightarrow{OA}$，即$\overrightarrow{BC}$通过平移与$\overrightarrow{OA}$重合，于是$\overrightarrow{OA}+\overrightarrow{OB}$的几何意义也可以这样叙述：

将向量$\overrightarrow{OA}$平移，使得其始点与向量$\overrightarrow{OB}$的终点重合，则连接$\overrightarrow{OB}$的始点与平移后$\overrightarrow{OA}$的终点的向量也为两个向量的和$\overrightarrow{OA}+\overrightarrow{OB}$. 这样$\overrightarrow{OA}+\overrightarrow{OB}$也为以$\overrightarrow{OA}$和$\overrightarrow{OB}$为邻边的平行四边形的对角线，所以此性质也称为向量和的平行四边形法则.

2. 空间向量的数乘运算

设$\overrightarrow{OA}=(a_1,a_2,a_3)$，$\lambda$为实数，定义$\lambda\overrightarrow{OA}=(\lambda a_1,\lambda a_2,\lambda a_3)$. 设$\lambda\overrightarrow{OA}=\overrightarrow{OC}$，如图 1-36 所示，则有$\overrightarrow{OC}=(\lambda a_1,\lambda a_2,\lambda a_3)$. 可以分别求出$\overrightarrow{OC}$、$\overrightarrow{OA}$与三个坐标轴正向夹角的正切值，下面只以与$z$轴正向夹角的正切值为例来说明，与其他坐标轴正向夹角的正切值可类似求得.

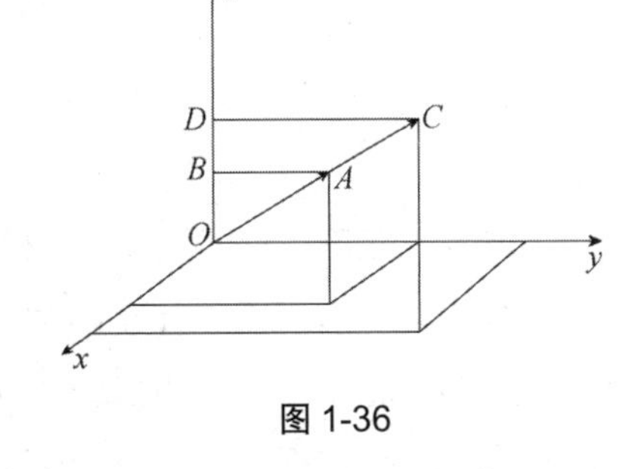

图 1-36

在图 1-36 中，过A和C点分别作垂直于z轴的平面，分别交z轴于B和D点，根据勾股定理，可得$BA^2=OA^2-OB^2=(a_1{}^2+a_2{}^2+a_3{}^2)-a_3{}^2=a_1{}^2+a_2{}^2$，$BA=\sqrt{a_1{}^2+a_2{}^2}$，$DC^2=OC^2-$

$OD^2=[(\lambda a_1)^2+(\lambda a_2)^2+(\lambda a_3)^2]-(\lambda a_3)^2=\lambda^2({a_1}^2+{a_2}^2)$，$DC=|\lambda|\sqrt{{a_1}^2+{a_2}^2}$，于是，当$\lambda>0$时，$\overrightarrow{OC}$与 z 轴正向夹角的正切值为$\dfrac{|\lambda|\sqrt{{a_1}^2+{a_2}^2}}{\lambda a_3}=\dfrac{\sqrt{{a_1}^2+{a_2}^2}}{a_3}$，而$\overrightarrow{OA}$与 z 轴正向夹角的正切值为$\dfrac{\sqrt{{a_1}^2+{a_2}^2}}{a_3}$，所以$\overrightarrow{OC}$与 z 轴正向夹角等于$\overrightarrow{OA}$与 z 轴正向夹角．当$\lambda<0$时，$\overrightarrow{OC}$与 z 轴正向夹角的正切值为$\dfrac{|\lambda|\sqrt{{a_1}^2+{a_2}^2}}{\lambda a_3}=-\dfrac{\sqrt{{a_1}^2+{a_2}^2}}{a_3}$，而$\overrightarrow{OA}$与 z 轴正向夹角的正切值为$\dfrac{\sqrt{{a_1}^2+{a_2}^2}}{a_3}$，所以$\overrightarrow{OC}$与 z 轴正向夹角和$\overrightarrow{OA}$与 z 轴正向夹角互为补角．

同样可以证得，当$\lambda>0$时，$\overrightarrow{OC}$与 x 轴正向夹角等于$\overrightarrow{OA}$与 x 轴正向夹角，$\overrightarrow{OC}$与 y 轴正向夹角等于$\overrightarrow{OA}$与 y 轴正向夹角．

当$\lambda<0$时，$\overrightarrow{OC}$与 x 轴正向夹角和$\overrightarrow{OA}$与 x 轴正向夹角互为补角，$\overrightarrow{OC}$与 y 轴正向夹角和$\overrightarrow{OA}$与 y 轴正向夹角互为补角．

于是$\overrightarrow{OC}$与$\overrightarrow{OA}$在一条直线上．当$\lambda>0$时，$\overrightarrow{OC}$与$\overrightarrow{OA}$同向．例如，若$\overrightarrow{OA}$=(1,2,1)，λ=2，则$2\overrightarrow{OA}$=(2,4,2) 与$\overrightarrow{OA}$=(1,2,1)同向．当$\lambda<0$时，$\overrightarrow{OC}$与$\overrightarrow{OA}$反向．例如，若$\overrightarrow{OA}$=(1,2,1)，λ=−2，则$(-2)\overrightarrow{OA}$=(−2,−4,−2) 与$\overrightarrow{OA}$=(1,2,1)反向．

3．空间向量的减法运算

有了空间向量的加法运算和数乘运算，不难得到空间向量减法运算的结果．

设$\overrightarrow{OA}=(a_1,a_2,a_3)$，$\overrightarrow{OB}=(b_1,b_2,b_3)$，则有

$$\overrightarrow{OA}-\overrightarrow{OB}=\overrightarrow{OA}+(-1)\overrightarrow{OB}=(a_1+(-b_1),a_2+(-b_2),a_3+(-b_3))=(a_1-b_1,a_2-b_2,a_3-b_3)$$

设$\overrightarrow{OC}=-\overrightarrow{OB}$，如图 1-37 所示，则$\overrightarrow{OA}-\overrightarrow{OB}=\overrightarrow{OA}+\overrightarrow{OC}$，利用向量和的几何意义，不难得出$\overrightarrow{OD}=\overrightarrow{OC}+\overrightarrow{CD}$，其中$\overrightarrow{CD}=\overrightarrow{OA}$．这样$\overrightarrow{OD}=\overrightarrow{OA}-\overrightarrow{OB}$．由于$\triangle OAB$与$\triangle OCD$全等，且 OD 平行于 AB，所以$\overrightarrow{OD}=\overrightarrow{BA}$．于是$\overrightarrow{OA}-\overrightarrow{OB}$的几何意义如下：以$\overrightarrow{OB}$的终点为始点，以$\overrightarrow{OA}$的终点为终点的向量为两个向量的差$\overrightarrow{OA}-\overrightarrow{OB}$．

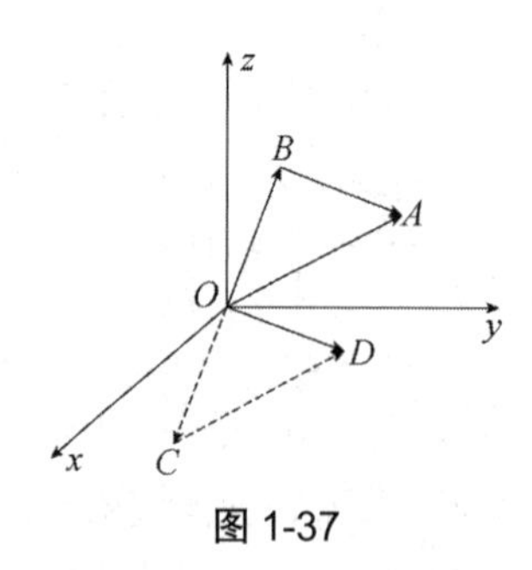

图 1-37

例 3　已知$\vec{a}=(1,3,1)$，$\vec{b}=(2,-1,2)$，计算$\vec{a}+\vec{b}$，$\vec{a}-\vec{b}$，$2\vec{a}-3\vec{b}$

解　$\vec{a}+\vec{b}$=(1+2,3−1,1+2)=(3,2,3)

$\vec{a}-\vec{b}=(1-2,3-(-1),1-2)=(-1,4,-1)$

$2\vec{a}-3\vec{b}=(2,6,2)-(6,-3,6)=(2-6,6+3,2-6)=(-4,9,-4)$

四、空间向量间的夹角与数量积

1. 空间向量的模

向量的大小称为向量的模．利用两点间距离公式，不难得到向量模的公式．设向量$\overrightarrow{OA}=(a_1,a_2,a_3)$，则该向量的模为

$$\left|\overrightarrow{OA}\right|=\sqrt{{a_1}^2+{a_2}^2+{a_3}^2}$$

$\left|\overrightarrow{OA}\right|$也可以记作$\left\|\overrightarrow{OA}\right\|$．

与平面向量一样，模为 1 的向量称为单位向量，单位向量常记作$\vec{e}$．当给出的向量不是单位向量时，可以将其单位化，方法是求出该向量的模，并用模的倒数乘以该向量，所得到的向量即为与该向量同向的单位向量．

例 4　将向量$\vec{a}=(1,3,1)$单位化．

解　因为$|\vec{a}|=\sqrt{1^2+3^2+1^2}=\sqrt{11}$，所以将向量$\vec{a}=(1,3,1)$单位化，得$\dfrac{1}{\sqrt{11}}\vec{a}=\left(\dfrac{1}{\sqrt{11}},\dfrac{3}{\sqrt{11}},\dfrac{1}{\sqrt{11}}\right)$．

2. 空间向量间的夹角与空间向量的数量积

很多物理上的量既有大小又有方向，如力、速度等，我们称为矢量或向量．这些量在几何上也可以用有向线段来表示．此外，在立体几何中，有时需要求两条有向线段的夹角．下面分情况进行讨论．

1）在同一个坐标平面内的两个向量的夹角及数量积

这种情况与两个平面向量的夹角及数量积的讨论相同，这里不再重复．

2）不在同一个坐标平面内的两个向量的夹角及数量积

如果两个向量不在同一个坐标平面内，如图 1-38 所示，在空间直角坐标系中，假设这两个向量的始点都位于坐标原点．

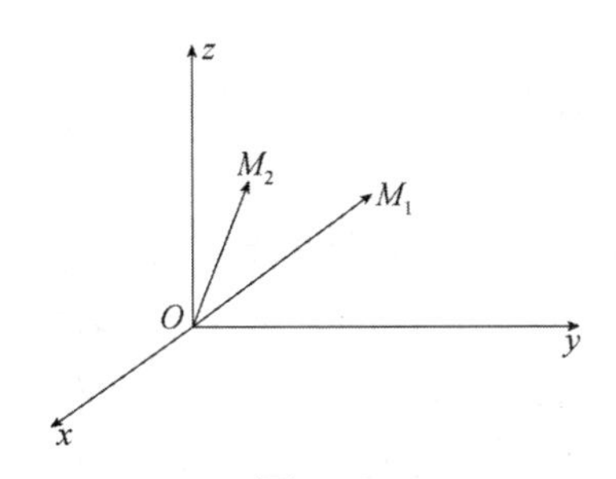

图 1-38

此时的向量$\overrightarrow{OM_1}$与点M_1的坐标对应，假设M_1点的坐标为(x_1,y_1,z_1)，则可以用(x_1,y_1,z_1)表示向量$\overrightarrow{OM_1}$，此时(x_1,y_1,z_1)的含义就是从原点到点$M_1(x_1,y_1,z_1)$的有向线段所表示的向量．假设M_2点的坐标为(x_2,y_2,z_2)，则可以用(x_2,y_2,z_2)表示向量$\overrightarrow{OM_2}$，此时(x_2,y_2,z_2)的含义就是从原点到点$M_2(x_2,y_2,z_2)$的有向线段所表示的向量．

下面求向量$\overrightarrow{OM_1}$与$\overrightarrow{OM_2}$的夹角．假设夹角为θ，由两点间距离公式可得，$\left|\overrightarrow{OM_1}\right|=\sqrt{x_1^2+y_1^2+z_1^2}$，$\left|\overrightarrow{OM_2}\right|=\sqrt{x_2^2+y_2^2+z_2^2}$，$\left|\overrightarrow{M_1M_2}\right|=\sqrt{(x_2-x_1)^2+(y_2-y_1)^2+(z_2-z_1)^2}$．

于是根据余弦定理，有

$$\left|\overrightarrow{M_1M_2}\right|^2=\left|\overrightarrow{OM_1}\right|^2+\left|\overrightarrow{OM_2}\right|^2-2\left|\overrightarrow{OM_1}\right|\left|\overrightarrow{OM_2}\right|\cos\theta$$

$$\cos\theta=\frac{\left|\overrightarrow{OM_1}\right|^2+\left|\overrightarrow{OM_2}\right|^2-\left|\overrightarrow{M_1M_2}\right|^2}{2\left|\overrightarrow{OM_1}\right|\left|\overrightarrow{OM_2}\right|}$$

$$=\frac{x_1^2+y_1^2+z_1^2+x_2^2+y_2^2+z_2^2-(x_2-x_1)^2-(y_2-y_1)^2-(z_2-z_1)^2}{2\sqrt{x_1^2+y_1^2+z_1^2}\sqrt{x_2^2+y_2^2+z_2^2}}$$

$$=\frac{x_1x_2+y_1y_2+z_1z_2}{\sqrt{x_1^2+y_1^2+z_1^2}\sqrt{x_2^2+y_2^2+z_2^2}}$$

已知某个角度的余弦函数值，求该角度，可以利用反函数的概念，将其表示为

$$\theta=\arccos\frac{x_1x_2+y_1y_2+z_1z_2}{\sqrt{x_1^2+y_1^2+z_1^2}\sqrt{x_2^2+y_2^2+z_2^2}}$$

由本章第三节的说明可知，有下面的公式

$$\theta=\begin{cases}\arccos\dfrac{x_1x_2+y_1y_2+z_1z_2}{\sqrt{x_1^2+y_1^2+z_1^2}\sqrt{x_2^2+y_2^2+z_2^2}}, & x_1x_2+y_1y_2+z_1z_2\geqslant 0\\[2ex] \pi-\arccos\dfrac{-(x_1x_2+y_1y_2+z_1z_2)}{\sqrt{x_1^2+y_1^2+z_1^2}\sqrt{x_2^2+y_2^2+z_2^2}}, & x_1x_2+y_1y_2+z_1z_2<0\end{cases}$$

为了今后叙述方便，将上式的分子称为向量$\overrightarrow{OM_1}$与$\overrightarrow{OM_2}$的数量积（也称为内积），记作$\overrightarrow{OM_1}\cdot\overrightarrow{OM_2}$或$\left[\overrightarrow{OM_1},\overrightarrow{OM_2}\right]$，即$\overrightarrow{OM_1}\cdot\overrightarrow{OM_2}=x_1x_2+y_1y_2+z_1z_2$.

同时有

$$\overrightarrow{OM_1}\cdot\overrightarrow{OM_2}=\left|\overrightarrow{OM_1}\right|\left|\overrightarrow{OM_2}\right|\cos\theta$$

当两个向量相同时，它们的数量积为

$$\overrightarrow{OM_1}\cdot\overrightarrow{OM_1}=\left|\overrightarrow{OM_1}\right|\left|\overrightarrow{OM_1}\right|\cos 0°=\left|\overrightarrow{OM_1}\right|^2$$

3. 正交空间向量

将两个相互垂直的空间向量称为正交空间向量.

当向量$\overrightarrow{OM_1}$和$\overrightarrow{OM_2}$垂直时，夹角为$90°$，此时$\cos 90°=0$，于是$\overrightarrow{OM_1}$和$\overrightarrow{OM_2}$的数量积为零，即$x_1x_2+y_1y_2+z_1z_2=0$. 反之也成立. 由此得到下面的等价定义.

若向量$\vec{a}$与$\vec{b}$的内积$\vec{a}\cdot\vec{b}=0$，则称向量$\vec{a}$与$\vec{b}$正交.

例 5 已知$\vec{a}=(1,3,1)$，$\vec{b}=(2,-1,0)$，计算（1）$\vec{a}\cdot\vec{b}$；（2）判断$\vec{a}$与$\vec{b}$是否正交；（3）求二者的夹角.

解 （1）$\vec{a}\cdot\vec{b}=1\times2+3\times(-1)+1\times0=-1$；

（2）因为$\vec{a}\cdot\vec{b}=-1\neq0$，所以$\vec{a}$与$\vec{b}$不正交；

（3）$|\vec{a}|=\sqrt{1^2+3^2+1^2}=\sqrt{11}$，$|\vec{b}|=\sqrt{2^2+(-1)^2+0^2}=\sqrt{5}$，设$\vec{a}$与$\vec{b}$的夹角为$\theta$，则$\cos\theta=\dfrac{\vec{a}\cdot\vec{b}}{|\vec{a}|\cdot|\vec{b}|}=\dfrac{-1}{\sqrt{11}\cdot\sqrt{5}}=-\dfrac{1}{\sqrt{55}}$，于是$\theta=\arccos\left(-\dfrac{1}{\sqrt{55}}\right)=\pi-\arccos\left(\dfrac{1}{\sqrt{55}}\right)$.

五、$\mathbf{R}^3$ 向量空间的正交基与向量的坐标

对于空间中的任意向量，当建立了空间直角坐标系后，都可以用坐标来表示．下面仔细剖析其中的原理．

在空间直角坐标系中，对于任意点M，过该点分别作平行于坐标面的平面，这三个平面与三个坐标轴分别相交于P,Q,R三点，设这三点在各自坐标轴上的坐标分别为x,y,z，则点M的坐标可以写成$M(x,y,z)$，如图 1-39 所示．

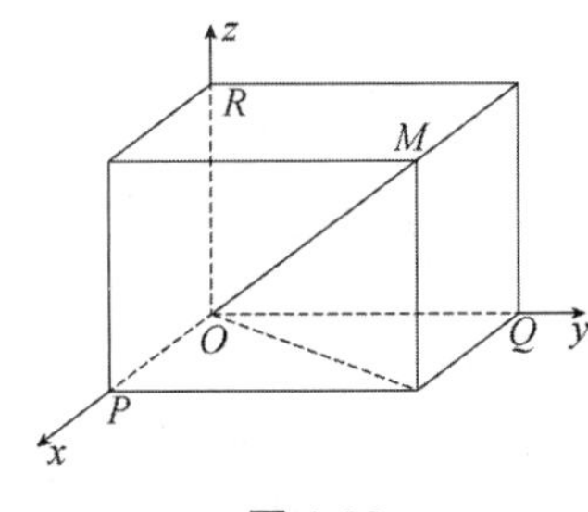

图 1-39

这里面蕴含着下面的意义，$\overrightarrow{OM}=(x,y,z)=x(1,0,0)+y(0,1,0)+z(0,0,1)$，而$(1,0,0)$、$(0,1,0)$和$(0,0,1)$分别表示与$x$轴、$y$轴和$z$轴同向的单位向量，如果分别记为$\overrightarrow{e_1}$、$\overrightarrow{e_2}$、$\overrightarrow{e_3}$，则有$\overrightarrow{OM}=(x,y,z)=x\overrightarrow{e_1}+y\overrightarrow{e_2}+z\overrightarrow{e_3}$．由于空间中任意向量都可以通过这种方式表示，所以称$\overrightarrow{e_1}$、$\overrightarrow{e_2}$、$\overrightarrow{e_3}$为$\mathbf{R}^3$向量空间的基．(x,y,z)称为向量$\overrightarrow{OM}$在基$\overrightarrow{e_1}$、$\overrightarrow{e_2}$、$\overrightarrow{e_3}$下的坐标．

因为$\overrightarrow{e_1}\cdot\overrightarrow{e_2}=1\times0+0\times1+0\times0=0$，$\overrightarrow{e_1}\cdot\overrightarrow{e_3}=1\times0+0\times0+0\times1=0$，$\overrightarrow{e_2}\cdot\overrightarrow{e_3}=0\times0+1\times0+0\times1=0$，所以$\overrightarrow{e_1}$、$\overrightarrow{e_2}$、$\overrightarrow{e_3}$两两相互正交，于是基$\overrightarrow{e_1}$、$\overrightarrow{e_2}$、$\overrightarrow{e_3}$也是正交基．

又因为$\overrightarrow{e_1}$、$\overrightarrow{e_2}$、$\overrightarrow{e_3}$都是单位向量，所以基$\overrightarrow{e_1}$、$\overrightarrow{e_2}$、$\overrightarrow{e_3}$也称为规范正交基．

六、空间平面及其方程

在有了空间向量数量积的概念以后，我们就可以介绍空间平面及其方程．

在平面解析几何中，直线的方程就是直线上任意点的坐标(x,y)所满足的条件．如x轴的方程为$y=0$；y轴的方程为$x=0$；第一、三象限的角平分线的方程为$y=x$．

在空间直角坐标系中，平面的方程是指在平面上的任意点的坐标(x,y,z)所满足的条件．

1．平面的点法式方程

平面的点法式方程类似于平面直线的点法式方程．为此，下面先给出平面直线的点法式方程的推导过程．

假设直线过点(x_0,y_0)且与向量(a,b)垂直，求该直线的方程．

设所求直线上任意点的坐标为(x,y)，则向量$(x-x_0,y-y_0)$与向量(a,b)垂直，于是有

$$a(x-x_0)+b(y-y_0)=0 \tag{1-2}$$

例 6　求过点$(1,2)$且与向量$(-1,1)$垂直的直线方程．

解　设所求直线的方程为

$$a(x-x_0)+b(y-y_0)=(-1)(x-1)+1\cdot(y-2)=0$$

化简得　$x-y+1=0$．

下面推导空间平面的点法式方程.

假设空间平面过点 $M_0(x_0,y_0,z_0)$，其法向量为 $\vec{a}=(A,B,C)$，求该平面的方程.

解 如图 1-40 所示，设所求平面上异于 M_0 的任意点的坐标为 $M(x,y,z)$，则向量 $\overrightarrow{M_0M}=(x-x_0,y-y_0,z-z_0)$ 与 $\vec{a}=(A,B,C)$ 垂直，于是有

$$A(x-x_0)+B(y-y_0)+C(z-z_0)=0 \tag{1-3}$$

当 $M=M_0$ 时，方程（1-3）也成立. 所以方程（1-3）为所求平面的方程.

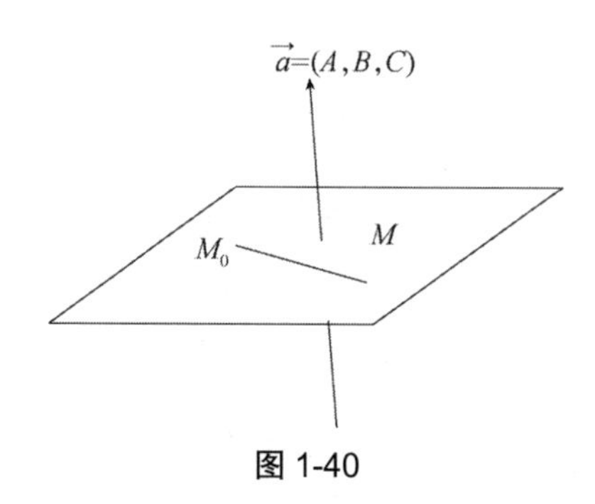

图 1-40

例 7 求过点 $(1,2,1)$ 且法向量为 $(-1,1,1)$ 的平面的方程.

解 所求平面方程为

$$(-1)(x-1)+1\times(y-2)+1\times(z-1)=0$$

即

$$x-y-z+2=0$$

练习 1 求过点 $(3,2,-1)$ 且法向量为 $(1,2,3)$ 的平面的方程.

2. 平面的一般式方程

可将方程（1-3）整理成三元一次方程 $Ax+By+Cz+D=0$ 的形式. 反过来，任一个三元一次方程

$$Ax+By+Cz+D=0 \text{（其中 } A\text{、}B\text{、}C \text{ 不全为零）} \tag{1-4}$$

都表示一个平面.

事实上，选取方程（1-4）的一个解 (x_0,y_0,z_0)，则

$$Ax_0+By_0+Cz_0+D=0\ . \tag{1-5}$$

将方程（1-4）减去方程（1-5）得方程（1-4）的另一种形式

$$A(x-x_0)+B(y-y_0)+C(z-z_0)=0$$

这正是一个过点 $M_0(x_0,y_0,z_0)$，法向量为 $\vec{n}=(A,B,C)$ 的平面的方程.

方程（1-4）称为平面的一般式方程，其中 x，y，z 的系数就是该平面的法向量的坐标.

例 8 指出方程 $x+y+z=1$ 所表示平面的位置.

解 此平面的法向量为 $(1,1,1)$. 令 $x=0$，$y=0$，则由方程得 $z=1$，所以平面过点 $(0,0,1)$. 平面的位置如图 1-41 所示.

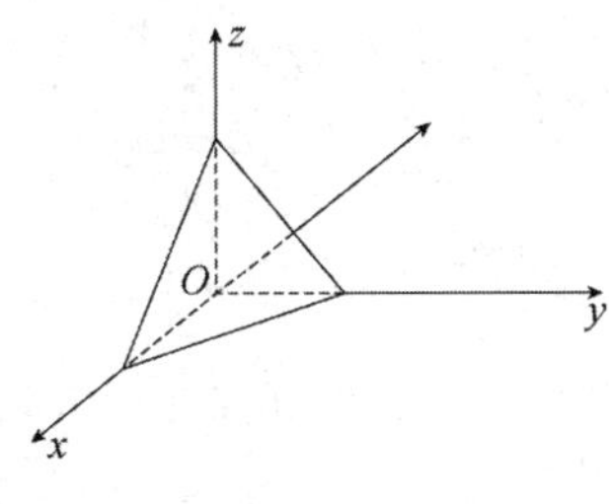

图 1-41

练习 2　指出方程 $x-2y+z+2=0$ 所表示平面的位置.

七、空间直线及其方程

1. 空间直线的点向式方程

当已知空间直线的方向向量和所通过的某点时，空间的直线就确定了. 假设已知直线上的一点 $M_0\left(x_0,y_0,z_0\right)$ 和它的一个方向向量 $\vec{s}=\left(l,m,n\right)$，则该直线方程可以写成

$$\frac{x-x_0}{l}=\frac{y-y_0}{m}=\frac{z-z_0}{n}$$

此即空间直线的点向式方程.

设直线上任一点的坐标为 $M\left(x,y,z\right)$，则有 $\overrightarrow{M_0M}$ 平行于 $\vec{s}$，即满足 $\overrightarrow{M_0M}=t\vec{s}$，于是有

$$\begin{cases} x-x_0=tl \\ y-y_0=tm \\ z-z_0=tn \end{cases}$$

整理得

$$\begin{cases} \dfrac{x-x_0}{l}=t \\ \dfrac{y-y_0}{m}=t \\ \dfrac{z-z_0}{n}=t \end{cases}$$

上式称为空间直线的参数方程.

例 9　求通过点 $M_0\left(1,2,3\right)$，方向向量为 $\vec{s}=\left(-1,2,1\right)$ 的直线的点向式方程和参数方程.

解　根据直线的点向式方程公式，可得所求直线的点向式方程为

$$\frac{x-1}{-1}=\frac{y-2}{2}=\frac{z-3}{1}$$

参数方程为

$$\begin{cases} x=1-t \\ y=2+2t \\ z=3+t \end{cases}$$

2. 空间直线的一般式方程

空间直线可以看成两个平面的交线，故其一般方程为

$$\begin{cases} A_1x + B_1y + C_1z + D_1 = 0 \\ A_2x + B_2y + C_2z + D_2 = 0 \end{cases}$$

例如，$\begin{cases} x+2y-3z=0 \\ x+y-2z=0 \end{cases}$表示一条直线.

上面介绍了空间直线的点向式方程、参数方程和一般式方程，这三种方程形式可以互相转化，下面通过具体的例子加以说明.

1）将直线的点向式方程化为一般式方程

例 10 将例 9 的点向式方程化为一般式方程.

解 由例 9 可知，此直线的点向式方程为$\frac{x-1}{-1}=\frac{y-2}{2}=\frac{z-3}{1}$，将第一个等号和第二个等号分别写成一个方程，可得$\frac{x-1}{-1}=\frac{y-2}{2}$和$\frac{y-2}{2}=\frac{z-3}{1}$，即$2(x-1)=-(y-2)$，$y-2=2(z-3)$，整理得

$$\begin{cases} 2x+y-4=0 \\ y-2z+4=0 \end{cases}$$

2）将直线的一般式方程化为点向式方程

例 11 用点向式方程及参数方程表示直线$\begin{cases} x+y+z+1=0 \\ 2x-y+3z+4=0 \end{cases}$.

解 在直线上任取一点$A(x_1,y_1,z_1)$，不妨取$x_1=1 \Rightarrow \begin{cases} y_1+z_1+2=0 \\ y_1-3z_1-6=0 \end{cases}$，解得$y_1=0,z_1=-2$，即$A$点坐标为$(1,0,-2)$.

在直线上取另外一点$B(x_2,y_2,z_2)$，不妨取$x_2=2 \Rightarrow \begin{cases} y_2+z_2+3=0 \\ y_2-3z_2-8=0 \end{cases}$，解得$y_2=-\frac{1}{4}$，$z_2=-\frac{11}{4}$，即$B$点坐标为$\left(2,-\frac{1}{4},-\frac{11}{4}\right)$.

于是直线的方向向量为$\overrightarrow{AB}=\left(1,-\frac{1}{4},-\frac{3}{4}\right)$，所以直线的点向式方程为$\frac{x-1}{4}=\frac{y-0}{-1}=\frac{z+2}{-3}$，直线的参数方程为$\begin{cases} x=1+4t \\ y=-t \\ z=-2-3t \end{cases}$.

习题一

1．已知$4x-3y-5=0$，试用y表示x.

2．已知$\begin{cases} x=1 \\ y=3 \end{cases}$是方程$3x+ay=4$的解，则$a$为多少？

3．当m为多少时，方程组$\begin{cases} 3x-y=3 \\ 2x+my=4 \end{cases}$只有一组解？

4．解下列二元线性方程组：

（1）$\begin{cases} x-2y=2 \\ 3x+5y=3 \end{cases}$；

（2）$\begin{cases} a_1x+b_1y=c_1 \\ a_2x+b_2y=c_2 \end{cases}$，其中$a_1$，$a_2$，$b_1$，$b_2$均不为零，$a_1b_2-a_2b_1\neq 0$．

（3）$\begin{cases} a_{11}x_1+a_{12}x_2=b_1 \\ a_{21}x_1+a_{22}x_2=b_2 \end{cases}$，其中$a_{11}$，$a_{12}$，$a_{21}$，$a_{22}$均不为零，$a_{11}a_{22}-a_{12}a_{21}\neq 0$．

5．解下列三元线性方程组：

（1）$\begin{cases} x+2y+3z=10 \\ 4x-3y+6z=11 \\ 7x+8y+9z=12 \end{cases}$；

（2）$\begin{cases} a_1x+b_1y+c_1z=d_1 \\ a_2x+b_2y+c_2z=d_2 \\ a_3x+b_3y+c_3z=d_3 \end{cases}$，其中$a_1$，$a_2$，$b_1$，$b_2$，$c_1$，$c_2$均不为零，

$a_1b_2c_3+a_2b_3c_1+a_3b_1c_2-a_3b_2c_1-a_1b_3c_2-a_2b_1c_3\neq 0$．

（3）$\begin{cases} a_{11}x_1+a_{12}x_2+a_{13}x_3=b_1 \\ a_{21}x_1+a_{22}x_2+a_{23}x_3=b_2 \\ a_{31}x_1+a_{32}x_2+a_{33}x_3=b_3 \end{cases}$，其中$a_{11}$，$a_{12}$，$a_{13}$，$a_{21}$，$a_{22}$，$a_{23}$，$a_{31}$，$a_{32}$，$a_{33}$均不为零，

$a_{11}a_{22}a_{33}+a_{21}a_{32}a_{13}+a_{31}a_{12}a_{23}-a_{31}a_{22}a_{13}-a_{11}a_{32}a_{23}-a_{21}a_{12}a_{33}\neq 0$．

6．求出下列点关于指定直线的对称点的坐标：

（1）点$P(-1,3)$关于x轴；（2）点$P(-1,3)$关于y轴；（3）点$P(-1,3)$关于$y=x$．

7．求点$P_1(-2,1)$与点$P_2(4,2)$间的距离．

8．求出满足下列指定条件的直线方程：

（1）过点$M_1(-2,3)$和点$M_2(2,4)$；

（2）过点$M_1(1,-2)$且斜率为4；

（3）过点$M(-1,2)$且与x轴正向的夹角为$45°$；

（4）过点$M(2,3)$且与直线$3x-2y-1=0$平行；

（5）过点$M(-2,3)$且与直线$x-3y-1=0$垂直．

9．用坐标表示以原点$O(0,0)$为始点，以$A(2,-3)$为终点的平面向量$\overrightarrow{OA}$．

10．建立平面直角坐标系，用坐标表示题10图中的向量$\overrightarrow{AB},\overrightarrow{BC},\overrightarrow{DB}$．图中$AB,AD$的长度分别为3和2．

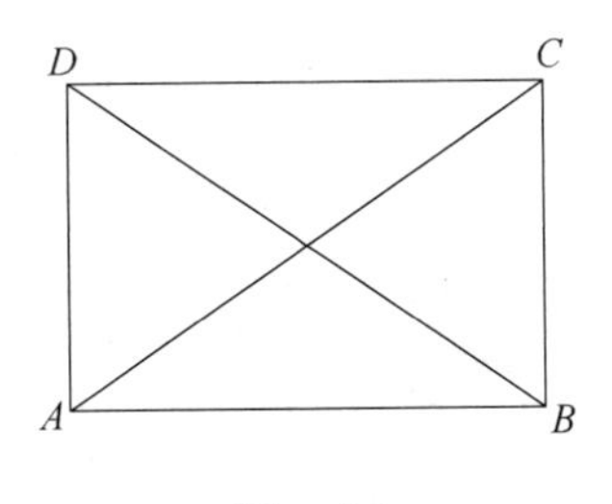

题10图

11．已知$\vec{a}=(4,-1)$，$\vec{b}=(-2,1)$，计算$\vec{a}+\vec{b}$，$\vec{a}-\vec{b}$，$2\vec{a}-3\vec{b}$．

12．将向量$\vec{a}=(2,3)$单位化．

13．已知$\vec{a}=(2,4)$，$\vec{b}=(2,-1)$，计算（1）$\vec{a}\cdot\vec{b}$；（2）判断$\vec{a}$ 与$\vec{b}$是否正交；（3）求二者的夹角．

14．现有一长方体 *ABCD*–*EFGH*，在其上建立了坐标系，如图 1-26 所示，其中长 *AB*=3，宽 *AD*=2，高 *AE*=1，$AM=\dfrac{1}{3}AD$，$GN=\dfrac{1}{4}GH$，分别写出M,N两点的坐标，并利用两点间距离公式求线段 *MN* 的长度．

15．用坐标表示以$A(0,1,1)$为始点，以$B(1,3,3)$为终点的空间向量$\overrightarrow{AB}$．

16．通过建立空间直角坐标系，用坐标表示题 16 图中的向量$\overrightarrow{AB},\overrightarrow{CC'},\overrightarrow{B'C'},\overrightarrow{DB'}$．图中$AB,BC,BB'$的长度分别为 2，3，1．

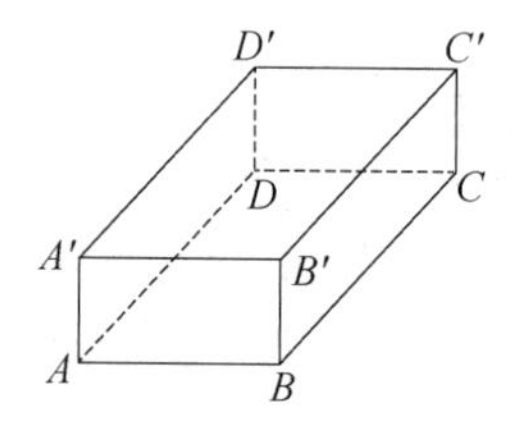

题 16 图

17．已知$\vec{a}=(1,2,1)$，$\vec{b}=(-2,2,1)$，计算$\vec{a}+\vec{b}$，$\vec{a}-\vec{b}$，$2\vec{a}-3\vec{b}$．

18．已知$\vec{a}=(1,2,1)$，$\vec{b}=(-2,2,1)$，计算（1）$\vec{a}\cdot\vec{b}$；（2）判断$\vec{a}$ 与$\vec{b}$是否正交；（3）求二者的夹角．

19．举例说明$\mathbf{R}^3$向量空间中规范正交基的含义．

第二章　二元线性方程组与矩阵

正如前面介绍的，线性代数是在研究如何求解线性方程组的过程中发展起来的．为了说清楚求解多元线性方程组的方法和由此产生的理论，我们先从最简单的情况说起，在小问题中讲解大道理．

本章介绍二元线性方程组与化对角线形、二元线性方程组化对角线形求解与矩阵表示、利用求逆矩阵的方法求解有唯一解的二元线性方程组．

第一节　二元线性方程组与化对角线形求解

所谓二元线性方程组，就是有两个未知数的一次方程组．这种方程组在实际问题中经常会遇到，由实际问题建立方程组后，如何求解二元线性方程组就成为主要问题．

引例　著名的鸡兔同笼问题：共有 35 个头，94 只脚．求笼中鸡、兔各有多少只？

注　鸡兔同笼问题出自《孙子算经》，该书是中国古人对数学的重要贡献之一，其中就记载了这个有趣的问题。书中是这样叙述的：

今有雉兔同笼，上有三十五头，下有九十四足，问雉兔各几何？

对于此问题有多种解法，我们在小学时学过下面的算术解法：

（1）如果笼子里都是鸡，就有 $35\times2=70$ 只脚，这样就多出 $94-70=24$ 只脚；

（2）因为一只兔比一只鸡多两只脚，所以共有 $24\div2=12$ 只兔；

（3）于是笼子里有 $35-12=23$ 只鸡、12 只兔．

在小学的数学课本中还介绍了古人解决鸡兔同笼问题的方法，方法如下：

（1）假如让鸡抬起一只脚，兔子抬起两只脚，还有 $94\div2=47$ 只脚；

（2）这时，每只鸡 1 只脚，每只兔子 2 只脚，笼子里只要有一只兔子，则脚的总数就比头的总数多 1；

（3）这时脚的总数与头的总数之差 $47-35=12$，就是兔子的只数．

（4）鸡的数量为 $35-12=23$（只）．

上面的方法具有复杂的分析和推理过程，实际上这类问题通过建立方程来求解更容易理解．下面给出通过建立方程来求解的过程．

分析　假设鸡有 x 只，兔有 y 只．依题可得

$$\begin{cases} x+y=35 & ① \\ 2x+4y=94 & ② \end{cases}$$

这样，就把一个实际问题转化为一个二元一次方程组的求解问题．

求解此方程组有多种方法，下面介绍一种对于多元一次方程组普遍适用的方法．

为此，先介绍方程组的同解，以及保持方程组同解的处理技术．

所谓两个方程组同解，是指任何一个方程组的解都是另一个方程组的解.

不难看出，下面的三种处理方法可保持方程组同解.

1）倍法处理

将方程组中任一方程的两边同乘非零常数后，所得到的新方程组与原方程组同解. 例如，方程组$\begin{cases}x+y=35\\2x+4y=94\end{cases}$与方程组$\begin{cases}3x+3y=105\\2x+4y=94\end{cases}$同解.

2）换法处理

将方程组中的任意两个方程对调后，所得到的新方程组与原方程组同解. 例如，方程组$\begin{cases}x+y=35\\2x+4y=94\end{cases}$与方程组$\begin{cases}2x+4y=94\\x+y=35\end{cases}$同解.

3）消法处理

将方程组中的某一个方程两边同乘以不为零的数加到另一个方程后，所得到的新方程组与原方程组同解. 例如，方程组$\begin{cases}x+y=35\\2x+4y=94\end{cases}$的第一个方程两边同乘以−2，然后加到第二个方程上，就得到了新方程组$\begin{cases}x+y=35\\2y=24\end{cases}$，则这两个方程组同解.

接下来介绍将一般方程组转化为对角线形方程组的方法.

所谓对角线形方程组，是指将线性方程组含有未知数的项放在等号的左边，常数放在等号的右边以后，如果方程组中每个方程只含有一个未知数且未知数前面的系数为 1，此时将这些方程按照未知数的顺序排序，并将方程中不出现的未知数的位置空出来，则方程组所出现的未知数形成一个对角线形状. 下面对本题进行求解.

$$\begin{cases}x+y=35 & ①\\2x+4y=94 & ②\end{cases}\xrightarrow{②+(-2)\times①}\begin{cases}x+y=35 & ③\\\quad 2y=24 & ④\end{cases}\xrightarrow{\frac{1}{2}\times④}\begin{cases}x+y=35 & ⑤\\\quad y=12 & ⑥\end{cases}$$

$$\xrightarrow{⑤+(-1)\times⑥}\begin{cases}x\quad=23 & ⑦\\\quad y=12 & ⑧\end{cases}$$

其中箭头上方的式子表示对方程所做的处理，第一个箭头上方的式子②+(−2)×①表示方程组的标有①的方程两边同乘以−2 再加到标有②的方程上面. 第二个箭头上方的式子$\frac{1}{2}\times$④ 表示方程组的标有④的方程两边同乘以$\frac{1}{2}$. 第三个箭头上方的式子⑤+(−1)×⑥，表示方程组的标有⑥的方程两边同乘以−1 再加到标有⑤的方程上面.

这样，就得到了方程组的解. 所以鸡有 12 只，兔有 23 只.

方程组的解，就是一个对角线形方程组，如$\begin{cases}x\ =\ 23\\y=12\end{cases}$，所以将方程组转化为对角线形方程组，就等同于求出了方程组的解.

注意

（1）在对线性方程组进行消法处理时，要搞清楚进行消法处理后哪个方程是不变的，哪个方程是变的. 被数乘的方程在消法处理后保持不变，被加的方程则是要变的.

（2）上面所给的消法处理是一种经过反复实践总结出来的，使得方程组化为对角线形方程组的最佳方式，可以保障前面按要求所做的处理不会被再次修改，避免走弯路，费时费力.

（3）为什么不用减法，这是因为单纯的方程 i 减去方程 j，可以看作消法处理的特殊情况，即方程 j 乘以（−1）加到方程 i 上去．另外，如果将消法处理改为"将方程组中的某一个方程两边同乘以不为零的数再减去另一个方程"，并且被数乘的方程会变，减去的方程则保持不变，也可以将方程组化为对角线形，但是过程会复杂．例如，

$$\begin{cases} x+y=35 & ① \\ 2x+4y=94 & ② \end{cases} \xrightarrow{2\times①-②} \begin{cases} -2y=-24 & ③ \\ 2x+4y=94 & ④ \end{cases} \xrightarrow{-2\times③} \begin{cases} 4y=48 & ⑤ \\ 2x+4y=94 & ⑥ \end{cases}$$

$$\xrightarrow{1\times⑥-⑤} \begin{cases} 4y=48 & ⑦ \\ 2x=46 & ⑧ \end{cases} \xrightarrow{⑦\leftrightarrow⑧} \begin{cases} 2x=46 & ⑨ \\ 4y=48 & ⑩ \end{cases} \xrightarrow{⑨\times\frac{1}{2}} \begin{cases} x=23 & ⑪ \\ 4y=48 & ⑫ \end{cases} \xrightarrow{⑫\times\frac{1}{4}} \begin{cases} x=23 & ⑬ \\ y=12 & ⑭ \end{cases}$$

4）线性方程组的化对角线形方法与第一章第一节介绍的代入法的比较

下面通过一个例子加以说明．

对于线性方程组 $\begin{cases} a_1x+b_1y=c_1 & ① \\ a_2x+b_2y=c_2 & ② \end{cases}$ 利用化对角线形方法求解的过程如下：

$$\begin{cases} a_1x+b_1y=c_1 & ① \\ a_2x+b_2y=c_2 & ② \end{cases} \xrightarrow{\frac{1}{a_1}\times①} \begin{cases} x+\dfrac{1}{a_1}b_1y=\dfrac{1}{a_1}c_1 & ③ \\ a_2x+b_2y=c_2 & ④ \end{cases} \xrightarrow{④+(-a_2)\times③} \begin{cases} x+\dfrac{1}{a_1}b_1y=\dfrac{1}{a_1}c_1 & ⑤ \\ b_2y-\dfrac{a_2}{a_1}b_1y=c_2-\dfrac{a_2}{a_1}c_1 & ⑥ \end{cases}$$

$$\xrightarrow{\frac{1}{b_2-\frac{a_2}{a_1}b_1}\times⑥} \begin{cases} x+\dfrac{1}{a_1}b_1y=\dfrac{1}{a_1}c_1 & ⑦ \\ y=\dfrac{c_2-\dfrac{a_2}{a_1}c_1}{b_2-\dfrac{a_2}{a_1}b_1} & ⑧ \end{cases} \xrightarrow{⑦+\left(-\frac{b_1}{a_1}\right)\times⑧} \begin{cases} x=\dfrac{1}{a_1}c_1-\dfrac{b_1}{a_1}\dfrac{c_2-\dfrac{a_2}{a_1}c_1}{b_2-\dfrac{a_2}{a_1}b_1} & ⑨ \\ y=\dfrac{c_2-\dfrac{a_2}{a_1}c_1}{b_2-\dfrac{a_2}{a_1}b_1} & ⑩ \end{cases}$$

利用代入法求解过程如下：

由①得

$$x=\frac{1}{a_1}(c_1-b_1y) \qquad ③'$$

将③′代入②可得 $a_2\dfrac{1}{a_1}(c_1-b_1y)+b_2y=c_2$，通过移项可得 $b_2y-\dfrac{a_2}{a_1}b_1y=c_2-\dfrac{a_2}{a_1}c_1$（此步与化对角线形方法一致）．于是 $\left(b_2-\dfrac{a_2}{a_1}b_1\right)y=c_2-\dfrac{a_2}{a_1}c_1$，解得 $y=\dfrac{c_2-\dfrac{a_2}{a_1}c_1}{b_2-\dfrac{a_2}{a_1}b_1}$，将其代入③′得

$$x=\frac{1}{a_1}\left(c_1-b_1\frac{c_2-\dfrac{a_2}{a_1}c_1}{b_2-\dfrac{a_2}{a_1}b_1}\right)$$

从上面的例子可以看出，这两种方法本质上是一样的，但代入法需要移项．

下面再看一个利用化对角线形方法求解线性方程组的例子.

例 1 某粮库有两个仓库，第一个仓库存粮的 2 倍等于第二个仓库存粮的 3 倍，如果从第一个仓库中取出 20 吨粮食放入第二个仓库中，则第二个仓库中的粮食是第一个仓库中的 $\frac{5}{7}$，问每个仓库各有多少粮食?

分析 如果利用算术方法解题，会很困难，这时需要求出 20 吨粮食占所求仓库存粮的比例，然后才能得到结果.

假设第二个仓库的存粮为整体 1，则第一个仓库的存粮为 $\frac{3}{2}$，经过 20 吨的转移，第一、第二个仓库的存粮分别为 $\frac{35}{24}$ 和 $\frac{25}{24}$（这是因为两个仓库的总数为 $\frac{3}{2}+1=\frac{5}{2}$，按照 $1:\frac{5}{7}$ 分配），两个仓库的存粮变化所占的比例为 $\left(\frac{3}{2}-1\right)-\left(\frac{35}{24}-\frac{25}{24}\right)=\frac{1}{12}$，这完全是 20 吨粮食转移造成的，即第二个仓库的存粮的 $\frac{1}{12}$ 等于 40，所以第二个仓库的存粮为 $40\div\frac{1}{12}=480$ 吨，第一个仓库的存粮为 720 吨.

利用上面的分析方法求解很困难，如果利用方程求解则很容易，下面给出求解过程.

解 设第一个仓库的存粮为 x 吨，第二个仓库的存粮为 y 吨. 依题可得

$$\begin{cases} 2x-3y=0 \\ \frac{5}{7}(x-20)=y+20 \end{cases}$$

整理得 $\begin{cases} 2x-3y=0 & ① \\ \frac{5}{7}x-y=\frac{240}{7} & ② \end{cases}$.

下面利用化对角线形方法求解此方程组. $\begin{cases} 2x-3y=0 & ① \\ \frac{5}{7}x-y=\frac{240}{7} & ② \end{cases} \xrightarrow{\frac{1}{2}\times①} \begin{cases} x-\frac{3}{2}y=0 & ③ \\ \frac{5}{7}x-y=\frac{240}{7} & ④ \end{cases}$

$$\xrightarrow{④+\left(-\frac{5}{7}\right)\times③} \begin{cases} x-\frac{3}{2}y=0 & ⑤ \\ \frac{1}{14}y=\frac{240}{7} & ⑥ \end{cases} \xrightarrow{14\times⑥} \begin{cases} x-\frac{3}{2}y=0 & ⑦ \\ y=480 & ⑧ \end{cases} \xrightarrow{⑦+\frac{3}{2}\times⑧} \begin{cases} x=720 & ⑨ \\ y=480 & ⑩ \end{cases}.$$

所以第二个仓库的存粮为 720 吨，第一个仓库的存粮为 480 吨.

上述将方程组化为对角线形方程组的方法可以概括如下:

（1）将方程组中第一个未知数前面系数不为零且比较简单的方程调整为方程组的第一个方程，并将第一个未知数前面的系数化为 1，接下来将后面其他方程与第一个方程进行消法处理，使得这些方程的第一个未知数前面的系数化为零.

（2）从得到的不含有第一个未知数的方程中，将第二个未知数前面系数化为 1.

（3）将前面得到的第一个方程与最后一个方程进行消法处理，使得第一个方程的第二个未知数前面的系数化为零.

练习 1　通过将方程组化为对角线形求解线性方程组$\begin{cases}2x+3y=6\\x-2y=7\end{cases}$.

第二节　二元线性方程组化对角线形求解与矩阵表示

从本章第一节线性方程组的求解过程可以看出，最后的解与方程组中每个方程未知数前面的系数和方程右侧的常数项有关，而与未知数无关，为了简洁，下面引入一套新的表示方法.

对于本章第一节的引例中的方程组$\begin{cases}x+y=35,\\2x+4y=94\end{cases}$，将未知数前面的系数放在一块，记为$\boldsymbol{A}=\begin{pmatrix}1&1\\2&4\end{pmatrix}$，称为方程组的系数矩阵，因为有 2 行 2 列，所以也称为 2×2 的矩阵. 其中乘号前面的数是矩阵所拥有的行数，乘号后面的数是矩阵所拥有的列数. 将未知数放在一起并竖向排列，记$\vec{x}=\begin{pmatrix}x\\y\end{pmatrix}$，称为未知数的列向量，是 2×1 矩阵，是列数最少的矩阵. 将方程组的常数放在一起并竖向排列，记$\vec{b}=\begin{pmatrix}35\\94\end{pmatrix}$，称为方程组的常向量，也是 2×1 矩阵.

这样一来，方程组$\begin{cases}x+y=35,\\2x+4y=94\end{cases}$就完全由这三个矩阵确定了. 为此，在它们之间定义一种运算和矩阵相等.

令$\boldsymbol{A}\vec{x}=\begin{pmatrix}1&1\\2&4\end{pmatrix}\begin{pmatrix}x\\y\end{pmatrix}=\begin{pmatrix}1\cdot x+1\cdot y\\2\cdot x+4\cdot y\end{pmatrix}=\begin{pmatrix}x+y\\2x+4y\end{pmatrix}$. 规定$\begin{pmatrix}x+y\\2x+4y\end{pmatrix}=\begin{pmatrix}35\\94\end{pmatrix}$等价于$\begin{cases}x+y=35\\2x+4y=94\end{cases}$，即对应元素相等. 这样方程组可以简洁地表示为$\boldsymbol{A}\vec{x}=\vec{b}$，称为该方程组的矩阵表示.

将上面的矩阵相乘和相等的定义推广到一般情况，就有下面的定义.

定义 1　设$\boldsymbol{A}=\begin{pmatrix}a&b\\c&d\end{pmatrix}$，$\boldsymbol{B}=\begin{pmatrix}e\\f\end{pmatrix}$，则规定$\boldsymbol{AB}=\begin{pmatrix}a&b\\c&d\end{pmatrix}\begin{pmatrix}e\\f\end{pmatrix}=\begin{pmatrix}ae+bf\\ce+df\end{pmatrix}$.

定义 2　若矩阵 $\boldsymbol{A}$ 和 $\boldsymbol{B}$ 具有相同的行数和列数，则称 $\boldsymbol{A}$ 和 $\boldsymbol{B}$ 是同形矩阵.

定义 3　两个同形矩阵 $\boldsymbol{A}$ 和 $\boldsymbol{B}$ 的对应元素相等，则称 $\boldsymbol{A}$ 与 $\boldsymbol{B}$ 相等，记为 $\boldsymbol{A}=\boldsymbol{B}$.

例 1　已知$\boldsymbol{A}=\begin{pmatrix}1&2\\3&4\end{pmatrix}$，$\boldsymbol{B}=\begin{pmatrix}2\\3\end{pmatrix}$，求$\boldsymbol{AB}$.

解　$\boldsymbol{AB}=\begin{pmatrix}1&2\\3&4\end{pmatrix}\begin{pmatrix}2\\3\end{pmatrix}=\begin{pmatrix}1\times2+2\times3\\3\times2+4\times3\end{pmatrix}=\begin{pmatrix}8\\18\end{pmatrix}$.

练习 1　已知$\boldsymbol{A}=\begin{pmatrix}-2&2\\1&3\end{pmatrix}$，$\boldsymbol{B}=\begin{pmatrix}4\\3\end{pmatrix}$，求$\boldsymbol{AB}$.

例 2　将方程组$\begin{cases}x-3y=0\\5x-7y=240\end{cases}$表示为矩阵形式.

解 令 $\boldsymbol{A}=\begin{pmatrix}1 & -3\\ 5 & -7\end{pmatrix}$，$\vec{x}=\begin{pmatrix}x\\ y\end{pmatrix}$，$\vec{b}=\begin{pmatrix}0\\ 240\end{pmatrix}$，则方程组可以简写成 $\boldsymbol{A}\vec{x}=\vec{b}$.

练习 2 将方程组 $\begin{cases}2x-4y=5\\ 3x-5y=7\end{cases}$ 表示为矩阵形式.

对方程组实施的对角线形处理，实际上可以归结为对系数矩阵和常向量进行的运算．为此，将二者合成为一个矩阵，称为增广矩阵，记作 $\tilde{\boldsymbol{A}}$ ．对于本章第一节引例中的方程组，其增广矩阵 $\tilde{\boldsymbol{A}}=\begin{pmatrix}1 & 1 & 35\\ 2 & 4 & 94\end{pmatrix}$.

对于本节例 2 中的方程组，其增广矩阵为 $\tilde{\boldsymbol{A}}=\begin{pmatrix}1 & -3 & 0\\ 5 & -7 & 240\end{pmatrix}$.

对方程组施行的三种同解处理，对应于对增广矩阵施行的三种处理，它们分别是：

（1）**倍法变换** 用一常数 k（$k\neq0$）乘以矩阵的第 i 行，记为 kr_i；

（2）**换法变换** 互换矩阵的第 i 行与第 j 行，记为 $r_i\leftrightarrow r_j$；

（3）**消法变换** 将矩阵的第 i 行乘以 k 加到第 j 行上，记为 r_j+kr_i .

以上三种对矩阵的处理，称为矩阵的初等行变换.

因为有唯一解的方程组总可以化为对角线形，所以对应的增广矩阵可以化为 $\tilde{\boldsymbol{A}}=\begin{pmatrix}1 & 0 & b_1\\ 0 & 1 & b_2\end{pmatrix}$.

这样，就可以得到对应方程组的解为 $x=b_1,y=b_2$.

上述对增广矩阵进行初等行变换来求方程组解的方法，称为线性方程组的增广矩阵方法.

例 3 利用线性方程组的增广矩阵方法，求解本章第一节引例中的方程组.

解 增广矩阵

$$\tilde{\boldsymbol{A}}=\begin{pmatrix}1 & 1 & 35\\ 2 & 4 & 94\end{pmatrix}\xrightarrow{r_2+(-2)\times r_1}\begin{pmatrix}1 & 1 & 35\\ 0 & 2 & 24\end{pmatrix}\xrightarrow{\frac{1}{2}\times r_2}\begin{pmatrix}1 & 1 & 35\\ 0 & 1 & 12\end{pmatrix}\xrightarrow{r_1+(-1)\times r_2}\begin{pmatrix}1 & 0 & 23\\ 0 & 1 & 12\end{pmatrix}$$

于是方程组的解为 $x=23,y=12$.

练习 3 利用线性方程组的增广矩阵方法，求解方程组 $\begin{cases}2x-4y=5\\ 3x-5y=7\end{cases}$.

第三节 利用求逆矩阵的方法求解有唯一解的二元线性方程组

本章第二节介绍了求解线性方程组的增广矩阵方法，本节介绍另一种方法．此方法是先求线性方程组系数矩阵的逆矩阵再来求解的．由此得到的逆矩阵概念和相关理论，在后面的学习内容中，例如，在二次曲线的方程与坐标变换、配方法化二次型为标准形、正交变换等中，都有很重要的应用.

为什么要引入逆矩阵呢？下面先通过一个类似的例子来说明.

在求解一元方程 $ay=b$ 时，用 a^{-1} 乘方程等号的两边，即 $a^{-1}ay=a^{-1}b$，由此得到方程的解 $y=a^{-1}b$ ．将此做法推广到线性方程组中，求解线性方程组就是将线性方程组的矩阵表示 $\boldsymbol{A}\vec{x}=\vec{b}$ 中等号的左侧，经过变化露出 $\vec{x}$ ．为此，需要在方程两边乘以与求解一元方程 $ay=b$ 中

a^{-1}类似的$\boldsymbol{A}^{-1}$，使得$\boldsymbol{A}^{-1}\boldsymbol{A}\vec{x}=\vec{x}$．要使此式成立，需要$\boldsymbol{A}^{-1}\boldsymbol{A}=\boldsymbol{E}$．这样，我们可以将$\boldsymbol{A}$的逆矩阵$\boldsymbol{A}^{-1}$描述为：满足$\boldsymbol{BA}=\boldsymbol{E}$的$\boldsymbol{B}$称为$\boldsymbol{A}$的逆矩阵，记作$\boldsymbol{B}=\boldsymbol{A}^{-1}$．

为了更好地说明逆矩阵的概念，需要先介绍矩阵相乘的运算和初等矩阵的概念．

一、矩阵相乘

本章第二节介绍了2×2矩阵乘2×1矩阵的运算，此种运算包含的规则也适合2×2矩阵乘2×2矩阵．先看一个具体的例子．

例 1　已知$\boldsymbol{A}=\begin{pmatrix}1 & -3\\ 5 & -7\end{pmatrix}$，$\boldsymbol{B}=\begin{pmatrix}2 & 4\\ -1 & 5\end{pmatrix}$，计算$\boldsymbol{AB}$．

分析　利用本章第二节中介绍的方法，我们可以计算出$\begin{pmatrix}1 & -3\\ 5 & -7\end{pmatrix}\begin{pmatrix}2\\ -1\end{pmatrix}=\begin{pmatrix}5\\ 17\end{pmatrix}$，$\begin{pmatrix}1 & -3\\ 5 & -7\end{pmatrix}\begin{pmatrix}4\\ 5\end{pmatrix}=\begin{pmatrix}-11\\ -15\end{pmatrix}$，自然可以定义$\begin{pmatrix}1 & -3\\ 5 & -7\end{pmatrix}\begin{pmatrix}2 & 4\\ -1 & 5\end{pmatrix}$为进行上述运算后，所得结果的有序拼接，即$\begin{pmatrix}1 & -3\\ 5 & -7\end{pmatrix}\begin{pmatrix}2 & 4\\ -1 & 5\end{pmatrix}=\begin{pmatrix}5 & -11\\ 17 & -15\end{pmatrix}$．

解　$\boldsymbol{AB}=\begin{pmatrix}1 & -3\\ 5 & -7\end{pmatrix}\begin{pmatrix}2 & 4\\ -1 & 5\end{pmatrix}=\begin{pmatrix}1\times 2+(-3)\times(-1) & 1\times 4+(-3)\times 5\\ 5\times 2+(-7)\times(-1) & 5\times 4+(-7)\times 5\end{pmatrix}=\begin{pmatrix}5 & -11\\ 17 & -15\end{pmatrix}$

一般地，如果$\boldsymbol{A}=\begin{pmatrix}a_{11} & a_{12}\\ a_{21} & a_{22}\end{pmatrix}$，$\boldsymbol{B}=\begin{pmatrix}b_{11} & b_{12}\\ b_{21} & b_{22}\end{pmatrix}$，则

$$\boldsymbol{AB}=\begin{pmatrix}a_{11} & a_{12}\\ a_{21} & a_{22}\end{pmatrix}\begin{pmatrix}b_{11} & b_{12}\\ b_{21} & b_{22}\end{pmatrix}=\begin{pmatrix}a_{11}b_{11}+a_{12}b_{21} & a_{11}b_{12}+a_{12}b_{22}\\ a_{21}b_{11}+a_{22}b_{21} & a_{21}b_{12}+a_{22}b_{22}\end{pmatrix}.$$

练习 1　对本节例 1 的矩阵$\boldsymbol{A}$和$\boldsymbol{B}$，计算$\boldsymbol{BA}$．

从这个练习的结果不难看出，矩阵的乘法不满足交换律，即对于矩阵$\boldsymbol{A}$和$\boldsymbol{B}$，一般情况下

$$\boldsymbol{AB}\neq\boldsymbol{BA}.$$

二、初等矩阵

将矩阵$\begin{pmatrix}1 & 0\\ 0 & 1\end{pmatrix}$称为$2\times 2$的**单位矩阵**，记作$\boldsymbol{E}_2$．把单位矩阵进行一次初等行变换所得到的矩阵称为**初等矩阵**．因为初等行变换有三类，所以初等矩阵也对应有三类，下面分别来说明．

（1）对单位矩阵进行一次倍法变换，比如用一常数k（$k\neq 0$）乘以单位矩阵的第 2 行，这时矩阵变为$\begin{pmatrix}1 & 0\\ 0 & k\end{pmatrix}$，记作$\boldsymbol{E}_2((k)2)$．

（2）对单位矩阵进行一次换法变换，比如交换第 1 行和第 2 行，这时矩阵变为$\begin{pmatrix}0 & 1\\ 1 & 0\end{pmatrix}$，记作$\boldsymbol{E}_2(1,2)$．

（3）对单位矩阵进行一次消法变换，比如将单位矩阵的第 1 行乘以k加到第 2 行上，这

时矩阵变为$\begin{pmatrix} 1 & 0 \\ k & 1 \end{pmatrix}$，记作$\boldsymbol{E}_2(2+(k)1)$.

有了初等矩阵的概念，下面介绍经过初等行变换后的矩阵与原来矩阵之间的关系.

性质 1 矩阵$\boldsymbol{A}$经过一次换法变换，相当于对单位矩阵进行相同的换法变换后，再从左边乘原来的矩阵$\boldsymbol{A}$. 反之，用单位矩阵经过一次换法变换所得到的初等矩阵，从左边乘以矩阵$\boldsymbol{A}$的结果，等于对矩阵$\boldsymbol{A}$进行相同换法变换后的结果.

证明 设矩阵$\boldsymbol{A}=\begin{pmatrix} a & b \\ c & d \end{pmatrix}$经过换法变换$r_1 \leftrightarrow r_2$后变为$\boldsymbol{A}_1=\begin{pmatrix} c & d \\ a & b \end{pmatrix}$,单位矩阵$\boldsymbol{E}=\begin{pmatrix} 1 & 0 \\ 0 & 1 \end{pmatrix}$经过相同的换法变换$r_1 \leftrightarrow r_2$后变为$\boldsymbol{P}_1=\begin{pmatrix} 0 & 1 \\ 1 & 0 \end{pmatrix}$，因为$\boldsymbol{P}_1\boldsymbol{A}=\begin{pmatrix} 0 & 1 \\ 1 & 0 \end{pmatrix}\begin{pmatrix} a & b \\ c & d \end{pmatrix}=\begin{pmatrix} c & d \\ a & b \end{pmatrix}=\boldsymbol{A}_1$，所以$\boldsymbol{A}_1=\boldsymbol{P}_1\boldsymbol{A}$. 由此式不难得到性质 1 的结论.

性质 2 矩阵$\boldsymbol{A}$经过一次倍法变换，相当于对单位矩阵进行相同的倍法变换后，从左边乘原来的矩阵$\boldsymbol{A}$. 反之，用单位矩阵经过一次倍法变换所得到的初等矩阵，从左边乘以矩阵$\boldsymbol{A}$的结果，等于对矩阵$\boldsymbol{A}$进行相同倍法变换后的结果.

证明 设矩阵$\boldsymbol{A}=\begin{pmatrix} a & b \\ c & d \end{pmatrix}$，经过倍法变换$kr_1$变为$\boldsymbol{A}_1=\begin{pmatrix} ka & kb \\ c & d \end{pmatrix}$，单位矩阵$\boldsymbol{E}=\begin{pmatrix} 1 & 0 \\ 0 & 1 \end{pmatrix}$经过相同的倍法变换$kr_1$变为$\boldsymbol{P}_1=\begin{pmatrix} k & 0 \\ 0 & 1 \end{pmatrix}$，因为$\boldsymbol{P}_1\boldsymbol{A}=\begin{pmatrix} k & 0 \\ 0 & 1 \end{pmatrix}\begin{pmatrix} a & b \\ c & d \end{pmatrix}=\begin{pmatrix} ka & kb \\ c & d \end{pmatrix}=\boldsymbol{A}_1$，所以

$\boldsymbol{A}_1=\boldsymbol{P}_1\boldsymbol{A}$. 由此式不难得到性质 2 的结论.

性质 3 矩阵$\boldsymbol{A}$经过一次消法变换，相当于对单位矩阵进行相同的消法变换后，从左边乘原来的矩阵$\boldsymbol{A}$. 反之，用单位矩阵经过一次消法变换所得到的初等矩阵，从左边乘以矩阵$\boldsymbol{A}$的结果，等于对矩阵$\boldsymbol{A}$进行相同消法变换后的结果.

证明 设矩阵$\boldsymbol{A}=\begin{pmatrix} a & b \\ c & d \end{pmatrix}$经过消法变换$r_2+kr_1$变为$\boldsymbol{A}_1=\begin{pmatrix} a & b \\ c+ka & d+kb \end{pmatrix}$，单位矩阵$\boldsymbol{E}=\begin{pmatrix} 1 & 0 \\ 0 & 1 \end{pmatrix}$经过消法变换$r_2+kr_1$变为$\boldsymbol{P}_1=\begin{pmatrix} 1 & 0 \\ k & 1 \end{pmatrix}$，因为

$$\boldsymbol{P}_1\boldsymbol{A}=\begin{pmatrix} 1 & 0 \\ k & 1 \end{pmatrix}\begin{pmatrix} a & b \\ c & d \end{pmatrix}=\begin{pmatrix} a & b \\ c+ka & d+kb \end{pmatrix}=\boldsymbol{A}_1$$

所以$\boldsymbol{A}_1=\boldsymbol{P}_1\boldsymbol{A}$. 由此式不难得到性质 3 的结论.

三、逆矩阵及其求法

1. 逆矩阵的概念

由前面的介绍可知，有唯一解的线性方程组的系数矩阵均可以通过初等行变换化为单位矩阵，再利用经过初等行变换后的矩阵与原来矩阵之间的关系，可知对于有唯一解的线性方程组的系数矩阵$\boldsymbol{A}$，总可以找到初等矩阵$\boldsymbol{P}_1,\boldsymbol{P}_2,\cdots,\boldsymbol{P}_m$，使得$\boldsymbol{P}_1\boldsymbol{P}_2\cdots\boldsymbol{P}_m\boldsymbol{A}=\boldsymbol{E}$，令$\boldsymbol{P}=\boldsymbol{P}_1\boldsymbol{P}_2\cdots\boldsymbol{P}_m$，则有$\boldsymbol{PA}=\boldsymbol{E}$，此时称$\boldsymbol{P}$为$\boldsymbol{A}$的逆矩阵.

可以证明，下面的结论成立.

定理 1　如果 $\boldsymbol{PA}=\boldsymbol{E}$，则 $\boldsymbol{AP}=\boldsymbol{E}$.

证明　设 $\boldsymbol{A}=\begin{pmatrix} a & b \\ c & d \end{pmatrix}$，$\boldsymbol{P}=\begin{pmatrix} x & y \\ z & t \end{pmatrix}$，满足 $\boldsymbol{PA}=\begin{pmatrix} x & y \\ z & t \end{pmatrix}\begin{pmatrix} a & b \\ c & d \end{pmatrix}=\begin{pmatrix} 1 & 0 \\ 0 & 1 \end{pmatrix}$，下面证明 $\boldsymbol{AP}=\begin{pmatrix} a & b \\ c & d \end{pmatrix}\begin{pmatrix} x & y \\ z & t \end{pmatrix}=\begin{pmatrix} 1 & 0 \\ 0 & 1 \end{pmatrix}$.

由 $\begin{pmatrix} x & y \\ z & t \end{pmatrix}\begin{pmatrix} a & b \\ c & d \end{pmatrix}=\begin{pmatrix} xa+yc & xb+yd \\ za+tc & zb+td \end{pmatrix}=\begin{pmatrix} 1 & 0 \\ 0 & 1 \end{pmatrix}$，可得 $\begin{cases} xa+yc=1 \\ xb+yd=0 \\ za+tc=0 \\ zb+td=1 \end{cases}$，由此推得

$$\begin{cases} t=\dfrac{a}{ad-cb} \\ y=\dfrac{-b}{ad-cb} \\ x=\dfrac{d}{ad-bc} \\ z=\dfrac{-c}{ad-bc} \end{cases}$$

可得

$$ax+bz=1, ay+bt=0, cx+dz=0, cy+dt=1$$

而

$$\boldsymbol{AP}=\begin{pmatrix} a & b \\ c & d \end{pmatrix}\begin{pmatrix} x & y \\ z & t \end{pmatrix}=\begin{pmatrix} ax+bz & ay+bt \\ cx+dz & cy+dt \end{pmatrix}$$

所以

$$\boldsymbol{AP}=\begin{pmatrix} 1 & 0 \\ 0 & 1 \end{pmatrix}=\boldsymbol{E}$$

类似地，利用证明定理 1 的方法，可以证明下面的定理.

定理 2　如果 $\boldsymbol{AP}=\boldsymbol{E}$，则 $\boldsymbol{PA}=\boldsymbol{E}$.

这样可以得到下面的等价关系.

定理 3　$\boldsymbol{AP}=\boldsymbol{E}$ 成立的充分必要条件是 $\boldsymbol{PA}=\boldsymbol{E}$.

一般地，逆矩阵有下面的定义.

定义 1（逆矩阵）对于矩阵 $\boldsymbol{A}$，如果存在矩阵 $\boldsymbol{B}$，使得 $\boldsymbol{BA}=\boldsymbol{E}$ 或 $\boldsymbol{AB}=\boldsymbol{E}$，则称 $\boldsymbol{B}$ 为 $\boldsymbol{A}$ 的逆矩阵，记作 $\boldsymbol{B}=\boldsymbol{A}^{-1}$.

例 2　已知 $\boldsymbol{A}=\begin{pmatrix} 0 & 1 \\ 1 & 0 \end{pmatrix}$，验证矩阵 $\boldsymbol{A}$ 的逆矩阵是其本身.

解　因为 $\begin{pmatrix} 0 & 1 \\ 1 & 0 \end{pmatrix}\begin{pmatrix} 0 & 1 \\ 1 & 0 \end{pmatrix}=\begin{pmatrix} 1 & 0 \\ 0 & 1 \end{pmatrix}$，即有 $\boldsymbol{AA}=\boldsymbol{E}$，所以 $\boldsymbol{A}$ 的逆矩阵是其本身.

练习 2 已知 $A=\begin{pmatrix} k & 0 \\ 0 & 1 \end{pmatrix}$，验证矩阵 A 的逆矩阵为 $B=\begin{pmatrix} \frac{1}{k} & 0 \\ 0 & 1 \end{pmatrix}$.

练习 3 已知 $A=\begin{pmatrix} 1 & 0 \\ k & 1 \end{pmatrix}$，验证矩阵 A 的逆矩阵为 $B=\begin{pmatrix} 1 & 0 \\ -k & 1 \end{pmatrix}$.

由例 2、练习 2 和练习 3 可以看出，初等矩阵的逆矩阵都存在，且仍为初等矩阵.

2. 逆矩阵的求法

给出一个有逆矩阵的矩阵，如何求出其逆矩阵呢?

我们知道，对有唯一解的线性方程组，总可以将它的系数矩阵通过初等行变换转化为单位矩阵. 因为对矩阵每做一次初等行变换，相当于在原矩阵的左边乘以（简称左乘）相应的初等矩阵. 这样，任何有唯一解的线性方程组的系数矩阵，都可以经过左乘若干个初等矩阵变成单位矩阵. 假设这些初等矩阵为 $P_1,P_2,\cdots,P_m$，则有 $P_m\cdots P_2P_1A=E$. 由逆矩阵的定义可知，这些初等矩阵的乘积就是逆矩阵. 令 $P=P_m\cdots P_2P_1$，因为这些初等矩阵乘上单位矩阵还是矩阵本身，即

$$P=P_m\cdots P_2P_1=P_m\cdots P_2P_1E$$

而单位矩阵乘上这些矩阵以后，相当于对单位矩阵做了相应的初等变换，这些初等变换与将矩阵 A 变成单位矩阵的初等变换是完全一致的. 因此，我们可以在原来的矩阵 A 右侧拼接上一个单位矩阵，让矩阵 A 和单位矩阵做相同的行变换. 当矩阵 A 变成单位矩阵时，则右侧的单位矩阵就变成了矩阵 A 的逆矩阵. 下面通过一个简单的例子加以说明.

例 3 已知 $A=\begin{pmatrix} 1 & -\frac{1}{2} \\ 1 & \frac{1}{2} \end{pmatrix}$，求逆矩阵 A^{-1}.

分析 由于

$$A=\begin{pmatrix} 1 & -\frac{1}{2} \\ 1 & \frac{1}{2} \end{pmatrix}\xrightarrow{r_2+(-1)\times r_1}\begin{pmatrix} 1 & -\frac{1}{2} \\ 0 & 1 \end{pmatrix}\xrightarrow{r_1+\frac{1}{2}\times r_2}\begin{pmatrix} 1 & 0 \\ 0 & 1 \end{pmatrix}$$

所以存在 $P_1=\begin{pmatrix} 1 & 0 \\ -1 & 1 \end{pmatrix}$，$P_2=\begin{pmatrix} 1 & \frac{1}{2} \\ 0 & 1 \end{pmatrix}$，使得有 $P_2P_1A=\begin{pmatrix} 1 & 0 \\ 0 & 1 \end{pmatrix}$，矩阵 A 的逆矩阵为 $A^{-1}=P_2P_1=P_2P_1E$. 我们知道经过初等行变换后的矩阵与原来矩阵之间的关系有三个性质，于是 P_2P_1E 的结果 $\begin{pmatrix} \frac{1}{2} & \frac{1}{2} \\ -1 & 1 \end{pmatrix}$，可以通过下面的变换得到

$$\begin{pmatrix} 1 & 0 \\ 0 & 1 \end{pmatrix}\xrightarrow{r_2+(-1)\times r_1}\begin{pmatrix} 1 & 0 \\ -1 & 1 \end{pmatrix}\xrightarrow{r_1+\frac{1}{2}\times r_2}\begin{pmatrix} \frac{1}{2} & \frac{1}{2} \\ -1 & 1 \end{pmatrix}$$

过程如下：

$$(A|E)=\begin{pmatrix}1 & -\frac{1}{2} & 1 & 0\\ 1 & \frac{1}{2} & 0 & 1\end{pmatrix}\xrightarrow{r_2+(-1)\times r_1}\begin{pmatrix}1 & -\frac{1}{2} & 1 & 0\\ 0 & 1 & -1 & 1\end{pmatrix}\xrightarrow{r_1+\frac{1}{2}\times r_2}\begin{pmatrix}1 & 0 & \frac{1}{2} & \frac{1}{2}\\ 0 & 1 & -1 & 1\end{pmatrix}=(E|A^{-1})$$

.

下面再给出这种方法的几个应用例子.

例 4　已知 $A=\begin{pmatrix}1 & 2\\ 1 & 1\end{pmatrix}$，求矩阵 A 的逆矩阵 A^{-1}.

解　$$(A|E)=\begin{pmatrix}1 & 2 & 1 & 0\\ 1 & 1 & 0 & 1\end{pmatrix}\xrightarrow{r_2+(-1)\times r_1}\begin{pmatrix}1 & 2 & 1 & 0\\ 0 & -1 & -1 & 1\end{pmatrix}\xrightarrow{(-1)\times r_2}\begin{pmatrix}1 & 2 & 1 & 0\\ 0 & 1 & 1 & -1\end{pmatrix}$$

$$\xrightarrow{r_1+(-2)\times r_2}\begin{pmatrix}1 & 0 & -1 & 2\\ 0 & 1 & 1 & -1\end{pmatrix}=(E\mid A^{-1}).$$

所以 $A^{-1}=\begin{pmatrix}-1 & 2\\ 1 & -1\end{pmatrix}$.

可以验证，$\begin{pmatrix}1 & 2\\ 1 & 1\end{pmatrix}\begin{pmatrix}-1 & 2\\ 1 & -1\end{pmatrix}=\begin{pmatrix}1 & 0\\ 0 & 1\end{pmatrix}$，所以此种解法正确.

例 5　已知 $A=\begin{pmatrix}3 & 4\\ 5 & 6\end{pmatrix}$，求矩阵 A 的逆矩阵 A^{-1}.

解　$$(A|E)=\begin{pmatrix}3 & 4 & 1 & 0\\ 5 & 6 & 0 & 1\end{pmatrix}\xrightarrow{\frac{1}{3}\times r_1}\begin{pmatrix}1 & \frac{4}{3} & \frac{1}{3} & 0\\ 5 & 6 & 0 & 1\end{pmatrix}\xrightarrow{r_2+(-5)\times r_1}\begin{pmatrix}1 & \frac{4}{3} & \frac{1}{3} & 0\\ 0 & -\frac{2}{3} & -\frac{5}{3} & 1\end{pmatrix}$$

$$\xrightarrow{(-\frac{3}{2})\times r_2}\begin{pmatrix}1 & \frac{4}{3} & \frac{1}{3} & 0\\ 0 & 1 & \frac{5}{2} & -\frac{3}{2}\end{pmatrix}\xrightarrow{r_1+(-\frac{4}{3})\times r_2}\begin{pmatrix}1 & 0 & -3 & 2\\ 0 & 1 & \frac{5}{2} & -\frac{3}{2}\end{pmatrix}=(E|A^{-1})$$

所以

$$A^{-1}=\begin{pmatrix}-3 & 2\\ \frac{5}{2} & -\frac{3}{2}\end{pmatrix}$$

练习 4　已知 $A=\begin{pmatrix}1 & 2\\ 3 & 1\end{pmatrix}$，求矩阵 A 的逆矩阵 A^{-1}.

四、方程组的逆矩阵表示

有了逆矩阵的概念及其求法，对于有唯一解的线性方程组 $A\vec{x}=\vec{b}$，可以采用等式两边左乘逆矩阵的方法，得 $A^{-1}A\vec{x}=A^{-1}\vec{b}$，$E\vec{x}=A^{-1}\vec{b}$，即 $\vec{x}=A^{-1}\vec{b}$. 下面通过一个具体的例子加以说明.

例 6 利用求逆矩阵的方法求解方程组$\begin{cases} x-3y=0 \\ 5x-7y=240 \end{cases}$.

解 令$\boldsymbol{A}=\begin{pmatrix} 1 & -3 \\ 5 & -7 \end{pmatrix}$，$\vec{x}=\begin{pmatrix} x \\ y \end{pmatrix}$，$\vec{b}=\begin{pmatrix} 0 \\ 240 \end{pmatrix}$，则方程组可以简写成$\boldsymbol{A}\vec{x}=\vec{b}$.

$$(\boldsymbol{A}|\boldsymbol{E})=\begin{pmatrix} 1 & -3 & 1 & 0 \\ 5 & -7 & 0 & 1 \end{pmatrix} \xrightarrow{r_2+(-5)\times r_1} \begin{pmatrix} 1 & -3 & 1 & 0 \\ 0 & 8 & -5 & 1 \end{pmatrix} \xrightarrow{\frac{1}{8}\times r_2} \begin{pmatrix} 1 & -3 & 1 & 0 \\ 0 & 1 & -\frac{5}{8} & \frac{1}{8} \end{pmatrix}$$

$$\xrightarrow{r_1+3\times r_2} \begin{pmatrix} 1 & 0 & -\frac{7}{8} & \frac{3}{8} \\ 0 & 1 & -\frac{5}{8} & \frac{1}{8} \end{pmatrix}=(\boldsymbol{E}|\boldsymbol{A}^{-1})，所以\boldsymbol{A}^{-1}=\begin{pmatrix} -\frac{7}{8} & \frac{3}{8} \\ -\frac{5}{8} & \frac{1}{8} \end{pmatrix}.$$

因此方程组的解为

$$\vec{x}=\boldsymbol{A}^{-1}\vec{b}=\begin{pmatrix} -\frac{7}{8} & \frac{3}{8} \\ -\frac{5}{8} & \frac{1}{8} \end{pmatrix}\begin{pmatrix} 0 \\ 240 \end{pmatrix}=\begin{pmatrix} 90 \\ 30 \end{pmatrix}$$

练习 5 利用求逆矩阵的方法求解方程组$\begin{cases} 2x-y=1 \\ 3x+2y=8 \end{cases}$.

习题二

1．通过将方程组化为对角线形，求解线性方程组$\begin{cases} 2x+3y=2 \\ 3x-2y=4 \end{cases}$.

2．将方程组$\begin{cases} 5x-3y=2 \\ 2x+y=7 \end{cases}$表示为矩阵形式.

3．利用线性方程组的增广矩阵方法，求解方程组$\begin{cases} 5x-3y=2 \\ 2x+y=7 \end{cases}$.

4．已知$\boldsymbol{A}=\begin{pmatrix} 2 & -1 \\ 3 & 4 \end{pmatrix}$，求矩阵$\boldsymbol{A}$的逆矩阵$\boldsymbol{A}^{-1}$.

5．利用求逆矩阵的方法，求解方程组$\begin{cases} 3x-2y=1 \\ x+2y=3 \end{cases}$.

第三章　有唯一解的二元线性方程组的求解与二阶行列式

第二章介绍了线性方程组的增广矩阵方法和逆矩阵方法，本章从另一个角度给出有唯一解的线性方程组的行列式解法，并对行列式的性质做一些介绍．行列式的概念在其他方面也有很好的应用，行列式的简洁记法可以帮助我们记忆一些公式．本章内容包括二元线性方程组的求解与二阶行列式、施行初等行变换对行列式值的影响、行列式的按行（列）展开等．

第一节　二元线性方程组的求解与二阶行列式

下面通过一个例子来说明加减消元法．

例 1　解二元线性方程组

$$\begin{cases} 3x+4y=21 & ① \\ 2x+5y=11 & ② \end{cases}$$

解　为消去方程① 中的 y，将方程①乘以 5，方程②乘以 4，然后二者相减，可得

$$(3\times5-2\times4)x=21\times5-11\times4$$

解得

$$x=\frac{21\times5-11\times4}{3\times5-2\times4}$$

为消去方程①中的 x，将方程①乘以 2，方程②乘以 3，然后二者相减，可得

$$(4\times2-5\times3)y=21\times2-11\times3$$

解得

$$y=\frac{21\times2-11\times3}{4\times2-5\times3}=\frac{11\times3-21\times2}{5\times3-4\times2}$$

一般地，对于二元线性方程组

$$\begin{cases} a_{11}x_1+a_{12}x_2=b_1 \\ a_{21}x_1+a_{22}x_2=b_2 \end{cases} \tag{3-1}$$

这里 a_{11}，a_{12}，a_{21}，a_{22}，b_1，b_2 为常数，x_1，x_2 为未知数．利用消元法求解的过程如下：

为消去方程组（3-1）中未知数 x_2，用 a_{22}，a_{12} 分别乘方程组中的第一个方程与第二个方程得

$$\begin{cases} a_{11}a_{22}x_1 + a_{12}a_{22}x_2 = b_1a_{22} \\ a_{21}a_{12}x_1 + a_{22}a_{12}x_2 = b_2a_{12} \end{cases}$$

然后两式相减得

$$(a_{11}a_{22} - a_{12}a_{21})x_1 = b_1a_{22} - a_{12}b_2$$

类似地，消去 x_1，得

$$(a_{11}a_{22} - a_{12}a_{21})x_2 = b_2a_{11} - b_1a_{21}$$

若 $a_{11}a_{22} - a_{12}a_{21} \neq 0$，则方程组（3-1）有唯一解

$$\begin{cases} x_1 = \dfrac{b_1a_{22} - a_{12}b_2}{a_{11}a_{22} - a_{12}a_{21}} \\ x_2 = \dfrac{b_2a_{11} - b_1a_{21}}{a_{11}a_{22} - a_{12}a_{21}} \end{cases} \tag{3-2}$$

式（3-2）是解二元线性方程组的公式，但式（3-2）并不容易记忆. 细心观察会发现式（3-2）的分母相同且都由方程组（3-1）中未知数的系数构成，我们将这四个系数按照它们在方程组（3-1）中原来的位置排成两行两列，并在两侧各加一竖线表示式（3-2）中的分母，即

$$\begin{vmatrix} a_{11} & a_{12} \\ a_{21} & a_{22} \end{vmatrix} = a_{11}a_{22} - a_{12}a_{21} \tag{3-3}$$

若将 a_{11}，a_{22} 两个数构成的对角线称为主对角线，将 a_{12}，a_{21} 构成的对角线称为副对角线，则式（3-3）右端恰是式（3-3）左端主对角线两个数的乘积减去副对角线两个数的乘积，我们称式（3-3）为二阶行列式. 其中左端是行列式的记号，右端是行列式的值，数 $a_{ij}\,(i, j = 1,2)$ 称为行列式的元素.

按二阶行列式的定义，二元线性方程组的求解公式（3-2）可写成

$$x_1 = \frac{\begin{vmatrix} b_1 & a_{12} \\ b_2 & a_{22} \end{vmatrix}}{\begin{vmatrix} a_{11} & a_{12} \\ a_{21} & a_{22} \end{vmatrix}},\quad x_2 = \frac{\begin{vmatrix} a_{11} & b_1 \\ a_{21} & b_2 \end{vmatrix}}{\begin{vmatrix} a_{11} & a_{12} \\ a_{21} & a_{22} \end{vmatrix}} \tag{3-4}$$

简记为

$$D = \begin{vmatrix} a_{11} & a_{12} \\ a_{21} & a_{22} \end{vmatrix},\quad D_1 = \begin{vmatrix} b_1 & a_{12} \\ b_2 & a_{22} \end{vmatrix},\quad D_2 = \begin{vmatrix} a_{11} & b_1 \\ a_{21} & b_2 \end{vmatrix}$$

则式（3-4）可写成

$$x_1 = \frac{D_1}{D},\quad x_2 = \frac{D_2}{D} \tag{3-5}$$

其中行列式 D 称为方程组的系数行列式，x_1 的分子 D_1 是用常数项 b_1，b_2 替换 D 中 x_1 的系数 a_{11}，a_{21} 所得到的二阶行列式，x_2 的分子 D_2 是用常数项 b_1，b_2 替换 D 中 x_2 的系数 a_{12}，a_{22} 所得到的二阶行列式. 这种记号很容易记忆.

上述公式是由瑞士数学家克莱姆（Cramer）（1704—1752）发明的，所以后人称为克莱姆法则（Cramer’s Rule）.

例 2　计算行列式$\begin{vmatrix} 2 & 3 \\ 1 & 2 \end{vmatrix}$.

解　$\begin{vmatrix} 2 & 3 \\ 1 & 2 \end{vmatrix}=2\times 2-3\times 1=1$.

例 3　计算下列初等矩阵对应的行列式：

（1）$\begin{pmatrix} 0 & 1 \\ 1 & 0 \end{pmatrix}$；（2）$\begin{pmatrix} 1 & 0 \\ 0 & k \end{pmatrix}$　；（3）$\begin{pmatrix} 1 & 0 \\ k & 1 \end{pmatrix}$.

解（1）$\begin{vmatrix} 0 & 1 \\ 1 & 0 \end{vmatrix}=0\times 0-1\times 1=-1$；

（2）$\begin{vmatrix} 1 & 0 \\ 0 & k \end{vmatrix}=1\times k-0\times 0=k$；

（3）$\begin{vmatrix} 1 & 0 \\ k & 1 \end{vmatrix}=1\times 1-0\times k=1$.

练习 1　计算行列式$\begin{vmatrix} 1 & -3 \\ 2 & -4 \end{vmatrix}$.

例 4　解二元一次方程组$\begin{cases} 3x+5y=21 \\ 2x-5y=-11 \end{cases}$.

解　$D=\begin{vmatrix} a_{11} & a_{12} \\ a_{21} & a_{22} \end{vmatrix}=\begin{vmatrix} 3 & 5 \\ 2 & -5 \end{vmatrix}=-25$，$D_1=\begin{vmatrix} b_1 & a_{12} \\ b_2 & a_{22} \end{vmatrix}=\begin{vmatrix} 21 & 5 \\ -11 & -5 \end{vmatrix}=-50$

$$D_2=\begin{vmatrix} a_{11} & b_1 \\ a_{21} & b_2 \end{vmatrix}=\begin{vmatrix} 3 & 21 \\ 2 & -11 \end{vmatrix}=-75$$

所以方程组的解为$\begin{cases} x=\dfrac{D_1}{D}=2 \\ y=\dfrac{D_2}{D}=3 \end{cases}$.

练习 2　解二元一次方程组$\begin{cases} 3x-2y=2 \\ 2x+4y=5 \end{cases}$.

线性方程组的常数项均为零的方程组称为齐次线性方程组．例如，方程组

$$\begin{cases} 3x-2y=0 \\ 2x+4y=0 \end{cases}$$

就是一个二元齐次线性方程组．可以利用行列式求得方程组的解，过程如下：

$D=\begin{vmatrix} 3 & -2 \\ 2 & 4 \end{vmatrix}=16$，$D_1=\begin{vmatrix} 0 & -2 \\ 0 & 4 \end{vmatrix}=0$，$D_2=\begin{vmatrix} 3 & 0 \\ 2 & 0 \end{vmatrix}=0$

所以方程组的解为$\begin{cases} x=\dfrac{D_1}{D}=0 \\ y=\dfrac{D_2}{D}=0 \end{cases}$.

不难看出，对于一般的二元齐次线性方程组，当系数行列式$D \neq 0$时，齐次线性方程组只有零解.

利用反证法可以证明，当齐次线性方程组有非零解时，必有$D=0$.

第二节　施行初等行变换对行列式值的影响

在求解线性方程组时，经常利用同解处理将其转化为对角线形. 同解处理有三种类型，分别是倍法处理、换法处理和消法处理，对线性方程组进行这些处理后，再利用克莱姆法则求解，所得到的解，应该与处理前利用克莱姆法则求解的结果相同.

究竟是否相同呢？下面针对三种同解处理分别进行讨论.

（1）假设对方程组进行了换法处理，由方程组$\begin{cases} a_{11}x_1 + a_{12}x_2 = b_1 \\ a_{21}x_1 + a_{22}x_2 = b_2 \end{cases}$变为$\begin{cases} a_{21}x_1 + a_{22}x_2 = b_2 \\ a_{11}x_1 + a_{12}x_2 = b_1 \end{cases}$，同解处理前的解为$x_1 = \dfrac{\begin{vmatrix} b_1 & a_{12} \\ b_2 & a_{22} \end{vmatrix}}{\begin{vmatrix} a_{11} & a_{12} \\ a_{21} & a_{22} \end{vmatrix}}$，$x_2 = \dfrac{\begin{vmatrix} a_{11} & b_1 \\ a_{21} & b_2 \end{vmatrix}}{\begin{vmatrix} a_{11} & a_{12} \\ a_{21} & a_{22} \end{vmatrix}}$，同解处理后的解为$x_1 = \dfrac{\begin{vmatrix} b_2 & a_{22} \\ b_1 & a_{12} \end{vmatrix}}{\begin{vmatrix} a_{21} & a_{22} \\ a_{11} & a_{12} \end{vmatrix}}$，$x_2 = \dfrac{\begin{vmatrix} a_{21} & b_2 \\ a_{11} & b_1 \end{vmatrix}}{\begin{vmatrix} a_{21} & a_{22} \\ a_{11} & a_{12} \end{vmatrix}}$，考察同解处理前后的解是否相同的问题，可以转化为比较分子的变化和分母的变化，分子和分母分别是对原来分子和分母做相同的换法变换得到的，所以只要搞清楚对行列式施行换法变换后对行列式值的影响，此问题就可以解决.

（2）假设对方程组进行了倍法处理，由方程组$\begin{cases} a_{11}x_1 + a_{12}x_2 = b_1 \\ a_{21}x_1 + a_{22}x_2 = b_2 \end{cases}$变为$\begin{cases} ka_{11}x_1 + ka_{12}x_2 = kb_1 \\ a_{21}x_1 + a_{22}x_2 = b_2 \end{cases}$，同解处理前的解为$x_1 = \dfrac{\begin{vmatrix} b_1 & a_{12} \\ b_2 & a_{22} \end{vmatrix}}{\begin{vmatrix} a_{11} & a_{12} \\ a_{21} & a_{22} \end{vmatrix}}$，$x_2 = \dfrac{\begin{vmatrix} a_{11} & b_1 \\ a_{21} & b_2 \end{vmatrix}}{\begin{vmatrix} a_{11} & a_{12} \\ a_{21} & a_{22} \end{vmatrix}}$，同解处理后的解为$x_1 = \dfrac{\begin{vmatrix} kb_1 & ka_{12} \\ b_2 & a_{22} \end{vmatrix}}{\begin{vmatrix} ka_{11} & ka_{12} \\ a_{21} & a_{22} \end{vmatrix}}$，$x_2 = \dfrac{\begin{vmatrix} ka_{11} & kb_1 \\ a_{21} & b_2 \end{vmatrix}}{\begin{vmatrix} ka_{11} & ka_{12} \\ a_{21} & a_{22} \end{vmatrix}}$，考察同解处理前后的解是否相同的问题，可以转化为比较分子的变化和分母的变化，分子和分母分别是对原来分子和分母做相同的倍法变换得到的，所以只要搞清楚对行列式施行倍法变换后对行列式值的影响，此问题就可以解决.

（3）假设对方程组进行了消法处理，由方程组$\begin{cases} a_{11}x_1 + a_{12}x_2 = b_1 \\ a_{21}x_1 + a_{22}x_2 = b_2 \end{cases}$变为

$\begin{cases} a_{11}x_1 + a_{12}x_2 = b_1 \\ (ka_{11}+a_{21})x_1 + (ka_{12}+a_{22})x_2 = kb_1 + b_2 \end{cases}$，同解处理前的解为 $x_1 = \dfrac{\begin{vmatrix} b_1 & a_{12} \\ b_2 & a_{22} \end{vmatrix}}{\begin{vmatrix} a_{11} & a_{12} \\ a_{21} & a_{22} \end{vmatrix}}$，$x_2 = \dfrac{\begin{vmatrix} a_{11} & b_1 \\ a_{21} & b_2 \end{vmatrix}}{\begin{vmatrix} a_{11} & a_{12} \\ a_{21} & a_{22} \end{vmatrix}}$，同解处理后的解为 $x_1 = \dfrac{\begin{vmatrix} b_1 & a_{12} \\ kb_1+b_2 & ka_{12}+a_{22} \end{vmatrix}}{\begin{vmatrix} a_{11} & a_{12} \\ ka_{11}+a_{21} & ka_{12}+a_{22} \end{vmatrix}}$，$x_2 = \dfrac{\begin{vmatrix} a_{11} & b_1 \\ ka_{11}+a_{21} & kb_1+b_2 \end{vmatrix}}{\begin{vmatrix} a_{11} & a_{12} \\ ka_{11}+a_{21} & ka_{12}+a_{22} \end{vmatrix}}$，考察同解处理前后的解是否相同的问题，可以转化为比较分子的变化和分母的变化，分子和分母分别是对原来分子和分母做相同的消法变换得到的，所以只要搞清楚对行列式施行消法变换后对行列式值的影响，此问题就可以解决.

综上，只要搞清楚对行列式施行初等行变换后对行列式值的影响，利用克莱姆法则求解线性方程组时，施行同解处理前后的解是否相同的问题就可以得到解决．本节主要回答这个问题，并得到行列式的相关性质.

为此，先从最简单的单位矩阵对应的行列式的情况开始讨论.

一、初等矩阵的行列式

单位矩阵经过初等行变换后的矩阵为初等矩阵，二阶初等矩阵有下面三种类型：

（1）对单位矩阵进行换法变换，比如交换第 1 行和第 2 行，这时矩阵变为 $\begin{pmatrix} 0 & 1 \\ 1 & 0 \end{pmatrix}$，记作 $\boldsymbol{E}_2(1,2)$.

（2）对单位矩阵进行倍法变换，比如用一常数 k（$k \neq 0$）乘以单位矩阵的第 2 行，这时矩阵变为 $\begin{pmatrix} 1 & 0 \\ 0 & k \end{pmatrix}$，记作 $\boldsymbol{E}_2((k)2)$.

（3）对单位矩阵进行消法变换，比如将单位矩阵的第 1 行乘以 k 加到第 2 行上，这时矩阵变为 $\begin{pmatrix} 1 & 0 \\ k & 1 \end{pmatrix}$，记作 $\boldsymbol{E}_2(2+(k)1)$.

上述三类初等矩阵对应的行列式的值与单位矩阵对应的行列式之间是一种什么关系呢？下面对上述每类中的具体例子进行说明.

（1）$\begin{vmatrix} 0 & 1 \\ 1 & 0 \end{vmatrix} = -1 = -\begin{vmatrix} 1 & 0 \\ 0 & 1 \end{vmatrix}$，由此可见，对单位矩阵进行换法变换后行列式的值改变符号.

（2）$\begin{vmatrix} 1 & 0 \\ 0 & k \end{vmatrix} = k\begin{vmatrix} 1 & 0 \\ 0 & 1 \end{vmatrix}$，由此可见，对单位矩阵进行倍法变换后行列式的值是原来行列式值的 k 倍.

（3）$\begin{vmatrix} 1 & 0 \\ k & 1 \end{vmatrix} = 1 = \begin{vmatrix} 1 & 0 \\ 0 & 1 \end{vmatrix}$，由此可见，对单位矩阵进行消法变换后行列式的值不变.

二、一般行列式的初等行变换

对一般行列式施行初等行变换，其行列式值的变化规律与初等矩阵对应的行列式值的变化规律相同，下面分别加以说明.

性质 1 行列式$\begin{vmatrix} a & b \\ c & d \end{vmatrix}$经过换法变换变成$\begin{vmatrix} c & d \\ a & b \end{vmatrix}$，其值改变符号.

这是因为$\begin{vmatrix} a & b \\ c & d \end{vmatrix}=ad-bc$，$\begin{vmatrix} c & d \\ a & b \end{vmatrix}=cb-ad$，所以$\begin{vmatrix} a & b \\ c & d \end{vmatrix}=-\begin{vmatrix} c & d \\ a & b \end{vmatrix}$.

性质 2 行列式$\begin{vmatrix} a & b \\ c & d \end{vmatrix}$经过倍法变换变成$\begin{vmatrix} ka & kb \\ c & d \end{vmatrix}$，其值变化为原来的$k$倍.

这是因为$\begin{vmatrix} ka & kb \\ c & d \end{vmatrix}=kad-kbc=k(ad-bc)=k\begin{vmatrix} a & b \\ c & d \end{vmatrix}$.

性质 3 行列式$\begin{vmatrix} a & b \\ c & d \end{vmatrix}$经过消法变换变为$\begin{vmatrix} a & b \\ ak+c & bk+d \end{vmatrix}$，其值不变.

这是因为$\begin{vmatrix} a & b \\ ak+c & bk+d \end{vmatrix}=a(bk+d)-b(ak+c)=ad-bc=\begin{vmatrix} a & b \\ c & d \end{vmatrix}$.

例 1 已知$\begin{vmatrix} a & b \\ c & d \end{vmatrix}=6$，利用行列式初等行变换的性质，计算（1）$\begin{vmatrix} a & b \\ 5c & 5d \end{vmatrix}$；（2）$\begin{vmatrix} a & b \\ 3a+c & 3b+d \end{vmatrix}$；（3）$\begin{vmatrix} c & d \\ a & b \end{vmatrix}$.

解（1）因为$\begin{vmatrix} a & b \\ 5c & 5d \end{vmatrix}$可以看成是用 5 乘以行列式$\begin{vmatrix} a & b \\ c & d \end{vmatrix}$的第二行得到的，根据行列式初等行变换的性质，可知$\begin{vmatrix} a & b \\ 5c & 5d \end{vmatrix}=5\begin{vmatrix} a & b \\ c & d \end{vmatrix}=30$.

（2）因为$\begin{vmatrix} a & b \\ 3a+c & 3b+d \end{vmatrix}$可以看成是行列式$\begin{vmatrix} a & b \\ c & d \end{vmatrix}$第一行乘以 3 加到第二行上得到的，根据行列式初等行变换的性质，可知$\begin{vmatrix} a & b \\ 3a+c & 3b+d \end{vmatrix}=\begin{vmatrix} a & b \\ c & d \end{vmatrix}=6$.

（3）因为$\begin{vmatrix} c & d \\ a & b \end{vmatrix}$可以看成是行列式$\begin{vmatrix} a & b \\ c & d \end{vmatrix}$第一行与第二行对换得到的，根据行列式初等行变换的性质，可知$\begin{vmatrix} c & d \\ a & b \end{vmatrix}=-\begin{vmatrix} a & b \\ c & d \end{vmatrix}=-6$.

练习 1 已知$\begin{vmatrix} a & b \\ c & d \end{vmatrix}=7$，利用行列式初等行变换的性质，计算（1）$\begin{vmatrix} a & b \\ 4c & 4d \end{vmatrix}$；（2）$\begin{vmatrix} a & b \\ 2a+c & 2b+d \end{vmatrix}$；（3）$\begin{vmatrix} c & d \\ a & b \end{vmatrix}$.

第二章第三节介绍了对矩阵做初等行变换后与原来矩阵的等量关系，即对矩阵每做一次初等行变换，相当于在原矩阵的左边乘以（简称左乘）相应的初等矩阵. 下面对性质 1～性质 3 进行分析，从中可以发现另一个重要性质.

（1）因为$\begin{vmatrix}0&1\\1&0\end{vmatrix}=-1$，$\begin{pmatrix}c&d\\a&b\end{pmatrix}=\begin{pmatrix}0&1\\1&0\end{pmatrix}\begin{pmatrix}a&b\\c&d\end{pmatrix}$，于是由性质 1

$\begin{vmatrix}c&d\\a&b\end{vmatrix}=-\begin{vmatrix}a&b\\c&d\end{vmatrix}$，可得$\left|\begin{pmatrix}0&1\\1&0\end{pmatrix}\begin{pmatrix}a&b\\c&d\end{pmatrix}\right|=\begin{vmatrix}0&1\\1&0\end{vmatrix}\begin{vmatrix}a&b\\c&d\end{vmatrix}$.

（2）因为$\begin{vmatrix}k&0\\0&1\end{vmatrix}=k$，$\begin{pmatrix}ka&kb\\c&d\end{pmatrix}=\begin{pmatrix}k&0\\0&1\end{pmatrix}\begin{pmatrix}a&b\\c&d\end{pmatrix}$，于是由性质 2

$\begin{vmatrix}ka&kb\\c&d\end{vmatrix}=k\begin{vmatrix}a&b\\c&d\end{vmatrix}$，可得$\left|\begin{pmatrix}k&0\\0&1\end{pmatrix}\begin{pmatrix}a&b\\c&d\end{pmatrix}\right|=\begin{vmatrix}k&0\\0&1\end{vmatrix}\begin{vmatrix}a&b\\c&d\end{vmatrix}$.

（3）因为$\begin{vmatrix}1&0\\k&1\end{vmatrix}=1$，$\begin{pmatrix}a&b\\ak+c&bk+d\end{pmatrix}=\begin{pmatrix}1&0\\k&1\end{pmatrix}\begin{pmatrix}a&b\\c&d\end{pmatrix}$，于是由性质 3

$\begin{vmatrix}a&b\\ak+c&bk+d\end{vmatrix}=\begin{vmatrix}a&b\\c&d\end{vmatrix}$，可得$\left|\begin{pmatrix}1&0\\k&1\end{pmatrix}\begin{pmatrix}a&b\\c&d\end{pmatrix}\right|=\begin{vmatrix}1&0\\k&1\end{vmatrix}\begin{vmatrix}a&b\\c&d\end{vmatrix}$.

上面的三个式子隐含着行列式的一条重要性质：

性质 4　两个矩阵乘积的行列式等于两个矩阵对应行列式的乘积，即$|\boldsymbol{AB}|=|\boldsymbol{A}||\boldsymbol{B}|$.

例 2　利用矩阵初等行变换的性质及行列式乘积的性质，给出例 1 的另一种解法.

解（1）由于$\begin{pmatrix}a&b\\5c&5d\end{pmatrix}=\begin{pmatrix}1&0\\0&5\end{pmatrix}\begin{pmatrix}a&b\\c&d\end{pmatrix}$，利用性质 4，可得$\begin{vmatrix}a&b\\5c&5d\end{vmatrix}=\begin{vmatrix}1&0\\0&5\end{vmatrix}\begin{vmatrix}a&b\\c&d\end{vmatrix}=5\begin{vmatrix}a&b\\c&d\end{vmatrix}=30$.

（2）由于$\begin{pmatrix}a&b\\3a+c&3b+d\end{pmatrix}=\begin{pmatrix}1&0\\3&1\end{pmatrix}\begin{pmatrix}a&b\\c&d\end{pmatrix}$，利用性质 4，可得$\begin{vmatrix}a&b\\3a+c&3b+d\end{vmatrix}=\begin{vmatrix}1&0\\3&1\end{vmatrix}\begin{vmatrix}a&b\\c&d\end{vmatrix}=\begin{vmatrix}a&b\\c&d\end{vmatrix}=6$.

（3）由于$\begin{pmatrix}c&d\\a&b\end{pmatrix}=\begin{pmatrix}0&1\\1&0\end{pmatrix}\begin{pmatrix}a&b\\c&d\end{pmatrix}$，利用性质 4，可得$\begin{vmatrix}c&d\\a&b\end{vmatrix}=\begin{vmatrix}0&1\\1&0\end{vmatrix}\begin{vmatrix}a&b\\c&d\end{vmatrix}=-\begin{vmatrix}a&b\\c&d\end{vmatrix}=-6$.

例 3　已知$\begin{vmatrix}a&b\\c&d\end{vmatrix}=7$，利用行列式乘积的性质，计算$\left|\begin{pmatrix}a&b\\c&d\end{pmatrix}\begin{pmatrix}a&b\\c&d\end{pmatrix}\right|$，$\left|\begin{pmatrix}a&b\\c&d\end{pmatrix}\begin{pmatrix}1&2\\3&4\end{pmatrix}\right|$

解　$\left|\begin{pmatrix}a&b\\c&d\end{pmatrix}\begin{pmatrix}a&b\\c&d\end{pmatrix}\right|=\begin{vmatrix}a&b\\c&d\end{vmatrix}\begin{vmatrix}a&b\\c&d\end{vmatrix}=7\times7=49$；

$\left|\begin{pmatrix}a&b\\c&d\end{pmatrix}\begin{pmatrix}1&2\\3&4\end{pmatrix}\right|=\begin{vmatrix}a&b\\c&d\end{vmatrix}\begin{vmatrix}1&2\\3&4\end{vmatrix}=\begin{vmatrix}a&b\\c&d\end{vmatrix}\times(-2)=-14$.

练习 2　已知$\begin{vmatrix}a&b\\c&d\end{vmatrix}=5$，利用行列式乘积的性质，计算$\left|\begin{pmatrix}a&b\\c&d\end{pmatrix}\begin{pmatrix}a&b\\c&d\end{pmatrix}\begin{pmatrix}a&b\\c&d\end{pmatrix}\right|$.

例 4　先用初等矩阵将矩阵$\begin{pmatrix}2&3\\1&7\end{pmatrix}$化为单位矩阵，再利用矩阵乘积的行列式的运算性质，求该行列式的值.

解 因为$\begin{pmatrix}2&3\\1&7\end{pmatrix}\xrightarrow{r_1\leftrightarrow r_2}\begin{pmatrix}1&7\\2&3\end{pmatrix}\xrightarrow{r_2+(-2)\times r_1}\begin{pmatrix}1&7\\0&-11\end{pmatrix}\xrightarrow{(-\frac{1}{11})\times r_2}\begin{pmatrix}1&7\\0&1\end{pmatrix}$ $\xrightarrow{r_1+(-7)\times r_2}\begin{pmatrix}1&0\\0&1\end{pmatrix}$，根据经过初等行变换后的矩阵与原矩阵之间的关系，可得

$$\begin{pmatrix}0&1\\1&0\end{pmatrix}\begin{pmatrix}2&3\\1&7\end{pmatrix}=\begin{pmatrix}1&7\\2&3\end{pmatrix},\quad \begin{pmatrix}1&0\\-2&1\end{pmatrix}\begin{pmatrix}1&7\\2&3\end{pmatrix}=\begin{pmatrix}1&7\\0&-11\end{pmatrix},$$

$$\begin{pmatrix}1&0\\0&-\frac{1}{11}\end{pmatrix}\begin{pmatrix}1&7\\0&-11\end{pmatrix}=\begin{pmatrix}1&7\\0&1\end{pmatrix},\quad \begin{pmatrix}1&-7\\0&1\end{pmatrix}\begin{pmatrix}1&7\\0&1\end{pmatrix}=\begin{pmatrix}1&0\\0&1\end{pmatrix}$$

所以

$$\begin{pmatrix}1&-7\\0&1\end{pmatrix}\begin{pmatrix}1&0\\0&-\frac{1}{11}\end{pmatrix}\begin{pmatrix}1&0\\-2&1\end{pmatrix}\begin{pmatrix}0&1\\1&0\end{pmatrix}\begin{pmatrix}2&3\\1&7\end{pmatrix}=\begin{pmatrix}1&0\\0&1\end{pmatrix}$$

于是

$$\left|\begin{pmatrix}1&-7\\0&1\end{pmatrix}\begin{pmatrix}1&0\\0&-\frac{1}{11}\end{pmatrix}\begin{pmatrix}1&0\\-2&1\end{pmatrix}\begin{pmatrix}0&1\\1&0\end{pmatrix}\begin{pmatrix}2&3\\1&7\end{pmatrix}\right|=\begin{vmatrix}1&0\\0&1\end{vmatrix}=1$$

即

$$\begin{vmatrix}1&-7\\0&1\end{vmatrix}\begin{vmatrix}1&0\\0&-\frac{1}{11}\end{vmatrix}\begin{vmatrix}1&0\\-2&1\end{vmatrix}\begin{vmatrix}0&1\\1&0\end{vmatrix}\begin{vmatrix}2&3\\1&7\end{vmatrix}=1$$

$$\left(-\frac{1}{11}\right)\times(-1)\times\begin{vmatrix}2&3\\1&7\end{vmatrix}=1$$

因此$\begin{vmatrix}2&3\\1&7\end{vmatrix}=11$.

练习 3 先用初等矩阵将矩阵$\begin{pmatrix}3&1\\2&6\end{pmatrix}$化为单位矩阵，再利用矩阵乘积的行列式的运算性质，求该行列式的值.

三、二元齐次线性方程组有非零解的充分条件

由本章第一节可知，当二元齐次线性方程组有非零解时，其系数行列式$D=0$. 如果将二元齐次线性方程组表示为$\boldsymbol{A}\vec{x}=\vec{0}$，其系数行列式记作$|\boldsymbol{A}|$，则上面的结论可以叙述为：

定理 1 当二元齐次线性方程组$\boldsymbol{A}\vec{x}=\vec{0}$有非零解时，有$|\boldsymbol{A}|=0$.

上述结论的逆命题是否成立呢？也就是当$|\boldsymbol{A}|=0$时，二元齐次线性方程组$\boldsymbol{A}\vec{x}=\vec{0}$是否一定有非零解？回答是肯定的，即有下面的结论.

定理 2 如果行列式$|\boldsymbol{A}|=0$，则二元齐次线性方程组$\boldsymbol{A}\vec{x}=\vec{0}$有非零解.

证明 由第二章第一节可知，任何一个二元线性方程组经过有限次三种同解处理后均可以化为对角线形方程组. 由第二章第二节可知，对二元线性方程组施行三种同解处理，相当于对其增广矩阵施行三种初等行变换. 由第二章第三节可知，对矩阵施行初等行变换等同于

先对二阶单位矩阵进行相同的行变换，然后用该矩阵从左边乘原来的矩阵. 因为对二阶单位矩阵进行初等行变换后的矩阵统称为二阶初等矩阵，所以对二阶矩阵施行初等行变换等同于用二阶初等矩阵左乘原来的矩阵.

将上面的结论应用到二元齐次线性方程组 $\boldsymbol{A}\vec{x}=\vec{0}$ 中，设增广矩阵为 $\tilde{\boldsymbol{A}}$，则存在二阶初等矩阵 $\boldsymbol{P}_1,\boldsymbol{P}_2,\cdots,\boldsymbol{P}_m$，使得

$$\boldsymbol{P}_m\cdots\boldsymbol{P}_2\boldsymbol{P}_1\tilde{\boldsymbol{A}}=\tilde{\boldsymbol{F}}$$

其中 $\tilde{\boldsymbol{F}}$ 为二元齐次线性方程组化为对角线形方程组后所对应的增广矩阵.

由于二元对角线形方程组所对应的增广矩阵只能是 $\begin{pmatrix}1&0&0\\0&1&0\end{pmatrix}$，$\begin{pmatrix}1&0&0\\0&0&0\end{pmatrix}$ 或 $\begin{pmatrix}0&0&0\\0&1&0\end{pmatrix}$，不可能是 $\begin{pmatrix}0&0&0\\0&0&0\end{pmatrix}$（此时方程组没有意义），所以

$$\boldsymbol{P}_m\cdots\boldsymbol{P}_2\boldsymbol{P}_1\boldsymbol{A}=\boldsymbol{F}$$

其中 $\boldsymbol{F}$ 为二元齐次线性方程组化为对角线形方程组后所对应的系数矩阵，且只能是 $\begin{pmatrix}1&0\\0&1\end{pmatrix}$，$\begin{pmatrix}1&0\\0&0\end{pmatrix}$ 或 $\begin{pmatrix}0&0\\0&1\end{pmatrix}$.

根据本章第二节行列式的性质 4，可得

$$|\boldsymbol{P}_m|\cdots|\boldsymbol{P}_2||\boldsymbol{P}_1||\boldsymbol{A}|=|\boldsymbol{F}|$$

由于 $\boldsymbol{P}_1,\boldsymbol{P}_2,\cdots,\boldsymbol{P}_m$ 为二阶初等矩阵，所以它们对应的行列式均不为零，于是 $|\boldsymbol{P}_m|\cdots|\boldsymbol{P}_2||\boldsymbol{P}_1|\neq 0$.

因为 $|\boldsymbol{A}|=0$，所以 $|\boldsymbol{F}|=0$. 因为 $\begin{vmatrix}1&0\\0&1\end{vmatrix}\neq 0$，于是 $\boldsymbol{F}$ 只能是 $\begin{pmatrix}1&0\\0&0\end{pmatrix}$ 或 $\begin{pmatrix}0&0\\0&1\end{pmatrix}$. 而这两种情况所对应的二元齐次线性方程组都有非零解.

综合定理 1 和定理 2，可以得到下面的定理.

定理 3　二元齐次线性方程组 $\boldsymbol{A}\vec{x}=\vec{0}$ 有非零解的充分必要条件是 $|\boldsymbol{A}|=0$.

第三节　行列式的按行（列）展开

由本章第一节可知，行列式 $\begin{vmatrix}a&b\\c&d\end{vmatrix}$ 定义为 $ad-bc$，这个表达式也可以从另一个角度来审视. 我们发现这个表达式中有两项，这两项恰好为第一行的所有元素分别乘上一个因子，第一项是第一行第一列的元素 a 乘上 d，第二项是第一行第二列的元素 b 乘上 c，其中 d 可以看成是将 a 所在的行和列划掉后剩下的元素组成的行列式，这里定义一个元素 d 的行列式 $|d|$ 是这个元素 d 本身，注意不要与绝对值混淆. 其中 c 可以看成是将 b 所在的行和列划掉后剩下的元素组成的行列式. 第一项前面的符号为正，可以看成是 a 所在的行数 1 和列数 1 相加，作为 (-1) 的指数所得的幂的结果 $(-1)^2$，第二项前面的符号为负，可以看成是 b 所在的行数 1 和列数 2 相加，作为 (-1) 的指数所得的幂的结果 $(-1)^3$. 上面的这种看法称为行列式按照第一行

元素进行展开，即$\begin{vmatrix} a & b \\ c & d \end{vmatrix}=a\times(-1)^{1+1}\times d+b\times(-1)^{1+2}\times c$，其中$(-1)^{1+1}\times d$称为$a$的代数余子式，$(-1)^{1+2}\times c$称为$b$的代数余子式.

这个规律对于第二行也成立，对于第一列、第二列也成立.

如果行列式的值等于某一行（列）所有元素分别乘以各自的代数余子式后再求和，则称**行列式可以按照该行（列）展开**. 这样就得到下面的行列式性质.

性质 1 行列式可以按照任一行或任一列展开.

这个结论对于大于二阶的行列式也成立.

例 1 通过将行列式分别按各行和各列展开，计算行列式$\begin{vmatrix} 1 & 4 \\ 5 & 2 \end{vmatrix}$的值.

解 按照第一行展开，计算如下：

$$\begin{vmatrix} 1 & 4 \\ 5 & 2 \end{vmatrix}=1\times(-1)^{1+1}\times 2+4\times(-1)^{1+2}\times 5=2-20=-18$$

按照第二行展开，计算如下：

$$\begin{vmatrix} 1 & 4 \\ 5 & 2 \end{vmatrix}=5\times(-1)^{2+1}\times 4+2\times(-1)^{2+2}\times 1=-20+2=-18$$

按照第一列展开，计算如下：

$$\begin{vmatrix} 1 & 4 \\ 5 & 2 \end{vmatrix}=1\times(-1)^{1+1}\times 2+5\times(-1)^{2+1}\times 4=2-20=-18$$

按照第二列展开，计算如下：

$$\begin{vmatrix} 1 & 4 \\ 5 & 2 \end{vmatrix}=4\times(-1)^{1+2}\times 5+2\times(-1)^{2+2}\times 1=-20+2=-18$$

练习 1 通过将行列式分别按各行和各列展开，计算行列式$\begin{vmatrix} 1 & 2 \\ 3 & 4 \end{vmatrix}$的值.

练习 2 通过将行列式分别按第一行和第一列展开，计算行列式$\begin{vmatrix} 1 & 2 & 3 \\ 2 & 1 & 3 \\ 1 & 0 & 2 \end{vmatrix}$的值.

第四节 代数余子式与矩阵的逆

求矩阵的逆矩阵在很多方面都有应用. 前面介绍了求逆矩阵的初等变换方法，本节介绍另外一种方法，即利用代数余子式求逆矩阵的方法. 为了说清楚这种方法，先看一个具体的例子.

引例 已知矩阵$\boldsymbol{A}=\begin{pmatrix} 1 & 2 \\ 3 & 4 \end{pmatrix}$，求$\boldsymbol{A}$的逆矩阵$\boldsymbol{A}^{-1}$.

分析 先写出矩阵$\boldsymbol{A}$相应行列式各个元素的代数余子式：

第 1 行第 1 列元素对应的代数余子式为$A_{11}=(-1)^{1+1}4=4$

第 1 行第 2 列元素对应的代数余子式为$A_{12}=(-1)^{1+2}3=-3$

第 2 行第 1 列元素对应的代数余子式为 $A_{21}=(-1)^{2+1}2=-2$

第 2 行第 2 列元素对应的代数余子式为 $A_{22}=(-1)^{2+2}1=1$

由这些代数余子式所组成的矩阵为 $\begin{pmatrix} A_{11} & A_{12} \\ A_{21} & A_{22} \end{pmatrix}=\begin{pmatrix} 4 & -3 \\ -2 & 1 \end{pmatrix}$.

我们发现，$\begin{pmatrix} 1 & 2 \\ 3 & 4 \end{pmatrix}\begin{pmatrix} 4 & -2 \\ -3 & 1 \end{pmatrix}=\begin{pmatrix} -2 & 0 \\ 0 & -2 \end{pmatrix}$.

对于 $\begin{pmatrix} -2 & 0 \\ 0 & -2 \end{pmatrix}$，如果规定

$$\left(-\frac{1}{2}\right)\begin{pmatrix} -2 & 0 \\ 0 & -2 \end{pmatrix}=\begin{pmatrix} (-\frac{1}{2})\times(-2) & (-\frac{1}{2})\times 0 \\ (-\frac{1}{2})\times 0 & (-\frac{1}{2})\times(-2) \end{pmatrix}$$

则有

$$\left(-\frac{1}{2}\right)\begin{pmatrix} -2 & 0 \\ 0 & -2 \end{pmatrix}=\begin{pmatrix} 1 & 0 \\ 0 & 1 \end{pmatrix} \tag{3-6}$$

一般地，对于数与矩阵的乘积有下面的定义.

定义 1 若矩阵 $\boldsymbol{A}=\begin{pmatrix} a & b \\ c & d \end{pmatrix}$，$k$ 为实数，则 $k\boldsymbol{A}=\begin{pmatrix} ka & kb \\ kc & kd \end{pmatrix}$，即常数乘矩阵等于常数乘矩阵的每个元素.

此定义对于多阶矩阵也适用.

例 1 已知 $\boldsymbol{A}=\begin{pmatrix} 1 & 2 \\ 3 & -1 \end{pmatrix}$，求 $3\boldsymbol{A}$.

解 $3\boldsymbol{A}=3\begin{pmatrix} 1 & 2 \\ 3 & -1 \end{pmatrix}=\begin{pmatrix} 3\times 1 & 3\times 2 \\ 3\times 3 & 3\times(-1) \end{pmatrix}=\begin{pmatrix} 3 & 6 \\ 9 & -3 \end{pmatrix}$.

练习 1 已知 $\boldsymbol{A}=\begin{pmatrix} 2 & 3 \\ 4 & -1 \end{pmatrix}$，求 $(-2)\boldsymbol{A}$.

对于数与矩阵相乘的运算，有下面的运算性质要用到，这里进行说明.

性质 1 对于矩阵 $\boldsymbol{A},\boldsymbol{B}$，实数 k，有 $k(\boldsymbol{AB})=(k\boldsymbol{A})\boldsymbol{B}=\boldsymbol{A}(k\boldsymbol{B})$.

设 $\boldsymbol{A}=\begin{pmatrix} a_{11} & a_{12} \\ a_{21} & a_{22} \end{pmatrix}$，$\boldsymbol{B}=\begin{pmatrix} b_{11} & b_{12} \\ b_{21} & b_{22} \end{pmatrix}$，则

$$k(\boldsymbol{AB})=k\begin{pmatrix} a_{11}b_{11}+a_{12}b_{21} & a_{11}b_{12}+a_{12}b_{22} \\ a_{21}b_{11}+a_{22}b_{21} & a_{21}b_{12}+a_{22}b_{22} \end{pmatrix}=\begin{pmatrix} k(a_{11}b_{11}+a_{12}b_{21}) & k(a_{11}b_{12}+a_{12}b_{22}) \\ k(a_{21}b_{11}+a_{22}b_{21}) & k(a_{21}b_{12}+a_{22}b_{22}) \end{pmatrix}$$

$$(k\boldsymbol{A})\boldsymbol{B}=\begin{pmatrix} ka_{11} & ka_{12} \\ ka_{21} & ka_{22} \end{pmatrix}\begin{pmatrix} b_{11} & b_{12} \\ b_{21} & b_{22} \end{pmatrix}=\begin{pmatrix} ka_{11}b_{11}+ka_{12}b_{21} & ka_{11}b_{12}+ka_{12}b_{22} \\ ka_{21}b_{11}+ka_{22}b_{21} & ka_{21}b_{12}+ka_{22}b_{22} \end{pmatrix}$$

$$\boldsymbol{A}(k\boldsymbol{B})=\begin{pmatrix} a_{11} & a_{12} \\ a_{21} & a_{22} \end{pmatrix}\begin{pmatrix} kb_{11} & kb_{12} \\ kb_{21} & kb_{22} \end{pmatrix}=\begin{pmatrix} ka_{11}b_{11}+ka_{12}b_{21} & ka_{11}b_{12}+ka_{12}b_{22} \\ ka_{21}b_{11}+ka_{22}b_{21} & ka_{21}b_{12}+ka_{22}b_{22} \end{pmatrix}$$

于是有 $k(\boldsymbol{AB})=(k\boldsymbol{A})\boldsymbol{B}=\boldsymbol{A}(k\boldsymbol{B})$.

在上面的分析中，用到两个矩阵$\begin{pmatrix} 4 & -3 \\ -2 & 1 \end{pmatrix}$和$\begin{pmatrix} 4 & -2 \\ -3 & 1 \end{pmatrix}$，这两个矩阵是什么关系呢?

不难看出，对矩阵$\begin{pmatrix} 4 & -3 \\ -2 & 1 \end{pmatrix}$重新编排，将第 1 行改写成新矩阵的第 1 列，将第 2 行改写成新矩阵的第 2 列，所得的结果就是矩阵$\begin{pmatrix} 4 & -2 \\ -3 & 1 \end{pmatrix}$. 数学上将这种变换称为转置，记作

$$\begin{pmatrix} 4 & -3 \\ -2 & 1 \end{pmatrix}^{\mathrm{T}} = \begin{pmatrix} 4 & -2 \\ -3 & 1 \end{pmatrix}$$

一般地，对于矩阵的转置有下面的定义.

定义 2 矩阵 $\boldsymbol{A}$ 的行换成同序数的列，所得到的新矩阵称为矩阵 $\boldsymbol{A}$ 的转置矩阵，记作 $\boldsymbol{A}^{\mathrm{T}}$. 此定义对于多阶矩阵也适用.

例 2 已知 $\boldsymbol{A} = \begin{pmatrix} 1 & 2 & 3 \\ 4 & 5 & 6 \end{pmatrix}$，求 $\boldsymbol{A}^{\mathrm{T}}$.

解 $\boldsymbol{A}^{\mathrm{T}} = \begin{pmatrix} 1 & 2 & 3 \\ 4 & 5 & 6 \end{pmatrix}^{\mathrm{T}} = \begin{pmatrix} 1 & 4 \\ 2 & 5 \\ 3 & 6 \end{pmatrix}$.

练习 2 已知 $\boldsymbol{A} = \begin{pmatrix} -1 & 2 & 3 \\ 3 & 1 & 2 \end{pmatrix}$，求 $\boldsymbol{A}^{\mathrm{T}}$.

有了上面的定义，式（3-6）中的

$$\left(-\frac{1}{2}\right) = \frac{1}{-2} = \frac{1}{|\boldsymbol{A}|}, \quad \begin{pmatrix} -2 & 0 \\ 0 & -2 \end{pmatrix} = \begin{pmatrix} 1 & 2 \\ 3 & 4 \end{pmatrix}\begin{pmatrix} 4 & -2 \\ -3 & 1 \end{pmatrix} = \boldsymbol{A}\begin{pmatrix} A_{11} & A_{12} \\ A_{21} & A_{22} \end{pmatrix}^{\mathrm{T}}$$

其中$|\boldsymbol{A}|$为矩阵 $\boldsymbol{A}$ 对应的行列式. 于是

$$\frac{1}{|\boldsymbol{A}|}\boldsymbol{A}\begin{pmatrix} A_{11} & A_{12} \\ A_{21} & A_{22} \end{pmatrix}^{\mathrm{T}} = \boldsymbol{E} \tag{3-7}$$

将$\begin{pmatrix} A_{11} & A_{12} \\ A_{21} & A_{22} \end{pmatrix}^{\mathrm{T}}$称为矩阵 $\boldsymbol{A}$ 的伴随矩阵，记作 $\boldsymbol{A}^*$，即

$$\boldsymbol{A}^* = \begin{pmatrix} A_{11} & A_{12} \\ A_{21} & A_{22} \end{pmatrix}^{\mathrm{T}}$$

式（3-7）也可以写成

$$\boldsymbol{A}\left[\frac{1}{|\boldsymbol{A}|}\begin{pmatrix} A_{11} & A_{12} \\ A_{21} & A_{22} \end{pmatrix}^{\mathrm{T}}\right] = \boldsymbol{E}$$

根据逆矩阵的定义，可知 $\boldsymbol{A}^{-1} = \frac{1}{|\boldsymbol{A}|}\begin{pmatrix} A_{11} & A_{12} \\ A_{21} & A_{22} \end{pmatrix}^{\mathrm{T}} = \frac{1}{|\boldsymbol{A}|}\boldsymbol{A}^*$.

一般地，有下面的定理.

定理 1 对于矩阵 $\boldsymbol{A}$，如果 $\boldsymbol{A}$ 的行列式$|\boldsymbol{A}| \neq 0$，则 $\boldsymbol{A}$ 的逆矩阵存在，且 $\boldsymbol{A}^{-1} = \frac{1}{|\boldsymbol{A}|}\boldsymbol{A}^*$，其

中 $\boldsymbol{A}^*$ 为 $\boldsymbol{A}$ 的伴随矩阵.

此定理对于多阶矩阵也成立.

例 3　已知 $\boldsymbol{A}=\begin{pmatrix}1 & 3\\ 4 & 2\end{pmatrix}$，利用伴随矩阵求 $\boldsymbol{A}^{-1}$.

解　$|\boldsymbol{A}|=\begin{vmatrix}1 & 3\\ 4 & 2\end{vmatrix}=2-12=-10$，

$$\boldsymbol{A}^*=\begin{pmatrix}(-1)^{1+1}\times 2 & (-1)^{1+2}\times 4\\ (-1)^{2+1}\times 3 & (-1)^{2+2}\times 1\end{pmatrix}^{\mathrm{T}}=\begin{pmatrix}2 & -4\\ -3 & 1\end{pmatrix}^{\mathrm{T}}=\begin{pmatrix}2 & -3\\ -4 & 1\end{pmatrix}$$

故 $\boldsymbol{A}^{-1}=\dfrac{1}{|\boldsymbol{A}|}\boldsymbol{A}^*=\dfrac{1}{-10}\begin{pmatrix}2 & -3\\ -4 & 1\end{pmatrix}=\begin{pmatrix}-\dfrac{1}{5} & \dfrac{3}{10}\\ \dfrac{2}{5} & -\dfrac{1}{10}\end{pmatrix}$.

练习 3　已知 $\boldsymbol{A}=\begin{pmatrix}2 & 3\\ 4 & -1\end{pmatrix}$，利用伴随矩阵求 $\boldsymbol{A}^{-1}$.

习题三

1．计算下列行列式：

（1）$\begin{vmatrix}-1 & 3\\ 2 & -2\end{vmatrix}$；（2）$\begin{vmatrix}4 & 3\\ 2 & 2\end{vmatrix}$；（3）$\begin{vmatrix}4 & -3\\ 2 & 2\end{vmatrix}$；（4）$\begin{vmatrix}3 & -2\\ -2 & 2\end{vmatrix}$.

2．利用行列式求解二元一次方程组 $\begin{cases}3x-2y=2\\ 2x+3y=5\end{cases}$.

3．已知 $\begin{vmatrix}a & b\\ c & d\end{vmatrix}$=4，利用行列式乘积的性质，计算：

（1）$\left|\begin{pmatrix}a & b\\ c & d\end{pmatrix}\begin{pmatrix}a & b\\ c & d\end{pmatrix}\right|$；（2）$\left|\begin{pmatrix}a & b\\ c & d\end{pmatrix}\begin{pmatrix}2 & 4\\ 1 & 3\end{pmatrix}\right|$.

4．先用初等矩阵将矩阵 $\begin{pmatrix}4 & 1\\ 3 & 2\end{pmatrix}$ 化为单位矩阵，再利用矩阵乘积的行列式的运算性质，求该行列式的值.

5．通过将行列式分别按各行和各列展开，计算行列式 $\begin{vmatrix}-1 & 4\\ 3 & 2\end{vmatrix}$ 的值.

6．已知 $\boldsymbol{A}=\begin{pmatrix}0 & 3\\ 5 & -1\end{pmatrix}$，求 $(-5)\boldsymbol{A}$.

7．已知 $\boldsymbol{A}=\begin{pmatrix}3 & 2 & 1\\ 6 & 5 & 4\end{pmatrix}$，求 $\boldsymbol{A}^{\mathrm{T}}$.

8．已知 $\boldsymbol{A}=\begin{pmatrix}1 & 3\\ -3 & -1\end{pmatrix}$，利用伴随矩阵求 $\boldsymbol{A}^{-1}$.

第四章　二元线性方程组及其向量组的表示

前面介绍了求解线性方程组的增广矩阵方法、逆矩阵方法和行列式方法，其中逆矩阵方法和行列式方法仅对有唯一解的方程组适用．实际问题中遇到的线性方程组会是各式各样的，为了更好地研究线性方程组的解，本章首先引入二元线性方程组的向量表示，并介绍向量组的等价和向量组的线性表示，线性相关与线性无关，极大线性无关组等内容，进而介绍有无穷多组解的线性方程组通解的简洁表示．

向量组是线性代数的另一个重要的内容，不仅在线性方程组的求解和线性方程组解的表示方面有重要的应用，在其他方面也有重要的应用．

第一节　二元线性方程组的向量表示与向量组的等价及线性表示

本节介绍二元线性方程组的向量表示、两个向量组等价的直观定义、两个向量组之间的运算与两个向量组等价的另一个定义、向量组的矩阵表示及其与初等矩阵之间的关系、两个向量组等价与相互线性表示之间的关系．

一、二元线性方程组的向量表示

将二元线性方程组的每个方程未知数前面的系数和常数项提取出来并横向排列，则每个方程就对应一个行向量，线性方程组就对应一个行向量组．

例 1　写出线性方程组$\begin{cases}2x+y=1\\x-2y=3\end{cases}$对应的行向量组．

解　线性方程组$\begin{cases}2x+y=1\\x-2y=3\end{cases}$对应的行向量组为$\overrightarrow{\alpha_1}=(2,1,1)$，$\overrightarrow{\alpha_2}=(1,-2,3)$．

练习 1　写出线性方程组$\begin{cases}x-y=2\\2x-y=3\end{cases}$对应的行向量组．

反过来，给定一个向量组，就可以写出对应的线性方程组．

例 2　写出向量组$\overrightarrow{\alpha_1}=(1,2,1)$，$\overrightarrow{\alpha_2}=(2,1,3)$对应的线性方程组．

解　已给向量组对应的线性方程组为$\begin{cases}x+2y=1\\2x+y=3\end{cases}$．

练习 2　写出向量组$\overrightarrow{\alpha_1}=(1,-3,2)$，$\overrightarrow{\alpha_2}=(2,-1,3)$对应的线性方程组．

这样，线性方程组与向量组就形成了一一对应的关系，于是我们可以用向量组来表示线性方程组．

二、两个向量组等价的直观定义

得到线性方程组后，求解就是下一步面临的重要工作．第二章第一节介绍了线性方程组化对角线形的方法，给出了保持方程组同解的三种处理．所谓两个方程组同解，是指任何一个方程组的解，都是另一个方程组的解．

保持方程组同解的三种处理为：

（1）将其中的任一方程两边同乘以一个非零常数后，得到的新方程组与原方程组同解；

（2）将方程组中的任意两个方程对调后，得到的新方程组与原方程组同解；

（3）将方程组中的某一个方程两边同乘以不为零的数加到另一个方程上后，得到的新方程组与原方程组同解．

利用上述三种线性方程组的同解处理，可以通过有限次变形将线性方程组化为对角线形方程组，进而得到方程组的解．

所谓对角线形方程组，是指当线性方程组有唯一解时，如果将含有未知数的项放在等号的左边，常数放在等号的右边，则在方程组每个方程中只含有一个未知数且未知数前面的系数为 1，将未知数排序后，如果将不出现的未知数所处的位置空出来，则每个方程中所出现的未知数形成一个对角线形状．

下面通过一个具体的例子加以说明．

引例　通过将线性方程组化为对角线形线性方程组，求解线性方程组$\begin{cases}2x+y=1\\x-2y=3\end{cases}$.

解　$\begin{cases}2x+y=1 & ①\\x-2y=3 & ②\end{cases}\xrightarrow{①\leftrightarrow②}\begin{cases}x-2y=3 & ③\\2x+y=1 & ④\end{cases}\xrightarrow{④+(-2)\times③}\begin{cases}x-2y=3 & ⑤\\\quad\ 5y=-5 & ⑥\end{cases}$

$\xrightarrow{\frac{1}{5}\times⑥}\begin{cases}x-2y=3 & ⑦\\\quad\ \ y=-1 & ⑧\end{cases}\xrightarrow{⑦+2\times⑧}\begin{cases}x=1 & ⑨\\y=-1 & ⑩\end{cases}$

因为线性方程组经过同解处理所得的新线性方程组与原线性方程组是同解的，所以称处理前后的两个线性方程组所对应的向量组等价．例如，引例中线性方程组①②在进行①$\leftrightarrow$②变形前所对应的向量组$(2,1,1),(1,-2,3)$与变形后线性方程组③④所对应的向量组$(1,-2,3),(2,1,1)$等价，线性方程组③④在进行④$+(-2)\times$③变形前所对应的向量组$(1,-2,3),(2,1,1)$与变形后线性方程组⑤⑥所对应的向量组$(1,-2,3),(0,5,-5)$等价，线性方程组⑤⑥在进行$\frac{1}{5}\times$⑥变形前所对应的向量组$(1,-2,3),(0,5,-5)$与变形后线性方程组⑦⑧所对应的向量组$(1,-2,3),(0,1,-1)$等价，线性方程组⑦⑧在进行⑦$+2\times$⑧变形前所对应的向量组$(1,-2,3),(0,1,-1)$与变形后线性方程组⑨⑩所对应的向量组$(1,0,1),(0,1,-1)$等价．

由于每个向量又反过来对应一个线性方程，一个向量组就对应一个线性方程组，这样两个向量组分别对应两个线性方程组，如果其中一个线性方程组经过三种同解处理后可以变为另一个线性方程组，则称这两个向量组是等价的．

这样我们可以得到两个向量组等价的定义．

定义 1　对于两个向量组，可以分别写出它们所对应的线性方程组，如果其中一个线性方程组经过有限次的三种同解处理后可以变为另一个线性方程组，则称这两个向量组是等价的．

由于线性方程组的同解具有传递性，所以向量组的等价也具有传递性，即向量组 $\boldsymbol{A}$ 与向量组 $\boldsymbol{B}$ 等价，向量组 $\boldsymbol{B}$ 与向量组 $\boldsymbol{C}$ 等价，则向量组 $\boldsymbol{A}$ 与向量组 $\boldsymbol{C}$ 等价．

例如，向量组 $\boldsymbol{A}_1:\overrightarrow{\alpha_1}=(1,2,1),\overrightarrow{\alpha_2}=(2,1,3)$ 对应的线性方程组为 $B_1:\begin{cases}x+2y=1\\2x+y=3\end{cases}$，向量组 $\boldsymbol{A}_2:\overrightarrow{\beta_1}=(1,2,1),\overrightarrow{\beta_2}=(4,5,5)$ 对应的线性方程组为 $B_2:\begin{cases}x+2y=1\\4x+5y=5\end{cases}$，因为线性方程组 B_1 经消法处理变为线性方程组 B_2，即第 1 个方程乘以 2 加到第 2 个方程上去，于是线性方程组 B_1 与线性方程组 B_2 同解，因此向量组 $\boldsymbol{A}_1$ 与向量组 $\boldsymbol{A}_2$ 等价．

向量组 $\boldsymbol{A}_3:\overrightarrow{\gamma_1}=(2,4,2),\overrightarrow{\gamma_2}=(4,5,5)$ 对应的线性方程组为 $B_3:\begin{cases}2x+4y=2\\4x+5y=5\end{cases}$，因为线性方程组 B_2 经倍法处理变为线性方程组 B_3，即第 1 个方程乘以 2，于是线性方程组 B_2 与线性方程组 B_3 同解，所以向量组 $\boldsymbol{A}_2$ 与向量组 $\boldsymbol{A}_3$ 等价．

由于线性方程组 B_1 经过两次同解处理变为线性方程组 B_3，因此向量组 $\boldsymbol{A}_1$ 与向量组 $\boldsymbol{A}_3$ 等价．

因为线性方程组的同解具有反向性，所以向量组的等价也具有反向性，即向量组 $\boldsymbol{A}$ 与向量组 $\boldsymbol{B}$ 等价，则向量组 $\boldsymbol{B}$ 与向量组 $\boldsymbol{A}$ 也等价．

下面给出利用等价定义讨论向量组之间等价的例子．

例 3 讨论向量组 $\overrightarrow{\alpha_1}=(2,-1,3),\overrightarrow{\alpha_2}=(1,2,4)$ 与向量组 $\overrightarrow{\beta_1}=(1,1,3),\overrightarrow{\beta_2}=(1,-2,0)$ 是否等价．

分析 根据定义 1，讨论向量组 $\overrightarrow{\alpha_1}=(2,-1,3),\overrightarrow{\alpha_2}=(1,2,4)$ 与向量组 $\overrightarrow{\beta_1}=(1,1,3),\overrightarrow{\beta_2}=(1,-2,0)$ 是否等价，需要讨论线性方程组 $\begin{cases}2x-y=3\\x+2y=4\end{cases}$ 是否可以经过有限次的三种同解处理变为线性方程组 $\begin{cases}x+y=3\\x-2y=0\end{cases}$，为此，利用线性方程组的增广矩阵方法求出两个线性方程组各自的解．

解 因为

$$\begin{pmatrix}2&-1&3\\1&2&4\end{pmatrix}\xrightarrow{r_1\leftrightarrow r_2}\begin{pmatrix}1&2&4\\2&-1&3\end{pmatrix}\xrightarrow{r_2+(-2)\times r_1}\begin{pmatrix}1&2&4\\0&-5&-5\end{pmatrix}$$

$$\xrightarrow{(-\frac{1}{5})\times r_2}\begin{pmatrix}1&2&4\\0&1&1\end{pmatrix}\xrightarrow{r_1+(-2)\times r_2}\begin{pmatrix}1&0&2\\0&1&1\end{pmatrix}$$

$$\begin{pmatrix}1&1&3\\1&-2&0\end{pmatrix}\xrightarrow{r_2+(-1)\times r_1}\begin{pmatrix}1&1&3\\0&-3&-3\end{pmatrix}\xrightarrow{(-\frac{1}{3})\times r_2}\begin{pmatrix}1&1&3\\0&1&1\end{pmatrix}\xrightarrow{r_1+(-1)\times r_2}\begin{pmatrix}1&0&2\\0&1&1\end{pmatrix}$$

所以线性方程组 $\begin{cases}2x-y=3\\x+2y=4\end{cases}$ 与 $\begin{cases}x+y=3\\x-2y=0\end{cases}$ 同解，线性方程组 $\begin{cases}2x-y=3\\x+2y=4\end{cases}$ 可以经过有限次的三种同解处理变为线性方程组 $\begin{cases}x+y=3\\x-2y=0\end{cases}$．因此向量组 $\overrightarrow{\alpha_1}=(2,-1,3),\overrightarrow{\alpha_2}=(1,2,4)$ 与向量组 $\overrightarrow{\beta_1}=(1,1,3),\overrightarrow{\beta_2}=(1,-2,0)$ 等价．

例 4 讨论向量组 $\overrightarrow{\alpha_1}=(1,2,1),\overrightarrow{\alpha_2}=(2,1,3)$ 与向量组 $\overrightarrow{\beta_1}=(1,1,1),\overrightarrow{\beta_2}=(1,2,1)$ 是否等价．

分析 根据定义 1，讨论向量组 $\overrightarrow{\alpha_1}=(1,2,1),\overrightarrow{\alpha_2}=(2,1,3)$ 与向量组 $\overrightarrow{\beta_1}=(1,1,1),\overrightarrow{\beta_2}=(1,2,1)$ 是否

等价，需要讨论线性方程组$\begin{cases}x+2y=1\\2x+y=3\end{cases}$是否可以经过有限次的三种同解处理变为线性方程组$\begin{cases}x+y=1\\x+2y=1\end{cases}$，为此利用线性方程组的增广矩阵方法求出两个线性方程组各自的解.

解　因为

$$\begin{pmatrix}1&2&1\\2&1&3\end{pmatrix}\xrightarrow{r_2+(-2)\times r_1}\begin{pmatrix}1&2&1\\0&-3&1\end{pmatrix}\xrightarrow{(-\frac{1}{3})\times r_2}\begin{pmatrix}1&2&1\\0&1&-\frac{1}{3}\end{pmatrix}\xrightarrow{r_1+(-2)\times r_2}\begin{pmatrix}1&0&\frac{5}{3}\\0&1&-\frac{1}{3}\end{pmatrix},$$

$$\begin{pmatrix}1&1&1\\1&2&1\end{pmatrix}\xrightarrow{r_2+(-1)\times r_1}\begin{pmatrix}1&1&1\\0&1&0\end{pmatrix}\xrightarrow{r_1+(-1)\times r_2}\begin{pmatrix}1&0&1\\0&1&0\end{pmatrix}$$

所以线性方程组$\begin{cases}x+2y=1\\2x+y=3\end{cases}$与$\begin{cases}x+y=1\\x+2y=1\end{cases}$不同解，也就是线性方程组$\begin{cases}x+2y=1\\2x+y=3\end{cases}$不能经过有限次的三种同解处理变为线性方程组$\begin{cases}x+y=1\\x+2y=1\end{cases}$. 因此向量组$\overrightarrow{\alpha_1}=(1,2,1)$, $\overrightarrow{\alpha_2}=(2,1,3)$与向量组$\overrightarrow{\beta_1}=(1,1,1)$, $\overrightarrow{\beta_2}=(1,2,1)$不等价.

练习 3　讨论向量组$\overrightarrow{\alpha_1}=(1,1,1)$, $\overrightarrow{\alpha_2}=(2,1,3)$与向量组$\overrightarrow{\beta_1}=(1,1,1)$, $\overrightarrow{\beta_2}=(4,3,5)$是否等价.

三、两个向量组之间的运算与两个向量组等价的另一个定义

利用定义 1 判断两个向量组是否等价，需要回到对应的线性方程组去讨论是否同解，这很麻烦.

对线性方程组进行同解处理，相当于对线性方程组对应的向量组做类似的运算. 下面对方程组的三种同解处理进行举例说明.

对线性方程组$\begin{cases}x+2y=1\\2x+y=3\end{cases}$进行换法处理（比如，第 1 个方程与第 2 个方程对调）变为$\begin{cases}2x+y=3\\x+2y=1\end{cases}$，对应的向量组由$\overrightarrow{\alpha_1}=(1,2,1)$, $\overrightarrow{\alpha_2}=(2,1,3)$变为$\overrightarrow{\beta_1}=(2,1,3)$, $\overrightarrow{\beta_2}=(1,2,1)$，此结果可以看作直接交换向量组$\overrightarrow{\alpha_1}=(1,2,1)$, $\overrightarrow{\alpha_2}=(2,1,3)$的两个向量.

对线性方程组$\begin{cases}x+2y=1\\2x+y=3\end{cases}$进行倍法处理（比如，第 1 个方程乘以 3）变为$\begin{cases}3x+6y=3\\2x+y=3\end{cases}$，对应的向量组由$\overrightarrow{\alpha_1}=(1,2,1)$, $\overrightarrow{\alpha_2}=(2,1,3)$变为$\overrightarrow{\beta_1}=(3,6,3)$, $\overrightarrow{\beta_2}=(2,1,3)$，此结果可以看作直接将向量组$\overrightarrow{\alpha_1}=(1,2,1)$, $\overrightarrow{\alpha_2}=(2,1,3)$的第 1 个向量乘以 3.

对线性方程组$\begin{cases}x+2y=1\\2x+y=3\end{cases}$进行消法处理（比如，第 1 个方程乘以 2 加到第 2 个方程上）变为$\begin{cases}x+2y=1\\4x+5y=5\end{cases}$，对应的向量组由$\overrightarrow{\alpha_1}=(1,2,1)$, $\overrightarrow{\alpha_2}=(2,1,3)$变为$\overrightarrow{\beta_1}=(1,2,1)$, $\overrightarrow{\beta_2}=(4,5,5)$，此结果可以看作直接将向量组$\overrightarrow{\alpha_1}=(1,2,1)$, $\overrightarrow{\alpha_2}=(2,1,3)$的第 1 个向量$\overrightarrow{\alpha_1}=(1,2,1)$乘以 2 加上$\overrightarrow{\alpha_2}=(2,1,3)$作

为第 2 个向量，这是因为 $2\overrightarrow{\alpha_1}+\overrightarrow{\alpha_2}=2(1,2,1)+(2,1,3)=(4,5,5)=\overrightarrow{\beta_2}$.

这样，对线性方程组进行三种同解处理，等同于直接对向量组进行下列三种初等运算：

（1）换法运算：互换向量组中任意两个向量的位置；

（2）倍法运算：某个向量乘以不等于 0 的常数 k；

（3）消法运算：某个向量乘以不等于 0 的常数 k 加到另一个向量上.

由此可以得到两个向量组等价的另一个定义.

定义 2 如果向量组 $\boldsymbol{B}$ 可以由向量组 $\boldsymbol{A}$ 经过有限次的三种初等运算得到，则称这两个向量组是等价的.

四、向量组的矩阵表示及其与初等矩阵之间的关系

为了更好地研究初等运算前后两个向量组的关系，我们将一个向量组中的所有向量竖向排成一列，这样就形成一个矩阵，对向量组所做的初等运算，相当于对该矩阵进行初等行变换.

例如，对向量组 $\boldsymbol{A}:\overrightarrow{\alpha_1}=(2,1,1)$, $\overrightarrow{\alpha_2}=(1,2,2)$ 进行换法运算，得到向量组 $\boldsymbol{B}:\overrightarrow{\beta_1}=(1,2,2)$, $\overrightarrow{\beta_2}=(2,1,1)$ ，如果将向量组 $\boldsymbol{A}$ 写成矩阵形式为 $\begin{pmatrix}\overrightarrow{\alpha_1}\\\overrightarrow{\alpha_2}\end{pmatrix}=\begin{pmatrix}2&1&1\\1&2&2\end{pmatrix}$，将向量组 $\boldsymbol{B}$ 写成矩阵形式为 $\begin{pmatrix}\overrightarrow{\beta_1}\\\overrightarrow{\beta_2}\end{pmatrix}=\begin{pmatrix}1&2&2\\2&1&1\end{pmatrix}$，容易看出矩阵 $\begin{pmatrix}\overrightarrow{\beta_1}\\\overrightarrow{\beta_2}\end{pmatrix}=\begin{pmatrix}1&2&2\\2&1&1\end{pmatrix}$ 是由矩阵 $\begin{pmatrix}\overrightarrow{\alpha_1}\\\overrightarrow{\alpha_2}\end{pmatrix}=\begin{pmatrix}2&1&1\\1&2&2\end{pmatrix}$ 交换两行得到的.

对向量组 $\boldsymbol{A}:\overrightarrow{\alpha_1}=(2,1,1)$, $\overrightarrow{\alpha_2}=(1,2,2)$ 进行倍法运算，第一个向量乘以 2 得到向量组 $\boldsymbol{B}$: $\overrightarrow{\beta_1}=(4,2,2)$, $\overrightarrow{\beta_2}=(1,2,2)$ ，如果将向量组 $\boldsymbol{A}$ 写成矩阵形式为 $\begin{pmatrix}\overrightarrow{\alpha_1}\\\overrightarrow{\alpha_2}\end{pmatrix}=\begin{pmatrix}2&1&1\\1&2&2\end{pmatrix}$，将向量组 $\boldsymbol{B}$ 写成矩阵形式为 $\begin{pmatrix}\overrightarrow{\beta_1}\\\overrightarrow{\beta_2}\end{pmatrix}=\begin{pmatrix}4&2&2\\1&2&2\end{pmatrix}$，容易看出矩阵 $\begin{pmatrix}\overrightarrow{\beta_1}\\\overrightarrow{\beta_2}\end{pmatrix}=\begin{pmatrix}4&2&2\\1&2&2\end{pmatrix}$ 是由矩阵 $\begin{pmatrix}\overrightarrow{\alpha_1}\\\overrightarrow{\alpha_2}\end{pmatrix}=\begin{pmatrix}2&1&1\\1&2&2\end{pmatrix}$ 的第一行乘以 2 得到的.

对向量组 $\boldsymbol{A}:\overrightarrow{\alpha_1}=(2,1,1)$, $\overrightarrow{\alpha_2}=(1,2,2)$ 进行消法运算，第一个向量乘以 2 加到第 2 个向量上得到向量组 $\boldsymbol{B}:\overrightarrow{\beta_1}=(2,1,1)$, $\overrightarrow{\beta_2}=(5,4,4)$ ，如果将向量组 $\boldsymbol{A}$ 写成矩阵形式为 $\begin{pmatrix}\overrightarrow{\alpha_1}\\\overrightarrow{\alpha_2}\end{pmatrix}=\begin{pmatrix}2&1&1\\1&2&2\end{pmatrix}$，将向量组 $\boldsymbol{B}$ 写成矩阵形式为 $\begin{pmatrix}\overrightarrow{\beta_1}\\\overrightarrow{\beta_2}\end{pmatrix}=\begin{pmatrix}2&1&1\\5&4&4\end{pmatrix}$，容易看出矩阵 $\begin{pmatrix}\overrightarrow{\beta_1}\\\overrightarrow{\beta_2}\end{pmatrix}=\begin{pmatrix}2&1&1\\5&4&4\end{pmatrix}$ 是由矩阵 $\begin{pmatrix}\overrightarrow{\alpha_1}\\\overrightarrow{\alpha_2}\end{pmatrix}=\begin{pmatrix}2&1&1\\1&2&2\end{pmatrix}$ 的第一行乘以 2 加到第 2 行上得到的.

第二章第三节介绍了初等行变换后的矩阵与原矩阵之间的关系，下面对本节引例采用线性方程组的增广矩阵方法求解，以说明这种关系.

$$\begin{pmatrix}2&1&1\\1&-2&3\end{pmatrix}\xrightarrow{r_1\leftrightarrow r_2}\begin{pmatrix}1&-2&3\\2&1&1\end{pmatrix}\xrightarrow{r_2+(-2)\times r_1}\begin{pmatrix}1&-2&3\\0&5&-5\end{pmatrix}$$

$$\xrightarrow{\frac{1}{5}\times r_2}\begin{pmatrix}1 & -2 & 3\\0 & 1 & -1\end{pmatrix}\xrightarrow{r_1+2\times r_2}\begin{pmatrix}1 & 0 & 1\\0 & 1 & -1\end{pmatrix}.$$

上述对矩阵的每一步变换又可以用单位矩阵的相应变换形成的初等矩阵左乘变换前的矩阵来描述，即

$$\begin{pmatrix}2 & 1 & 1\\1 & -2 & 3\end{pmatrix}\xrightarrow{r_1\leftrightarrow r_2}\begin{pmatrix}1 & -2 & 3\\2 & 1 & 1\end{pmatrix}=\begin{pmatrix}0 & 1\\1 & 0\end{pmatrix}\begin{pmatrix}2 & 1 & 1\\1 & -2 & 3\end{pmatrix};$$

$$\begin{pmatrix}1 & -2 & 3\\2 & 1 & 1\end{pmatrix}\xrightarrow{r_2+(-2)\times r_1}\begin{pmatrix}1 & -2 & 3\\0 & 5 & -5\end{pmatrix}=\begin{pmatrix}1 & 0\\-2 & 1\end{pmatrix}\begin{pmatrix}1 & -2 & 3\\2 & 1 & 1\end{pmatrix};$$

$$\begin{pmatrix}1 & -2 & 3\\0 & 5 & -5\end{pmatrix}\xrightarrow{\frac{1}{5}\times r_2}\begin{pmatrix}1 & -2 & 3\\0 & 1 & -1\end{pmatrix}=\begin{pmatrix}1 & 0\\0 & \frac{1}{5}\end{pmatrix}\begin{pmatrix}1 & -2 & 3\\0 & 5 & -5\end{pmatrix};$$

$$\begin{pmatrix}1 & -2 & 3\\0 & 1 & -1\end{pmatrix}\xrightarrow{r_1+2\times r_2}\begin{pmatrix}1 & 0 & 1\\0 & 1 & -1\end{pmatrix}=\begin{pmatrix}1 & 2\\0 & 1\end{pmatrix}\begin{pmatrix}1 & -2 & 3\\0 & 1 & -1\end{pmatrix}.$$

对应初等行变换后的矩阵与原矩阵之间的关系，有关于向量组的类似关系，下面分别加以说明.

性质 1　向量组 $\boldsymbol{A}$ 经过换法运算，相当于对单位矩阵进行相同的换法变换后，从左边乘原来的向量组 $\boldsymbol{A}$；反之，用单位矩阵经换法变换所得的初等矩阵，从左边乘向量组 $\boldsymbol{A}$ 的结果等于对向量组 $\boldsymbol{A}$ 进行相同换法运算的结果.

证明　设向量组 $\boldsymbol{A}=\begin{pmatrix}\overrightarrow{\alpha_1}\\\overrightarrow{\alpha_2}\end{pmatrix}$ 经过换法运算变为 $\boldsymbol{B}=\begin{pmatrix}\overrightarrow{\alpha_2}\\\overrightarrow{\alpha_1}\end{pmatrix}$，单位矩阵 $\boldsymbol{E}=\begin{pmatrix}1 & 0\\0 & 1\end{pmatrix}$ 经过相同的换法变换变为 $\boldsymbol{P}_1=\begin{pmatrix}0 & 1\\1 & 0\end{pmatrix}$，因为 $\boldsymbol{P}_1\boldsymbol{A}=\begin{pmatrix}0 & 1\\1 & 0\end{pmatrix}\begin{pmatrix}\overrightarrow{\alpha_1}\\\overrightarrow{\alpha_2}\end{pmatrix}=\begin{pmatrix}\overrightarrow{\alpha_2}\\\overrightarrow{\alpha_1}\end{pmatrix}=\boldsymbol{B}$，所以 $\boldsymbol{B}=\boldsymbol{P}_1\boldsymbol{A}$. 由此式不难得到性质 1 的结论.

注　此处 $\begin{pmatrix}0 & 1\\1 & 0\end{pmatrix}$ 与 $\begin{pmatrix}\overrightarrow{\alpha_1}\\\overrightarrow{\alpha_2}\end{pmatrix}$ 的乘积，类似于两个矩阵中的元素均为实数的情况. 这是因为把 $\overrightarrow{\alpha_1}$，$\overrightarrow{\alpha_2}$ 还原成所表示的行向量后，再按照矩阵的乘法相乘，所得的结果与此是一致的. 假设 $\overrightarrow{\alpha_1}=(a_{11},a_{12},a_{13})$，$\overrightarrow{\alpha_2}=(a_{21},a_{22},a_{23})$，则有

$$\begin{pmatrix}0 & 1\\1 & 0\end{pmatrix}\begin{pmatrix}\overrightarrow{\alpha_1}\\\overrightarrow{\alpha_2}\end{pmatrix}=\begin{pmatrix}0 & 1\\1 & 0\end{pmatrix}\begin{pmatrix}a_{11} & a_{12} & a_{13}\\a_{21} & a_{22} & a_{23}\end{pmatrix}=\begin{pmatrix}a_{21} & a_{22} & a_{23}\\a_{11} & a_{12} & a_{13}\end{pmatrix}=\begin{pmatrix}\overrightarrow{\alpha_2}\\\overrightarrow{\alpha_1}\end{pmatrix}$$

所以今后遇到这种情况，均可以这样相乘，不再说明.

性质 2　向量组 $\boldsymbol{A}$ 经过倍法运算，相当于对单位矩阵进行相同的倍法变换后，从左边乘原来的向量组 $\boldsymbol{A}$；反之，用单位矩阵经倍法变换所得的初等矩阵，从左边乘向量组 $\boldsymbol{A}$ 的结果等于对向量组 $\boldsymbol{A}$ 进行相同倍法运算的结果.

证明　设向量组 $\boldsymbol{A}=\begin{pmatrix}\overrightarrow{\alpha_1}\\\overrightarrow{\alpha_2}\end{pmatrix}$，经过倍法运算变为 $\boldsymbol{B}=\begin{pmatrix}k\overrightarrow{\alpha_1}\\\overrightarrow{\alpha_2}\end{pmatrix}$，单位矩阵 $\boldsymbol{E}=\begin{pmatrix}1 & 0\\0 & 1\end{pmatrix}$ 经过相同

的倍法变换变为 $\boldsymbol{P}_1=\begin{pmatrix}k&0\\0&1\end{pmatrix}$，因为 $\boldsymbol{P}_1\boldsymbol{A}=\begin{pmatrix}k&0\\0&1\end{pmatrix}\begin{pmatrix}\overrightarrow{\alpha_1}\\\overrightarrow{\alpha_2}\end{pmatrix}=\begin{pmatrix}k\overrightarrow{\alpha_1}\\\overrightarrow{\alpha_2}\end{pmatrix}=\boldsymbol{B}$，所以 $\boldsymbol{B}=\boldsymbol{P}_1\boldsymbol{A}$．由此式不难得到性质 2 的结论.

性质 3 向量组 $\boldsymbol{A}$ 经过消法运算，相当于对单位矩阵进行相同的消法变换后，从左边乘原来的向量组 $\boldsymbol{A}$；反之，用单位矩阵经消法变换所得的初等矩阵，从左边乘向量组 $\boldsymbol{A}$ 的结果等于对向量组 $\boldsymbol{A}$ 进行相同消法运算的结果.

证明 设向量组 $\boldsymbol{A}=\begin{pmatrix}\overrightarrow{\alpha_1}\\\overrightarrow{\alpha_2}\end{pmatrix}$经过消法运算变为 $\boldsymbol{B}=\begin{pmatrix}\overrightarrow{\alpha_1}\\k\overrightarrow{\alpha_1}+\overrightarrow{\alpha_2}\end{pmatrix}$，单位矩阵 $\boldsymbol{E}=\begin{pmatrix}1&0\\0&1\end{pmatrix}$经过消法变换变为 $\boldsymbol{P}_1=\begin{pmatrix}1&0\\k&1\end{pmatrix}$，因为 $\boldsymbol{P}_1\boldsymbol{A}=\begin{pmatrix}1&0\\k&1\end{pmatrix}\begin{pmatrix}\overrightarrow{\alpha_1}\\\overrightarrow{\alpha_2}\end{pmatrix}=\begin{pmatrix}\overrightarrow{\alpha_1}\\k\overrightarrow{\alpha_1}+\overrightarrow{\alpha_2}\end{pmatrix}=\boldsymbol{B}$，所以 $\boldsymbol{B}=\boldsymbol{P}_1\boldsymbol{A}$．由此式不难得到性质 3 的结论.

五、两个向量组等价与相互线性表示

利用两个向量组等价的定义，验证两个向量组的等价比较麻烦．下面给出两个向量组等价的另一种描述：两个向量组相互线性表示．为了说清楚这个问题，从两个方面来讨论．一方面，按照两个向量组等价的定义，推出两个向量组可以相互线性表示；另一方面，根据两个向量组可以相互线性表示，推出两个向量组等价.

（一）由两个向量组等价的定义，推出两个向量组可以相互线性表示

因为对向量组进行一次初等运算，就相当于用一个相应的初等矩阵左乘原来的向量组，所以当向量组 $\boldsymbol{A}:\overrightarrow{\alpha_1}$，$\overrightarrow{\alpha_2}$ 与向量组 $\boldsymbol{B}:\overrightarrow{\beta_1},\overrightarrow{\beta_2}$ 等价时，就有下列关系式

$$\begin{pmatrix}\overrightarrow{\beta_1}\\\overrightarrow{\beta_2}\end{pmatrix}=\boldsymbol{P}_m\boldsymbol{P}_{m-1}\cdots\boldsymbol{P}_1\begin{pmatrix}\overrightarrow{\alpha_1}\\\overrightarrow{\alpha_2}\end{pmatrix}$$

成立，其中 $\boldsymbol{P}_1,\cdots,\boldsymbol{P}_{m-1},\boldsymbol{P}_m$ 为初等矩阵.

设 $\boldsymbol{P}=\boldsymbol{P}_m\boldsymbol{P}_{m-1}\cdots\boldsymbol{P}_1$，由矩阵乘积的运算法则，可以知道 $\boldsymbol{P}$ 为 2×2 的矩阵，则其结果一定为 $\boldsymbol{P}=\begin{pmatrix}a&b\\c&d\end{pmatrix}$的形式，其中 a,b,c,d 为实数．这样就有下面的结果

$$\begin{pmatrix}\overrightarrow{\beta_1}\\\overrightarrow{\beta_2}\end{pmatrix}=\begin{pmatrix}a&b\\c&d\end{pmatrix}\begin{pmatrix}\overrightarrow{\alpha_1}\\\overrightarrow{\alpha_2}\end{pmatrix}\tag{4-1}$$

以 $m=2$ 为例加以说明. 假设 $\boldsymbol{P}_1=\begin{pmatrix}0&1\\1&0\end{pmatrix}$，$\boldsymbol{P}_2=\begin{pmatrix}1&k\\0&1\end{pmatrix}$，则 $\boldsymbol{P}_2\boldsymbol{P}_1=\begin{pmatrix}1&k\\0&1\end{pmatrix}\begin{pmatrix}0&1\\1&0\end{pmatrix}=\begin{pmatrix}k&1\\1&0\end{pmatrix}$.

利用性质 1 中的注，由式（4-1）可得

$$\overrightarrow{\beta_1}=a\overrightarrow{\alpha_1}+b\overrightarrow{\alpha_2}$$

$$\overrightarrow{\beta_2}=c\overrightarrow{\alpha_1}+d\overrightarrow{\alpha_2}$$

此时称 $\overrightarrow{\beta_1}$ 可由向量组 $\overrightarrow{\alpha_1}$，$\overrightarrow{\alpha_2}$ 线性表示，称 $\overrightarrow{\beta_2}$ 可由向量组 $\overrightarrow{\alpha_1}$，$\overrightarrow{\alpha_2}$ 线性表示，称向量组 $\overrightarrow{\beta_1}$，$\overrightarrow{\beta_2}$ 可由向量组 $\overrightarrow{\alpha_1}$，$\overrightarrow{\alpha_2}$ 线性表示.

一般地，关于线性表示有下面的定义.

定义 3　对向量$\vec{\beta}$及向量组$\overrightarrow{\alpha_1}$，$\overrightarrow{\alpha_2}$，若有实数$k_1,k_2$使得

$$\vec{\beta}=k_1\overrightarrow{\alpha_1}+k_2\overrightarrow{\alpha_2}$$

称$\vec{\beta}$可由向量组$\overrightarrow{\alpha_1}$，$\overrightarrow{\alpha_2}$线性表示.

定义 4　如果向量组$\overrightarrow{\beta_1},\overrightarrow{\beta_2}$中的每一个向量均可由向量组$\overrightarrow{\alpha_1}$，$\overrightarrow{\alpha_2}$线性表示，则称向量组$\overrightarrow{\beta_1}$，$\overrightarrow{\beta_2}$可由向量组$\overrightarrow{\alpha_1}$，$\overrightarrow{\alpha_2}$线性表示.

例 5　设$\overrightarrow{\beta_1}=(1,1,2)$，$\overrightarrow{\beta_2}=(1,-1,0)$，$\vec{\alpha}=(1,0,1)$，判断$\vec{\alpha}$可否由$\overrightarrow{\beta_1},\overrightarrow{\beta_2}$线性表示.

分析　判断$\vec{\alpha}$可否由$\overrightarrow{\beta_1},\overrightarrow{\beta_2}$线性表示，根据线性表示的定义，需要判断是否存在实数k_1,k_2，使得

$$\vec{\alpha}=k_1\overrightarrow{\beta_1}+k_2\overrightarrow{\beta_2}.$$

也就是需要判断由上式得到的关于k_1,k_2的方程组是否有解. 如果有解，则$\vec{\alpha}$可由$\overrightarrow{\beta_1},\overrightarrow{\beta_2}$线性表示；如果无解，则$\vec{\alpha}$不能由$\overrightarrow{\beta_1},\overrightarrow{\beta_2}$线性表示.

解　设$\vec{\alpha}=k_1\overrightarrow{\beta_1}+k_2\overrightarrow{\beta_2}$，有

$$(1,0,1)=k_1(1,1,2)+k_2(1,-1,0)=(k_1,k_1,2k_1)+(k_2,-k_2,0)=(k_1+k_2,k_1-k_2,2k_1)$$

比较两端的对应分量，可得k_1,k_2满足下列方程组

$$\begin{cases}k_1+k_2=1\\k_1-k_2=0\\2k_1=1\end{cases}$$

可以用增广矩阵方法求解上述方程组，过程如下：

$$\begin{pmatrix}1&1&1\\1&-1&0\\2&0&1\end{pmatrix}\to\begin{pmatrix}1&1&1\\0&-2&-1\\0&-2&-1\end{pmatrix}\to\begin{pmatrix}1&1&1\\0&-2&-1\\0&0&0\end{pmatrix}\to\begin{pmatrix}1&1&1\\0&1&\frac{1}{2}\\0&0&0\end{pmatrix}\to\begin{pmatrix}1&0&\frac{1}{2}\\0&1&\frac{1}{2}\\0&0&0\end{pmatrix}.$$

注　上式的最后矩阵的第 3 行元素全为零，说明对应的方程为冗余的，是可以去掉的. 有时也会遇到某一行的最后一个元素不为零，而该行的其他元素全为零的情况，由于对应的方程为矛盾方程，此时方程组无解.

于是$\vec{\alpha}=\frac{1}{2}\overrightarrow{\beta_1}+\frac{1}{2}\overrightarrow{\beta_2}$，即$\vec{\alpha}$可由$\overrightarrow{\beta_1},\overrightarrow{\beta_2}$线性表示.

例 6　设$\overrightarrow{\beta_1}=(1,1,2),\overrightarrow{\beta_2}=(1,-1,0),\vec{\alpha}=(1,1,1)$，判断$\vec{\alpha}$可否由$\overrightarrow{\beta_1},\overrightarrow{\beta_2}$线性表示.

解　设$\vec{\alpha}=k_1\overrightarrow{\beta_1}+k_2\overrightarrow{\beta_2}$，有

$$(1,1,1)=k_1(1,1,2)+k_2(1,-1,0)=(k_1,k_1,2k_1)+(k_2,-k_2,0)=(k_1+k_2,k_1-k_2,2k_1)$$

比较两端的对应分量，可得k_1,k_2满足下列方程组

$$\begin{cases}k_1+k_2=1\\k_1-k_2=1\\2k_1=1\end{cases}$$

其增广矩阵为

$$\begin{pmatrix}1&1&1\\1&-1&1\\2&0&1\end{pmatrix}\to\begin{pmatrix}1&1&1\\0&-2&0\\0&-2&-1\end{pmatrix}\to\begin{pmatrix}1&1&1\\0&-2&0\\0&0&-1\end{pmatrix}\to\begin{pmatrix}1&1&1\\0&1&0\\0&0&1\end{pmatrix}\to\begin{pmatrix}1&0&1\\0&1&0\\0&0&1\end{pmatrix}.$$

由于上式的最后矩阵的第 3 行的最后一个元素不为零，而该行的其他元素全为零，所以方程组无解，因此$\vec{\alpha}$不能由$\overrightarrow{\beta_1},\overrightarrow{\beta_2}$线性表示.

练习 4 设$\overrightarrow{\beta_1}=(1,2,2)$，$\overrightarrow{\beta_2}=(1,-1,1)$，$\vec{\alpha}=(2,1,1)$，判断$\vec{\alpha}$可否由$\overrightarrow{\beta_1},\overrightarrow{\beta_2}$线性表示.

注 虽然向量是从线性方程中引出的，但今后谈向量时都撇开与线性方程组的对应．向量组等价的定义对于一般的向量也适用.

例 7 设向量组$\boldsymbol{A}:\overrightarrow{\alpha_1}=(2,-1),\overrightarrow{\alpha_2}=(3,-2)$，向量组$\boldsymbol{B}:\overrightarrow{\beta_1}=(3,1),\overrightarrow{\beta_2}=(1,4)$，试判断向量组$\boldsymbol{A}$是否可由向量组$\boldsymbol{B}$线性表示.

分析 判断向量组$\boldsymbol{A}$是否可由向量组$\boldsymbol{B}$线性表示，需要对向量组$\boldsymbol{A}$中的每一个向量判断是否可由向量组$\boldsymbol{B}$线性表示.

解 设$\overrightarrow{\alpha_1}=k_1\overrightarrow{\beta_1}+k_2\overrightarrow{\beta_2}$，有

$$(2,-1)=k_1(3,1)+k_2(1,4)=(3k_1,k_1)+(k_2,4k_2)=(3k_1+k_2,k_1+4k_2)$$

比较两端的对应分量，可得k_1,k_2满足下列方程组

$$\begin{cases}3k_1+k_2=2\\k_1+4k_2=-1\end{cases}$$

其增广矩阵为

$$\begin{pmatrix}3&1&2\\1&4&-1\end{pmatrix}\to\begin{pmatrix}1&4&-1\\3&1&2\end{pmatrix}\to\begin{pmatrix}1&4&-1\\0&-11&5\end{pmatrix}\to\begin{pmatrix}1&4&-1\\0&1&-\dfrac{5}{11}\end{pmatrix}\to\begin{pmatrix}1&0&\dfrac{9}{11}\\0&1&-\dfrac{5}{11}\end{pmatrix}$$

于是，有$\overrightarrow{\alpha_1}=\dfrac{9}{11}\overrightarrow{\beta_1}-\dfrac{5}{11}\overrightarrow{\beta_2}$，即$\overrightarrow{\alpha_1}$可由$\overrightarrow{\beta_1},\overrightarrow{\beta_2}$线性表示.

设$\overrightarrow{\alpha_2}=l_1\overrightarrow{\beta_1}+l_2\overrightarrow{\beta_2}$，有

$$(3,-2)=l_1(3,1)+l_2(1,4)=(3l_1,l_1)+(l_2,4l_2)=(3l_1+l_2,l_1+4l_2),$$

比较两端的对应分量，可得l_1,l_2满足下列方程组

$$\begin{cases}3l_1+l_2=3\\l_1+4l_2=-2\end{cases}$$

其增广矩阵为

$$\begin{pmatrix}3&1&3\\1&4&-2\end{pmatrix}\to\begin{pmatrix}1&4&-2\\3&1&3\end{pmatrix}\to\begin{pmatrix}1&4&-2\\0&-11&9\end{pmatrix}\to\begin{pmatrix}1&4&-2\\0&1&-\dfrac{9}{11}\end{pmatrix}\to\begin{pmatrix}1&0&\dfrac{14}{11}\\0&1&-\dfrac{9}{11}\end{pmatrix}$$

于是，有$\overrightarrow{\alpha_1}=\dfrac{14}{11}\overrightarrow{\beta_1}-\dfrac{9}{11}\overrightarrow{\beta_2}$，即$\overrightarrow{\alpha_2}$可由$\overrightarrow{\beta_1},\overrightarrow{\beta_2}$线性表示.

综上，向量组$\boldsymbol{A}$可由向量组$\boldsymbol{B}$线性表示.

练习 5　设向量组 $\boldsymbol{A}:\overrightarrow{\alpha_1}=(2,3),\overrightarrow{\alpha_2}=(2,4)$，向量组 $\boldsymbol{B}:\overrightarrow{\beta_1}=(2,1),\overrightarrow{\beta_2}=(1,2)$，试判断向量组 $\boldsymbol{A}$ 是否可由向量组 $\boldsymbol{B}$ 线性表示.

上面说明了当向量组 $\boldsymbol{A}:\overrightarrow{\alpha_1},\overrightarrow{\alpha_2}$ 与向量组 $\boldsymbol{B}:\overrightarrow{\beta_1},\overrightarrow{\beta_2}$ 等价时，向量组 $\overrightarrow{\beta_1},\overrightarrow{\beta_2}$ 可由向量组 $\overrightarrow{\alpha_1},\overrightarrow{\alpha_2}$ 线性表示. 下面来说明当向量组 $\boldsymbol{A}:\overrightarrow{\alpha_1},\overrightarrow{\alpha_2}$ 与向量组 $\boldsymbol{B}:\overrightarrow{\beta_1},\overrightarrow{\beta_2}$ 等价时，向量组 $\boldsymbol{A}:\overrightarrow{\alpha_1},\overrightarrow{\alpha_2}$ 也可由向量组 $\boldsymbol{B}:\overrightarrow{\beta_1},\overrightarrow{\beta_2}$ 线性表示.

由于

$$\begin{pmatrix}\overrightarrow{\beta_1}\\ \overrightarrow{\beta_2}\end{pmatrix}=\boldsymbol{P}_m\boldsymbol{P}_{m-1}\cdots\boldsymbol{P}_1\begin{pmatrix}\overrightarrow{\alpha_1}\\ \overrightarrow{\alpha_2}\end{pmatrix}$$

下面仅以 $m=2$ 为例加以说明，其他情况可类似证明.

当 $m=2$ 时，上式变为

$$\begin{pmatrix}\overrightarrow{\beta_1}\\ \overrightarrow{\beta_2}\end{pmatrix}=\boldsymbol{P}_2\boldsymbol{P}_1\begin{pmatrix}\overrightarrow{\alpha_1}\\ \overrightarrow{\alpha_2}\end{pmatrix}$$

由此可得

$$\begin{pmatrix}\overrightarrow{\alpha_1}\\ \overrightarrow{\alpha_2}\end{pmatrix}=\boldsymbol{P}_1^{-1}\boldsymbol{P}_2^{-1}\begin{pmatrix}\overrightarrow{\beta_1}\\ \overrightarrow{\beta_2}\end{pmatrix}$$

由第二章第三节的例 4 和之后的练习可知，初等矩阵的逆矩阵都存在，且仍为初等矩阵.

设 $\boldsymbol{P}_1^{-1}\boldsymbol{P}_2^{-1}=\begin{pmatrix}k_1 & k_2\\ k_3 & k_4\end{pmatrix}$，则有 $\begin{pmatrix}\overrightarrow{\alpha_1}\\ \overrightarrow{\alpha_2}\end{pmatrix}=\begin{pmatrix}k_1 & k_2\\ k_3 & k_4\end{pmatrix}\begin{pmatrix}\overrightarrow{\beta_1}\\ \overrightarrow{\beta_2}\end{pmatrix}$，从而

$$\overrightarrow{\alpha_1}=k_1\overrightarrow{\beta_1}+k_2\overrightarrow{\beta_2}$$
$$\overrightarrow{\alpha_2}=k_3\overrightarrow{\beta_1}+k_4\overrightarrow{\beta_2}$$

由向量组线性表示的定义可知，向量组 $\boldsymbol{A}:\overrightarrow{\alpha_1},\overrightarrow{\alpha_2}$ 可由向量组 $\boldsymbol{B}:\overrightarrow{\beta_1},\overrightarrow{\beta_2}$ 线性表示.

综上所述，当向量组 $\boldsymbol{A}:\overrightarrow{\alpha_1},\overrightarrow{\alpha_2}$ 和向量组 $\boldsymbol{B}:\overrightarrow{\beta_1},\overrightarrow{\beta_2}$ 等价时，这两个向量组可以相互线性表示.

（二）由两个向量组可以相互线性表示，推出两个向量组等价

设向量组 $\boldsymbol{A}:\overrightarrow{\alpha_1},\overrightarrow{\alpha_2}$ 与向量组 $\boldsymbol{B}:\overrightarrow{\beta_1},\overrightarrow{\beta_2}$ 可相互线性表示，由向量组线性表示的定义可知，当向量组 $\boldsymbol{A}:\overrightarrow{\alpha_1},\overrightarrow{\alpha_2}$ 可由向量组 $\boldsymbol{B}:\overrightarrow{\beta_1},\overrightarrow{\beta_2}$ 线性表示时，有下面的式子成立

$$\overrightarrow{\alpha_1}=k_{11}\overrightarrow{\beta_1}+k_{12}\overrightarrow{\beta_2}$$
$$\overrightarrow{\alpha_2}=k_{21}\overrightarrow{\beta_1}+k_{22}\overrightarrow{\beta_2}$$

即

$$\begin{pmatrix}\overrightarrow{\alpha_1}\\ \overrightarrow{\alpha_2}\end{pmatrix}=\begin{pmatrix}k_{11} & k_{12}\\ k_{21} & k_{22}\end{pmatrix}\begin{pmatrix}\overrightarrow{\beta_1}\\ \overrightarrow{\beta_2}\end{pmatrix}\tag{4-2}$$

当向量组 $\boldsymbol{B}:\overrightarrow{\beta_1},\overrightarrow{\beta_2}$ 可由向量组 $\boldsymbol{A}:\overrightarrow{\alpha_1},\overrightarrow{\alpha_2}$ 线性表示时，有下面的式子成立

$$\overrightarrow{\beta_1}=m_{11}\overrightarrow{\alpha_1}+m_{12}\overrightarrow{\alpha_2}$$

$$\overrightarrow{\beta_2}=m_{21}\overrightarrow{\alpha_1}+m_{22}\overrightarrow{\alpha_2}$$

即

$$\begin{pmatrix}\overrightarrow{\beta_1}\\ \overrightarrow{\beta_2}\end{pmatrix}=\begin{pmatrix}m_{11} & m_{12}\\ m_{21} & m_{22}\end{pmatrix}\begin{pmatrix}\overrightarrow{\alpha_1}\\ \overrightarrow{\alpha_2}\end{pmatrix} \tag{4-3}$$

由式（4-2）和式（4-3），可得

$$\begin{pmatrix}\overrightarrow{\alpha_1}\\ \overrightarrow{\alpha_2}\end{pmatrix}=\begin{pmatrix}k_{11} & k_{12}\\ k_{21} & k_{22}\end{pmatrix}\begin{pmatrix}\overrightarrow{\beta_1}\\ \overrightarrow{\beta_2}\end{pmatrix}=\begin{pmatrix}k_{11} & k_{12}\\ k_{21} & k_{22}\end{pmatrix}\begin{pmatrix}m_{11} & m_{12}\\ m_{21} & m_{22}\end{pmatrix}\begin{pmatrix}\overrightarrow{\alpha_1}\\ \overrightarrow{\alpha_2}\end{pmatrix}$$

可以证明对于向量组$\begin{pmatrix}\overrightarrow{\alpha_1}\\ \overrightarrow{\alpha_2}\end{pmatrix}$的不同情况，都有$\begin{pmatrix}k_{11} & k_{12}\\ k_{21} & k_{22}\end{pmatrix}\begin{pmatrix}m_{11} & m_{12}\\ m_{21} & m_{22}\end{pmatrix}=\boldsymbol{E}$（由于过于烦琐，这里略去证明）. 根据逆矩阵的定义，可知矩阵$\begin{pmatrix}k_{11} & k_{12}\\ k_{21} & k_{22}\end{pmatrix}$和$\begin{pmatrix}m_{11} & m_{12}\\ m_{21} & m_{22}\end{pmatrix}$都有逆矩阵，且互为对方的逆矩阵.

不妨设矩阵$\begin{pmatrix}k_{11} & k_{12}\\ k_{21} & k_{22}\end{pmatrix}=\boldsymbol{A}$，由于存在逆矩阵，所以以此矩阵为系数矩阵的线性方程组$\begin{pmatrix}k_{11} & k_{12}\\ k_{21} & k_{22}\end{pmatrix}\vec{x}=\vec{b}$有唯一解$\vec{x}=\begin{pmatrix}k_{11} & k_{12}\\ k_{21} & k_{22}\end{pmatrix}^{-1}\vec{b}$.

由第二章第三节可知，有唯一解的线性方程组的系数矩阵均可以通过初等行变换化为单位矩阵，再利用经过初等行变换后的矩阵与原来矩阵之间的关系，可知对于有唯一解的线性方程组的系数矩阵$\boldsymbol{A}$，总可以找到初等矩阵$\boldsymbol{P}_1,\boldsymbol{P}_2,\cdots,\boldsymbol{P}_m$，使得$\boldsymbol{P}_m\cdots\boldsymbol{P}_2\boldsymbol{P}_1\boldsymbol{A}=\boldsymbol{E}$. 于是有

$$\boldsymbol{A}=\boldsymbol{P}_1^{-1}\boldsymbol{P}_2^{-1}\cdots\boldsymbol{P}_m^{-1}\boldsymbol{E}=\boldsymbol{P}_1^{-1}\boldsymbol{P}_2^{-1}\cdots\boldsymbol{P}_m^{-1}$$

$$\begin{pmatrix}\overrightarrow{\alpha_1}\\ \overrightarrow{\alpha_2}\end{pmatrix}=\begin{pmatrix}k_{11} & k_{12}\\ k_{21} & k_{22}\end{pmatrix}\begin{pmatrix}\overrightarrow{\beta_1}\\ \overrightarrow{\beta_2}\end{pmatrix}=\boldsymbol{A}\begin{pmatrix}\overrightarrow{\beta_1}\\ \overrightarrow{\beta_2}\end{pmatrix}=\boldsymbol{P}_1^{-1}\boldsymbol{P}_2^{-1}\cdots\boldsymbol{P}_m^{-1}\begin{pmatrix}\overrightarrow{\beta_1}\\ \overrightarrow{\beta_2}\end{pmatrix}$$

因为初等矩阵的逆矩阵仍为初等矩阵，且每个初等矩阵都对应着对行向量组$\begin{pmatrix}\overrightarrow{\beta_1}\\ \overrightarrow{\beta_2}\end{pmatrix}$的一次初等运算，所以向量组$\boldsymbol{A}:\overrightarrow{\alpha_1},\overrightarrow{\alpha_2}$可由向量组$\boldsymbol{B}$：$\overrightarrow{\beta_1},\overrightarrow{\beta_2}$经有限次初等运算得到，因此向量组$\boldsymbol{A}:\overrightarrow{\alpha_1},\overrightarrow{\alpha_2}$和向量组$\boldsymbol{B}$：$\overrightarrow{\beta_1},\overrightarrow{\beta_2}$等价.

（三）两个向量组等价的另一种定义

综合（一）与（二）的结论，可以得到两个向量组等价的另一种定义.

定义 5 如果向量组$\boldsymbol{A}:\overrightarrow{\alpha_1},\overrightarrow{\alpha_2}$与向量组$\boldsymbol{B}$：$\overrightarrow{\beta_1},\overrightarrow{\beta_2}$能相互线性表示，则称这两个向量组等价.

例 8 证明向量组$\boldsymbol{A}:\overrightarrow{\alpha_1}=(1,3),\overrightarrow{\alpha_2}=(-1,2)$与向量组$\boldsymbol{B}:\overrightarrow{\beta_1}=(2,-1),\overrightarrow{\beta_2}=(2,3)$等价.

证明 （1）先证向量组$\boldsymbol{A}$能由向量组$\boldsymbol{B}$线性表示.

设$\overrightarrow{\alpha_1}=k_1\overrightarrow{\beta_1}+k_2\overrightarrow{\beta_2}$，有

$$(1,3)=k_1(2,-1)+k_2(2,3)=(2k_1,-k_1)+(2k_2,3k_2)=(2k_1+2k_2,-k_1+3k_2),$$

比较两端的对应分量，可得 k_1,k_2 满足下列方程组

$$\begin{cases}2k_1+2k_2=1\\-k_1+3k_2=3\end{cases}$$

其增广矩阵为

$$\begin{pmatrix}2&2&1\\-1&3&3\end{pmatrix}\to\begin{pmatrix}-1&3&3\\2&2&1\end{pmatrix}\to\begin{pmatrix}1&-3&-3\\2&2&1\end{pmatrix}\to\begin{pmatrix}1&-3&-3\\0&8&7\end{pmatrix}\to\begin{pmatrix}1&-3&-3\\0&1&\frac{7}{8}\end{pmatrix}\to\begin{pmatrix}1&0&-\frac{3}{8}\\0&1&\frac{7}{8}\end{pmatrix}$$

于是，有 $\overrightarrow{\alpha_1}=-\frac{3}{8}\overrightarrow{\beta_1}+\frac{7}{8}\overrightarrow{\beta_2}$，即 $\overrightarrow{\alpha_1}$ 可由 $\overrightarrow{\beta_1},\overrightarrow{\beta_2}$ 线性表示.

设 $\overrightarrow{\alpha_2}=l_1\overrightarrow{\beta_1}+l_2\overrightarrow{\beta_2}$，有

$$(-1,2)=l_1(2,-1)+l_2(2,3)=(2l_1,-l_1)+(2l_2,3l_2)=(2l_1+2l_2,-l_1+3l_2),$$

比较两端的对应分量，可得 l_1,l_2 满足下列方程组

$$\begin{cases}2l_1+2l_2=-1\\-l_1+3l_2=2\end{cases}$$

其增广矩阵为

$$\begin{pmatrix}2&2&-1\\-1&3&2\end{pmatrix}\to\begin{pmatrix}-1&3&2\\2&2&1\end{pmatrix}\to\begin{pmatrix}1&-3&-2\\2&2&1\end{pmatrix}\to\begin{pmatrix}1&-3&-2\\0&8&3\end{pmatrix}\to\begin{pmatrix}1&-3&-2\\0&1&\frac{3}{8}\end{pmatrix}\to\begin{pmatrix}1&0&-\frac{7}{8}\\0&1&\frac{3}{8}\end{pmatrix}$$

于是，有 $\overrightarrow{\alpha_2}=-\frac{7}{8}\overrightarrow{\beta_1}+\frac{3}{8}\overrightarrow{\beta_2}$，即 $\overrightarrow{\alpha_2}$ 可由 $\overrightarrow{\beta_1},\overrightarrow{\beta_2}$ 线性表示.

综上，向量组 $\boldsymbol{A}$ 可由向量组 $\boldsymbol{B}$ 线性表示.

（2）再证向量组 $\boldsymbol{B}$ 能由向量组 $\boldsymbol{A}$ 线性表示.

设 $\overrightarrow{\beta_1}=k_1\overrightarrow{\alpha_1}+k_2\overrightarrow{\alpha_2}$，有

$$(2,-1)=k_1(1,3)+k_2(-1,2)=(k_1,3k_1)+(-k_2,2k_2)=(k_1-k_2,3k_1+2k_2),$$

比较两端的对应分量，可得 k_1,k_2 满足下列方程组

$$\begin{cases}k_1-k_2=2\\3k_1+2k_2=-1\end{cases}$$

其增广矩阵为

$$\begin{pmatrix}1&-1&2\\3&2&-1\end{pmatrix}\to\begin{pmatrix}1&-1&2\\0&5&-7\end{pmatrix}\to\begin{pmatrix}1&-1&2\\0&1&-\frac{7}{5}\end{pmatrix}\to\begin{pmatrix}1&0&\frac{3}{5}\\0&1&-\frac{7}{5}\end{pmatrix}$$

于是，有 $\overrightarrow{\beta_1}=\frac{3}{5}\overrightarrow{\alpha_1}-\frac{7}{5}\overrightarrow{\alpha_2}$，即 $\overrightarrow{\beta_1}$ 可由 $\overrightarrow{\alpha_1},\overrightarrow{\alpha_2}$ 线性表示.

设 $\overrightarrow{\beta_2}=l_1\overrightarrow{\alpha_1}+l_2\overrightarrow{\alpha_2}$，有

$$(2,3)=l_1(1,3)+l_2(-1,2)=(l_1,3l_1)+(-l_2,2l_2)=(l_1-l_2,3l_1+2l_2),$$

比较两端的对应分量，可得l_1, l_2满足下列方程组

$$\begin{cases} l_1 - l_2 = 2 \\ 3l_1 + 2l_2 = 3 \end{cases}$$

其增广矩阵为

$$\begin{pmatrix} 1 & -1 & 2 \\ 3 & 2 & 3 \end{pmatrix} \to \begin{pmatrix} 1 & -1 & 2 \\ 0 & 5 & -3 \end{pmatrix} \to \begin{pmatrix} 1 & -1 & 2 \\ 0 & 1 & -\frac{3}{5} \end{pmatrix} \to \begin{pmatrix} 1 & 0 & \frac{7}{5} \\ 0 & 1 & -\frac{3}{5} \end{pmatrix}$$

于是，有$\overrightarrow{\beta_2} = \frac{7}{5}\overrightarrow{\alpha_1} - \frac{3}{5}\overrightarrow{\alpha_2}$，即$\overrightarrow{\beta_2}$可由$\overrightarrow{\alpha_1}, \overrightarrow{\alpha_2}$线性表示.

综上，向量组$\boldsymbol{B}$可由向量组$\boldsymbol{A}$线性表示.

综合（1）和（2），可知向量组$\boldsymbol{A}$与向量组$\boldsymbol{B}$等价.

练习 6　证明向量组$\boldsymbol{A}: \overrightarrow{\alpha_1}=(1,-1), \overrightarrow{\alpha_2}=(2,1)$与向量组$\boldsymbol{B}: \overrightarrow{\beta_1}=(3,-1), \overrightarrow{\beta_2}=(2,-3)$等价.

第二节　二元冗余线性方程组的缩减与向量组的线性相关性

在实际问题中，有时会遇到方程的个数大于未知数个数的方程组，这样的方程组称为冗余方程组. 求解这样的方程组，需要去掉多余的方程，应该去掉哪些方程、保留哪些方程呢？本节介绍二元冗余线性方程组的缩减与极大线性无关组的概念、向量组的线性相关与线性无关的等价定义等内容.

一、二元冗余线性方程组的缩减与极大线性无关组的概念

先看一个引例.

引例　求解方程组$\begin{cases} x+2y=1 \\ 2x-y=2 \\ 3x+y=3 \end{cases}$.

分析　这是一个冗余方程组，因为两个未知数三个方程. 应该去掉哪个方程呢?下面利用前面讲过的方程组化对角线形方法和增广矩阵方法分别求解.

（1）方程组化对角线形方法求解.

$$\begin{cases} x+2y=1 & ① \\ 2x-y=2 & ② \\ 3x+y=3 & ③ \end{cases} \xrightarrow[③+(-3)\times①]{②+(-2)\times①} \begin{cases} x+2y=1 & ④ \\ -5y=0 & ⑤ \\ -5y=0 & ⑥ \end{cases} \xrightarrow{\left(-\frac{1}{5}\right)\times⑤} \begin{cases} x+2y=1 & ⑦ \\ y=0 & ⑧ \\ -5y=0 & ⑨ \end{cases} \xrightarrow[⑦+(-2)\times⑧]{⑨+5\times⑧} \begin{cases} x=1 & ⑩ \\ y=0 & ⑪ \\ 0=0 & ⑫ \end{cases}.$$

（2）增广矩阵方法求解.

增广矩阵

$$\tilde{\boldsymbol{A}} = \begin{pmatrix} 1 & 2 & 1 \\ 2 & -1 & 2 \\ 3 & 1 & 3 \end{pmatrix} \xrightarrow[r_3+(-3)\times r_1]{r_2+(-2)\times r_1} \begin{pmatrix} 1 & 2 & 1 \\ 0 & -5 & 0 \\ 0 & -5 & 0 \end{pmatrix} \xrightarrow{\left(-\frac{1}{5}\right)\times r_2} \begin{pmatrix} 1 & 2 & 1 \\ 0 & 1 & 0 \\ 0 & -5 & 0 \end{pmatrix} \xrightarrow[r_1+(-2)\times r_2]{r_3+5\times r_2} \begin{pmatrix} 1 & 0 & 1 \\ 0 & 1 & 0 \\ 0 & 0 & 0 \end{pmatrix}$$

从方程组化对角线形求解的结果可以看出，在有了第 1 个和第 2 个方程后，第 3 个方程

对于最后方程组的解没有起到作用，可以去掉，所以称第 3 个方程为多余的方程. 很明显，去掉多余方程后剩下的方程组与原方程组同解，这个剩下的方程组称为与原方程组同解的非冗余方程组.

由于每个方程提取未知数前面的系数和常数项后组成一个行向量，这样一个方程组就对应一个向量组. 由本章第一节的介绍可知，对线性方程组的三种同解处理等同于对行向量组进行初等运算，当方程组有多余方程时，对应的向量组经过有限次的初等运算，就会出现零向量（每个分量都为零的向量），此时称原向量组是线性相关的. 去掉零向量对应的原向量组中的向量，原向量组剩下的向量组成的新向量组，称为原向量组的极大线性无关组（简称极大无关组）.

对于向量组，可以单独谈线性相关和极大无关组，下面给出一般的定义.

定义 1　如果一个向量组经过有限次的初等运算后出现零向量，则称原向量组是线性相关的，否则称为线性无关.

定义 2　一个向量组，去掉所有经过有限次的初等运算后变为零向量的原向量，剩下的向量组成与原向量组等价的新向量组，称为原向量组的极大无关组，极大无关组中向量的个数称为原向量组的秩.

例 1　对于引例中的行向量 $\overrightarrow{\alpha_1}=(1,2,1),\overrightarrow{\alpha_2}=(2,-1,2),\overrightarrow{\alpha_3}=(3,1,3)$ 讨论相关性并求其极大无关组和秩.

解　将向量组按序排成矩阵的形式，对该矩阵进行初等行变换得

$$\begin{pmatrix}1&2&1\\2&-1&2\\3&1&3\end{pmatrix}\xrightarrow[r_3+(-3)\times r_1]{r_2+(-2)\times r_1}\begin{pmatrix}1&2&1\\0&-5&0\\0&-5&0\end{pmatrix}\xrightarrow{\left(-\frac{1}{5}\right)\times r_2}\begin{pmatrix}1&2&1\\0&1&0\\0&-5&0\end{pmatrix}\xrightarrow[r_1+(-2)\times r_2]{r_3+5\times r_2}\begin{pmatrix}1&0&1\\0&1&0\\0&0&0\end{pmatrix}$$

由于在进行初等行变换后出现零向量，所以这三个向量线性相关，去掉零向量对应的向量 $\overrightarrow{\alpha_3}$，可得到此向量组 $\overrightarrow{\alpha_1},\overrightarrow{\alpha_2},\overrightarrow{\alpha_3}$ 的一个极大无关组 $\overrightarrow{\alpha_1},\overrightarrow{\alpha_2}$，故向量组的秩为 2.

练习 1　讨论向量组 $\overrightarrow{\alpha_1}=(1,3,1),\overrightarrow{\alpha_2}=(3,-1,3),\overrightarrow{\alpha_3}=(4,2,4)$ 的相关性并求其极大无关组和秩.

上面在对引例求极大无关组的过程中，由于对向量组进行初等运算时没有用到换法运算，所以没有改变行向量的位置，去掉零向量对应的原向量时直接去掉第三个向量就可以了. 如果在对原向量组进行初等运算时用到换法运算，每用一次就要进行一次标记，标记出对应的原向量的行号，下面通过一个具体的例子加以说明.

例 2　判断向量组 $\overrightarrow{\alpha_1}=(3,1,3),\overrightarrow{\alpha_2}=(4,-2,4),\overrightarrow{\alpha_3}=(1,2,1)$ 是否线性相关，并求一个极大无关组和向量组的秩.

解　将向量组按序排成矩阵的形式，并在其后注明行向量在原向量组中的序号，对其进行初等行变换如下：

$$\left(\begin{array}{ccc|c}3&1&3&1\\4&-2&4&2\\1&2&1&3\end{array}\right)\xrightarrow{r_3\leftrightarrow r_1}\left(\begin{array}{ccc|c}1&2&1&3\\4&-2&4&2\\3&1&3&1\end{array}\right)\xrightarrow[r_3+(-3)\times r_1]{r_2+(-4)\times r_1}\left(\begin{array}{ccc|c}1&2&1&3\\0&-10&0&2\\0&-5&0&1\end{array}\right)\xrightarrow{\left(-\frac{1}{10}\right)\times r_2}$$

$$\left(\begin{array}{ccc|c}1&2&1&3\\0&1&0&2\\0&-5&0&1\end{array}\right)\xrightarrow{r_3+5\times r_2}\left(\begin{array}{ccc|c}1&2&1&3\\0&1&0&2\\0&0&0&1\end{array}\right)\xrightarrow{r_1+(-2)\times r_2}\left(\begin{array}{ccc|c}1&0&1&3\\0&1&0&2\\0&0&0&1\end{array}\right)$$

所以原向量组线性相关，去掉零向量对应的原向量$\overrightarrow{\alpha_1}$，得原向量组的一个极大无关组$\overrightarrow{\alpha_2},\overrightarrow{\alpha_3}$，原向量组的秩为 2.

练习 2 判断向量组$\overrightarrow{\alpha_1}=(3,4,5)$，$\overrightarrow{\alpha_2}=(1,3,4)$，$\overrightarrow{\alpha_3}=(2,1,1)$是否线性相关，并求一个极大无关组和向量组的秩.

注 （1）极大无关组不唯一．在例 2 中，$\overrightarrow{\alpha_1},\overrightarrow{\alpha_2}$也是向量组的极大无关组，因为

$$\left(\begin{array}{ccc|c}3&1&3&1\\4&-2&4&2\\1&2&1&3\end{array}\right)\xrightarrow{r_2+(-1)\times r_1}\left(\begin{array}{ccc|c}3&1&3&1\\1&-3&1&2\\1&2&1&3\end{array}\right)\xrightarrow{r_2\leftrightarrow r_1}\left(\begin{array}{ccc|c}1&-3&1&2\\3&1&3&1\\1&2&1&3\end{array}\right)$$

$$\xrightarrow[r_3+(-1)\times r_1]{r_2+(-3)\times r_1}\left(\begin{array}{ccc|c}1&-3&1&2\\0&10&0&1\\0&5&0&3\end{array}\right)\xrightarrow{\frac{1}{10}\times r_2}\left(\begin{array}{ccc|c}1&-3&1&2\\0&1&0&1\\0&5&0&3\end{array}\right)$$

$$\xrightarrow{r_3+(-5)\times r_2}\left(\begin{array}{ccc|c}1&-3&1&2\\0&1&0&1\\0&0&0&3\end{array}\right)\xrightarrow{r_1+3\times r_2}\left(\begin{array}{ccc|c}1&0&1&2\\0&1&0&1\\0&0&0&3\end{array}\right)$$

去掉零向量对应的原向量$\overrightarrow{\alpha_3}$，得原向量组的一个极大无关组$\overrightarrow{\alpha_1},\overrightarrow{\alpha_2}$.

在例 2 中，$\overrightarrow{\alpha_1},\overrightarrow{\alpha_3}$也是向量组的极大无关组，因为

$$\left(\begin{array}{ccc|c}3&1&3&1\\4&-2&4&2\\1&2&1&3\end{array}\right)\xrightarrow{r_2+(-1)\times r_1}\left(\begin{array}{ccc|c}3&1&3&1\\1&-3&1&2\\1&2&1&3\end{array}\right)\xrightarrow{r_3\leftrightarrow r_1}\left(\begin{array}{ccc|c}1&2&1&3\\1&-3&1&2\\3&1&3&1\end{array}\right)$$

$$\xrightarrow[r_3+(-3)\times r_1]{r_2+(-1)\times r_1}\left(\begin{array}{ccc|c}1&2&1&3\\0&-5&0&2\\0&-5&0&1\end{array}\right)\xrightarrow{r_2+(-1)\times r_3}\left(\begin{array}{ccc|c}1&2&1&3\\0&0&0&2\\0&-5&0&1\end{array}\right)$$

$$\xrightarrow{r_2\leftrightarrow r_3}\left(\begin{array}{ccc|c}1&2&1&3\\0&-5&0&1\\0&0&0&2\end{array}\right)\xrightarrow{\left(-\frac{1}{5}\right)\times r_2}\left(\begin{array}{ccc|c}1&2&1&3\\0&1&0&1\\0&0&0&2\end{array}\right)\xrightarrow{r_1+(-2)\times r_2}\left(\begin{array}{ccc|c}1&0&1&3\\0&1&0&1\\0&0&0&2\end{array}\right)$$

去掉零向量对应的原向量$\overrightarrow{\alpha_2}$，得原向量组的一个极大无关组$\overrightarrow{\alpha_1},\overrightarrow{\alpha_3}$.

（2）极大无关组的思想在生活中也会遇到，例如，要记录一次座谈会上所有发言人的观点，这时相同的观点就不会再记录，只对不同的观点进行记录，并且是所有的不同观点.

（3）在对矩阵做初等行变换时，序号那一列仅在换法变换时做变动.

利用向量组求极大无关组的方法，可以去掉方程组中的冗余方程，下面通过一个例子加以说明.

例 3 去掉方程组$\begin{cases}2x+3y=2\\3x-y=3\\5x+2y=5\end{cases}$中冗余的方程.

解　因为

$$\left(\begin{array}{ccc|c}2&3&2&1\\3&-1&3&2\\5&2&5&3\end{array}\right)\xrightarrow[r_3+(-2)\times r_1]{r_2+(-1)\times r_1}\left(\begin{array}{ccc|c}2&3&2&1\\1&-4&1&2\\1&-4&1&3\end{array}\right)\xrightarrow{r_2\leftrightarrow r_1}\left(\begin{array}{ccc|c}1&-4&1&2\\2&3&2&1\\1&-4&1&3\end{array}\right)$$

$$\xrightarrow[r_3+(-1)\times r_1]{r_2+(-2)\times r_1}\left(\begin{array}{ccc|c}1&-4&1&2\\0&11&0&1\\0&0&0&3\end{array}\right)\xrightarrow{\frac{1}{11}\times r_2}\left(\begin{array}{ccc|c}1&-4&1&2\\0&1&0&1\\0&0&0&3\end{array}\right)\xrightarrow{r_1+4\times r_2}\left(\begin{array}{ccc|c}1&0&1&2\\0&1&0&1\\0&0&0&3\end{array}\right)$$

所以去掉原方程组中的第 3 个方程，得到新的方程组$\begin{cases}2x+3y=2\\3x-y=3\end{cases}$.

练习 3　去掉方程组$\begin{cases}3x-2y=3\\4x+3y=5\\7x+y=8\end{cases}$中冗余的方程.

二、向量组的线性相关与线性无关的等价定义

利用向量组线性相关与线性无关的定义，验证向量组是否线性相关时，往往采用下面给出的向量组线性相关与线性无关的另一种描述：其中是否有一个向量可以由其他向量线性表示．为了说清楚这个问题，从两个方面来讨论．一方面，按照向量组线性相关的定义，推出其中有一个向量可以由其他向量线性表示；另一方面，由其中有一个向量可以由其他向量线性表示，推出向量组线性相关.

（一）由线性相关的定义，推出其中有一个向量可以由其他向量线性表示

假设向量组 $\boldsymbol{A}:\overrightarrow{\alpha_1},\overrightarrow{\alpha_2}$ 线性相关，由线性相关的定义，可知由向量组组成的矩阵$\begin{pmatrix}\overrightarrow{\alpha_1}\\\overrightarrow{\alpha_2}\end{pmatrix}$经过有限次的初等行变换后出现零向量，设经过初等行变换的向量组矩阵为$\begin{pmatrix}\overrightarrow{\beta_1}\\\vec{0}\end{pmatrix}$，则有$\begin{pmatrix}\overrightarrow{\beta_1}\\\vec{0}\end{pmatrix}=\boldsymbol{P}_m\cdots\boldsymbol{P}_2\boldsymbol{P}_1\begin{pmatrix}\overrightarrow{\alpha_1}\\\overrightarrow{\alpha_2}\end{pmatrix}$，其中 $\boldsymbol{P}_1,\boldsymbol{P}_2,\cdots,\boldsymbol{P}_m$ 为初等矩阵．根据初等矩阵的性质，可知 $\boldsymbol{P}_m\cdots\boldsymbol{P}_2\boldsymbol{P}_1$ 一定为可逆矩阵，设 $\boldsymbol{P}_m\cdots\boldsymbol{P}_2\boldsymbol{P}_1=\begin{pmatrix}a&b\\c&d\end{pmatrix}$，则 c,d 不能全为零（否则有$\begin{vmatrix}a&b\\c&d\end{vmatrix}=0$，与$\begin{pmatrix}a&b\\c&d\end{pmatrix}$为可逆矩阵矛盾）．不妨假设 $c\neq0$，则由$\begin{pmatrix}\overrightarrow{\beta_1}\\\vec{0}\end{pmatrix}=\begin{pmatrix}a&b\\c&d\end{pmatrix}\begin{pmatrix}\overrightarrow{\alpha_1}\\\overrightarrow{\alpha_2}\end{pmatrix}$，可知 $\vec{0}=c\overrightarrow{\alpha_1}+d\overrightarrow{\alpha_2}$，则有 $\overrightarrow{\alpha_1}=-\frac{d}{c}\overrightarrow{\alpha_2}$，于是得到 $\overrightarrow{\alpha_1}$ 可由 $\overrightarrow{\alpha_2}$ 线性表示.

（二）由向量组中有一个向量可以由其他向量线性表示，推出向量组线性相关

假设向量组 $\boldsymbol{A}:\overrightarrow{\alpha_1},\overrightarrow{\alpha_2}$ 中有一个向量可以由其他向量线性表示，不妨设 $\overrightarrow{\alpha_2}=k\overrightarrow{\alpha_1}$，其中 k 为

实数. 于是，对于向量组$\boldsymbol{A}:\overrightarrow{\alpha_1},\overrightarrow{\alpha_2}$组成的矩阵$\begin{pmatrix}\overrightarrow{\alpha_1}\\ \overrightarrow{\alpha_2}\end{pmatrix}$经过初等行变换后，得到

$$\begin{pmatrix}1 & 0\\ -k & 1\end{pmatrix}\begin{pmatrix}\overrightarrow{\alpha_1}\\ \overrightarrow{\alpha_2}\end{pmatrix}=\begin{pmatrix}\overrightarrow{\alpha_1}\\ -k\overrightarrow{\alpha_1}+\overrightarrow{\alpha_2}\end{pmatrix}=\begin{pmatrix}\overrightarrow{\alpha_1}\\ \vec{0}\end{pmatrix}$$

因此向量组$\boldsymbol{A}:\overrightarrow{\alpha_1},\overrightarrow{\alpha_2}$线性相关.

综合（一）和（二），可知向量组线性相关与其中有一个向量可以由其他向量线性表示是等价的，于是可得下面的向量组线性相关的等价定义.

定义 3 如果一个向量组中有一个向量可以由其他向量线性表示，则称该向量组线性相关. 如果一个向量组中任何一个向量都不能由其他向量线性表示，称为该向量组线性无关.

在利用定义 3 判断向量组是否线性相关时，往往需要对每个向量讨论是否可以由其他向量线性表示，因此直接利用定义 3 来判断向量组是否线性相关比较麻烦，下面给出与定义 3 等价的定义.

定义 4 对于向量组$\boldsymbol{A}:\overrightarrow{\alpha_1},\overrightarrow{\alpha_2}$，如果存在不全为零的实数$k_1,k_2$，使得

$$k_1\overrightarrow{\alpha_1}+k_2\overrightarrow{\alpha_2}=\vec{0}$$

成立，则称向量组$\boldsymbol{A}:\overrightarrow{\alpha_1},\overrightarrow{\alpha_2}$线性相关.

如果只有全为零的实数k_1,k_2，才能使得

$$k_1\overrightarrow{\alpha_1}+k_2\overrightarrow{\alpha_2}=\vec{0}$$

成立，则称向量组$\boldsymbol{A}:\overrightarrow{\alpha_1},\overrightarrow{\alpha_2}$线性无关.

下面给出定义 3 与定义 4 等价的证明.

（1）由一个向量组中有一个向量可以由其他向量线性表示，推出存在不全为零的实数，使得这些实数与向量组中的向量依次相乘的积之和为零向量.

假设向量组$\boldsymbol{A}:\overrightarrow{\alpha_1},\overrightarrow{\alpha_2}$中有一个向量可以由其他向量线性表示，不妨设$\overrightarrow{\alpha_2}=k\overrightarrow{\alpha_1}$，其中$k$为实数. 于是$k\overrightarrow{\alpha_1}-\overrightarrow{\alpha_2}=\vec{0}$，即存在不全为零的实数$k$和$-1$使得$k\overrightarrow{\alpha_1}-\overrightarrow{\alpha_2}=\vec{0}$.

（2）由存在不全为零的实数，使得这些实数与一个向量组中的向量依次相乘的积之和为零向量，推出该向量组中有一个向量可以由其他向量线性表示.

假设对于向量组$\boldsymbol{A}:\overrightarrow{\alpha_1},\overrightarrow{\alpha_2}$，存在不全为零的实数$k_1,k_2$，使得

$$k_1\overrightarrow{\alpha_1}+k_2\overrightarrow{\alpha_2}=\vec{0}$$

成立. 不妨设$k_1\neq 0$，则有$\overrightarrow{\alpha_1}=-\dfrac{k_2}{k_1}\overrightarrow{\alpha_2}$，由此得到$\overrightarrow{\alpha_1}$可由$\overrightarrow{\alpha_2}$线性表示.

有了定义 4，要判断一个向量组$\boldsymbol{A}:\overrightarrow{\alpha_1},\overrightarrow{\alpha_2}$的线性相关与否，只需建立关于$k_1,k_2$的方程组

$$k_1\overrightarrow{\alpha_1}+k_2\overrightarrow{\alpha_2}=\vec{0}$$

如果关于k_1,k_2的方程组只有零解，则该向量组线性无关；如果有非零解，则该向量组线性相关. 下面通过一个例子加以说明.

例 4 判断向量组$\overrightarrow{\alpha_1}=(1,2,2),\overrightarrow{\alpha_2}=(1,-1,1)$的线性相关性.

解 令$k_1\overrightarrow{\alpha_1}+k_2\overrightarrow{\alpha_2}=\vec{0}$，根据向量的运算法则与相等的定义，可知$k_1,k_2$满足

$$\begin{cases} k_1 + k_2 = 0 \\ 2k_1 - k_2 = 0 \\ 2k_1 + k_2 = 0 \end{cases}$$

其增广矩阵为

$$\begin{pmatrix} 1 & 1 & 0 \\ 2 & -1 & 0 \\ 2 & 1 & 0 \end{pmatrix} \longrightarrow \begin{pmatrix} 1 & 1 & 0 \\ 0 & -3 & 0 \\ 0 & -1 & 0 \end{pmatrix} \longrightarrow \begin{pmatrix} 1 & 1 & 0 \\ 0 & 1 & 0 \\ 0 & 1 & 0 \end{pmatrix} \longrightarrow \begin{pmatrix} 1 & 1 & 0 \\ 0 & 1 & 0 \\ 0 & 0 & 0 \end{pmatrix} \longrightarrow \begin{pmatrix} 1 & 0 & 0 \\ 0 & 1 & 0 \\ 0 & 0 & 0 \end{pmatrix}$$

可知方程组只有零解，所以向量组线性无关.

练习 4　判断向量组$\overrightarrow{\alpha_1} = (1,1,2)$，$\overrightarrow{\alpha_2} = (2,2,4)$的线性相关性.

第三节　二元线性方程组无穷多组解的表示

本章第二节介绍了二元冗余线性方程组的缩减，当方程组消除了冗余方程后，如果未知数的个数和方程的个数相同且有解，则可以利用第一章第一节的消元法、第二章第一节的方程组化对角线形方法、第二章第三节的逆矩阵方法和第三章第一节的行列式法来求解方程组. 在实际问题中，有时会遇到方程组消除了冗余方程后，方程组中方程的个数小于未知数的个数的情况，此时方程组有无穷多组解. 虽然方程组有无穷多组解，但并不是任意两个实数都是方程组的解，需要满足限制条件. 本节介绍方程组有无穷多组解时的简洁表示方法，包括二元非齐次线性方程组解的结构、二元齐次线性方程组解的向量组表示与基础解系、二元线性方程组解空间的几何意义等内容.

一、二元非齐次线性方程组解的结构

所谓非齐次线性方程组，是指线性方程组中常数项不全为零的方程组. 所谓齐次线性方程组，是指线性方程组中常数项全为零的方程组. 例如，方程组$\begin{cases} 2x_1 + x_2 = 1 \\ x_1 - 2x_2 = 3 \end{cases}$和$\begin{cases} 2x_1 + 3x_2 = 1 \\ 3x_1 - x_2 = 0 \end{cases}$都是二元非齐次线性方程组，而线性方程组$\begin{cases} 2x_1 + x_2 = 0 \\ x_1 - 2x_2 = 0 \end{cases}$是齐次线性方程组.

有时会遇到只含一个方程的二元非齐次线性方程组的求解问题，此时方程组有无穷多组解，这些解有什么特点呢？下面通过一个具体的例子来说明.

引例　求解二元非齐次线性方程组$\begin{cases} x_1 + 2x_2 = 1 \\ 2x_1 + 4x_2 = 2 \end{cases}$.

解　此线性方程组的增广矩阵为$\begin{pmatrix} 1 & 2 & 1 \\ 2 & 4 & 2 \end{pmatrix}$，经过初等行变换可变为

$$\begin{pmatrix} 1 & 2 & 1 \\ 2 & 4 & 2 \end{pmatrix} \xrightarrow{r_2 + (-2) \times r_1} \begin{pmatrix} 1 & 2 & 1 \\ 0 & 0 & 0 \end{pmatrix}$$

所以原线性方程组为冗余线性方程组，与线性方程组

$$\begin{cases} x_1+2x_2=1 \end{cases} \tag{4-4}$$

同解．这是线性方程组的特殊情况，即方程组中只含有一个方程．由于方程组中有两个未知数但只有一个方程，所以其中有一个未知数为自由未知数（该未知数可以取任意实数），不妨设 x_2 为自由未知数，即设 $x_2=k$（k 可以取任意实数），此时 $x_1=1-2k$，将 x_1,x_2 组成向量，并写成列向量的形式，称为解向量，则有 $\begin{pmatrix} x_1 \\ x_2 \end{pmatrix}=\begin{pmatrix} 1-2k \\ k \end{pmatrix}$，其中 k 为任意实数．因为上式所表示的是解的共同表达式，所以称为通解，是方程组（4-4）通解向量的表达式．按照向量的加法和数乘运算定义，不难将其写成下面的形式

$$\begin{pmatrix} x_1 \\ x_2 \end{pmatrix}=\begin{pmatrix} 1-2k \\ k \end{pmatrix}=\begin{pmatrix} 1 \\ 0 \end{pmatrix}+\begin{pmatrix} -2k \\ k \end{pmatrix} \tag{4-5}$$

可以看出，向量 $\begin{pmatrix} 1 \\ 0 \end{pmatrix}$ 是非齐次线性方程组（4-4）的解向量，是其通解表达式中的 k 取 $k=0$ 时的解向量，因此向量 $\begin{pmatrix} 1 \\ 0 \end{pmatrix}$ 也称为非齐次线性方程组（4-4）的特解向量，而向量 $\begin{pmatrix} -2k \\ k \end{pmatrix}$ 是方程组对应的齐次方程组

$$\begin{cases} x_1+2x_2=0 \end{cases} \tag{4-6}$$

的通解向量．于是式（4-5）可以解释为：二元非齐次线性方程组的通解等于该方程组的一个特解加上该方程组所对应的齐次线性方程组的通解．

由引例得到的这个结论，对于有无穷多组解的一般二元非齐次线性方程组也成立，于是有下面的定理．

定理 1　二元非齐次线性方程组的通解等于该方程组的一个特解加上该方程组所对应的齐次线性方程组的通解．

定理 1 中二元非齐次线性方程组的特解可以是任意选的．可以证明，由二元非齐次线性方程组的不同特解所表示的二元非齐次线性方程组的通解，是相同的．

以引例为例说明如下：

不难看出，$\begin{pmatrix} -1 \\ 1 \end{pmatrix}$ 也是该二元非齐次线性方程组的一个特解，下面说明 $\begin{pmatrix} 1 \\ 0 \end{pmatrix}+\begin{pmatrix} -2k \\ k \end{pmatrix}$（$k$ 为任意实数）与 $\begin{pmatrix} -1 \\ 1 \end{pmatrix}+\begin{pmatrix} -2k \\ k \end{pmatrix}$（$k$ 为任意实数）均表示该二元非齐次线性方程组的通解．

为了说明二者表示的二元非齐次线性方程组的通解相同，我们采用证明两个集合相等的方法，即证明从一个集合中任取一个元素都在另一个集合中，反过来，从另一个集合中任取一个元素都在此集合中．

（1）从 $\begin{pmatrix} 1 \\ 0 \end{pmatrix}+\begin{pmatrix} -2k \\ k \end{pmatrix}$（$k$ 为任意实数）中任取一个解向量 $\begin{pmatrix} 1 \\ 0 \end{pmatrix}+\begin{pmatrix} -2k_1 \\ k_1 \end{pmatrix}$，证明它也可以表示成 $\begin{pmatrix} -1 \\ 1 \end{pmatrix}+\begin{pmatrix} -2k \\ k \end{pmatrix}$ 的形式．

由于

$$\begin{pmatrix}1\\0\end{pmatrix}+\begin{pmatrix}-2k_1\\k_1\end{pmatrix}=\begin{pmatrix}1\\0\end{pmatrix}+\begin{pmatrix}-2(k_1-1+1)\\(k_1-1+1)\end{pmatrix}=\begin{pmatrix}1\\0\end{pmatrix}+\begin{pmatrix}-2\\1\end{pmatrix}+\begin{pmatrix}-2(k_1-1)\\(k_1-1)\end{pmatrix}=\begin{pmatrix}-1\\1\end{pmatrix}+\begin{pmatrix}-2(k_1-1)\\(k_1-1)\end{pmatrix}$$，所以 $\begin{pmatrix}1\\0\end{pmatrix}+\begin{pmatrix}-2k_1\\k_1\end{pmatrix}$ 也可以表示成 $\begin{pmatrix}-1\\1\end{pmatrix}+\begin{pmatrix}-2k\\k\end{pmatrix}$ 的形式.

（2）从 $\begin{pmatrix}-1\\1\end{pmatrix}+\begin{pmatrix}-2k\\k\end{pmatrix}$（$k$ 为任意实数）中任取一个解向量 $\begin{pmatrix}-1\\1\end{pmatrix}+\begin{pmatrix}-2k_1\\k_1\end{pmatrix}$，证明它也可以表示成 $\begin{pmatrix}1\\0\end{pmatrix}+\begin{pmatrix}-2k\\k\end{pmatrix}$ 的形式.

由于

$$\begin{pmatrix}-1\\1\end{pmatrix}+\begin{pmatrix}-2k_1\\k_1\end{pmatrix}=\begin{pmatrix}-1\\1\end{pmatrix}+\begin{pmatrix}-2(k_1-1+1)\\(k_1-1+1)\end{pmatrix}=\begin{pmatrix}-1\\1\end{pmatrix}+\begin{pmatrix}2\\-1\end{pmatrix}+\begin{pmatrix}-2(k_1-1)\\(k_1-1)\end{pmatrix}=\begin{pmatrix}1\\0\end{pmatrix}+\begin{pmatrix}-2(k_1+1)\\(k_1+1)\end{pmatrix},$$

所以 $\begin{pmatrix}-1\\1\end{pmatrix}+\begin{pmatrix}-2k_1\\k_1\end{pmatrix}$ 也可以表示成 $\begin{pmatrix}1\\0\end{pmatrix}+\begin{pmatrix}-2k\\k\end{pmatrix}$ 的形式.

综合（1）（2），可知 $\begin{pmatrix}1\\0\end{pmatrix}+\begin{pmatrix}-2k\\k\end{pmatrix}$（$k$ 为任意实数）与 $\begin{pmatrix}-1\\1\end{pmatrix}+\begin{pmatrix}-2k\\k\end{pmatrix}$（$k$ 为任意实数）均表示该二元非齐次线性方程组的通解.

由上述分析可知，要表示二元非齐次线性方程组的通解，首先需求出该二元非齐次线性方程组的一个特解，如何求呢？一般选取最容易计算的，即让自由未知数皆取零，计算出非自由未知数的相应取值，下面通过一个具体的例子来说明求非齐次线性方程组特解的方法.

例 1　求非齐次线性方程组 $\begin{cases}2x_1-3x_2=2\\4x_1-6x_2=4\end{cases}$ 的一个特解向量.

解　此线性方程组的增广矩阵为 $\begin{pmatrix}2&-3&2\\4&-6&4\end{pmatrix}$，经过初等行变换可变为

$$\begin{pmatrix}2&-3&2\\4&-6&4\end{pmatrix}\xrightarrow{r_2+(-2)\times r_1}\begin{pmatrix}2&-3&2\\0&0&0\end{pmatrix}\xrightarrow{\frac{1}{2}\times r_1}\begin{pmatrix}1&-\frac{3}{2}&1\\0&0&0\end{pmatrix}$$

故原线性方程组为冗余方程组，与方程组 $\begin{cases}x_1-\frac{3}{2}x_2=1\end{cases}$ 同解，不妨选取 x_2 为自由未知数，取 $x_2=0$，可解得 $x_1=1$，所以该方程组的一个特解向量为 $\begin{pmatrix}1\\0\end{pmatrix}$.

练习 1　求非齐次线性方程组 $\begin{cases}x_1+3x_2=2\\2x_1+6x_2=4\end{cases}$ 的一个特解向量.

对二元非齐次线性方程组来讲，当求出一个特解后，要简洁地表示其通解，根据定理 1，只需要将对应的齐次线性方程组的通解用简洁的方式表示出来就可以了. 如何用简洁的方式来表示齐次线性方程组的通解呢？下面介绍二元齐次线性方程组通解的简洁表示.

二、二元齐次线性方程组解的向量组表示与基础解系

为了更好地说明二元齐次线性方程组通解的结构特征及简洁表示，先给出极大无关组的一个等价定义.

定义 1（极大无关组的等价定义）设 $\boldsymbol{A}_0$ 为向量组 $\boldsymbol{A}$ 的部分向量组成的向量组，如果满足

（1）向量组 $\boldsymbol{A}_0$ 线性无关；

（2）向量组 $\boldsymbol{A}$ 的任一向量均能由向量组 $\boldsymbol{A}_0$ 线性表示；

则称向量组 $\boldsymbol{A}_0$ 是向量组 $\boldsymbol{A}$ 的极大无关组.

下面给出本章第二节的极大无关组的定义与本节定义 1（极大无关组的等价定义）的等价证明：

首先，将向量组 $\boldsymbol{A}$：$\overrightarrow{\alpha_1},\overrightarrow{\alpha_2},\cdots$中的向量均作为行向量出现在矩阵中，该矩阵经过有限次的初等行变换后，去掉零向量对应的原向量组 $\boldsymbol{A}$ 中的向量后，所得到的部分向量组为$\overrightarrow{\beta_1},\overrightarrow{\beta_2},\cdots,\overrightarrow{\beta_n}$，证明$\overrightarrow{\beta_1},\overrightarrow{\beta_2},\cdots,\overrightarrow{\beta_n}$具有下列性质：

（1）线性无关；（2）向量组 $\overrightarrow{\alpha_1},\overrightarrow{\alpha_2},\cdots$的任一向量均能由向量组$\overrightarrow{\beta_1},\overrightarrow{\beta_2},\cdots,\overrightarrow{\beta_n}$线性表示.

证明 将向量组 $\boldsymbol{A}$：$\overrightarrow{\alpha_1},\overrightarrow{\alpha_2},\cdots$的顺序进行调整，使得$\overrightarrow{\beta_1},\overrightarrow{\beta_2},\cdots,\overrightarrow{\beta_n}$为新向量组 $\boldsymbol{B}$ 的第 1 到第 n 个向量，其他向量在新向量组 $\boldsymbol{B}$ 中分别记作$\overrightarrow{\beta_{n+1}},\overrightarrow{\beta_{n+2}},\cdots$，此时向量组 $\boldsymbol{A}$：$\overrightarrow{\alpha_1},\overrightarrow{\alpha_2},\cdots$与新向量组 $\boldsymbol{B}$ 只是顺序有所不同，二者是等价的．不难看出，当新向量组 $\boldsymbol{B}$ 中的向量均作为行向量出现在矩阵中时，该矩阵经过有限次的初等行变换后，第 n 个以后的行向量均变成零向量.

（1）因为第 1 至第 n 个向量不会变成零向量，所以$\overrightarrow{\beta_1},\overrightarrow{\beta_2},\cdots,\overrightarrow{\beta_n}$线性无关.

（2）当向量组 $\boldsymbol{B}$ 中的向量为$\overrightarrow{\beta_1},\overrightarrow{\beta_2},\cdots,\overrightarrow{\beta_n}$中的一个时，不难看出可以由$\overrightarrow{\beta_1},\overrightarrow{\beta_2},\cdots,\overrightarrow{\beta_n}$线性表示，因为$\overrightarrow{\beta_i}=0\times\overrightarrow{\beta_1}+0\times\overrightarrow{\beta_2}+\cdots+0\times\overrightarrow{\beta_{i-1}}+1\times\overrightarrow{\beta_i}+0\times\overrightarrow{\beta_{i+1}}+\cdots+0\times\overrightarrow{\beta_n},1\leqslant i\leqslant n$.

当向量组 $\boldsymbol{B}$ 中的向量不是$\overrightarrow{\beta_1},\overrightarrow{\beta_2},\cdots,\overrightarrow{\beta_n}$中的一个时，由于经过非换法变换的初等行变换可以变成零向量，所以这些向量可以由$\overrightarrow{\beta_1},\overrightarrow{\beta_2},\cdots,\overrightarrow{\beta_n}$线性表示.

下面仅以 $n=2$ 为例来说明.

此时向量组 $\boldsymbol{B}$ 的第 $n+1$ 个向量为$\overrightarrow{\beta_{n+1}}=\overrightarrow{\beta_3}$，因为$\overrightarrow{\beta_3}$经过有限次的初等行变换变为零向量，按照非换法变换的初等行变换的程序，第二个向量和第三个向量先与第一个向量进行消法变换，分别变为$k_1\overrightarrow{\beta_1}+\overrightarrow{\beta_2}$和$k_2\overrightarrow{\beta_1}+\overrightarrow{\beta_3}$，再将新的第三个向量与新的第二个向量进行消法变换，可得零向量，即

$$k_3\left(k_1\overrightarrow{\beta_1}+\overrightarrow{\beta_2}\right)+\left(k_2\overrightarrow{\beta_1}+\overrightarrow{\beta_3}\right)=\vec{0}$$

由此可得$\overrightarrow{\beta_3}=-k_3\left(k_1\overrightarrow{\beta_1}+\overrightarrow{\beta_2}\right)-k_2\overrightarrow{\beta_1}=-\left(k_3k_1+k_2\right)\overrightarrow{\beta_1}-k_3\overrightarrow{\beta_2}$，于是$\overrightarrow{\beta_3}$可由$\overrightarrow{\beta_1},\overrightarrow{\beta_2}$线性表示.

用同样的方法可以证明，$\overrightarrow{\beta_4},\overrightarrow{\beta_5},\cdots$均可由$\overrightarrow{\beta_1},\overrightarrow{\beta_2}$线性表示．这样向量组 $\boldsymbol{B}$ 中的任一向量均可由$\overrightarrow{\beta_1},\overrightarrow{\beta_2},\cdots,\overrightarrow{\beta_n}$线性表示.

其次，设向量组 $\overrightarrow{\alpha_1},\overrightarrow{\alpha_2},\cdots$的部分向量组$\overrightarrow{\beta_1},\overrightarrow{\beta_2},\cdots,\overrightarrow{\beta_n}$满足

（1）线性无关；

（2）向量组 $\overrightarrow{\alpha_1},\overrightarrow{\alpha_2},\cdots$的任一向量均能由向量组$\overrightarrow{\beta_1},\overrightarrow{\beta_2},\cdots,\overrightarrow{\beta_n}$线性表示；

证明当向量组 $\overrightarrow{\alpha_1},\overrightarrow{\alpha_2},\cdots$均作为行向量出现在矩阵中时，该矩阵经过有限次的初等行变换

后，去掉零向量对应的原向量组 $\boldsymbol{A}$ 中的向量后得到的部分向量组为 $\overrightarrow{\beta_1},\overrightarrow{\beta_2},\cdots,\overrightarrow{\beta_n}$.

证明　将向量组 $\boldsymbol{A}$：$\overrightarrow{\alpha_1}$，$\overrightarrow{\alpha_2}$，…的顺序进行调整，使得 $\overrightarrow{\beta_1},\overrightarrow{\beta_2},\cdots,\overrightarrow{\beta_n}$ 为新向量组 $\boldsymbol{B}$ 的第 1 到第 n 个向量，向量组 $\boldsymbol{A}$ 中其他向量在新向量组 $\boldsymbol{B}$ 中分别记作 $\overrightarrow{\beta_{n+1}}$，$\overrightarrow{\beta_{n+2}}$，…，此时向量组 $\boldsymbol{A}$：$\overrightarrow{\alpha_1}$，$\overrightarrow{\alpha_2}$，…与新向量组 $\boldsymbol{B}$ 只是顺序有所不同，二者是等价的.

不难看出，新向量组 $\boldsymbol{B}$ 中的向量均作为行向量出现在矩阵中时，该矩阵经过有限次的非换法变换的初等行变换后，第 1 个行向量到第 n 个行向量不会变成零向量（否则第 1 个行向量到第 n 个行向量必线性相关，与已知相矛盾）.

由于向量组 $\boldsymbol{B}$ 中第 n 个以后的行向量可由 $\overrightarrow{\beta_1},\overrightarrow{\beta_2},\cdots,\overrightarrow{\beta_n}$ 线性表示，所以在对该矩阵进行有限次的非换法变换的初等行变换后向量组 $\boldsymbol{B}$ 中第 n 个以后的行向量均变成零向量.

下面以 $n=2$ 为例来说明.

设 $\overrightarrow{\beta_3}$ 可由 $\overrightarrow{\beta_1},\overrightarrow{\beta_2}$ 线性表示，即 $\overrightarrow{\beta_3}=k_1\overrightarrow{\beta_1}+k_2\overrightarrow{\beta_2}$，则

$$\begin{pmatrix}\overrightarrow{\beta_1}\\ \overrightarrow{\beta_2}\\ \overrightarrow{\beta_3}\end{pmatrix}\xrightarrow{r_3+(-k_1)\times r_1}\begin{pmatrix}\overrightarrow{\beta_1}\\ \overrightarrow{\beta_2}\\ \overrightarrow{\beta_3}-k_1\overrightarrow{\beta_1}\end{pmatrix}\xrightarrow{r_3+(-k_2)\times r_2}\begin{pmatrix}\overrightarrow{\beta_1}\\ \overrightarrow{\beta_2}\\ \overrightarrow{\beta_3}-k_1\overrightarrow{\beta_1}-k_2\overrightarrow{\beta_2}\end{pmatrix}=\begin{pmatrix}\overrightarrow{\beta_1}\\ \overrightarrow{\beta_2}\\ \vec{0}\end{pmatrix}$$

由此可见，对该矩阵进行有限次的非换法变换的初等行变换后，$\overrightarrow{\beta_3}$ 变成零向量. 不难看出，对于 $\overrightarrow{\beta_3}$ 以后的其他行向量均可变成零向量.

于是去掉零向量对应的向量组 $\boldsymbol{B}$ 中的向量后得到的部分向量组只能为 $\overrightarrow{\beta_1},\overrightarrow{\beta_2},\cdots,\overrightarrow{\beta_n}$.

不难看出，上面极大无关组的等价定义，对于列向量也是成立的.

有了极大无关组的等价定义，就可以介绍有无穷多组解的二元齐次线性方程组解的结构及其简洁表示，下面通过一个具体的例子加以说明.

例 2　给出引例中的非齐次线性方程组对应的齐次线性方程组 $\begin{cases}x_1+2x_2=0\\ \end{cases}$ 通解的简洁表示.

分析　从引例中已经知道，齐次线性方程组 $\begin{cases}x_1+2x_2=0\\ \end{cases}$ 的通解向量为 $\begin{pmatrix}-2k\\ k\end{pmatrix}$，其中 k 为任意实数. 如果将所有的解向量放在一起，则组成一个向量组. 由于该向量组中有无穷多个向量，我们希望找出该向量组的一个极大无关组（此时的极大无关组也称为齐次线性方程组的基础解系）.

按照极大无关组的等价定义，需要找出一个线性无关组，使得解向量都可以由此线性无关组线性表示. 为此，不妨将齐次线性方程组中的未知数 x_2 取作自由未知数，并令自由未知数取非零的最简单的值 1（注：不能取 0，因为取 0 后，其他未知数只能解得 0，导致最后得不到通解的表达式），代入方程组中可以得到 $x_1=-2$. 将二者放在一起，组成解向量 $\begin{pmatrix}-2\\ 1\end{pmatrix}$，因为 $\begin{pmatrix}-2\\ 1\end{pmatrix}$ 不是零向量，所以只有一个向量的向量组 $\begin{pmatrix}-2\\ 1\end{pmatrix}$ 是线性无关的.（因为要使 $k\begin{pmatrix}-2\\ 1\end{pmatrix}=\begin{pmatrix}0\\ 0\end{pmatrix}$ 成立，只有 $k=0$，即只有 $k=0$ 时，才能使得 $k\begin{pmatrix}-2\\ 1\end{pmatrix}=\begin{pmatrix}0\\ 0\end{pmatrix}$ 成立，所以按照线性

无关的定义，只有一个向量的向量组$\begin{pmatrix}-2\\1\end{pmatrix}$线性无关）

此外，由引例得知，齐次线性方程组$\begin{cases}x_1+2x_2=0\end{cases}$的任一解向量都可以表示为$\begin{pmatrix}-2k\\k\end{pmatrix}$，而$\begin{pmatrix}-2k\\k\end{pmatrix}=k\begin{pmatrix}-2\\1\end{pmatrix}$，说明可由$\begin{pmatrix}-2\\1\end{pmatrix}$线性表示，由极大无关组的等价定义，可知$\begin{pmatrix}-2\\1\end{pmatrix}$是一个极大无关组，即基础解系. 这样一来，该齐次线性方程组的通解为$k\begin{pmatrix}-2\\1\end{pmatrix}$，其中$k$为任意实数. 这就是该齐次线性方程组的通解的简洁表示.

解 选x_2为自由未知数，并令其取最简单的值 1，代入方程组中可以得到$x_1=-2$，则基础解系为$\begin{pmatrix}-2\\1\end{pmatrix}$，于是该齐次线性方程组的通解向量可以表示为$k\begin{pmatrix}-2\\1\end{pmatrix}$，其中$k$为任意实数.

练习 2 求齐次线性方程组$\begin{cases}x_1-3x_2=0\end{cases}$的基础解系和通解的简洁表示.

有了二元齐次线性方程组基础解系的求法和通解的简洁表示，再对二元非齐次线性方程组的通解进行简洁表示就很容易了，下面通过一个例子加以说明.

例 3 求二元非齐次线性方程组$\begin{cases}3x_1-2x_2=1\\6x_1-4x_2=2\end{cases}$通解的简洁表示.

解 此线性方程组的增广矩阵为$\begin{pmatrix}3&-2&1\\6&-4&2\end{pmatrix}$，对其进行初等行变换：

$$\begin{pmatrix}3&-2&1\\6&-4&2\end{pmatrix}\xrightarrow{r_2+(-2)\times r_1}\begin{pmatrix}3&-2&1\\0&0&0\end{pmatrix}\xrightarrow{\frac{1}{3}\times r_1}\begin{pmatrix}1&-\frac{2}{3}&\frac{1}{3}\\0&0&0\end{pmatrix}$$

故原线性方程组为冗余线性方程组，与线性方程组$\begin{cases}x_1-\dfrac{2}{3}x_2=\dfrac{1}{3}\end{cases}$同解，此线性方程组为二元非齐次线性方程组.

先求出该二元非齐次线性方程组的一个特解向量. 不妨设x_2为自由未知数，取x_2=0，可解得$x_1=\dfrac{1}{3}$，所以该方程组的一个特解向量为$\begin{pmatrix}\frac{1}{3}\\0\end{pmatrix}$.

再求该方程组所对应的齐次线性方程组$\begin{cases}3x_1-2x_2=0\\6x_1-4x_2=0\end{cases}$的基础解系. 该齐次线性方程组与$\begin{cases}x_1-\dfrac{2}{3}x_2=0\end{cases}$同解，令$x_2=1$，可得$x_1=\dfrac{2}{3}$，则齐次线性方程组的基础解系为$\begin{pmatrix}\frac{2}{3}\\1\end{pmatrix}$，于是该齐次线性方程组的通解向量可以表示为$k\begin{pmatrix}\frac{2}{3}\\1\end{pmatrix}$，其中$k$为任意实数.

综上可得，二元非齐次线性方程组的通解为$\begin{pmatrix}1\\3\\0\end{pmatrix}+k\begin{pmatrix}2\\3\\1\end{pmatrix}$，其中$k$为任意实数.

练习 3　求二元非齐次线性方程组$\begin{cases}3x_1+x_2=3\\6x_1-2x_2=6\end{cases}$通解的简洁表示.

三、二元线性方程组解空间的几何意义

1. 齐次线性方程组解空间的几何意义

先通过一个具体的例子加以说明.

以引例中的方程组对应的齐次线性方程组$\begin{cases}x_1+2x_2=0\end{cases}$为例，如果选自由未知数为$x_2$，令$x_2=k$，其解向量为$\begin{pmatrix}-2k\\k\end{pmatrix}$，如果将$x_2$的数据画在平面直角坐标系的$x$轴上，$x_1$的数据画在平面直角坐标系的$y$轴上，则解向量$\begin{pmatrix}-2k\\k\end{pmatrix}$与$xOy$平面上的点$(k,-2k)$一一对应，其中$k$为任意实数. 这些点恰好构成直线$y=-2x$，如图 4-1 所示.

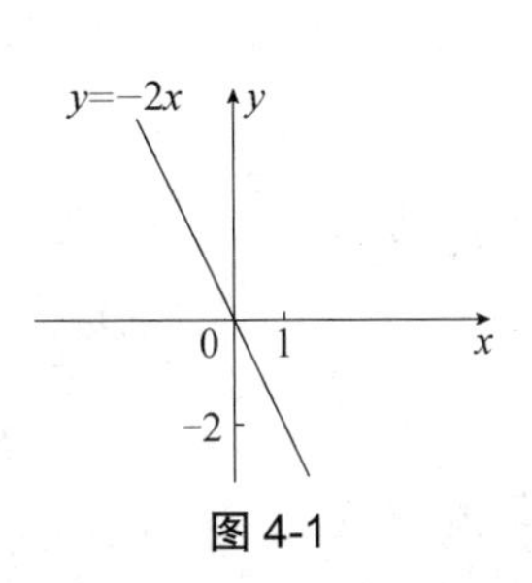

图 4-1

一般地，齐次线性方程组解空间的几何意义为：如果将自由未知数的值画在平面直角坐标系的x轴上，将另一个未知数的值画在平面直角坐标系的y轴上，则二元齐次线性方程组的解空间就是过原点的一条直线.

2. 非齐次线性方程组解空间的几何意义

先通过一个具体的例子加以说明.

以引例中的非齐次线性方程组$\begin{cases}x_1+2x_2=1\end{cases}$为例，如果选$x_2$为自由未知数，令$x_2=k$，其解向量为$\begin{pmatrix}1-2k\\k\end{pmatrix}$. 如果将$x_2$的数据画在平面直角坐标系的$x$轴上，$x_1$的数据画在平面直角坐标系的$y$轴上，则解向量$\begin{pmatrix}1-2k\\k\end{pmatrix}$与$xOy$平面上的点$(k,1-2k)$一一对应，其中$k$为任意实数. 这些点恰好构成直线$y=1-2x$，如图 4-2 所示.

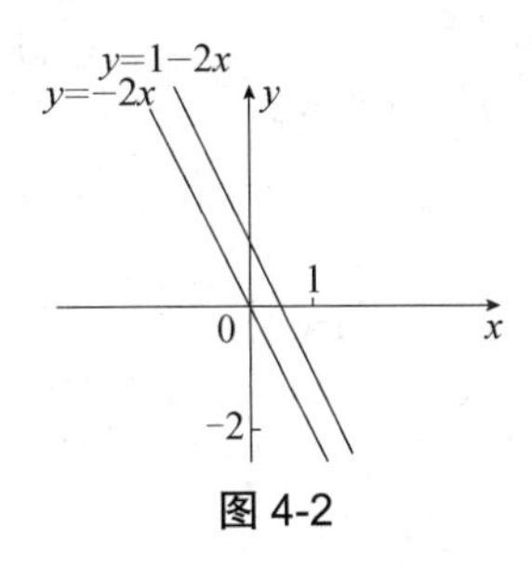

图 4-2

一般地，二元非齐次线性方程组解空间的几何意义为：如果将自由未知数的值画在平面直角坐标系的x轴上，另一个未知数的值画在平面直角坐标系的y轴上，则二元非齐次线性

方程组的解空间就是与过原点的直线平行的一条直线.

也可以从非齐次线性方程组的通解与对应的齐次线性方程组通解的关系上，给出非齐次线性方程组解空间的另一种解释：

因为$\begin{pmatrix}1\\0\end{pmatrix}$是二元非齐次线性方程组的一个特解向量，$\begin{pmatrix}-2k\\k\end{pmatrix}$是二元非齐次线性方程组对应的齐次线性方程组的通解，所以二元非齐次线性方程组的通解为$\begin{pmatrix}1\\0\end{pmatrix}+\begin{pmatrix}-2k\\k\end{pmatrix}$. 因为也可将$\begin{pmatrix}1\\0\end{pmatrix}$和$\begin{pmatrix}-2k\\k\end{pmatrix}$看成始点在原点，终点分别为这些点的向量，利用向量相加的平行四边形法则，二者相加的结果就是以原点为始点，以过$(1,0)$点且平行于过原点的某直线的直线上的点为终点的向量.

习题四

1. 设$\overrightarrow{\beta_1}=(1,3)$, $\overrightarrow{\beta_2}=(3,2)$, $\overrightarrow{\alpha}=(4,2)$，判断$\overrightarrow{\alpha}$可否由$\overrightarrow{\beta_1},\overrightarrow{\beta_2}$线性表示？

2. 设向量组$\boldsymbol{A}:\overrightarrow{\alpha_1}=(1,-3)$, $\overrightarrow{\alpha_2}=(3,1)$，向量组$\boldsymbol{B}:\overrightarrow{\beta_1}=(1,1)$, $\overrightarrow{\beta_2}=(2,4)$，试判断向量组$\boldsymbol{A}$是否可由向量组$\boldsymbol{B}$线性表示.

3. 证明向量组$\boldsymbol{A}:\overrightarrow{\alpha_1}=(1,-4)$, $\overrightarrow{\alpha_2}=(3,1)$与向量组$\boldsymbol{B}:\overrightarrow{\beta_1}=(2,4)$, $\overrightarrow{\beta_2}=(-2,1)$等价.

4. 判断向量组$\overrightarrow{\alpha_1}=(3,4,5)$, $\overrightarrow{\alpha_2}=(2,3,4)$, $\overrightarrow{\alpha_3}=(1,1,1)$是否线性相关，并求一个极大无关组和向量组的秩.

5. 去掉方程组$\begin{cases}2x-3y=3\\x+2y=5\\3x-y=8\end{cases}$中冗余的方程.

6. 判断向量组$\overrightarrow{\alpha_1}=(1,1,3)$, $\overrightarrow{\alpha_2}=(2,2,4)$的线性相关性.

7. 求非齐次线性方程组$\begin{cases}2x_1-x_2=3\\4x_1-2x_2=6\end{cases}$的一个特解向量.

8. 求齐次线性方程组$\begin{cases}x_1-2x_2=0\end{cases}$的基础解系和通解的简洁表示.

9. 求二元非齐次线性方程组$\begin{cases}x_1+3x_2=1\\3x_1+9x_2=3\end{cases}$通解的简洁表示.

中级篇

中级篇主要将基础篇的基本理论和方法运用到三元线性方程组和三维向量中，包括三元线性方程组与矩阵、有唯一解的三元线性方程组的求解与三阶行列式、三元线性方程组及其向量组的表示，共3章内容.

第五章　三元线性方程组与矩阵

本章介绍三元线性方程组与化对角线形求解、三元线性方程组化对角线形求解与矩阵表示、利用求逆矩阵的方法求解有唯一解的三元线性方程组.

第一节　三元线性方程组与化对角线形求解

所谓三元线性方程组，就是有三个未知数的一次方程组. 这种方程组在实际问题中经常会遇到，由实际问题建立方程组后，如何求解三元线性方程组就成为主要问题.

例 1　在《九章算术》卷八中，第一题如下：

今有上禾三秉，中禾二秉，下禾一秉，实三十九斗；上禾二秉，中禾三秉，下禾一秉，实三十四斗；上禾一秉，中禾二秉，下禾三秉，实二十六斗. 问上、中、下禾实一秉各几何.

注释　（1）禾：谷子. 上禾：上等谷子.（2）秉：捆. 一秉：一捆.（3）实：果实，粮食.（4）斗：容量单位，1 斗是 10 升.

译文　现有上等谷子 3 捆，中等谷子 2 捆，下等谷子 1 捆，共收获粮食 39 斗；上等谷子 2 捆，中等谷子 3 捆，下等谷子 1 捆，共收获粮食 34 斗；上等谷子 1 捆，中等谷子 2 捆，下等谷子 3 捆，共收获粮食 26 斗.问每捆上等谷子、中等谷子、下等谷子各能收获多少粮食？

分析　将所求设成三个未知数，用 x, y, z 分别表示上、中、下禾各一秉的谷子数，则根据题意可以列出下列方程组：

$$\begin{cases} 3x+2y+z=39 \\ 2x+3y+z=34 \\ x+2y+3z=26 \end{cases}$$

这样，就把一个实际问题转化为一个三元一次方程组的求解问题.

下面利用第二章第一节介绍的将方程组转化为对角线形方程组的方法来求解，具体过程如下.

$$\begin{cases} 3x+2y+z=39 & ① \\ 2x+3y+z=34 & ② \\ x+2y+3z=26 & ③ \end{cases} \xrightarrow{①\leftrightarrow③} \begin{cases} x+2y+3z=26 & ④ \\ 2x+3y+z=34 & ⑤ \\ 3x+2y+z=39 & ⑥ \end{cases} \xrightarrow[⑥+(-3)\times④]{⑤+(-2)\times④} \begin{cases} x+2y+3z=26 & ⑦ \\ -y-5z=-18 & ⑧ \\ -4y-8z=-39 & ⑨ \end{cases}$$

$$\xrightarrow{(-1)\times⑧} \begin{cases} x+2y+3z=26 & ⑩ \\ y+5z=18 & ⑪ \\ -4y-8z=-39 & ⑫ \end{cases} \xrightarrow{⑫+4\times⑪} \begin{cases} x+2y+3z=26 & ⑬ \\ y+5z=18 & ⑭ \\ 12z=33 & ⑮ \end{cases}$$

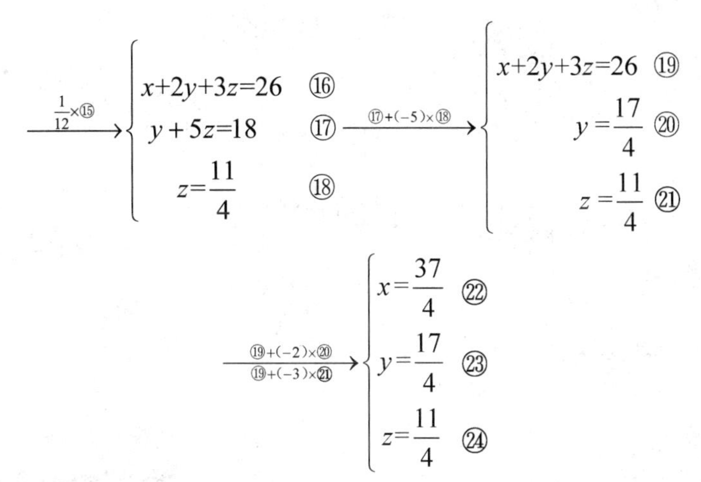

$$\xrightarrow{\frac{1}{12}\times⑮}\begin{cases}x+2y+3z=26 & ⑯\\ y+5z=18 & ⑰\\ z=\dfrac{11}{4} & ⑱\end{cases}\xrightarrow{⑰+(-5)\times⑱}\begin{cases}x+2y+3z=26 & ⑲\\ y=\dfrac{17}{4} & ⑳\\ z=\dfrac{11}{4} & ㉑\end{cases}$$

$$\xrightarrow[⑲+(-3)\times㉑]{⑲+(-2)\times⑳}\begin{cases}x=\dfrac{37}{4} & ㉒\\ y=\dfrac{17}{4} & ㉓\\ z=\dfrac{11}{4} & ㉔\end{cases}$$

这样，就得到了方程组的解.

上述将方程组化为对角线形方程组的方法可以概括如下：

（1）将方程组中第一个未知数前面系数不为零且比较简单的方程调整为方程组的第一个方程，并将第一个未知数前面的系数化为 1，接下来将后面其他方程通过与第一个方程进行运算，消去第一个未知数.

（2）从得到的不含有第一个未知数的方程中，将第二个未知数前面系数不为零且比较简单的方程调整为方程组的第二个方程，并将第二个未知数前面的系数化为 1，接下来将后面其他方程通过与第二个方程进行运算，消去第二个未知数.

（3）重复上面的过程，直到最后一个方程中只含有一个未知数并且将其系数化为 1 为止，此时方程组变成阶梯形.

（4）通过与此阶梯形方程组的最后一个方程进行运算，消去其他方程中含有的与最后一个方程相同的未知数，这样阶梯形方程组的倒数第二个方程就只含有一个未知数且其系数为 1. 再将此方程前面的方程与此方程进行运算，消去倒数第三个方程中含有的未知数……以此类推，直到第一个方程中只含有一个未知数为止.

第二节　三元线性方程组化对角线形求解与矩阵表示

从本章第一节三元线性方程组的求解过程可以看出，最后的解与方程组中每个方程未知数前面的系数和方程右侧的常数项有关，而与未知数无关，为了表示简洁，下面引入一套新的表示方法.

对于本章第一节例 1 中的方程组 $\begin{cases}3x+2y+z=39\\2x+3y+z=34\\x+2y+3z=26\end{cases}$，将未知数前面的系数放在一块，记为 $\boldsymbol{A}=\begin{pmatrix}3&2&1\\2&3&1\\1&2&3\end{pmatrix}$，称为方程组的系数矩阵，因为有 3 行 3 列，所以也称为 3×3 的矩阵. 将未知

数放在一起并竖向排列，记$\vec{x}=\begin{pmatrix}x\\y\\z\end{pmatrix}$，称为未知数的列向量，是 3×1 矩阵. 将方程组的常数放在一起并竖向排列，记$\vec{b}=\begin{pmatrix}39\\34\\26\end{pmatrix}$，称为方程组的常向量，也是$3\times 1$矩阵.

这样一来，方程组$\begin{cases}3x+2y+z=39\\2x+3y+z=34\\x+2y+3z=26\end{cases}$就完全由这三个矩阵确定了. 为此，在它们之间定义一种运算和矩阵相等.

令 $\boldsymbol{A}\vec{x}=\begin{pmatrix}3&2&1\\2&3&1\\1&2&3\end{pmatrix}\begin{pmatrix}x\\y\\z\end{pmatrix}=\begin{pmatrix}3\cdot x+2\cdot y+1\cdot z\\2\cdot x+3\cdot y+1\cdot z\\1\cdot x+2\cdot y+3\cdot z\end{pmatrix}=\begin{pmatrix}3x+2y+z\\2x+3y+z\\x+2y+3z\end{pmatrix}$. 规定$\begin{pmatrix}3x+2y+z\\2x+3y+z\\x+2y+3z\end{pmatrix}=\begin{pmatrix}39\\34\\26\end{pmatrix}$等价于$\begin{cases}3x+2y+z=39\\2x+3y+z=34\\x+2y+3z=26\end{cases}$，即对应元素相等. 这样方程组可以简洁地表示为$\boldsymbol{A}\vec{x}=\vec{b}$，这称为该方程组的矩阵表示.

将上面的矩阵相乘和相等的定义推广到一般情况，就有下面的定义.

定义 1 设$\boldsymbol{A}=\begin{pmatrix}a_{11}&a_{12}&a_{13}\\a_{21}&a_{22}&a_{23}\\a_{31}&a_{32}&a_{33}\end{pmatrix}$，$\boldsymbol{B}=\begin{pmatrix}b_1\\b_2\\b_3\end{pmatrix}$，则规定

$$\boldsymbol{AB}=\begin{pmatrix}a_{11}&a_{12}&a_{13}\\a_{21}&a_{22}&a_{23}\\a_{31}&a_{32}&a_{33}\end{pmatrix}\begin{pmatrix}b_1\\b_2\\b_3\end{pmatrix}=\begin{pmatrix}a_{11}b_1+a_{12}b_2+a_{13}b_3\\a_{21}b_1+a_{22}b_2+a_{23}b_3\\a_{31}b_1+a_{32}b_2+a_{33}b_3\end{pmatrix}$$

定义 2 若矩阵$\boldsymbol{A}$和$\boldsymbol{B}$具有相同的行数和列数，则称$\boldsymbol{A}$和$\boldsymbol{B}$是同形矩阵.

定义 3 两个同形矩阵$\boldsymbol{A}$和$\boldsymbol{B}$的对应元素相等，则称$\boldsymbol{A}$与$\boldsymbol{B}$相等，记为$\boldsymbol{A}=\boldsymbol{B}$.

例 1 已知$\boldsymbol{A}=\begin{pmatrix}1&2&3\\4&5&6\\7&8&9\end{pmatrix}$，$\boldsymbol{B}=\begin{pmatrix}2\\4\\6\end{pmatrix}$，求$\boldsymbol{AB}$.

解 $\boldsymbol{AB}=\begin{pmatrix}1&2&3\\4&5&6\\7&8&9\end{pmatrix}\begin{pmatrix}2\\4\\6\end{pmatrix}=\begin{pmatrix}1\times2+2\times4+3\times6\\4\times2+5\times4+6\times6\\7\times2+8\times4+9\times6\end{pmatrix}=\begin{pmatrix}28\\64\\100\end{pmatrix}$.

练习 1 已知$\boldsymbol{A}=\begin{pmatrix}-1&2&-1\\1&1&2\\2&2&3\end{pmatrix}$，$\boldsymbol{B}=\begin{pmatrix}1\\2\\3\end{pmatrix}$，求$\boldsymbol{AB}$.

例 2　将方程组$\begin{cases} x-3y+2z=1 \\ 2x+y+3z=2 \\ 3x-2y-z=3 \end{cases}$表示为矩阵形式.

解　令$\boldsymbol{A}=\begin{pmatrix} 1 & -3 & 2 \\ 2 & 1 & 3 \\ 3 & -2 & -1 \end{pmatrix}$，$\vec{x}=\begin{pmatrix} x \\ y \\ z \end{pmatrix}$，$\vec{b}=\begin{pmatrix} 1 \\ 2 \\ 3 \end{pmatrix}$，则方程组可以简写成$\boldsymbol{A}\vec{x}=\vec{b}$.

练习 2　将方程组$\begin{cases} 2x-y+3z=-2 \\ x+2y-3z=1 \\ x-3y+z=4 \end{cases}$表示为矩阵形式.

对方程组实施的对角线形处理，实际上可以归结为对系数矩阵和常向量进行的运算. 为此，将二者合成为一个矩阵，称为增广矩阵，记作$\tilde{\boldsymbol{A}}$. 对于本章第一节例 1 中的方程组，其增广矩阵为

$$\tilde{\boldsymbol{A}}=\begin{pmatrix} 3 & 2 & 1 & 39 \\ 2 & 3 & 1 & 34 \\ 1 & 2 & 3 & 26 \end{pmatrix}$$

对方程组实施的三种同解处理，对应于对增广矩阵实施的三种处理，它们分别是

（1）**换法变换**　互换矩阵的第i行与第j行，记为$r_i \leftrightarrow r_j$.

（2）**倍法变换**　用一常数$k(k \neq 0)$乘以矩阵的第i行，记为kr_i.

（3）**消法变换**　将矩阵的第i行乘以k加到第j行上，记为$r_j + kr_i$.

以上三种对矩阵的处理，称为矩阵的初等行变换.

因为有唯一解的方程组总可以化为对角线形，所以对应的增广矩阵可以化为

$$\tilde{\boldsymbol{A}}=\begin{pmatrix} 1 & 0 & 0 & b_1 \\ 0 & 1 & 0 & b_2 \\ 0 & 0 & 1 & b_3 \end{pmatrix}$$

这样，就可以得到对应的方程组的解为$x=b_1, y=b_2, z=b_3$.

例 3　利用增广矩阵变换的方法，求解本章第一节例 1 中的方程组.

解　增广矩阵

$$\tilde{\boldsymbol{A}}=\begin{pmatrix} 3 & 2 & 1 & 39 \\ 2 & 3 & 1 & 34 \\ 1 & 2 & 3 & 26 \end{pmatrix} \xrightarrow{r_3 \leftrightarrow r_1} \begin{pmatrix} 1 & 2 & 3 & 26 \\ 2 & 3 & 1 & 34 \\ 3 & 2 & 1 & 39 \end{pmatrix} \xrightarrow{r_2+(-2)\times r_1} \begin{pmatrix} 1 & 2 & 3 & 26 \\ 0 & -1 & -5 & -18 \\ 3 & 2 & 1 & 39 \end{pmatrix}$$

$$\xrightarrow{r_3+(-3)\times r_1} \begin{pmatrix} 1 & 2 & 3 & 26 \\ 0 & -1 & -5 & -18 \\ 0 & -4 & -8 & -39 \end{pmatrix} \xrightarrow{(-1)\times r_2} \begin{pmatrix} 1 & 2 & 3 & 26 \\ 0 & 1 & 5 & 18 \\ 0 & -4 & -8 & -39 \end{pmatrix}$$

$$\xrightarrow{r_3+4\times r_2} \begin{pmatrix} 1 & 2 & 3 & 26 \\ 0 & 1 & 5 & 18 \\ 0 & 0 & 12 & 33 \end{pmatrix} \xrightarrow{\frac{1}{12}\times r_3} \begin{pmatrix} 1 & 2 & 3 & 26 \\ 0 & 1 & 5 & 18 \\ 0 & 0 & 1 & \frac{11}{4} \end{pmatrix}$$

$$\xrightarrow{r_2+(-5)\times r_3}\begin{pmatrix}1&2&3&26\\0&1&0&\frac{17}{4}\\0&0&1&\frac{11}{4}\end{pmatrix}\xrightarrow{r_1+(-3)\times r_3}\begin{pmatrix}1&2&0&\frac{71}{4}\\0&1&0&\frac{17}{4}\\0&0&1&\frac{11}{4}\end{pmatrix}\xrightarrow{r_1+(-2)\times r_2}\begin{pmatrix}1&0&0&\frac{37}{4}\\0&1&0&\frac{17}{4}\\0&0&1&\frac{11}{4}\end{pmatrix}.$$

于是方程组的解为 $x=\frac{37}{4},y=\frac{17}{4},z=\frac{11}{4}$.

这就是三元线性方程组的矩阵解法.

练习 3 利用增广矩阵变换的方法，求解方程组 $\begin{cases}2x-y+3z=-2\\x+2y-3z=-1\\x-3y+z=4\end{cases}$.

第三节 利用求逆矩阵的方法求解有唯一解的三元线性方程组

第二节介绍了求解三元线性方程组的增广矩阵变换方法，本节介绍另一种方法，此方法是先求三元线性方程组系数矩阵的逆矩阵再来求解. 由此得到的逆矩阵概念和相关理论，在后面的学习内容中，例如，在配方法化三元二次型为标准形、正交变换、线性变换等中，都有很重要的应用.

在第二章第三节中曾引入逆矩阵的概念，本节对三阶矩阵讨论逆矩阵的相关问题.

为了更好地说明三阶逆矩阵的概念，需要先介绍矩阵相乘的运算和初等矩阵的概念.

一、矩阵相乘

在本章第二节介绍了 3×3 矩阵乘 3×1 矩阵的运算，此种定义包含的规则也适合 3×3 矩阵乘 3×2 矩阵. 先看一个具体的例子.

例 1 已知 $\boldsymbol{A}=\begin{pmatrix}1&-1&2\\2&1&1\\3&1&2\end{pmatrix}$，$\boldsymbol{B}=\begin{pmatrix}1&4\\2&1\\3&2\end{pmatrix}$，计算 $\boldsymbol{AB}$.

分析 利用本章第二节中介绍的方法，我们可以计算出 $\begin{pmatrix}1&-1&2\\2&1&1\\3&1&2\end{pmatrix}\begin{pmatrix}1\\2\\3\end{pmatrix}=\begin{pmatrix}5\\7\\11\end{pmatrix}$，$\begin{pmatrix}1&-1&2\\2&1&1\\3&1&2\end{pmatrix}\begin{pmatrix}4\\1\\2\end{pmatrix}=\begin{pmatrix}7\\11\\17\end{pmatrix}$，自然可以定义 $\begin{pmatrix}1&-1&2\\2&1&1\\3&1&2\end{pmatrix}\begin{pmatrix}1&4\\2&1\\3&2\end{pmatrix}$ 为进行上述运算后，所得结果的有序拼接，即 $\begin{pmatrix}1&-1&2\\2&1&1\\3&1&2\end{pmatrix}\begin{pmatrix}1&4\\2&1\\3&2\end{pmatrix}=\begin{pmatrix}5&7\\7&11\\11&17\end{pmatrix}$.

解　$AB=\begin{pmatrix}1&-1&2\\2&1&1\\3&1&2\end{pmatrix}\begin{pmatrix}1&4\\2&1\\3&2\end{pmatrix}=\begin{pmatrix}1\times1+(-1)\times2+2\times3&1\times4+(-1)\times1+2\times2\\2\times1+1\times2+1\times3&2\times4+1\times1+1\times2\\3\times1+1\times2+2\times3&3\times4+1\times1+2\times2\end{pmatrix}=\begin{pmatrix}5&7\\7&11\\11&17\end{pmatrix}$.

一般地，如果 $A=\begin{pmatrix}a_{11}&a_{12}&a_{13}\\a_{21}&a_{22}&a_{23}\\a_{31}&a_{32}&a_{33}\end{pmatrix}$，$B=\begin{pmatrix}b_{11}&b_{12}\\b_{21}&b_{22}\\b_{31}&b_{32}\end{pmatrix}$，则

$$AB=\begin{pmatrix}a_{11}&a_{12}&a_{13}\\a_{21}&a_{22}&a_{23}\\a_{31}&a_{32}&a_{33}\end{pmatrix}\begin{pmatrix}b_{11}&b_{12}\\b_{21}&b_{22}\\b_{31}&b_{32}\end{pmatrix}=\begin{pmatrix}a_{11}b_{11}+a_{12}b_{21}+a_{13}b_{31}&a_{11}b_{12}+a_{12}b_{22}+a_{13}b_{32}\\a_{21}b_{11}+a_{22}b_{21}+a_{23}b_{31}&a_{21}b_{12}+a_{22}b_{22}+a_{23}b_{32}\\a_{31}b_{11}+a_{32}b_{21}+a_{33}b_{31}&a_{31}b_{12}+a_{32}b_{22}+a_{33}b_{32}\end{pmatrix}$$

练习 1　设矩阵 $A=\begin{pmatrix}1&1&-1\\1&0&1\\1&1&0\end{pmatrix}$，$B=\begin{pmatrix}1&2\\2&1\\1&2\end{pmatrix}$，计算 AB.

3×3 矩阵乘 3×3 矩阵可以类似定义. 如果 $A=\begin{pmatrix}a_{11}&a_{12}&a_{13}\\a_{21}&a_{22}&a_{23}\\a_{31}&a_{32}&a_{33}\end{pmatrix}$，$B=\begin{pmatrix}b_{11}&b_{12}&b_{13}\\b_{21}&b_{22}&b_{23}\\b_{31}&b_{32}&b_{33}\end{pmatrix}$，则

$$AB=\begin{pmatrix}a_{11}&a_{12}&a_{13}\\a_{21}&a_{22}&a_{23}\\a_{31}&a_{32}&a_{33}\end{pmatrix}\begin{pmatrix}b_{11}&b_{12}&b_{13}\\b_{21}&b_{22}&b_{23}\\b_{31}&b_{32}&b_{33}\end{pmatrix}$$

$$=\begin{pmatrix}a_{11}b_{11}+a_{12}b_{21}+a_{13}b_{31}&a_{11}b_{12}+a_{12}b_{22}+a_{13}b_{32}&a_{11}b_{13}+a_{12}b_{23}+a_{13}b_{33}\\a_{21}b_{11}+a_{22}b_{21}+a_{23}b_{31}&a_{21}b_{12}+a_{22}b_{22}+a_{23}b_{32}&a_{21}b_{13}+a_{22}b_{23}+a_{23}b_{33}\\a_{31}b_{11}+a_{32}b_{21}+a_{33}b_{31}&a_{31}b_{12}+a_{32}b_{22}+a_{33}b_{32}&a_{31}b_{13}+a_{32}b_{23}+a_{33}b_{33}\end{pmatrix}$$

注　此法则对于更多阶的矩阵也成立.

例 2　已知 $A=\begin{pmatrix}1&1&-1\\1&0&1\\1&1&0\end{pmatrix}$，$B=\begin{pmatrix}1&2&3\\2&1&0\\1&2&1\end{pmatrix}$，计算 AB 和 BA.

解　$AB=\begin{pmatrix}1&1&-1\\1&0&1\\1&1&0\end{pmatrix}\begin{pmatrix}1&2&3\\2&1&0\\1&2&1\end{pmatrix}=\begin{pmatrix}2&1&2\\2&4&4\\3&3&3\end{pmatrix}$，

$BA=\begin{pmatrix}1&2&3\\2&1&0\\1&2&1\end{pmatrix}\begin{pmatrix}1&1&-1\\1&0&1\\1&1&0\end{pmatrix}=\begin{pmatrix}6&4&1\\3&2&-1\\4&2&1\end{pmatrix}$.

从例 2 的结果不难看出，矩阵的乘法不满足交换律，即对于矩阵 A 和 B，一般情况下

$$AB\neq BA.$$

二、初等矩阵

设$A=\begin{pmatrix}a_{11}&a_{12}&a_{13}\\a_{21}&a_{22}&a_{23}\\a_{31}&a_{32}&a_{33}\end{pmatrix}$，$B=\begin{pmatrix}1&0&0\\0&1&0\\0&0&1\end{pmatrix}$，则 $AB=\begin{pmatrix}a_{11}&a_{12}&a_{13}\\a_{21}&a_{22}&a_{23}\\a_{31}&a_{32}&a_{33}\end{pmatrix}\begin{pmatrix}1&0&0\\0&1&0\\0&0&1\end{pmatrix}=\begin{pmatrix}a_{11}&a_{12}&a_{13}\\a_{21}&a_{22}&a_{23}\\a_{31}&a_{32}&a_{33}\end{pmatrix}$，

$$\boldsymbol{BA}=\begin{pmatrix}1&0&0\\0&1&0\\0&0&1\end{pmatrix}\begin{pmatrix}a_{11}&a_{12}&a_{13}\\a_{21}&a_{22}&a_{23}\\a_{31}&a_{32}&a_{33}\end{pmatrix}=\begin{pmatrix}a_{11}&a_{12}&a_{13}\\a_{21}&a_{22}&a_{23}\\a_{31}&a_{32}&a_{33}\end{pmatrix}.$$

可以看出，矩阵$\begin{pmatrix}1&0&0\\0&1&0\\0&0&1\end{pmatrix}$无论从矩阵 $\boldsymbol{A}$ 的左边乘，还是从矩阵 $\boldsymbol{A}$ 的右边乘，结果都等于矩阵 $\boldsymbol{A}$，其作用相当于在数乘运算中的单位 1，所以类似地称其为单位矩阵. 因为是 3×3 的矩阵，所以将矩阵$\begin{pmatrix}1&0&0\\0&1&0\\0&0&1\end{pmatrix}$称为 3×3 的单位矩阵，记作 $\boldsymbol{E}_3$.

把单位矩阵进行一次初等行变换所得到的矩阵，称为初等矩阵. 因为初等行变换有三种，所以初等矩阵也对应有三种，下面分别来说明.

（1）对单位矩阵进行一次换法变换，比如交换第 1 行和第 2 行，这时矩阵变为$\begin{pmatrix}0&1&0\\1&0&0\\0&0&1\end{pmatrix}$，记作 $\boldsymbol{E}_3(1,2)$.

（2）对单位矩阵进行一次倍法变换，比如用一常数 k（$k\neq0$）乘以单位矩阵的第 2 行，这时矩阵变为$\begin{pmatrix}1&0&0\\0&k&0\\0&0&1\end{pmatrix}$，记作 $\boldsymbol{E}_3((k)2)$.

（3）对单位矩阵进行一次消法变换，比如将单位矩阵的第 1 行乘以 k 加到第 2 行上，这时矩阵变为$\begin{pmatrix}1&0&0\\k&1&0\\0&0&1\end{pmatrix}$，记作 $\boldsymbol{E}_3(2+(k)1)$.

有了三阶初等矩阵的概念，下面介绍经过初等行变换后的矩阵与原来矩阵之间的关系.

性质 1 矩阵 $\boldsymbol{A}$ 经过一次换法变换，相当于对单位矩阵进行相同的换法变换后，再从左边乘原来的矩阵 $\boldsymbol{A}$. 反之，用单位矩阵经过换法变换所得到的初等矩阵，从左边乘矩阵 $\boldsymbol{A}$ 的结果，等于对矩阵 $\boldsymbol{A}$ 进行相同换法变换后的结果.

证明方法同第二章第三节，这里从略.

性质 2 矩阵 $\boldsymbol{A}$ 经过一次倍法变换，相当于对单位矩阵进行相同的倍法变换后，从左边乘原来的矩阵 $\boldsymbol{A}$. 反之，用单位矩阵经倍法变换所得到的初等矩阵，从左边乘矩阵 $\boldsymbol{A}$ 的结果，等于对矩阵 $\boldsymbol{A}$ 进行相同换法变换后的结果.

证明方法同第二章第三节，这里从略.

性质 3 矩阵 $\boldsymbol{A}$ 经过一次消法变换，相当于对单位矩阵进行相同的消法变换后，从左边乘原来的矩阵 $\boldsymbol{A}$. 反之，用单位矩阵经消法变换所得到的初等矩阵，从左边乘矩阵 $\boldsymbol{A}$ 的结果等于对矩阵 $\boldsymbol{A}$ 进行相同消法变换后的结果.

证明方法同第二章第三节，这里从略.

三、逆矩阵及其求法

1. 逆矩阵的概念

由前面的介绍可知，有唯一解的线性方程组的系数矩阵均可以通过初等行变换化为单位矩阵，再利用初等行变换与初等矩阵之间的关系，可知对于有唯一解的线性方程组的系数矩阵 $\boldsymbol{A}$，总可以找到初等矩阵 $\boldsymbol{P}_1,\boldsymbol{P}_2,\cdots,\boldsymbol{P}_m$，使得 $\boldsymbol{P}_m\cdots\boldsymbol{P}_2\boldsymbol{P}_1\boldsymbol{A}=\boldsymbol{E}$，令 $\boldsymbol{P}=\boldsymbol{P}_m\cdots\boldsymbol{P}_2\boldsymbol{P}_1$，则有 $\boldsymbol{PA}=\boldsymbol{E}$，此时称 $\boldsymbol{P}$ 为 $\boldsymbol{A}$ 的逆矩阵.

可以证明，下面的结论成立.

定理 1　如果 $\boldsymbol{PA}=\boldsymbol{E}$，则 $\boldsymbol{AP}=\boldsymbol{E}$.

证明方法同第二章第三节，这里从略.

类似可以证明下面的定理.

定理 2　如果 $\boldsymbol{AP}=\boldsymbol{E}$，则 $\boldsymbol{PA}=\boldsymbol{E}$.

这样可以得到下面的等价关系.

定理 3　$\boldsymbol{AP}=\boldsymbol{E}$ 成立的充分必要条件是 $\boldsymbol{PA}=\boldsymbol{E}$.

一般地，逆矩阵有下面的定义.

定义 1（逆矩阵）对于矩阵 $\boldsymbol{A}$，如果存在矩阵 $\boldsymbol{B}$，使得 $\boldsymbol{BA}=\boldsymbol{E}$ 或 $\boldsymbol{AB}=\boldsymbol{E}$，则称 $\boldsymbol{B}$ 为 $\boldsymbol{A}$ 的逆矩阵，记作 $\boldsymbol{B}=\boldsymbol{A}^{-1}$.

例 3　已知 $\boldsymbol{A}=\begin{pmatrix}0&1&0\\1&0&0\\0&0&1\end{pmatrix}$，验证矩阵 $\boldsymbol{A}$ 的逆矩阵是其本身.

解　因为 $\begin{pmatrix}0&1&0\\1&0&0\\0&0&1\end{pmatrix}\begin{pmatrix}0&1&0\\1&0&0\\0&0&1\end{pmatrix}=\begin{pmatrix}1&0&0\\0&1&0\\0&0&1\end{pmatrix}$，即有 $\boldsymbol{AA}=\boldsymbol{E}$，所以 $\boldsymbol{A}$ 的逆矩阵是其本身.

练习 2　已知 $\boldsymbol{A}=\begin{pmatrix}1&0&0\\0&k&0\\0&0&1\end{pmatrix}$，验证矩阵 $\boldsymbol{A}$ 的逆矩阵为 $\boldsymbol{B}=\begin{pmatrix}1&0&0\\0&\frac{1}{k}&0\\0&0&1\end{pmatrix}$.

练习 3　已知 $\boldsymbol{A}=\begin{pmatrix}1&0&0\\k&1&0\\0&0&1\end{pmatrix}$，验证矩阵 $\boldsymbol{A}$ 的逆矩阵为 $\boldsymbol{B}=\begin{pmatrix}1&0&0\\-k&1&0\\0&0&1\end{pmatrix}$.

由例 3、练习 2 和练习 3 可以看出，初等矩阵的逆矩阵都存在，且仍为初等矩阵.

2. 逆矩阵的求法

给出一个有逆矩阵的矩阵，如何求出其逆矩阵呢？

我们知道，对有唯一解的线性方程组，总可以通过初等行变换将它的系数矩阵转化为单位矩阵. 因为初等行变换对应着初等矩阵，也就是对矩阵每做一次初等行变换，相当于左乘相应的一个初等矩阵. 这样，任何有唯一解的线性方程组的系数矩阵，都可以经过左乘若干个初等矩阵变成单位矩阵. 假设这些初等矩阵为 $\boldsymbol{P}_1,\boldsymbol{P}_2,\cdots,\boldsymbol{P}_m$，使得 $\boldsymbol{P}_m\cdots\boldsymbol{P}_2\boldsymbol{P}_1\boldsymbol{A}=\boldsymbol{E}$. 由逆矩阵的定义可知，这些初等矩阵的乘积就是 $\boldsymbol{A}$ 的逆矩阵. 令 $\boldsymbol{P}=\boldsymbol{P}_m\cdots\boldsymbol{P}_2\boldsymbol{P}_1$，因为这些初等矩阵乘上单位矩阵还是矩阵本身，即

$$P = P_m \cdots P_2 P_1 = P_m \cdots P_2 P_1 E$$

而单位矩阵乘上这些矩阵以后，相当于对单位矩阵做了相应的初等变换，这些初等变换与将矩阵 $\boldsymbol{A}$ 变成单位矩阵的初等变换是完全一致的，因此我们可以在原来的矩阵 $\boldsymbol{A}$ 右侧拼接上一个单位矩阵，让矩阵 $\boldsymbol{A}$ 和单位矩阵做相同的行变换. 当矩阵 $\boldsymbol{A}$ 变成单位矩阵时，右侧的单位矩阵就变成矩阵 $\boldsymbol{A}$ 的逆矩阵. 下面通过一个简单的例子加以说明.

例 4　已知 $\boldsymbol{A}=\begin{pmatrix}1&2&1\\2&3&-1\\1&1&3\end{pmatrix}$，求矩阵 $\boldsymbol{A}$ 的逆矩阵 $\boldsymbol{A}^{-1}$.

解　$(\boldsymbol{A}\,|\,\boldsymbol{E})=\begin{pmatrix}1&2&1&1&0&0\\2&3&-1&0&1&0\\1&1&3&0&0&1\end{pmatrix}\xrightarrow{r_2+(-2)\times r_1}\begin{pmatrix}1&2&1&1&0&0\\0&-1&-3&-2&1&0\\1&1&3&0&0&1\end{pmatrix}$

$$\xrightarrow{r_3+(-1)\times r_1}\begin{pmatrix}1&2&1&1&0&0\\0&-1&-3&-2&1&0\\0&-1&2&-1&0&1\end{pmatrix}\xrightarrow{(-1)\times r_2}\begin{pmatrix}1&2&1&1&0&0\\0&1&3&2&-1&0\\0&-1&2&-1&0&1\end{pmatrix}$$

$$\xrightarrow{r_3+1\times r_2}\begin{pmatrix}1&2&1&1&0&0\\0&1&3&2&-1&0\\0&0&5&1&-1&1\end{pmatrix}\xrightarrow{\frac{1}{5}\times r_3}\begin{pmatrix}1&2&1&1&0&0\\0&1&3&2&-1&0\\0&0&1&\frac{1}{5}&-\frac{1}{5}&\frac{1}{5}\end{pmatrix}$$

$$\xrightarrow[r_1+(-1)\times r_3]{r_2+(-3)\times r_3}\begin{pmatrix}1&2&0&\frac{4}{5}&\frac{1}{5}&-\frac{1}{5}\\0&1&0&\frac{7}{5}&-\frac{2}{5}&-\frac{3}{5}\\0&0&1&\frac{1}{5}&-\frac{1}{5}&\frac{1}{5}\end{pmatrix}\xrightarrow{r_1+(-2)\times r_2}\begin{pmatrix}1&0&0&-2&1&1\\0&1&0&\frac{7}{5}&-\frac{2}{5}&-\frac{3}{5}\\0&0&1&\frac{1}{5}&-\frac{1}{5}&\frac{1}{5}\end{pmatrix}$$

$$=(\boldsymbol{E}\,|\,\boldsymbol{A}^{-1}).\quad \text{所以 } \boldsymbol{A}^{-1}=\begin{pmatrix}-2&1&1\\\frac{7}{5}&-\frac{2}{5}&-\frac{3}{5}\\\frac{1}{5}&-\frac{1}{5}&\frac{1}{5}\end{pmatrix}.$$

可以验证，$\begin{pmatrix}1&2&1\\2&3&-1\\1&1&3\end{pmatrix}\begin{pmatrix}-2&1&1\\\frac{7}{5}&-\frac{2}{5}&-\frac{3}{5}\\\frac{1}{5}&-\frac{1}{5}&\frac{1}{5}\end{pmatrix}=\begin{pmatrix}1&0&0\\0&1&0\\0&0&1\end{pmatrix}$，所以此种解法正确.

例 5　已知 $\boldsymbol{A}=\begin{pmatrix}1&1&1\\1&2&2\\1&3&1\end{pmatrix}$，求矩阵 $\boldsymbol{A}$ 的逆矩阵 $\boldsymbol{A}^{-1}$.

解 $(\boldsymbol{A}|\boldsymbol{E})=\begin{pmatrix}1&1&1&1&0&0\\1&2&2&0&1&0\\1&3&1&0&0&1\end{pmatrix}\xrightarrow[r_3+(-1)\times r_1]{r_2+(-1)\times r_1}\begin{pmatrix}1&1&1&1&0&0\\0&1&1&-1&1&0\\0&2&0&-1&0&1\end{pmatrix}$

$$\xrightarrow{r_3+(-2)\times r_2}\begin{pmatrix}1&1&1&1&0&0\\0&1&1&-1&1&0\\0&0&-2&1&-2&1\end{pmatrix}\xrightarrow{(-\frac{1}{2})\times r_3}\begin{pmatrix}1&1&1&1&0&0\\0&1&1&-1&1&0\\0&0&1&-\frac{1}{2}&1&-\frac{1}{2}\end{pmatrix}$$

$$\xrightarrow[r_1+(-1)\times r_3]{r_2+(-1)\times r_3}\begin{pmatrix}1&1&0&\frac{3}{2}&-1&\frac{1}{2}\\0&1&0&-\frac{1}{2}&0&\frac{1}{2}\\0&0&1&-\frac{1}{2}&1&-\frac{1}{2}\end{pmatrix}\xrightarrow{r_1+(-1)\times r_2}\begin{pmatrix}1&0&0&2&-1&0\\0&1&0&-\frac{1}{2}&0&\frac{1}{2}\\0&0&1&-\frac{1}{2}&1&-\frac{1}{2}\end{pmatrix}$$

$=(\boldsymbol{E}|\boldsymbol{A}^{-1})$. 所以 $\boldsymbol{A}^{-1}=\begin{pmatrix}2&-1&0\\-\frac{1}{2}&0&\frac{1}{2}\\-\frac{1}{2}&1&-\frac{1}{2}\end{pmatrix}$.

练习 4　已知 $\boldsymbol{A}=\begin{pmatrix}2&1&3\\1&2&2\\1&3&1\end{pmatrix}$，求矩阵 $\boldsymbol{A}$ 的逆矩阵 $\boldsymbol{A}^{-1}$.

四、方程组的逆矩阵表示

有了逆矩阵的概念及其求法，对于有唯一解的线性方程组 $\boldsymbol{A}\vec{x}=\vec{b}$，可以采用等式两边左乘逆矩阵的方法，得 $\boldsymbol{A}^{-1}\boldsymbol{A}\vec{x}=\boldsymbol{A}^{-1}\vec{b}$，$\boldsymbol{E}\vec{x}=\boldsymbol{A}^{-1}\vec{b}$，即 $\vec{x}=\boldsymbol{A}^{-1}\vec{b}$. 下面通过一个具体的例子加以说明.

例 6　利用求逆矩阵的方法求解本章第一节例 1 中的方程组 $\begin{cases}3x+2y+z=39\\2x+3y+z=34\\x+2y+3z=26\end{cases}$.

解　令 $\boldsymbol{A}=\begin{pmatrix}3&2&1\\2&3&1\\1&2&3\end{pmatrix}$，$\vec{x}=\begin{pmatrix}x\\y\\z\end{pmatrix}$，$\vec{b}=\begin{pmatrix}39\\34\\26\end{pmatrix}$，则方程组可以简写成 $\boldsymbol{A}\vec{x}=\vec{b}$.

$$(\boldsymbol{A}|\boldsymbol{E})=\begin{pmatrix}3&2&1&1&0&0\\2&3&1&0&1&0\\1&2&3&0&0&1\end{pmatrix}\xrightarrow{r_1\leftrightarrow r_3}\begin{pmatrix}1&2&3&0&0&1\\2&3&1&0&1&0\\3&2&1&1&0&0\end{pmatrix}$$

$$\xrightarrow[r_3+(-3)\times r_1]{r_2+(-2)\times r_1}\begin{pmatrix}1&2&3&0&0&1\\0&-1&-5&0&1&-2\\0&-4&-8&1&0&-3\end{pmatrix}\xrightarrow{(-1)\times r_2}\begin{pmatrix}1&2&3&0&0&1\\0&1&5&0&-1&2\\0&-4&-8&1&0&-3\end{pmatrix}$$

$$\xrightarrow{r_3+4\times r_2}\begin{pmatrix}1&2&3&0&0&1\\0&1&5&0&-1&2\\0&0&12&1&-4&5\end{pmatrix}\xrightarrow{\frac{1}{12}\times r_3}\begin{pmatrix}1&2&3&0&0&1\\0&1&5&0&-1&2\\0&0&1&\frac{1}{12}&-\frac{1}{3}&\frac{5}{12}\end{pmatrix}$$

$$\xrightarrow[r_1+(-3)\times r_3]{r_2+(-5)\times r_3}\begin{pmatrix}1&2&0&-\frac{1}{4}&1&-\frac{1}{4}\\0&1&0&-\frac{5}{12}&\frac{2}{3}&-\frac{1}{12}\\0&0&1&\frac{1}{12}&-\frac{1}{3}&\frac{5}{12}\end{pmatrix}\xrightarrow{r_1+(-2)\times r_2}\begin{pmatrix}1&0&0&\frac{7}{12}&-\frac{1}{3}&-\frac{1}{12}\\0&1&0&-\frac{5}{12}&\frac{2}{3}&-\frac{1}{12}\\0&0&1&\frac{1}{12}&-\frac{1}{3}&\frac{5}{12}\end{pmatrix}=(\boldsymbol{E}\mid\boldsymbol{A}^{-1}).$$

所以

$$\boldsymbol{A}^{-1}=\begin{pmatrix}\frac{7}{12}&-\frac{1}{3}&-\frac{1}{12}\\-\frac{5}{12}&\frac{2}{3}&-\frac{1}{12}\\\frac{1}{12}&-\frac{1}{3}&\frac{5}{12}\end{pmatrix}$$

因此，方程组的解为

$$\vec{x}=\boldsymbol{A}^{-1}\vec{b}=\begin{pmatrix}\frac{7}{12}&-\frac{1}{3}&-\frac{1}{12}\\-\frac{5}{12}&\frac{2}{3}&-\frac{1}{12}\\\frac{1}{12}&-\frac{1}{3}&\frac{5}{12}\end{pmatrix}\begin{pmatrix}39\\34\\26\end{pmatrix}=\begin{pmatrix}\frac{37}{4}\\\frac{17}{4}\\\frac{11}{4}\end{pmatrix}$$

练习 5 利用求逆矩阵的方法，求解方程组 $\begin{cases}2x-y+3z=-2\\x+2y-3z=1\\x-3y+z=4\end{cases}$.

习题五

1．通过将方程组化为对角线形，求解线性方程组 $\begin{cases}2x-3y+z=-2\\x-2y-2z=3\\3x-y+4z=4\end{cases}$.

2．将方程组$\begin{cases}2x-3y+z=-2\\x-2y-2z=3\\3x-y+4z=4\end{cases}$表示为矩阵形式.

3．利用增广矩阵变换的方法，求解方程组$\begin{cases}2x-y+3z=-2\\x+2y-3z=1\\x-3y+z=4\end{cases}$.

4．已知$\boldsymbol{A}=\begin{pmatrix}-2 & 1 & 3\\2 & 2 & 1\\3 & 1 & 1\end{pmatrix}$，求矩阵$\boldsymbol{A}$的逆矩阵$\boldsymbol{A}^{-1}$.

5．利用求逆矩阵的方法，求解方程组$\begin{cases}2x-y+3z=-2\\x+2y-3z=1\\x-3y+z=4\end{cases}$.

第六章　有唯一解的三元线性方程组的求解与三阶行列式

第五章介绍了求解三元线性方程组的矩阵方法，本章从另一角度给出求解有唯一解的三元线性方程组的行列式方法，并对行列式的性质做一些介绍．行列式的概念在其他方面也有很好的应用，行列式的简洁记法可以帮助我们记忆一些公式．本章包括三元线性方程组的求解与三阶行列式、初等行变换对行列式值的影响、代数余子式与行列式的按行（列）展开等内容．

第一节　三元线性方程组的求解与三阶行列式

在第一章第一节回顾了三元线性方程组的代入消元法，并在课堂练习中给出了下面的线性方程组

$$\begin{cases} a_{11}x_1 + a_{12}x_2 + a_{13}x_3 = b_1 & ① \\ a_{21}x_1 + a_{22}x_2 + a_{23}x_3 = b_2 & ② \\ a_{31}x_1 + a_{32}x_2 + a_{33}x_3 = b_3 & ③ \end{cases}$$

其求解过程如下．

由①得

$$x_1 = \frac{1}{a_{11}}\left(b_1 - a_{12}x_2 - a_{13}x_3\right) \qquad ④$$

将④代入②有

$$a_{21}\frac{1}{a_{11}}\left(b_1 - a_{12}x_2 - a_{13}x_3\right) + a_{22}x_2 + a_{23}x_3 = b_2$$

$$a_{21}\left(b_1 - a_{12}x_2 - a_{13}x_3\right) + a_{11}a_{22}x_2 + a_{11}a_{23}x_3 = a_{11}b_2$$

整理得

$$\left(a_{11}a_{22} - a_{12}a_{21}\right)x_2 + \left(a_{11}a_{23} - a_{21}a_{13}\right)x_3 = a_{11}b_2 - a_{21}b_1 \qquad ⑤$$

将④代入③有

$$a_{31}\frac{1}{a_{11}}\left(b_1 - a_{12}x_2 - a_{13}x_3\right) + a_{32}x_2 + a_{33}x_3 = b_3$$

$$a_{31}\left(b_1 - a_{12}x_2 - a_{13}x_3\right) + a_{11}a_{32}x_2 + a_{11}a_{33}x_3 = a_{11}b_3$$

整理得

$$(a_{11}a_{32}-a_{12}a_{31})x_2+(a_{11}a_{33}-a_{13}a_{31})x_3=a_{11}b_3-a_{31}b_1 \quad ⑥$$

由⑤可得

$$x_2=\frac{1}{a_{11}a_{22}-a_{12}a_{21}}\left[(a_{11}b_2-a_{21}b_1)-(a_{11}a_{23}-a_{21}a_{13})x_3\right] \quad ⑦$$

将⑦代入⑥得

$$(a_{11}a_{32}-a_{12}a_{31})\frac{1}{a_{11}a_{22}-a_{12}a_{21}}\left[(a_{11}b_2-a_{21}b_1)-(a_{11}a_{23}-a_{21}a_{13})x_3\right]$$
$$+(a_{11}a_{33}-a_{13}a_{31})x_3=a_{11}b_3-a_{31}b_1$$
$$\left[(a_{11}a_{22}-a_{12}a_{21})(a_{11}a_{33}-a_{13}a_{31})-(a_{11}a_{32}-a_{12}a_{31})(a_{11}a_{23}-a_{13}a_{21})\right]x_3$$
$$=(a_{11}b_3-a_{31}b_1)(a_{11}a_{22}-a_{12}a_{21})-(a_{11}a_{32}-a_{12}a_{31})(a_{11}b_2-a_{21}b_1)$$

解得

$$x_3=\frac{a_{11}a_{22}b_3+a_{12}b_2a_{31}+b_1a_{21}a_{32}-b_1a_{22}a_{31}-a_{11}b_2a_{32}-a_{12}a_{21}b_3}{a_{11}a_{22}a_{33}+a_{12}a_{23}a_{31}+a_{13}a_{21}a_{32}-a_{13}a_{22}a_{31}-a_{11}a_{23}a_{32}-a_{12}a_{21}a_{33}} \quad ⑧$$

将⑧代入⑦得

$$x_2=\frac{a_{11}b_2a_{33}+b_1a_{23}a_{31}+a_{13}a_{21}b_3-a_{13}b_2a_{31}-a_{11}a_{23}b_3-b_1a_{21}a_{33}}{a_{11}a_{22}a_{33}+a_{12}a_{23}a_{31}+a_{13}a_{21}a_{32}-a_{13}a_{22}a_{31}-a_{11}a_{23}a_{32}-a_{12}a_{21}a_{33}} \quad ⑨$$

将⑧、⑨代入④得

$$x_1=\frac{b_1a_{22}a_{33}+a_{12}a_{23}b_3+a_{13}b_2a_{32}-a_{13}a_{22}b_3-b_1a_{23}a_{32}-a_{12}b_2a_{33}}{a_{11}a_{22}a_{33}+a_{12}a_{23}a_{31}+a_{13}a_{21}a_{32}-a_{13}a_{22}a_{31}-a_{11}a_{23}a_{32}-a_{12}a_{21}a_{33}}$$

于是方程组的解为

$$\begin{cases} x_1=\dfrac{b_1a_{22}a_{33}+a_{12}a_{23}b_3+a_{13}b_2a_{32}-a_{13}a_{22}b_3-b_1a_{23}a_{32}-a_{12}b_2a_{33}}{a_{11}a_{22}a_{33}+a_{12}a_{23}a_{31}+a_{13}a_{21}a_{32}-a_{13}a_{22}a_{31}-a_{11}a_{23}a_{32}-a_{12}a_{21}a_{33}} \\ x_2=\dfrac{a_{11}b_2a_{33}+b_1a_{23}a_{31}+a_{13}a_{21}b_3-a_{13}b_2a_{31}-a_{11}a_{23}b_3-b_1a_{21}a_{33}}{a_{11}a_{22}a_{33}+a_{12}a_{23}a_{31}+a_{13}a_{21}a_{32}-a_{13}a_{22}a_{31}-a_{11}a_{23}a_{32}-a_{12}a_{21}a_{33}} \\ x_3=\dfrac{a_{11}a_{22}b_3+a_{12}b_2a_{31}+b_1a_{21}a_{32}-b_1a_{22}a_{31}-a_{11}b_2a_{32}-a_{12}a_{21}b_3}{a_{11}a_{22}a_{33}+a_{12}a_{23}a_{31}+a_{13}a_{21}a_{32}-a_{13}a_{22}a_{31}-a_{11}a_{23}a_{32}-a_{12}a_{21}a_{33}} \end{cases} \quad (6\text{-}1)$$

式（6-1）是解三元一次线性方程组的公式，但我们看到式（6-1）并不容易记住．细心观察会发现，式（6-1）的分母相同且都是由方程组中未知数的系数构成的，我们将这 9 个系数按照它们在方程中原来的位置排成 3 行 3 列，并在两侧各加一竖线来表示式（6-1）分母这个数，即

$$\begin{vmatrix} a_{11} & a_{12} & a_{13} \\ a_{21} & a_{22} & a_{23} \\ a_{31} & a_{32} & a_{33} \end{vmatrix}=a_{11}a_{22}a_{33}+a_{12}a_{23}a_{31}+a_{13}a_{21}a_{32}-a_{13}a_{22}a_{31}-a_{11}a_{23}a_{32}-a_{12}a_{21}a_{33} \quad (6\text{-}2)$$

式（6-2）等号右边的第 1 项 $a_{11}a_{22}a_{33}$ 恰为主对角线上三个元素相乘，如图 6-1（a）所示. 等号右边的第 2 项 $a_{12}a_{23}a_{31}$ 和第 3 项 $a_{13}a_{21}a_{32}$ 恰为与主对角线平行且在不同行上的三个元素相乘，如图 6-1（b）、图 6-1（c）所示. 于是在等号右边的前 3 项恰为主对角线上三个元素相乘或与主对角线平行且在不同行上的三个元素相乘，如图 6-1（d）所示. 在等号右边的第 4 项 $a_{13}a_{22}a_{31}$ 恰为副对角线上三个元素相乘，如图 6-1（e）所示. 在等号右边的第 5 项 $a_{11}a_{23}a_{32}$ 和第 6 项 $a_{12}a_{21}a_{33}$ 恰为与副对角线平行且在不同行上的三个元素相乘，如图 6-1（g）、图 6-1（f）所示. 于是在等号右边的后 3 项恰为副对角线上三个元素相乘或与副对角线平行且在不同行上的三个元素相乘，如图 6-1（h）所示.

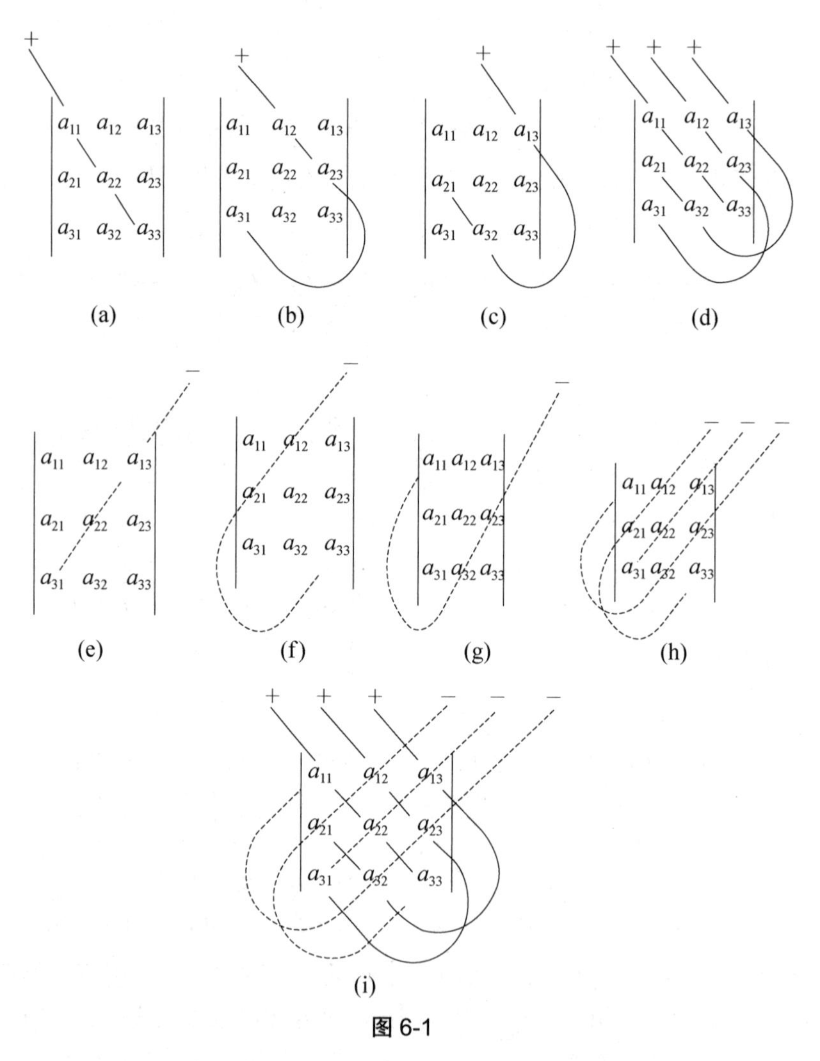

图 6-1

将图 6-1（d）和图 6-1（h）合并，可得图 6-1（i），可以这样记忆三阶行列式的结果：所有实线上三个元素乘积之和减去所有虚线上三个元素乘积之和.

我们称式（6-2）为三阶行列式公式. 其中左端是行列式的记号，右端是行列式的值，数 $a_{ij}\left(i, j=1,2,3\right)$ 称为行列式的元素.

按三阶行列式的定义，三元一次线性方程组的求解公式（6-1）可写成

$$x_1=\frac{\begin{vmatrix}b_1&a_{12}&a_{13}\\b_2&a_{22}&a_{23}\\b_3&a_{32}&a_{33}\end{vmatrix}}{\begin{vmatrix}a_{11}&a_{12}&a_{13}\\a_{21}&a_{22}&a_{23}\\a_{31}&a_{32}&a_{33}\end{vmatrix}},\ x_2=\frac{\begin{vmatrix}a_{11}&b_1&a_{13}\\a_{21}&b_2&a_{23}\\a_{31}&b_3&a_{33}\end{vmatrix}}{\begin{vmatrix}a_{11}&a_{12}&a_{13}\\a_{21}&a_{22}&a_{23}\\a_{31}&a_{32}&a_{33}\end{vmatrix}},\ x_3=\frac{\begin{vmatrix}a_{11}&a_{12}&b_1\\a_{21}&a_{22}&b_2\\a_{31}&a_{32}&b_3\end{vmatrix}}{\begin{vmatrix}a_{11}&a_{12}&a_{13}\\a_{21}&a_{22}&a_{23}\\a_{31}&a_{32}&a_{33}\end{vmatrix}} \tag{6-3}$$

简记为

$$D=\begin{vmatrix}a_{11}&a_{12}&a_{13}\\a_{21}&a_{22}&a_{23}\\a_{31}&a_{32}&a_{33}\end{vmatrix},\ D_1=\begin{vmatrix}b_1&a_{12}&a_{13}\\b_2&a_{22}&a_{23}\\b_3&a_{32}&a_{33}\end{vmatrix},\ D_2=\begin{vmatrix}a_{11}&b_1&a_{13}\\a_{21}&b_2&a_{23}\\a_{31}&b_3&a_{33}\end{vmatrix},\ D_3=\begin{vmatrix}a_{11}&a_{12}&b_1\\a_{21}&a_{22}&b_2\\a_{31}&a_{32}&b_3\end{vmatrix}$$

则式（6-3）可写成

$$x_1=\frac{D_1}{D},\ x_2=\frac{D_2}{D},\ x_3=\frac{D_3}{D} \tag{6-4}$$

其中行列式D称为方程组的系数行列式，x_1的分子D_1是用常数项b_1，b_2，b_3替换D中x_1的系数a_{11}，a_{21}，a_{31}所得到的三阶行列式；x_2的分子D_2是用常数项b_1，b_2，b_3替换D中x_2的系数a_{12}，a_{22}，a_{32}所得到的三阶行列式；x_3的分子D_3是用常数项b_1，b_2，b_3替换D中x_3的系数a_{13}，a_{23}，a_{33}所得到的三阶行列式．这种记号，很容易记忆．

例 1　计算行列式$\begin{vmatrix}1&2&1\\3&1&1\\2&1&3\end{vmatrix}$.

解　$\begin{vmatrix}1&2&1\\3&1&1\\2&1&3\end{vmatrix}=1\times1\times3+2\times1\times2+1\times3\times1-1\times1\times2-2\times3\times3-1\times1\times1=-11$.

例 2　计算下列初等矩阵对应的行列式：

（1）$\begin{pmatrix}0&1&0\\1&0&0\\0&0&1\end{pmatrix}$；（2）$\begin{pmatrix}1&0&0\\0&k&0\\0&0&1\end{pmatrix}$；（3）$\begin{pmatrix}1&0&0\\k&1&0\\0&0&1\end{pmatrix}$.

解（1）$\begin{vmatrix}0&1&0\\1&0&0\\0&0&1\end{vmatrix}=0+0+0-0-0-1=-1$；

（2）$\begin{vmatrix}1&0&0\\0&k&0\\0&0&1\end{vmatrix}=k+0+0-0-0-0=k$；

（3）$\begin{vmatrix}1&0&0\\k&1&0\\0&0&1\end{vmatrix}=1+0+0-0-0-0=1$.

练习 1 计算行列式$\begin{vmatrix} 1 & 2 & 3 \\ 2 & 3 & 1 \\ 1 & 2 & 2 \end{vmatrix}$.

例 3 利用行列式求解三元一次方程组$\begin{cases} x+2y+4z=3 \\ 2x+3y+z=2 \\ x+2y+2z=1 \end{cases}$.

解 $D=\begin{vmatrix} 1 & 2 & 4 \\ 2 & 3 & 1 \\ 1 & 2 & 2 \end{vmatrix}=6+16+2-12-2-8=2$,

$D_1=\begin{vmatrix} 3 & 2 & 4 \\ 2 & 3 & 1 \\ 1 & 2 & 2 \end{vmatrix}=18+16+2-12-6-8=10$,

$D_2=\begin{vmatrix} 1 & 3 & 4 \\ 2 & 2 & 1 \\ 1 & 1 & 2 \end{vmatrix}=4+8+3-8-1-12=-6$,

$D_3=\begin{vmatrix} 1 & 2 & 3 \\ 2 & 3 & 2 \\ 1 & 2 & 1 \end{vmatrix}=3+12+4-9-4-4=2$,

于是

$$x=\frac{D_1}{D}=5,\quad y=\frac{D_2}{D}=-3,\quad z=\frac{D_3}{D}=1$$

所以方程组的解为$\begin{cases} x=5 \\ y=-3 \\ z=1 \end{cases}$.

练习 2 利用行列式求解三元一次方程组$\begin{cases} 3x+2y+2z=3 \\ 2x+3y+z=2 \\ x+2y+2z=3 \end{cases}$.

常数项均为零的线性方程组称为齐次线性方程组．例如，方程组

$$\begin{cases} 3x+2y+2z=0 \\ 2x+3y+z=0 \\ x+2y+2z=0 \end{cases}$$

就是一个三元齐次线性方程组．可以利用行列式求得方程组的解，过程如下：

$D=\begin{vmatrix} 3 & 2 & 2 \\ 2 & 3 & 1 \\ 1 & 2 & 2 \end{vmatrix}=18+8+2-6-6-8=8$，$D_1=\begin{vmatrix} 0 & 2 & 2 \\ 0 & 3 & 1 \\ 0 & 2 & 2 \end{vmatrix}=0$，$D_2=\begin{vmatrix} 3 & 0 & 2 \\ 2 & 0 & 1 \\ 1 & 0 & 2 \end{vmatrix}=0$，

$D_3=\begin{vmatrix} 3 & 2 & 0 \\ 2 & 3 & 0 \\ 1 & 2 & 0 \end{vmatrix}=0$，所以方程组的解为$\begin{cases} x=0 \\ y=0 \\ z=0 \end{cases}$.

一般地，对应三元齐次线性方程组，当系数矩阵的行列式 $D\neq 0$ 时，齐次线性方程组只有零解.当齐次线性方程组有非零解时，$D=0$.

第二节　初等行变换对行列式值的影响

在求解线性方程组时，经常利用同解处理将其转化为对角线形. 同解处理有三种，分别是换法处理、倍法处理和消法处理，对线性方程组进行这些处理后，再利用克莱姆法则求解，所得到的结果应该与处理前利用克莱姆法则求解的结果相同.

究竟是否相同呢？在第三章曾对二元线性方程组实施三种同解处理进行了讨论，本节对三元线性方程组进行讨论.

（1）假设对方程组进行了换法处理，由方程组 $\begin{cases}a_{11}x_1+a_{12}x_2+a_{13}x_3=b_1\\a_{21}x_1+a_{22}x_2+a_{23}x_3=b_2\\a_{31}x_1+a_{32}x_2+a_{33}x_3=b_3\end{cases}$ 变为

$$\begin{cases}a_{21}x_1+a_{22}x_2+a_{23}x_3=b_2\\a_{11}x_1+a_{12}x_2+a_{13}x_3=b_1\\a_{31}x_1+a_{32}x_2+a_{33}x_3=b_3\end{cases}$$

同解处理前的解为

$$x_1=\frac{\begin{vmatrix}b_1&a_{12}&a_{13}\\b_2&a_{22}&a_{23}\\b_3&a_{32}&a_{33}\end{vmatrix}}{\begin{vmatrix}a_{11}&a_{12}&a_{13}\\a_{21}&a_{22}&a_{23}\\a_{31}&a_{32}&a_{33}\end{vmatrix}},\quad x_2=\frac{\begin{vmatrix}a_{11}&b_1&a_{13}\\a_{21}&b_2&a_{23}\\a_{31}&b_3&a_{33}\end{vmatrix}}{\begin{vmatrix}a_{11}&a_{12}&a_{13}\\a_{21}&a_{22}&a_{23}\\a_{31}&a_{32}&a_{33}\end{vmatrix}},\quad x_3=\frac{\begin{vmatrix}a_{11}&a_{12}&b_1\\a_{21}&a_{22}&b_2\\a_{31}&a_{32}&b_3\end{vmatrix}}{\begin{vmatrix}a_{11}&a_{12}&a_{13}\\a_{21}&a_{22}&a_{23}\\a_{31}&a_{32}&a_{33}\end{vmatrix}}$$

同解处理后的解为

$$x_1=\frac{\begin{vmatrix}b_2&a_{22}&a_{23}\\b_1&a_{12}&a_{13}\\b_3&a_{32}&a_{33}\end{vmatrix}}{\begin{vmatrix}a_{21}&a_{22}&a_{23}\\a_{11}&a_{12}&a_{13}\\a_{31}&a_{32}&a_{33}\end{vmatrix}},\quad x_2=\frac{\begin{vmatrix}a_{21}&b_2&a_{23}\\a_{11}&b_1&a_{13}\\a_{31}&b_3&a_{33}\end{vmatrix}}{\begin{vmatrix}a_{21}&a_{22}&a_{23}\\a_{11}&a_{12}&a_{13}\\a_{31}&a_{32}&a_{33}\end{vmatrix}},\quad x_3=\frac{\begin{vmatrix}a_{21}&a_{22}&b_2\\a_{11}&a_{12}&b_1\\a_{31}&a_{32}&b_3\end{vmatrix}}{\begin{vmatrix}a_{21}&a_{22}&a_{23}\\a_{11}&a_{12}&a_{13}\\a_{31}&a_{32}&a_{33}\end{vmatrix}}$$

考察同解处理前后方程组解的结果是否相同的问题，可以转化为比较分子的变化和分母的变化，分子和分母分别由原来分子和分母做相同的行列式换法行变换得到，所以只要搞清楚对行列式的各行进行换法行变换对行列式值的影响，此问题就可以解决.

（2）假设对方程组进行了倍法处理，由方程组 $\begin{cases}a_{11}x_1+a_{12}x_2+a_{13}x_3=b_1\\a_{21}x_1+a_{22}x_2+a_{23}x_3=b_2\\a_{31}x_1+a_{32}x_2+a_{33}x_3=b_3\end{cases}$ 变为

$$\begin{cases} ka_{11}x_1 + ka_{12}x_2 + ka_{13}x_3 = kb_1 \\ a_{21}x_1 + a_{22}x_2 + a_{23}x_3 = b_2 \\ a_{31}x_1 + a_{32}x_2 + a_{33}x_3 = b_3 \end{cases}$$

同解处理前的解为

$$x_1 = \frac{\begin{vmatrix} b_1 & a_{12} & a_{13} \\ b_2 & a_{22} & a_{23} \\ b_3 & a_{32} & a_{33} \end{vmatrix}}{\begin{vmatrix} a_{11} & a_{12} & a_{13} \\ a_{21} & a_{22} & a_{23} \\ a_{31} & a_{32} & a_{33} \end{vmatrix}},\quad x_2 = \frac{\begin{vmatrix} a_{11} & b_1 & a_{13} \\ a_{21} & b_2 & a_{23} \\ a_{31} & b_3 & a_{33} \end{vmatrix}}{\begin{vmatrix} a_{11} & a_{12} & a_{13} \\ a_{21} & a_{22} & a_{23} \\ a_{31} & a_{32} & a_{33} \end{vmatrix}},\quad x_3 = \frac{\begin{vmatrix} a_{11} & a_{12} & b_1 \\ a_{21} & a_{22} & b_2 \\ a_{31} & a_{32} & b_3 \end{vmatrix}}{\begin{vmatrix} a_{11} & a_{12} & a_{13} \\ a_{21} & a_{22} & a_{23} \\ a_{31} & a_{32} & a_{33} \end{vmatrix}}$$

同解处理后的解为

$$x_1 = \frac{\begin{vmatrix} kb_1 & ka_{12} & ka_{13} \\ b_2 & a_{22} & a_{23} \\ b_3 & a_{32} & a_{33} \end{vmatrix}}{\begin{vmatrix} ka_{11} & ka_{12} & ka_{13} \\ a_{21} & a_{22} & a_{23} \\ a_{31} & a_{32} & a_{33} \end{vmatrix}},\quad x_2 = \frac{\begin{vmatrix} ka_{11} & kb_1 & ka_{13} \\ a_{21} & b_2 & a_{23} \\ a_{31} & b_3 & a_{33} \end{vmatrix}}{\begin{vmatrix} ka_{11} & ka_{12} & ka_{13} \\ a_{21} & a_{22} & a_{23} \\ a_{31} & a_{32} & a_{33} \end{vmatrix}},\quad x_3 = \frac{\begin{vmatrix} ka_{11} & ka_{12} & kb_1 \\ a_{21} & a_{22} & b_2 \\ a_{31} & a_{32} & b_3 \end{vmatrix}}{\begin{vmatrix} ka_{11} & ka_{12} & ka_{13} \\ a_{21} & a_{22} & a_{23} \\ a_{31} & a_{32} & a_{33} \end{vmatrix}}$$

考察同解处理前后方程组解的结果是否相同的问题，可以转化为比较分子的变化和分母的变化，分子和分母分别由原来分子和分母做相同的行列式倍法行变换得到，所以只要搞清楚对行列式的各行进行倍法行变换对行列式值的影响，此问题就可以解决.

（3）假设对方程组进行了消法处理，由方程组 $\begin{cases} a_{11}x_1 + a_{12}x_2 + a_{13}x_3 = b_1 \\ a_{21}x_1 + a_{22}x_2 + a_{23}x_3 = b_2 \\ a_{31}x_1 + a_{32}x_2 + a_{33}x_3 = b_3 \end{cases}$ 变为

$$\begin{cases} a_{11}x_1 + a_{12}x_2 + a_{13}x_3 = b_1 \\ (ka_{11} + a_{21})x_1 + (ka_{12} + a_{22})x_2 + (ka_{13} + a_{23})x_3 = kb_1 + b_2 \\ a_{31}x_1 + a_{32}x_2 + a_{33}x_3 = b_3 \end{cases}$$

同解处理前的解为

$$x_1 = \frac{\begin{vmatrix} b_1 & a_{12} & a_{13} \\ b_2 & a_{22} & a_{23} \\ b_3 & a_{32} & a_{33} \end{vmatrix}}{\begin{vmatrix} a_{11} & a_{12} & a_{13} \\ a_{21} & a_{22} & a_{23} \\ a_{31} & a_{32} & a_{33} \end{vmatrix}},\quad x_2 = \frac{\begin{vmatrix} a_{11} & b_1 & a_{13} \\ a_{21} & b_2 & a_{23} \\ a_{31} & b_3 & a_{33} \end{vmatrix}}{\begin{vmatrix} a_{11} & a_{12} & a_{13} \\ a_{21} & a_{22} & a_{23} \\ a_{31} & a_{32} & a_{33} \end{vmatrix}},\quad x_3 = \frac{\begin{vmatrix} a_{11} & a_{12} & b_1 \\ a_{21} & a_{22} & b_2 \\ a_{31} & a_{32} & b_3 \end{vmatrix}}{\begin{vmatrix} a_{11} & a_{12} & a_{13} \\ a_{21} & a_{22} & a_{23} \\ a_{31} & a_{32} & a_{33} \end{vmatrix}}$$

同解处理后的解为

$$x_1=\frac{\begin{vmatrix} b_1 & a_{12} & a_{13} \\ kb_1+b_2 & ka_{12}+a_{22} & ka_{13}+a_{23} \\ b_3 & a_{32} & a_{33} \end{vmatrix}}{\begin{vmatrix} a_{11} & a_{12} & a_{13} \\ ka_{11}+a_{21} & ka_{12}+a_{22} & ka_{13}+a_{23} \\ a_{31} & a_{32} & a_{33} \end{vmatrix}},\quad x_2=\frac{\begin{vmatrix} a_{11} & b_1 & a_{13} \\ ka_{11}+a_{21} & kb_1+b_2 & ka_{13}+a_{23} \\ a_{31} & b_3 & a_{33} \end{vmatrix}}{\begin{vmatrix} a_{11} & a_{12} & a_{13} \\ ka_{11}+a_{21} & ka_{12}+a_{22} & ka_{13}+a_{23} \\ a_{31} & a_{32} & a_{33} \end{vmatrix}},$$

$$x_3=\frac{\begin{vmatrix} a_{11} & a_{12} & b_1 \\ ka_{11}+a_{21} & ka_{12}+a_{22} & kb_1+b_2 \\ a_{31} & a_{32} & b_3 \end{vmatrix}}{\begin{vmatrix} a_{11} & a_{12} & a_{13} \\ ka_{11}+a_{21} & ka_{12}+a_{22} & ka_{13}+a_{23} \\ a_{31} & a_{32} & a_{33} \end{vmatrix}}$$

考察同解处理前后方程组解的结果是否相同的问题，可以转化为比较分子的变化和分母的变化，分子和分母分别由原来分子和分母做相同的行列式消法行变换得到，所以只要搞清楚对行列式的各行进行消法行变换对行列式值的影响，此问题就可以解决.

综上，只要搞清楚对行列式的各行进行初等行变换对行列式值的影响，利用克莱姆法则求解线性方程组时，同解处理前后方程组解的结果是否相同的问题就可以解决. 本节主要回答这个问题，并得到行列式的相关性质.

为此，先从最简单的单位矩阵对应的行列式的情况开始讨论.

一、初等矩阵的行列式

三阶初等矩阵有下面三种类型：

（1）对单位矩阵进行换法变换，比如交换第 1 行和第 2 行，这时矩阵变为$\begin{pmatrix} 0 & 1 & 0 \\ 1 & 0 & 0 \\ 0 & 0 & 1 \end{pmatrix}$，记作 $\boldsymbol{E}_3(1,2)$.

（2）对单位矩阵进行倍法变换，比如用一常数 k（$k\neq 0$）乘以单位矩阵的第 2 行，这时矩阵变为$\begin{pmatrix} 1 & 0 & 0 \\ 0 & k & 0 \\ 0 & 0 & 1 \end{pmatrix}$，记作 $\boldsymbol{E}_3((k)2)$.

（3）对单位矩阵进行消法变换，比如将单位矩阵的第 1 行乘以 k 加到第 2 行上，这时矩阵变为$\begin{pmatrix} 1 & 0 & 0 \\ k & 1 & 0 \\ 0 & 0 & 1 \end{pmatrix}$，记作 $\boldsymbol{E}_3(2+(k)1)$.

上述三种初等矩阵对应的行列式的值与单位矩阵对应的行列式的值之间是一种什么样的数量关系呢？下面对上述每种初等矩阵中的具体例子加以说明.

（1）$\begin{vmatrix} 0 & 1 & 0 \\ 1 & 0 & 0 \\ 0 & 0 & 1 \end{vmatrix}=-1=-\begin{vmatrix} 1 & 0 & 0 \\ 0 & 1 & 0 \\ 0 & 0 & 1 \end{vmatrix}$，由此可见，对单位矩阵进行换法变换后行列式的值改变

符号.

（2）$\begin{vmatrix}1&0&0\\0&k&0\\0&0&1\end{vmatrix}=k\begin{vmatrix}1&0&0\\0&1&0\\0&0&1\end{vmatrix}$，由此可见，对单位矩阵进行倍法变换后行列式的值是原来行列式值相同的倍数.

（3）$\begin{vmatrix}1&0&0\\k&1&0\\0&0&1\end{vmatrix}=1=\begin{vmatrix}1&0&0\\0&1&0\\0&0&1\end{vmatrix}$，由此可见，对单位矩阵进行消法变换后行列式的值不变.

二、一般行列式的初等行变换

对一般行列式进行初等行变换，其行列式值的变化规律与初等矩阵对应的行列式值的变化规律相同，下面分别加以说明.

性质 1 行列式$\begin{vmatrix}a_1&b_1&c_1\\a_2&b_2&c_2\\a_3&b_3&c_3\end{vmatrix}$经过换法变换变成$\begin{vmatrix}a_2&b_2&c_2\\a_1&b_1&c_1\\a_3&b_3&c_3\end{vmatrix}$，其值改变符号.

这是因为$\begin{vmatrix}a_1&b_1&c_1\\a_2&b_2&c_2\\a_3&b_3&c_3\end{vmatrix}=a_1b_2c_3+a_2b_3c_1+a_3b_1c_2-a_3b_2c_1-a_1b_3c_2-a_2b_1c_3$，$\begin{vmatrix}a_2&b_2&c_2\\a_1&b_1&c_1\\a_3&b_3&c_3\end{vmatrix}=-\left(a_1b_2c_3+a_2b_3c_1+a_3b_1c_2-a_3b_2c_1-a_1b_3c_2-a_2b_1c_3\right)$，所以

$$\begin{vmatrix}a_1&b_1&c_1\\a_2&b_2&c_2\\a_3&b_3&c_3\end{vmatrix}=-\begin{vmatrix}a_2&b_2&c_2\\a_1&b_1&c_1\\a_3&b_3&c_3\end{vmatrix}$$

推论 如果行列式有两行完全相同，则此行列式等于零.

证明 假设行列式的前两行完全相同，即行列式为$\begin{vmatrix}a_1&b_1&c_1\\a_1&b_1&c_1\\a_3&b_3&c_3\end{vmatrix}$，由性质 1，互换前两行可得$\begin{vmatrix}a_1&b_1&c_1\\a_1&b_1&c_1\\a_3&b_3&c_3\end{vmatrix}=-\begin{vmatrix}a_1&b_1&c_1\\a_1&b_1&c_1\\a_3&b_3&c_3\end{vmatrix}$，故$2\begin{vmatrix}a_1&b_1&c_1\\a_1&b_1&c_1\\a_3&b_3&c_3\end{vmatrix}=0$，$\begin{vmatrix}a_1&b_1&c_1\\a_1&b_1&c_1\\a_3&b_3&c_3\end{vmatrix}=0$.

性质 2 行列式$\begin{vmatrix}a_1&b_1&c_1\\a_2&b_2&c_2\\a_3&b_3&c_3\end{vmatrix}$经过倍法变换变成$\begin{vmatrix}a_1&b_1&c_1\\ka_2&kb_2&kc_2\\a_3&b_3&c_3\end{vmatrix}$，其值变化为原来的 k 倍.

这是因为$\begin{vmatrix}a_1&b_1&c_1\\ka_2&kb_2&kc_2\\a_3&b_3&c_3\end{vmatrix}=a_1kb_2c_3+ka_2b_3c_1+a_3b_1kc_2-a_3kb_2c_1-a_1b_3kc_2-ka_2b_1c_3$

$$=k\left(a_1b_2c_3+a_2b_3c_1+a_3b_1c_2-a_3b_2c_1-a_1b_3c_2-a_2b_1c_3\right)=k\begin{vmatrix}a_1&b_1&c_1\\a_2&b_2&c_2\\a_3&b_3&c_3\end{vmatrix}.$$

性质 3　行列式$\begin{vmatrix} a_1 & b_1 & c_1 \\ a_2 & b_2 & c_2 \\ a_3 & b_3 & c_3 \end{vmatrix}$经过消法变换变为$\begin{vmatrix} a_1 & b_1 & c_1 \\ ka_1+a_2 & kb_1+b_2 & kc_1+c_2 \\ a_3 & b_3 & c_3 \end{vmatrix}$，其值不变.

这是因为

$$\begin{aligned}\begin{vmatrix} a_1 & b_1 & c_1 \\ ka_1+a_2 & kb_1+b_2 & kc_1+c_2 \\ a_3 & b_3 & c_3 \end{vmatrix} &= a_1(kb_1+b_2)c_3+(ka_1+a_2)b_3c_1+a_3b_1(kc_1+c_2) \\ &\quad -a_3(kb_1+b_2)c_1-a_1b_3(kc_1+c_2)-(ka_1+a_2)b_1c_3 \\ &= ka_1b_1c_3+ka_1b_3c_1+ka_3b_1c_1-ka_3b_1c_1-ka_1b_3c_1-ka_1b_1c_3 \\ &\quad +(a_1b_2c_3+a_2b_3c_1+a_3b_1c_2-a_3b_2c_1-a_1b_3c_2-a_2b_1c_3) \\ &= a_1b_2c_3+a_2b_3c_1+a_3b_1c_2-a_3b_2c_1-a_1b_3c_2-a_2b_1c_3=\begin{vmatrix} a_1 & b_1 & c_1 \\ a_2 & b_2 & c_2 \\ a_3 & b_3 & c_3 \end{vmatrix}.\end{aligned}$$

例 1　已知$\begin{vmatrix} a_1 & b_1 & c_1 \\ a_2 & b_2 & c_2 \\ a_3 & b_3 & c_3 \end{vmatrix}=4$，利用行列式初等行变换的性质，计算（1）$\begin{vmatrix} a_1 & b_1 & c_1 \\ 3a_2 & 3b_2 & 3c_2 \\ a_3 & b_3 & c_3 \end{vmatrix}$；（2）$\begin{vmatrix} a_1 & b_1 & c_1 \\ 5a_1+a_2 & 5b_1+b_2 & 5c_1+c_2 \\ a_3 & b_3 & c_3 \end{vmatrix}$；（3）$\begin{vmatrix} a_1 & b_1 & c_1 \\ a_3 & b_3 & c_3 \\ a_2 & b_2 & c_2 \end{vmatrix}$.

解　（1）因为$\begin{vmatrix} a_1 & b_1 & c_1 \\ 3a_2 & 3b_2 & 3c_2 \\ a_3 & b_3 & c_3 \end{vmatrix}$可以看成是用 3 乘以行列式$\begin{vmatrix} a_1 & b_1 & c_1 \\ a_2 & b_2 & c_2 \\ a_3 & b_3 & c_3 \end{vmatrix}$的第二行得到的，根据行列式初等行变换的性质，可知$\begin{vmatrix} a_1 & b_1 & c_1 \\ 3a_2 & 3b_2 & 3c_2 \\ a_3 & b_3 & c_3 \end{vmatrix}=3\begin{vmatrix} a_1 & b_1 & c_1 \\ a_2 & b_2 & c_2 \\ a_3 & b_3 & c_3 \end{vmatrix}=12$.

（2）因为$\begin{vmatrix} a_1 & b_1 & c_1 \\ 5a_1+a_2 & 5b_1+b_2 & 5c_1+c_2 \\ a_3 & b_3 & c_3 \end{vmatrix}$可以看成是行列式$\begin{vmatrix} a_1 & b_1 & c_1 \\ a_2 & b_2 & c_2 \\ a_3 & b_3 & c_3 \end{vmatrix}$第一行乘以 5 加到第二行上得到的，根据行列式初等行变换的性质，可知$\begin{vmatrix} a_1 & b_1 & c_1 \\ 5a_1+a_2 & 5b_1+b_2 & 5c_1+c_2 \\ a_3 & b_3 & c_3 \end{vmatrix}=\begin{vmatrix} a_1 & b_1 & c_1 \\ a_2 & b_2 & c_2 \\ a_3 & b_3 & c_3 \end{vmatrix}=4$.

（3）因为$\begin{vmatrix} a_1 & b_1 & c_1 \\ a_3 & b_3 & c_3 \\ a_2 & b_2 & c_2 \end{vmatrix}$可以看成是行列式$\begin{vmatrix} a_1 & b_1 & c_1 \\ a_2 & b_2 & c_2 \\ a_3 & b_3 & c_3 \end{vmatrix}$第二行与第三行对换得到的，根据行列式初等行变换的性质，可知$\begin{vmatrix} a_1 & b_1 & c_1 \\ a_3 & b_3 & c_3 \\ a_2 & b_2 & c_2 \end{vmatrix}=-\begin{vmatrix} a_1 & b_1 & c_1 \\ a_2 & b_2 & c_2 \\ a_3 & b_3 & c_3 \end{vmatrix}=-4$.

练习 1 已知$\begin{vmatrix} a_1 & b_1 & c_1 \\ a_2 & b_2 & c_2 \\ a_3 & b_3 & c_3 \end{vmatrix}=7$，利用行列式初等行变换的性质，计算（1）$\begin{vmatrix} a_1 & b_1 & c_1 \\ 4a_2 & 4b_2 & 4c_2 \\ a_3 & b_3 & c_3 \end{vmatrix}$；

（2）$\begin{vmatrix} a_1 & b_1 & c_1 \\ 2a_1+a_2 & 2b_1+b_2 & 2c_1+c_2 \\ a_3 & b_3 & c_3 \end{vmatrix}$；（3）$\begin{vmatrix} a_3 & b_3 & c_3 \\ a_2 & b_2 & c_2 \\ a_1 & b_1 & c_1 \end{vmatrix}$

在第五章第三节介绍了矩阵做初等行变换后与原来矩阵的等量关系，即对矩阵每做一次初等行变换，相当于在原矩阵的左边乘以（简称左乘）相应的初等矩阵．下面对性质 1～性质 3 进行分析，从中可以发现另一个重要性质．

（1）因为$\begin{vmatrix} 0 & 1 & 0 \\ 1 & 0 & 0 \\ 0 & 0 & 1 \end{vmatrix}=-1$，$\begin{pmatrix} a_2 & b_2 & c_2 \\ a_1 & b_1 & c_1 \\ a_3 & b_3 & c_3 \end{pmatrix}=\begin{pmatrix} 0 & 1 & 0 \\ 1 & 0 & 0 \\ 0 & 0 & 1 \end{pmatrix}\begin{pmatrix} a_1 & b_1 & c_1 \\ a_2 & b_2 & c_2 \\ a_3 & b_3 & c_3 \end{pmatrix}$，所以由性质 1 可知

$\begin{vmatrix} a_2 & b_2 & c_2 \\ a_1 & b_1 & c_1 \\ a_3 & b_3 & c_3 \end{vmatrix}=-\begin{vmatrix} a_1 & b_1 & c_1 \\ a_2 & b_2 & c_2 \\ a_3 & b_3 & c_3 \end{vmatrix}$，于是$\left|\begin{pmatrix} 0 & 1 & 0 \\ 1 & 0 & 0 \\ 0 & 0 & 1 \end{pmatrix}\begin{pmatrix} a_1 & b_1 & c_1 \\ a_2 & b_2 & c_2 \\ a_3 & b_3 & c_3 \end{pmatrix}\right|=\begin{vmatrix} 0 & 1 & 0 \\ 1 & 0 & 0 \\ 0 & 0 & 1 \end{vmatrix}\begin{vmatrix} a_1 & b_1 & c_1 \\ a_2 & b_2 & c_2 \\ a_3 & b_3 & c_3 \end{vmatrix}$．

（2）因为$\begin{vmatrix} 1 & 0 & 0 \\ 0 & k & 0 \\ 0 & 0 & 1 \end{vmatrix}=k$，$\begin{pmatrix} a_1 & b_1 & c_1 \\ ka_2 & kb_2 & kc_2 \\ a_3 & b_3 & c_3 \end{pmatrix}=\begin{pmatrix} 1 & 0 & 0 \\ 0 & k & 0 \\ 0 & 0 & 1 \end{pmatrix}\begin{pmatrix} a_1 & b_1 & c_1 \\ a_2 & b_2 & c_2 \\ a_3 & b_3 & c_3 \end{pmatrix}$，所以由性质 2 可知

$\begin{vmatrix} a_1 & b_1 & c_1 \\ ka_2 & kb_2 & kc_2 \\ a_3 & b_3 & c_3 \end{vmatrix}=k\begin{vmatrix} a_1 & b_1 & c_1 \\ a_2 & b_2 & c_2 \\ a_3 & b_3 & c_3 \end{vmatrix}$，于是$\left|\begin{pmatrix} 1 & 0 & 0 \\ 0 & k & 0 \\ 0 & 0 & 1 \end{pmatrix}\begin{pmatrix} a_1 & b_1 & c_1 \\ a_2 & b_2 & c_2 \\ a_3 & b_3 & c_3 \end{pmatrix}\right|=\begin{vmatrix} 1 & 0 & 0 \\ 0 & k & 0 \\ 0 & 0 & 1 \end{vmatrix}\begin{vmatrix} a_1 & b_1 & c_1 \\ a_2 & b_2 & c_2 \\ a_3 & b_3 & c_3 \end{vmatrix}$．

（3）因为$\begin{vmatrix} 1 & 0 & 0 \\ k & 1 & 0 \\ 0 & 0 & 1 \end{vmatrix}=1$，$\begin{pmatrix} a_1 & b_1 & c_1 \\ ka_1+a_2 & kb_1+b_2 & kc_1+c_2 \\ a_3 & b_3 & c_3 \end{pmatrix}=\begin{pmatrix} 1 & 0 & 0 \\ k & 1 & 0 \\ 0 & 0 & 1 \end{pmatrix}\begin{pmatrix} a_1 & b_1 & c_1 \\ a_2 & b_2 & c_2 \\ a_3 & b_3 & c_3 \end{pmatrix}$，所以由性质 3 可知$\begin{vmatrix} a_1 & b_1 & c_1 \\ ka_1+a_2 & kb_1+b_2 & kc_1+c_2 \\ a_3 & b_3 & c_3 \end{vmatrix}=\begin{vmatrix} a_1 & b_1 & c_1 \\ a_2 & b_2 & c_2 \\ a_3 & b_3 & c_3 \end{vmatrix}$，于是

$$\left|\begin{pmatrix} 1 & 0 & 0 \\ k & 1 & 0 \\ 0 & 0 & 1 \end{pmatrix}\begin{pmatrix} a_1 & b_1 & c_1 \\ a_2 & b_2 & c_2 \\ a_3 & b_3 & c_3 \end{pmatrix}\right|=\begin{vmatrix} 1 & 0 & 0 \\ k & 1 & 0 \\ 0 & 0 & 1 \end{vmatrix}\begin{vmatrix} a_1 & b_1 & c_1 \\ a_2 & b_2 & c_2 \\ a_3 & b_3 & c_3 \end{vmatrix}$$

上面的三个式子隐含着行列式的一条重要性质：

性质 4 两个矩阵乘积的行列式等于两个矩阵对应行列式的乘积，即$|\boldsymbol{AB}|=|\boldsymbol{A}||\boldsymbol{B}|$．

例 2 已知$\begin{vmatrix} a_1 & b_1 & c_1 \\ a_2 & b_2 & c_2 \\ a_3 & b_3 & c_3 \end{vmatrix}=6$，利用矩阵乘积的行列式的运算性质，计算

$$（1）\left|\begin{pmatrix} a_1 & b_1 & c_1 \\ a_2 & b_2 & c_2 \\ a_3 & b_3 & c_3 \end{pmatrix}\begin{pmatrix} a_1 & b_1 & c_1 \\ a_2 & b_2 & c_2 \\ a_3 & b_3 & c_3 \end{pmatrix}\right|；（2）\left|\begin{pmatrix} a_1 & b_1 & c_1 \\ a_2 & b_2 & c_2 \\ a_3 & b_3 & c_3 \end{pmatrix}\begin{pmatrix} 1 & 1 & 0 \\ 0 & 1 & 2 \\ 0 & 2 & 3 \end{pmatrix}\right|.$$

解　（1）$\left|\begin{pmatrix} a_1 & b_1 & c_1 \\ a_2 & b_2 & c_2 \\ a_3 & b_3 & c_3 \end{pmatrix}\begin{pmatrix} a_1 & b_1 & c_1 \\ a_2 & b_2 & c_2 \\ a_3 & b_3 & c_3 \end{pmatrix}\right|=\begin{vmatrix} a_1 & b_1 & c_1 \\ a_2 & b_2 & c_2 \\ a_3 & b_3 & c_3 \end{vmatrix}\begin{vmatrix} a_1 & b_1 & c_1 \\ a_2 & b_2 & c_2 \\ a_3 & b_3 & c_3 \end{vmatrix}=36$；

（2）$\left|\begin{pmatrix} a_1 & b_1 & c_1 \\ a_2 & b_2 & c_2 \\ a_3 & b_3 & c_3 \end{pmatrix}\begin{pmatrix} 1 & 1 & 0 \\ 0 & 1 & 2 \\ 0 & 2 & 3 \end{pmatrix}\right|=\begin{vmatrix} a_1 & b_1 & c_1 \\ a_2 & b_2 & c_2 \\ a_3 & b_3 & c_3 \end{vmatrix}\begin{vmatrix} 1 & 1 & 0 \\ 0 & 1 & 2 \\ 0 & 2 & 3 \end{vmatrix}=6\times(3-4)=-6$.

练习 2　已知$\begin{vmatrix} a_1 & b_1 & c_1 \\ a_2 & b_2 & c_2 \\ a_3 & b_3 & c_3 \end{vmatrix}=5$，利用行列式乘积的性质，计算

$$\left|\begin{pmatrix} a_1 & b_1 & c_1 \\ a_2 & b_2 & c_2 \\ a_3 & b_3 & c_3 \end{pmatrix}\begin{pmatrix} a_1 & b_1 & c_1 \\ a_2 & b_2 & c_2 \\ a_3 & b_3 & c_3 \end{pmatrix}\begin{pmatrix} a_1 & b_1 & c_1 \\ a_2 & b_2 & c_2 \\ a_3 & b_3 & c_3 \end{pmatrix}\right|$$

例 3　先用初等矩阵将矩阵$\begin{pmatrix} 3 & 2 & 2 \\ 2 & 3 & 1 \\ 1 & 2 & 2 \end{pmatrix}$化为单位矩阵，再利用矩阵乘积的行列式的运算性质求该行列式的值.

解　因为

$$\begin{pmatrix} 3 & 2 & 2 \\ 2 & 3 & 1 \\ 1 & 2 & 2 \end{pmatrix}\xrightarrow{r_1\leftrightarrow r_3}\begin{pmatrix} 1 & 2 & 2 \\ 2 & 3 & 1 \\ 3 & 2 & 2 \end{pmatrix}\xrightarrow{r_2+(-2)\times r_1}\begin{pmatrix} 1 & 2 & 2 \\ 0 & -1 & -3 \\ 3 & 2 & 2 \end{pmatrix}\xrightarrow{r_3+(-3)\times r_1}\begin{pmatrix} 1 & 2 & 2 \\ 0 & -1 & -3 \\ 0 & -4 & -4 \end{pmatrix}$$

$$\xrightarrow{(-1)\times r_2}\begin{pmatrix} 1 & 2 & 2 \\ 0 & 1 & 3 \\ 0 & -4 & -4 \end{pmatrix}\xrightarrow{r_3+4\times r_2}\begin{pmatrix} 1 & 2 & 2 \\ 0 & 1 & 3 \\ 0 & 0 & 8 \end{pmatrix}\xrightarrow{\frac{1}{8}\times r_3}\begin{pmatrix} 1 & 2 & 2 \\ 0 & 1 & 3 \\ 0 & 0 & 1 \end{pmatrix}$$

$$\xrightarrow{r_2+(-3)\times r_3}\begin{pmatrix} 1 & 2 & 2 \\ 0 & 1 & 0 \\ 0 & 0 & 1 \end{pmatrix}\xrightarrow{r_1+(-2)\times r_3}\begin{pmatrix} 1 & 2 & 0 \\ 0 & 1 & 0 \\ 0 & 0 & 1 \end{pmatrix}\xrightarrow{r_1+(-2)\times r_2}\begin{pmatrix} 1 & 0 & 0 \\ 0 & 1 & 0 \\ 0 & 0 & 1 \end{pmatrix}$$

根据经过初等行变换后的矩阵与原矩阵之间的关系，可得

$$\begin{pmatrix} 1 & 2 & 2 \\ 2 & 3 & 1 \\ 3 & 2 & 2 \end{pmatrix}=\begin{pmatrix} 0 & 0 & 1 \\ 0 & 1 & 0 \\ 1 & 0 & 0 \end{pmatrix}\begin{pmatrix} 3 & 2 & 2 \\ 2 & 3 & 1 \\ 1 & 2 & 2 \end{pmatrix},\quad \begin{pmatrix} 1 & 2 & 2 \\ 0 & -1 & -3 \\ 3 & 2 & 2 \end{pmatrix}=\begin{pmatrix} 1 & 0 & 0 \\ -2 & 1 & 0 \\ 0 & 0 & 1 \end{pmatrix}\begin{pmatrix} 1 & 2 & 2 \\ 2 & 3 & 1 \\ 3 & 2 & 2 \end{pmatrix},$$

$$\begin{pmatrix} 1 & 2 & 2 \\ 0 & -1 & -3 \\ 0 & -4 & -4 \end{pmatrix}=\begin{pmatrix} 1 & 0 & 0 \\ 0 & 1 & 0 \\ -3 & 0 & 1 \end{pmatrix}\begin{pmatrix} 1 & 2 & 2 \\ 0 & -1 & -3 \\ 3 & 2 & 2 \end{pmatrix},$$

$$\begin{pmatrix}1&2&2\\0&1&3\\0&-4&-4\end{pmatrix}=\begin{pmatrix}1&0&0\\0&-1&0\\0&0&1\end{pmatrix}\begin{pmatrix}1&2&2\\0&-1&-3\\0&-4&-4\end{pmatrix},$$

$$\begin{pmatrix}1&2&2\\0&1&3\\0&0&8\end{pmatrix}=\begin{pmatrix}1&0&0\\0&1&0\\0&4&1\end{pmatrix}\begin{pmatrix}1&2&2\\0&1&3\\0&-4&-4\end{pmatrix},\quad \begin{pmatrix}1&2&2\\0&1&3\\0&0&1\end{pmatrix}=\begin{pmatrix}1&0&0\\0&1&0\\0&0&\frac{1}{8}\end{pmatrix}\begin{pmatrix}1&2&2\\0&1&3\\0&0&8\end{pmatrix},$$

$$\begin{pmatrix}1&2&2\\0&1&0\\0&0&1\end{pmatrix}=\begin{pmatrix}1&0&0\\0&1&-3\\0&0&1\end{pmatrix}\begin{pmatrix}1&2&2\\0&1&3\\0&0&1\end{pmatrix},\quad \begin{pmatrix}1&2&0\\0&1&0\\0&0&1\end{pmatrix}=\begin{pmatrix}1&0&-2\\0&1&0\\0&0&1\end{pmatrix}\begin{pmatrix}1&2&2\\0&1&0\\0&0&1\end{pmatrix},$$

$$\begin{pmatrix}1&0&0\\0&1&0\\0&0&1\end{pmatrix}=\begin{pmatrix}1&-2&0\\0&1&0\\0&0&1\end{pmatrix}\begin{pmatrix}1&2&0\\0&1&0\\0&0&1\end{pmatrix},$$

所以

$$\begin{pmatrix}1&0&0\\0&1&0\\0&0&1\end{pmatrix}=\begin{pmatrix}1&-2&0\\0&1&0\\0&0&1\end{pmatrix}\begin{pmatrix}1&0&-2\\0&1&0\\0&0&1\end{pmatrix}\begin{pmatrix}1&0&0\\0&1&-3\\0&0&1\end{pmatrix}\begin{pmatrix}1&0&0\\0&1&0\\0&0&\frac{1}{8}\end{pmatrix}\begin{pmatrix}1&0&0\\0&1&0\\0&4&1\end{pmatrix}$$

$$\cdot\begin{pmatrix}1&0&0\\0&-1&0\\0&0&1\end{pmatrix}\begin{pmatrix}1&0&0\\0&1&0\\-3&0&1\end{pmatrix}\begin{pmatrix}1&0&0\\-2&1&0\\0&0&1\end{pmatrix}\begin{pmatrix}0&0&1\\0&1&0\\1&0&0\end{pmatrix}\begin{pmatrix}3&2&2\\2&3&1\\1&2&2\end{pmatrix}$$

于是

$$\begin{vmatrix}1&0&0\\0&1&0\\0&0&1\end{vmatrix}=\begin{vmatrix}1&-2&0\\0&1&0\\0&0&1\end{vmatrix}\begin{vmatrix}1&0&-2\\0&1&0\\0&0&1\end{vmatrix}\begin{vmatrix}1&0&0\\0&1&-3\\0&0&1\end{vmatrix}\begin{vmatrix}1&0&0\\0&1&0\\0&0&\frac{1}{8}\end{vmatrix}\begin{vmatrix}1&0&0\\0&1&0\\0&4&1\end{vmatrix}$$

$$\cdot\begin{vmatrix}1&0&0\\0&-1&0\\0&0&1\end{vmatrix}\begin{vmatrix}1&0&0\\0&1&0\\-3&0&1\end{vmatrix}\begin{vmatrix}1&0&0\\-2&1&0\\0&0&1\end{vmatrix}\begin{vmatrix}0&0&1\\0&1&0\\1&0&0\end{vmatrix}\begin{vmatrix}3&2&2\\2&3&1\\1&2&2\end{vmatrix}$$

即 $\frac{1}{8}\times(-1)\times(-1)\begin{vmatrix}3&2&2\\2&3&1\\1&2&2\end{vmatrix}=1$，因此 $\begin{vmatrix}3&2&2\\2&3&1\\1&2&2\end{vmatrix}=8$.

练习 3 先用初等矩阵将矩阵 $\begin{pmatrix}1&1&2\\2&3&1\\1&2&2\end{pmatrix}$ 化为单位矩阵，再利用矩阵乘积的行列式的运算性质求该行列式的值.

三、三元齐次线性方程组有非零解的充分条件

由本章第一节可知，当三元齐次线性方程组有非零解时，其系数行列式 $D=0$．如果将三元齐次线性方程组表示为 $\boldsymbol{A}\vec{x}=\vec{0}$，其系数行列式记作 $|\boldsymbol{A}|$，则上面的结论可以叙述为：

定理 1　当三阶齐次线性方程组 $\boldsymbol{A}\vec{x}=\vec{0}$ 有非零解时，有 $|\boldsymbol{A}|=0$．

上述结论的逆命题是否成立呢？也就是当 $|\boldsymbol{A}|=0$ 时，三元齐次线性方程组 $\boldsymbol{A}\vec{x}=\vec{0}$ 是否一定有非零解？回答是肯定的，即有下面的结论．

定理 2　如果行列式 $|\boldsymbol{A}|=0$，则三元齐次线性方程组 $\boldsymbol{A}\vec{x}=\vec{0}$ 有非零解．

证明　采用与第三章第二节类似的方法．

设增广矩阵为 $\tilde{\boldsymbol{A}}$，则存在三阶初等矩阵 $\boldsymbol{P}_1,\boldsymbol{P}_2,\cdots,\boldsymbol{P}_m$，使得

$$\boldsymbol{P}_m\cdots\boldsymbol{P}_2\boldsymbol{P}_1\tilde{\boldsymbol{A}}=\tilde{\boldsymbol{F}}$$

其中 $\tilde{\boldsymbol{F}}$ 为三元齐次线性方程组化为对角线形方程组后所对应的增广矩阵．

由于三元齐次对角线形方程组所对应的增广矩阵只能是 $\begin{pmatrix}1&0&0&0\\0&1&0&0\\0&0&1&0\end{pmatrix}$，$\begin{pmatrix}1&0&0&0\\0&1&0&0\\0&0&0&0\end{pmatrix}$，$\begin{pmatrix}1&0&0&0\\0&0&0&0\\0&0&1&0\end{pmatrix}$，$\begin{pmatrix}0&0&0&0\\0&1&0&0\\0&0&1&0\end{pmatrix}$，$\begin{pmatrix}1&0&0&0\\0&0&0&0\\0&0&0&0\end{pmatrix}$，$\begin{pmatrix}0&0&0&0\\0&1&0&0\\0&0&0&0\end{pmatrix}$ 或 $\begin{pmatrix}0&0&0&0\\0&0&0&0\\0&0&1&0\end{pmatrix}$，不可能是 $\begin{pmatrix}0&0&0&0\\0&0&0&0\\0&0&0&0\end{pmatrix}$（此时方程组没有意义），所以

$$\boldsymbol{P}_m\cdots\boldsymbol{P}_2\boldsymbol{P}_1\boldsymbol{A}=\boldsymbol{F}$$

其中 $\boldsymbol{F}$ 为三元齐次线性方程组化为对角线形方程组后所对应的系数矩阵，且只能是 $\begin{pmatrix}1&0&0\\0&1&0\\0&0&1\end{pmatrix}$，$\begin{pmatrix}1&0&0\\0&1&0\\0&0&0\end{pmatrix}$，$\begin{pmatrix}1&0&0\\0&0&0\\0&0&1\end{pmatrix}$，$\begin{pmatrix}0&0&0\\0&1&0\\0&0&1\end{pmatrix}$，$\begin{pmatrix}1&0&0\\0&0&0\\0&0&0\end{pmatrix}$，$\begin{pmatrix}0&0&0\\0&1&0\\0&0&0\end{pmatrix}$，$\begin{pmatrix}0&0&0\\0&0&0\\0&0&1\end{pmatrix}$

根据本章第二节行列式的性质 4，可得

$$|\boldsymbol{P}_m|\cdots|\boldsymbol{P}_2||\boldsymbol{P}_1||\boldsymbol{A}|=|\boldsymbol{F}|$$

由于 $\boldsymbol{P}_1,\boldsymbol{P}_2,\cdots,\boldsymbol{P}_m$ 为三阶初等矩阵，所以它们对应的行列式均不为零，于是 $|\boldsymbol{P}_m|\cdots|\boldsymbol{P}_2||\boldsymbol{P}_1|\neq 0$．

因为 $|\boldsymbol{A}|=0$，所以 $|\boldsymbol{F}|=0$．因为 $\begin{vmatrix}1&0&0\\0&1&0\\0&0&1\end{vmatrix}\neq 0$，于是 $\boldsymbol{F}$ 只能是 $\begin{pmatrix}1&0&0\\0&1&0\\0&0&0\end{pmatrix}$，$\begin{pmatrix}1&0&0\\0&0&0\\0&0&1\end{pmatrix}$，$\begin{pmatrix}0&0&0\\0&1&0\\0&0&1\end{pmatrix}$，$\begin{pmatrix}1&0&0\\0&0&0\\0&0&0\end{pmatrix}$，$\begin{pmatrix}0&0&0\\0&1&0\\0&0&0\end{pmatrix}$ 或 $\begin{pmatrix}0&0&0\\0&0&0\\0&0&1\end{pmatrix}$，而这六种情况所对应的三元齐次方程组都有非零解（因为未知数的个数大于方程的个数）．

综合定理 1 和定理 2，可以得到下面的定理.

定理 3 三元齐次线性方程组 $\boldsymbol{A}\vec{x}=\vec{0}$ 有非零解的充分必要条件是 $|\boldsymbol{A}|=0$.

第三节 代数余子式与行列式的按行（列）展开

由本章第一节可知，行列式 $\begin{vmatrix} a_1 & b_1 & c_1 \\ a_2 & b_2 & c_2 \\ a_3 & b_3 & c_3 \end{vmatrix}$ 定义为 $a_1b_2c_3+a_2b_3c_1+a_3b_1c_2-a_3b_2c_1-a_1b_3c_2-a_2b_1c_3$，这个表达式也可以从另一个角度来审视. 我们发现这个表达式还可以写成

$$\begin{aligned}
&a_1b_2c_3-a_1b_3c_2+a_2b_3c_1-a_2b_1c_3+a_3b_1c_2-a_3b_2c_1 \\
=&a_1\left(b_2c_3-b_3c_2\right)+a_2\left(b_3c_1-b_1c_3\right)+a_3\left(b_1c_2-b_2c_1\right) \\
=&a_1\times(-1)^{1+1}\begin{vmatrix} b_2 & c_2 \\ b_3 & c_3 \end{vmatrix}+a_2\times(-1)^{1+2}\begin{vmatrix} b_1 & c_1 \\ b_3 & c_3 \end{vmatrix}+a_3\times(-1)^{1+3}\begin{vmatrix} b_1 & c_1 \\ b_2 & c_2 \end{vmatrix}
\end{aligned}$$

从上式可以看出，行列式的结果可以看成三项之和，其中各项可以看成两数之积，各项的第一个数恰为第 1 列的元素，各项的第二个数恰为对应第一个数的代数余子式. 所谓行列式中某个元素的代数余子式是指所在的行和列划掉后剩下的元素组成的行列式，再乘以该元素所在的行和列序数相加作为 (-1) 的指数的幂的结果.

行列式的结果也可以重新组合，按照行列式的任何一行或一列的元素进行提取，提取后的结果恰为对应于该元素的代数余子式. 下面仅以按照第 3 列进行提取为例加以说明.

$$\begin{aligned}
&a_1b_2c_3-a_1b_3c_2+a_2b_3c_1-a_2b_1c_3+a_3b_1c_2-a_3b_2c_1 \\
=&a_2b_3c_1-a_3b_2c_1+a_3b_1c_2-a_1b_3c_2+a_1b_2c_3-a_2b_1c_3 \\
=&c_1\left(a_2b_3-a_3b_2\right)+c_2\left(a_3b_1-a_1b_3\right)+c_3\left(a_1b_2-a_2b_1\right) \\
=&c_1\times(-1)^{1+3}\begin{vmatrix} a_2 & b_2 \\ a_3 & b_3 \end{vmatrix}+c_2\times(-1)^{2+3}\begin{vmatrix} a_1 & b_1 \\ a_3 & b_3 \end{vmatrix}+c_3\times(-1)^{3+3}\begin{vmatrix} a_1 & b_1 \\ a_2 & b_2 \end{vmatrix}.
\end{aligned}$$

如果行列式的值等于某一行（列）所有元素分别乘以各自的代数余子式后再求和，则称行列式可以按照该行（列）展开.

这样就得到下面的行列式性质.

性质 1 行列式可以按照任一行或任一列进行展开.

这个结论对于大于三阶的行列式也成立.

例 1 通过将行列式分别按第一行和第一列展开，计算行列式 $\begin{vmatrix} 1 & 1 & 0 \\ 2 & 3 & 1 \\ 1 & 2 & 2 \end{vmatrix}$ 的值.

解 按照第一行展开，计算如下：

$$\begin{vmatrix} 1 & 1 & 0 \\ 2 & 3 & 1 \\ 1 & 2 & 2 \end{vmatrix}=1\times(-1)^{1+1}\begin{vmatrix} 3 & 1 \\ 2 & 2 \end{vmatrix}+1\times(-1)^{1+2}\begin{vmatrix} 2 & 1 \\ 1 & 2 \end{vmatrix}+0\times(-1)^{1+3}\begin{vmatrix} 2 & 3 \\ 1 & 2 \end{vmatrix}=4-3=1.$$

按照第一列展开，计算如下：

$$\begin{vmatrix}1 & 1 & 0\\2 & 3 & 1\\1 & 2 & 2\end{vmatrix}=1\times(-1)^{1+1}\begin{vmatrix}3 & 1\\2 & 2\end{vmatrix}+2\times(-1)^{2+1}\begin{vmatrix}1 & 0\\2 & 2\end{vmatrix}+1\times(-1)^{3+1}\begin{vmatrix}1 & 0\\3 & 1\end{vmatrix}=4-4+1=1.$$

练习 1　通过将行列式分别按第 2 行和第 2 列展开，计算行列式$\begin{vmatrix}0 & 1 & 2\\2 & 1 & 1\\1 & 2 & 2\end{vmatrix}$的值.

第四节　代数余子式与矩阵的逆

第三章第四节介绍了利用代数余子式求逆矩阵的方法，并对二阶矩阵进行了讨论．本节介绍利用该方法对三阶矩阵求逆矩阵，先看一个具体的例子．

引例　已知矩阵$\boldsymbol{A}=\begin{pmatrix}1 & 2 & 3\\2 & 1 & 3\\1 & 1 & 4\end{pmatrix}$，求$\boldsymbol{A}$的逆矩阵$\boldsymbol{A}^{-1}$.

分析　先写出矩阵$\boldsymbol{A}$相应行列式各个元素的代数余子式：

第 1 行第 1 列元素对应的代数余子式为$A_{11}=(-1)^{1+1}\begin{vmatrix}1 & 3\\1 & 4\end{vmatrix}=1$

第 1 行第 2 列元素对应的代数余子式为$A_{12}=(-1)^{1+2}\begin{vmatrix}2 & 3\\1 & 4\end{vmatrix}=-5$

第 1 行第 3 列元素对应的代数余子式为$A_{13}=(-1)^{1+3}\begin{vmatrix}2 & 1\\1 & 1\end{vmatrix}=1$

第 2 行第 1 列元素对应的代数余子式为$A_{21}=(-1)^{2+1}\begin{vmatrix}2 & 3\\1 & 4\end{vmatrix}=-5$

第 2 行第 2 列元素对应的代数余子式为$A_{22}=(-1)^{2+2}\begin{vmatrix}1 & 3\\1 & 4\end{vmatrix}=1$

第 2 行第 3 列元素对应的代数余子式为$A_{23}=(-1)^{2+3}\begin{vmatrix}1 & 2\\1 & 1\end{vmatrix}=1$

第 3 行第 1 列元素对应的代数余子式为$A_{31}=(-1)^{3+1}\begin{vmatrix}2 & 3\\1 & 3\end{vmatrix}=3$

第 3 行第 2 列元素对应的代数余子式为$A_{32}=(-1)^{3+2}\begin{vmatrix}1 & 3\\2 & 3\end{vmatrix}=3$

第 3 行第 3 列元素对应的代数余子式为$A_{33}=(-1)^{3+3}\begin{vmatrix}1 & 2\\2 & 1\end{vmatrix}=-3$

由这些代数余子式所组成的矩阵为$\begin{pmatrix}A_{11} & A_{12} & A_{13}\\A_{21} & A_{22} & A_{23}\\A_{31} & A_{32} & A_{33}\end{pmatrix}=\begin{pmatrix}1 & -5 & 1\\-5 & 1 & 1\\3 & 3 & -3\end{pmatrix}$.

我们发现，$\begin{pmatrix}1&2&3\\2&1&3\\1&1&4\end{pmatrix}\begin{pmatrix}1&-5&3\\-5&1&3\\1&1&-3\end{pmatrix}=\begin{pmatrix}-6&0&0\\0&-6&0\\0&0&-6\end{pmatrix}$.

对于$\begin{pmatrix}-6&0&0\\0&-6&0\\0&0&-6\end{pmatrix}$，如果规定

$$\left(-\frac{1}{6}\right)\begin{pmatrix}-6&0&0\\0&-6&0\\0&0&-6\end{pmatrix}=\begin{pmatrix}\left(-\frac{1}{6}\right)\times(-6)&\left(-\frac{1}{6}\right)\times 0&\left(-\frac{1}{6}\right)\times 0\\\left(-\frac{1}{6}\right)\times 0&\left(-\frac{1}{6}\right)\times(-6)&\left(-\frac{1}{6}\right)\times 0\\\left(-\frac{1}{6}\right)\times 0&\left(-\frac{1}{6}\right)\times 0&\left(-\frac{1}{6}\right)\times(-6)\end{pmatrix}$$

则有

$$\left(-\frac{1}{6}\right)\begin{pmatrix}-6&0&0\\0&-6&0\\0&0&-6\end{pmatrix}=\begin{pmatrix}1&0&0\\0&1&0\\0&0&1\end{pmatrix}\tag{6-5}$$

一般地，对于数与矩阵的乘积有下面的定义.

定义 1 若矩阵$\boldsymbol{A}=\begin{pmatrix}a_1&b_1&c_1\\a_2&b_2&c_2\\a_3&b_3&c_3\end{pmatrix}$，$k$为实数，则$k\boldsymbol{A}=\begin{pmatrix}ka_1&kb_1&kc_1\\ka_2&kb_2&kc_2\\ka_3&kb_3&kc_3\end{pmatrix}$，即常数乘矩阵等于常数乘矩阵的每个元素.

此定义对于多阶矩阵也适用.

例 1 已知$\boldsymbol{A}=\begin{pmatrix}1&2&1\\1&-1&3\\4&3&2\end{pmatrix}$，求$2\boldsymbol{A}$.

解 $2\boldsymbol{A}=\begin{pmatrix}2\times1&2\times2&2\times1\\2\times1&2\times(-1)&2\times3\\2\times4&2\times3&2\times2\end{pmatrix}=\begin{pmatrix}2&4&2\\2&-2&6\\8&6&4\end{pmatrix}$.

练习 1 已知$\boldsymbol{A}=\begin{pmatrix}1&0&1\\1&-1&0\\-4&3&2\end{pmatrix}$，求$(-3)\boldsymbol{A}$.

对于数与矩阵相乘的运算，有下面的运算性质要用到，这里进行说明.

性质 1 对于矩阵$\boldsymbol{A},\boldsymbol{B}$，实数$k$，有$k(\boldsymbol{AB})=(k\boldsymbol{A})\boldsymbol{B}=\boldsymbol{A}(k\boldsymbol{B})$.

证明与第三章第四节性质 1 类似，这里从略.

在上面的分析中，用到两个矩阵$\begin{pmatrix}1&-5&1\\-5&1&1\\3&3&-3\end{pmatrix}$和$\begin{pmatrix}1&-5&3\\-5&1&3\\1&1&-3\end{pmatrix}$，这两个矩阵是什么关系呢?

不难看出，对矩阵$\begin{pmatrix} 1 & -5 & 1 \\ -5 & 1 & 1 \\ 3 & 3 & -3 \end{pmatrix}$重新编排，将第 1 行改写成新矩阵的第 1 列，将第 2 行改写成新矩阵的第 2 列，将第 3 行改写成新矩阵的第 3 列，所得的结果就是矩阵$\begin{pmatrix} 1 & -5 & 3 \\ -5 & 1 & 3 \\ 1 & 1 & -3 \end{pmatrix}$．数学上将这种变换称为转置，记作

$$\begin{pmatrix} 1 & -5 & 1 \\ -5 & 1 & 1 \\ 3 & 3 & -3 \end{pmatrix}^{\mathrm{T}} = \begin{pmatrix} 1 & -5 & 3 \\ -5 & 1 & 3 \\ 1 & 1 & -3 \end{pmatrix}$$

一般地，对于矩阵的转置有下面的定义.

定义 2　将矩阵 $\boldsymbol{A}$ 的行换成同序数的列，所得到的新矩阵称为 $\boldsymbol{A}$ 的**转置矩阵**，记作 $\boldsymbol{A}^{\mathrm{T}}$.

此定义对于多阶矩阵也适用.

例 2　已知 $\boldsymbol{A}=\begin{pmatrix} 1 & 2 & 3 \\ 4 & 5 & 6 \\ 7 & 8 & 9 \end{pmatrix}$，求 $\boldsymbol{A}^{\mathrm{T}}$.

解　$\boldsymbol{A}^{\mathrm{T}}=\begin{pmatrix} 1 & 2 & 3 \\ 4 & 5 & 6 \\ 7 & 8 & 9 \end{pmatrix}^{\mathrm{T}}=\begin{pmatrix} 1 & 4 & 7 \\ 2 & 5 & 8 \\ 3 & 6 & 9 \end{pmatrix}$.

练习 2　已知 $\boldsymbol{A}=\begin{pmatrix} 3 & 2 & 1 \\ 6 & 5 & 4 \\ 9 & 8 & 7 \end{pmatrix}$，求 $\boldsymbol{A}^{\mathrm{T}}$.

有了上面的定义，式（6-5）中的

$$\left(-\frac{1}{6}\right)=\frac{1}{-6}=\frac{1}{|\boldsymbol{A}|}, \begin{pmatrix} -6 & 0 & 0 \\ 0 & -6 & 0 \\ 0 & 0 & -6 \end{pmatrix}=\begin{pmatrix} 1 & 2 & 3 \\ 2 & 1 & 3 \\ 1 & 1 & 4 \end{pmatrix}\begin{pmatrix} 1 & -5 & 3 \\ -5 & 1 & 3 \\ 1 & 1 & -3 \end{pmatrix}$$

$$=\boldsymbol{A}\begin{pmatrix} 1 & -5 & 1 \\ -5 & 1 & 1 \\ 3 & 3 & -3 \end{pmatrix}^{\mathrm{T}}=\boldsymbol{A}\begin{pmatrix} A_{11} & A_{12} & A_{13} \\ A_{21} & A_{22} & A_{23} \\ A_{31} & A_{32} & A_{33} \end{pmatrix}^{\mathrm{T}}$$

于是

$$\frac{1}{|\boldsymbol{A}|}\boldsymbol{A}\begin{pmatrix} A_{11} & A_{12} & A_{13} \\ A_{21} & A_{22} & A_{23} \\ A_{31} & A_{32} & A_{33} \end{pmatrix}^{\mathrm{T}}=\boldsymbol{E} \tag{6-6}$$

将$\begin{pmatrix} A_{11} & A_{12} & A_{13} \\ A_{21} & A_{22} & A_{23} \\ A_{31} & A_{32} & A_{33} \end{pmatrix}^{\mathrm{T}}$称为矩阵 $\boldsymbol{A}$ 的伴随矩阵，记作 $\boldsymbol{A}^{*}$，即

$$A^*=\begin{pmatrix} A_{11} & A_{12} & A_{13} \\ A_{21} & A_{22} & A_{23} \\ A_{31} & A_{32} & A_{33} \end{pmatrix}^{\mathrm{T}}$$

式（6-6）也可以写成

$$A\left[\frac{1}{|A|}\begin{pmatrix} A_{11} & A_{12} & A_{13} \\ A_{21} & A_{22} & A_{23} \\ A_{31} & A_{32} & A_{33} \end{pmatrix}^{\mathrm{T}}\right]=E$$

根据逆矩阵的定义，可知 $A^{-1}=\frac{1}{|A|}\begin{pmatrix} A_{11} & A_{12} & A_{13} \\ A_{21} & A_{22} & A_{23} \\ A_{31} & A_{32} & A_{33} \end{pmatrix}^{\mathrm{T}}=\frac{1}{|A|}A^*$.

一般地，有下面的定理.

定理 1 对于矩阵 A，如果 A 的行列式 $|A|\neq 0$，则 A 的逆矩阵存在，且 $A^{-1}=\frac{1}{|A|}A^*$，其中 A^* 为 A 的伴随矩阵.

此定理对于多阶矩阵也成立.

例 3 已知 $A=\begin{pmatrix} 2 & 1 & 2 \\ 1 & 3 & 1 \\ 2 & 3 & 1 \end{pmatrix}$，利用伴随矩阵求 A^{-1}.

解 $|A|=\begin{vmatrix} 2 & 1 & 2 \\ 1 & 3 & 1 \\ 2 & 3 & 1 \end{vmatrix}=6+6+2-12-6-1=-5$，

$$A^*=\begin{pmatrix} (-1)^{1+1}\begin{vmatrix} 3 & 1 \\ 3 & 1 \end{vmatrix} & (-1)^{1+2}\begin{vmatrix} 1 & 1 \\ 2 & 1 \end{vmatrix} & (-1)^{1+3}\begin{vmatrix} 1 & 3 \\ 2 & 3 \end{vmatrix} \\ (-1)^{2+1}\begin{vmatrix} 1 & 2 \\ 3 & 1 \end{vmatrix} & (-1)^{2+2}\begin{vmatrix} 2 & 2 \\ 2 & 1 \end{vmatrix} & (-1)^{2+3}\begin{vmatrix} 2 & 1 \\ 2 & 3 \end{vmatrix} \\ (-1)^{3+1}\begin{vmatrix} 1 & 2 \\ 3 & 1 \end{vmatrix} & (-1)^{3+2}\begin{vmatrix} 2 & 2 \\ 1 & 1 \end{vmatrix} & (-1)^{3+3}\begin{vmatrix} 2 & 1 \\ 1 & 3 \end{vmatrix} \end{pmatrix}^{\mathrm{T}}=\begin{pmatrix} 0 & 1 & -3 \\ 5 & -2 & -4 \\ -5 & 0 & 5 \end{pmatrix}^{\mathrm{T}}=\begin{pmatrix} 0 & 5 & -5 \\ 1 & -2 & 0 \\ -3 & -4 & 5 \end{pmatrix},$$

故 $A^{-1}=\frac{1}{|A|}A^*=-\frac{1}{5}\begin{pmatrix} 0 & 5 & -5 \\ 1 & -2 & 0 \\ -3 & -4 & 5 \end{pmatrix}=\begin{pmatrix} 0 & -1 & 1 \\ -\frac{1}{5} & \frac{2}{5} & 0 \\ \frac{3}{5} & \frac{4}{5} & -1 \end{pmatrix}$.

练习 3 已知 $A=\begin{pmatrix} 1 & 1 & 2 \\ 1 & 3 & 1 \\ 2 & 1 & 1 \end{pmatrix}$，利用伴随矩阵求 A^{-1}.

习题六

1. 计算下列行列式：

（1）$\begin{vmatrix} 2 & 1 & 2 \\ 1 & 3 & -1 \\ 1 & -1 & 1 \end{vmatrix}$；（2）$\begin{vmatrix} 0 & 1 & 2 \\ 1 & 3 & -1 \\ 1 & 0 & 1 \end{vmatrix}$；（3）$\begin{vmatrix} -1 & 1 & 2 \\ 1 & 3 & -1 \\ 0 & -1 & 1 \end{vmatrix}$；（4）$\begin{vmatrix} 2 & 1 & 0 \\ -2 & 3 & -1 \\ 1 & -1 & 1 \end{vmatrix}$.

2. 利用行列式求解三元一次方程组$\begin{cases} x-2y+2z=3 \\ 2x+3y-z=2 \\ 3x+y+2z=1 \end{cases}$.

3. 已知$\begin{vmatrix} a_1 & b_1 & c_1 \\ a_2 & b_2 & c_2 \\ a_3 & b_3 & c_3 \end{vmatrix}=7$，利用矩阵乘积的行列式的运算性质，计算：

（1）$\left|\begin{pmatrix} a_1 & b_1 & c_1 \\ a_2 & b_2 & c_2 \\ a_3 & b_3 & c_3 \end{pmatrix}\begin{pmatrix} a_1 & b_1 & c_1 \\ a_2 & b_2 & c_2 \\ a_3 & b_3 & c_3 \end{pmatrix}\right|$；（2）$\left|\begin{pmatrix} a_1 & b_1 & c_1 \\ a_2 & b_2 & c_2 \\ a_3 & b_3 & c_3 \end{pmatrix}\begin{pmatrix} 1 & 2 & 1 \\ 2 & 1 & 3 \\ 1 & 1 & 2 \end{pmatrix}\right|$.

4. 先用初等矩阵将矩阵$\begin{pmatrix} 1 & 1 & 0 \\ 2 & 3 & 1 \\ 1 & 2 & 2 \end{pmatrix}$化为单位矩阵，再利用矩阵乘积的行列式的运算性质，求该行列式的值.

5. 通过将行列式分别按第 3 行和第 3 列展开，计算行列式$\begin{vmatrix} 0 & 1 & 2 \\ 2 & 0 & 1 \\ 1 & 2 & 2 \end{vmatrix}$的值.

6. 已知$\boldsymbol{A}=\begin{pmatrix} -1 & -1 & 1 \\ 2 & -1 & 2 \\ -1 & 3 & -2 \end{pmatrix}$，求$(-2)\boldsymbol{A}$.

7. 已知$\boldsymbol{A}=\begin{pmatrix} 3 & 1 & 1 \\ 6 & 1 & 4 \\ 9 & 1 & 7 \end{pmatrix}$，求$\boldsymbol{A}^{\mathrm{T}}$.

8. 已知$\boldsymbol{A}=\begin{pmatrix} 2 & 1 & 2 \\ 1 & -3 & 1 \\ 2 & 3 & 1 \end{pmatrix}$，利用伴随矩阵求$\boldsymbol{A}^{-1}$.

第七章　三元线性方程组及其向量组的表示

第四章介绍了二元线性方程组的向量表示、三维向量组的等价、向量组的线性表示、线性相关与线性无关、极大无关组等内容，进而介绍了有无穷多组解的线性方程组通解的简洁表示.本章是第四章的推广，首先引入三元线性方程组的向量表示、四维向量组的等价、向量组的线性表示、线性相关与线性无关、极大无关组等内容，进而介绍三元线性方程组有无穷多组解的线性方程组的通解的简洁表示.

第一节　三元线性方程组的向量表示与向量组之间的等价性

本节介绍三元线性方程组的向量表示、两个向量组等价的直观定义、两个向量组之间的运算与两个向量组等价的另一个定义、向量组的矩阵表示及其与初等矩阵之间的关系、两个向量组等价与相互线性表示.

一、三元线性方程组的向量表示

将三元线性方程组的每个方程未知数前面的系数和常数项提取出来并横向排列，则每个方程就对应一个行向量，线性方程组就对应一个行向量组.

例 1　写出线性方程组$\begin{cases}2x+y+z=1\\x-2y-z=3\\x-2y+2z=2\end{cases}$对应的行向量组.

解　线性方程组$\begin{cases}2x+y+z=1\\x-2y-z=3\\x-2y+2z=2\end{cases}$对应的行向量组为$\overrightarrow{\alpha_1}=(2,1,1,1)$，$\overrightarrow{\alpha_2}=(1,-2,-1,3)$，$\overrightarrow{\alpha_3}=(1,-2,2,2)$.

练习 1　写出线性方程组$\begin{cases}x-y+2z=2\\2x-2y-z=1\\3x-y+2z=3\end{cases}$对应的行向量组.

反过来，给定一个向量组，就可以写出对应的线性方程组.

例 2　写出向量组$\overrightarrow{\alpha_1}=(1,2,1,0)$，$\overrightarrow{\alpha_2}=(1,1,3,1)$，$\overrightarrow{\alpha_3}=(1,2,-1,2)$对应的线性方程组.

解　已给向量组对应的线性方程组为$\begin{cases}x+2y+z=0\\x+y+3z=1\\x+2y-z=2\end{cases}$.

练习 2　写出向量组 $\overrightarrow{\alpha_1}=(1,-3,2,1)$，$\overrightarrow{\alpha_2}=(1,-1,3,0)$，$\overrightarrow{\alpha_3}=(3,2,1,2)$ 对应的线性方程组.

这样，线性方程组与向量组就形成了一一对应的关系，于是我们可以用向量组来表示线性方程组.

二、两个向量组等价的直观定义

得到线性方程组后，求解就是下一步面临的重要工作. 第四章第一节介绍了线性方程组化对角线形的方法，给出了保持方程组同解的三种处理.

保持方程组同解的三种处理为：

(1) 将其中的任一方程两边同乘以一个非零常数后，得到的新方程组与原方程组同解.

(2) 将方程组中的任意两个方程对调后，得到的新方程组与原方程组同解.

(3) 将方程组中的某一个方程两边同乘以不为零的数加到另一个方程上后，得到的新方程组与原方程组同解.

利用上述三种线性方程组的同解处理，可以通过有限次变形将线性方程组化为对角线形方程组，进而得到方程组的解.

所谓对角线形方程组，是指当线性方程组有唯一解时，如果将含有未知数的项放在等号的左边，常数放在等号的右边，则在方程组每个方程中只含有一个未知数且未知数前面的系数为 1，将未知数排序后，如果将不出现的未知数所处的位置空出来，则每个方程中所出现的未知数形成一个对角线形状.

下面通过一个具体的例子加以说明.

引例　通过将线性方程组化为对角线形线性方程组，求解线性方程组 $\begin{cases}x+y=2\\ y+z=3\\ y-z=-1\end{cases}$.

解

$$\begin{cases}x+y=2 & ①\\ y+z=3 & ②\\ y-z=-1 & ③\end{cases}\xrightarrow{③+(-1)\times②}\begin{cases}x+y=2 & ④\\ y+z=3 & ⑤\\ -2z=-4 & ⑥\end{cases}\xrightarrow{\left(-\frac{1}{2}\right)\times⑥}\begin{cases}x+y=2 & ⑦\\ y+z=3 & ⑧\\ z=2 & ⑨\end{cases}$$

$$\xrightarrow{⑧+(-1)\times⑨}\begin{cases}x+y=2 & ⑩\\ y=1 & ⑪\\ z=2 & ⑫\end{cases}\xrightarrow{⑩+(-1)\times⑪}\begin{cases}x=1 & ⑬\\ y=1 & ⑭\\ z=2 & ⑮\end{cases}$$

因为线性方程组经过同解处理所得的新线性方程组与原线性方程组是同解的，所以称处理前后的两个线性方程组所对应的向量组等价. 例如，引例中线性方程组①②③在进行③+(−1)×②变形前所对应的向量组 $(1,1,0,2)$，$(0,1,1,3)$，$(0,1,-1,-1)$ 与变形后线性方程组④⑤⑥所对应的向量组 $(1,1,0,2)$，$(0,1,1,3)$，$(0,0,-2,-4)$ 等价，线性方程组④⑤⑥在进行 $\left(-\frac{1}{2}\right)\times$⑥变形前所对应的向量组 $(1,1,0,2)$，$(0,1,1,3)$，$(0,0,-2,-4)$ 与变形后线性方程组⑦⑧⑨所对应的向量组 $(1,1,0,2)$，$(0,1,1,3)$，$(0,0,1,2)$ 等价，线性方程组⑦⑧⑨在进行⑧+(−1)×⑨变形前所对应的向量组 $(1,1,0,2)$，$(0,1,1,3)$，$(0,0,1,2)$ 与变形后线性方程组⑩⑪⑫所对应的向量组 $(1,1,0,2)$，$(0,1,0,1)$，$(0,0,1,2)$ 等价，线性方程组⑩⑪⑫在进行⑩+(−1)×⑪变形前所对应的

向量组 (1,1,0,2)，(0,1,0,1)，(0,0,1,2) 与变形后线性方程组⑬⑭⑮所对应的向量组 (1,0,0,1)，(0,1,0,1)，(0,0,1,2) 等价.

由于每个向量又反过来对应一个线性方程，一个向量组就对应一个线性方程组，这样两个向量组分别对应两个线性方程组，如果其中一个线性方程组经过三种同解处理后可以变为另一个线性方程组，则称这两个向量组是等价的.

这样我们可以得到两个四维向量组等价的定义.

定义 1 对于两个向量组，可以分别写出它们所对应的线性方程组，如果其中一个线性方程组经过有限次的三种同解处理后可以变为另一个线性方程组，则称这两个向量组是等价的.

由于线性方程组的同解具有传递性，所以向量组的等价也具有传递性，即向量组 $\boldsymbol{A}$ 与向量组 $\boldsymbol{B}$ 等价，向量组 $\boldsymbol{B}$ 与向量组 $\boldsymbol{C}$ 等价，则向量组 $\boldsymbol{A}$ 与向量组 $\boldsymbol{C}$ 等价.

因为线性方程组的同解具有反向性，所以向量组的等价也具有反向性，即向量组 $\boldsymbol{A}$ 与向量组 $\boldsymbol{B}$ 等价，则向量组 $\boldsymbol{B}$ 与向量组 $\boldsymbol{A}$ 也等价.

三、两个向量组之间的运算与两个向量组等价的另一个定义

利用定义 1 判断两个向量组是否等价，需要回到对应的线性方程组去讨论是否同解，这很麻烦.

对线性方程组进行同解处理，相当于对线性方程组对应的向量组做类似的运算．这样，对线性方程组进行三种同解处理，等同于直接对向量组进行下列三种初等运算：

（1）换法运算：互换向量组中任意两个向量的位置.

（2）倍法运算：某个向量乘以不等于 0 的常数 k.

（3）消法运算：某个向量乘以不等于 0 的常数 k 加到另一个向量上.

由此可以得到两个向量组等价的另一个定义.

定义 2 如果向量组 $\boldsymbol{B}$ 可以由向量组 $\boldsymbol{A}$ 经过有限次的三种初等运算得到，则称这两个向量组是等价的.

四、向量组的矩阵表示及其与初等矩阵之间的关系

为了更好地研究初等运算前后两个向量组的关系，我们将一个向量组中的所有向量竖向排成一列，这样就形成一个矩阵，对向量组所做的初等运算，相当于对该矩阵进行初等行变换.

在第五章第三节介绍了初等行变换后的矩阵与原矩阵之间的关系，下面对本节引例采用增广矩阵方法求解，以说明这种关系.

$$\begin{pmatrix}1&1&0&2\\0&1&1&3\\0&1&-1&-1\end{pmatrix}\xrightarrow{r_3+(-1)\times r_2}\begin{pmatrix}1&1&0&2\\0&1&1&3\\0&0&-2&-4\end{pmatrix}\xrightarrow{\left(-\frac{1}{2}\right)\times r_3}\begin{pmatrix}1&1&0&2\\0&1&1&3\\0&0&1&2\end{pmatrix}$$

$$\xrightarrow{r_2+(-1)\times r_3}\begin{pmatrix}1&1&0&2\\0&1&0&1\\0&0&1&2\end{pmatrix}\xrightarrow{r_1+(-1)\times r_2}\begin{pmatrix}1&0&0&1\\0&1&0&1\\0&0&1&2\end{pmatrix}$$

上述对矩阵的每一步变换又可以用单位矩阵的相应变换形成的初等矩阵左乘变换前的矩

阵来描述，即

$$\begin{pmatrix}1&1&0&2\\0&1&1&3\\0&1&-1&-1\end{pmatrix}\xrightarrow{r_3+(-1)\times r_2}\begin{pmatrix}1&1&0&2\\0&1&1&3\\0&0&-2&-4\end{pmatrix}=\begin{pmatrix}1&0&0\\0&1&0\\0&-1&1\end{pmatrix}\begin{pmatrix}1&1&0&2\\0&1&1&3\\0&1&-1&-1\end{pmatrix},$$

$$\begin{pmatrix}1&1&0&2\\0&1&1&3\\0&0&-2&-4\end{pmatrix}\xrightarrow{\left(-\frac{1}{2}\right)\times r_3}\begin{pmatrix}1&1&0&2\\0&1&1&3\\0&0&1&2\end{pmatrix}=\begin{pmatrix}1&0&0\\0&1&0\\0&0&-\frac{1}{2}\end{pmatrix}\begin{pmatrix}1&1&0&2\\0&1&1&3\\0&0&-2&-4\end{pmatrix},$$

$$\begin{pmatrix}1&1&0&2\\0&1&1&3\\0&0&1&2\end{pmatrix}\xrightarrow{r_2+(-1)\times r_3}\begin{pmatrix}1&1&0&2\\0&1&0&1\\0&0&1&2\end{pmatrix}=\begin{pmatrix}1&0&0\\0&1&-1\\0&0&1\end{pmatrix}\begin{pmatrix}1&1&0&2\\0&1&1&3\\0&0&1&2\end{pmatrix},$$

$$\begin{pmatrix}1&1&0&2\\0&1&0&1\\0&0&1&2\end{pmatrix}\xrightarrow{r_1+(-1)\times r_2}\begin{pmatrix}1&0&0&1\\0&1&0&1\\0&0&1&2\end{pmatrix}=\begin{pmatrix}1&-1&0\\0&1&0\\0&0&1\end{pmatrix}\begin{pmatrix}1&1&0&2\\0&1&0&1\\0&0&1&2\end{pmatrix}.$$

如果将一个向量组中的所有向量排成一列，则对向量组进行的三种初等运算可以转化为相应的初等矩阵左乘原向量组．具体写出来如下：

性质 1　向量组 $\boldsymbol{A}$ 经过换法运算，相当于对单位矩阵进行相同的换法变换后，从左边乘原来的向量组 $\boldsymbol{A}$；反之，用单位矩阵经换法变换所得的初等矩阵，从左边乘向量组 $\boldsymbol{A}$ 的结果等于对向量组 $\boldsymbol{A}$ 进行相同换法运算的结果．

证明　设向量组 $\boldsymbol{A}=\begin{pmatrix}\overrightarrow{\alpha_1}\\\overrightarrow{\alpha_2}\\\overrightarrow{\alpha_3}\end{pmatrix}$ 经过换法运算变为 $\boldsymbol{B}=\begin{pmatrix}\overrightarrow{\alpha_2}\\\overrightarrow{\alpha_1}\\\overrightarrow{\alpha_3}\end{pmatrix}$，单位矩阵 $\boldsymbol{E}=\begin{pmatrix}1&0&0\\0&1&0\\0&0&1\end{pmatrix}$ 经过相同的换法变换后变为 $\boldsymbol{P}_1=\begin{pmatrix}0&1&0\\1&0&0\\0&0&1\end{pmatrix}$，因为 $\boldsymbol{P}_1\boldsymbol{A}=\begin{pmatrix}0&1&0\\1&0&0\\0&0&1\end{pmatrix}\begin{pmatrix}\overrightarrow{\alpha_1}\\\overrightarrow{\alpha_2}\\\overrightarrow{\alpha_3}\end{pmatrix}=\begin{pmatrix}\overrightarrow{\alpha_2}\\\overrightarrow{\alpha_1}\\\overrightarrow{\alpha_3}\end{pmatrix}=\boldsymbol{B}$，所以 $\boldsymbol{B}=\boldsymbol{P}_1\boldsymbol{A}$．由此式不难得到性质 1 的结论．

注　此处 $\begin{pmatrix}0&1&0\\1&0&0\\0&0&1\end{pmatrix}$ 与 $\begin{pmatrix}\overrightarrow{\alpha_1}\\\overrightarrow{\alpha_2}\\\overrightarrow{\alpha_3}\end{pmatrix}$ 的乘积，类似于两个矩阵中的元素均为实数的情况．这是因为把 $\overrightarrow{\alpha_1},\overrightarrow{\alpha_2},\overrightarrow{\alpha_3}$ 还原成所表示的行向量后，再按照矩阵的乘法相乘，所得的结果与此是一致的．假设 $\overrightarrow{\alpha_1}=(a_{11},a_{12},a_{13},a_{14})$，$\overrightarrow{\alpha_2}=(a_{21},a_{22},a_{23},a_{24})$，$\overrightarrow{\alpha_3}=(a_{31},a_{32},a_{33},a_{34})$，则有

$$\begin{pmatrix}0&1&0\\1&0&0\\0&0&1\end{pmatrix}\begin{pmatrix}\overrightarrow{a_1}\\\overrightarrow{a_2}\\\overrightarrow{a_3}\end{pmatrix}=\begin{pmatrix}0&1&0\\1&0&0\\0&0&1\end{pmatrix}\begin{pmatrix}a_{11}&a_{12}&a_{13}&a_{14}\\a_{21}&a_{22}&a_{23}&a_{24}\\a_{31}&a_{32}&a_{33}&a_{34}\end{pmatrix}=\begin{pmatrix}a_{21}&a_{22}&a_{23}&a_{24}\\a_{11}&a_{12}&a_{13}&a_{14}\\a_{31}&a_{32}&a_{33}&a_{34}\end{pmatrix}=\begin{pmatrix}\overrightarrow{a_2}\\\overrightarrow{a_1}\\\overrightarrow{a_3}\end{pmatrix}$$

所以今后遇到这种情况，均可以这样相乘，不再说明．

性质 2 向量组 $\boldsymbol{A}$ 经过倍法运算，相当于对单位矩阵进行相同的倍法变换后，从左边乘原来的向量组 $\boldsymbol{A}$；反之，用单位矩阵经倍法变换所得的初等矩阵，从左边乘向量组 $\boldsymbol{A}$ 的结果等于对向量组 $\boldsymbol{A}$ 进行相同倍法运算的结果.

证明 设向量组 $\boldsymbol{A}=\begin{pmatrix}\overrightarrow{\alpha_1}\\\overrightarrow{\alpha_2}\\\overrightarrow{\alpha_3}\end{pmatrix}$，经过倍法运算变为 $\boldsymbol{B}=\begin{pmatrix}k\overrightarrow{\alpha_1}\\\overrightarrow{\alpha_2}\\\overrightarrow{\alpha_3}\end{pmatrix}$，单位矩阵 $\boldsymbol{E}=\begin{pmatrix}1&0&0\\0&1&0\\0&0&1\end{pmatrix}$ 经过相同的倍法运算变为 $\boldsymbol{P}_1=\begin{pmatrix}k&0&0\\0&1&0\\0&0&1\end{pmatrix}$，因为 $\boldsymbol{P}_1\boldsymbol{A}=\begin{pmatrix}k&0&0\\0&1&0\\0&0&1\end{pmatrix}\begin{pmatrix}\overrightarrow{\alpha_1}\\\overrightarrow{\alpha_2}\\\overrightarrow{\alpha_3}\end{pmatrix}=\begin{pmatrix}k\overrightarrow{\alpha_1}\\\overrightarrow{\alpha_2}\\\overrightarrow{\alpha_3}\end{pmatrix}=\boldsymbol{B}$，所以 $\boldsymbol{B}=\boldsymbol{P}_1\boldsymbol{A}$.

由此式不难得到性质 2 的结论.

性质 3 向量组 $\boldsymbol{A}$ 经过消法运算，相当于对单位矩阵进行相同的消法变换后，从左边乘原来的向量组 $\boldsymbol{A}$；反之，用单位矩阵经消法变换所得的初等矩阵，从左边乘向量组 $\boldsymbol{A}$ 的结果等于对向量组 $\boldsymbol{A}$ 进行相同消法运算的结果.

证明 设向量组 $\boldsymbol{A}=\begin{pmatrix}\overrightarrow{\alpha_1}\\\overrightarrow{\alpha_2}\\\overrightarrow{\alpha_3}\end{pmatrix}$ 经过消法运算变为 $\boldsymbol{B}=\begin{pmatrix}\overrightarrow{\alpha_1}\\k\overrightarrow{\alpha_1}+\overrightarrow{\alpha_2}\\\overrightarrow{\alpha_3}\end{pmatrix}$，单位矩阵 $\boldsymbol{E}=\begin{pmatrix}1&0&0\\0&1&0\\0&0&1\end{pmatrix}$ 经过相同的消法变换变为 $\boldsymbol{P}_1=\begin{pmatrix}1&0&0\\k&1&0\\0&0&1\end{pmatrix}$，因为 $\boldsymbol{P}_1\boldsymbol{A}=\begin{pmatrix}1&0&0\\k&1&0\\0&0&1\end{pmatrix}\begin{pmatrix}\overrightarrow{\alpha_1}\\\overrightarrow{\alpha_2}\\\overrightarrow{\alpha_3}\end{pmatrix}=\begin{pmatrix}\overrightarrow{\alpha_1}\\k\overrightarrow{\alpha_1}+\overrightarrow{\alpha_2}\\\overrightarrow{\alpha_3}\end{pmatrix}=\boldsymbol{B}$，所以 $\boldsymbol{B}=\boldsymbol{P}_1\boldsymbol{A}$. 由此式不难得到性质 3 的结论.

五、两个向量组等价与相互线性表示

利用两个向量组等价的定义，验证两个向量组的等价比较麻烦. 下面给出两个向量组等价的另一种描述：两个向量组相互线性表示. 为了说清楚这个问题，从两个方面来讨论. 一方面，按照两个向量组等价的定义，推出两个向量组可以相互线性表示；另一方面，根据两个向量组可以相互线性表示，推出两个向量组等价.

（一）由两个向量组等价的定义，推出两个向量组可以相互线性表示

因为对向量组进行一次基本运算，就相当于用一个相应的初等矩阵左乘原来的向量组，所以当向量组 $\boldsymbol{A}:\overrightarrow{\alpha_1},\overrightarrow{\alpha_2},\overrightarrow{\alpha_3}$ 与向量组 $\boldsymbol{B}:\overrightarrow{\beta_1},\overrightarrow{\beta_2},\overrightarrow{\beta_3}$ 等价时，就有下列关系式

$$\begin{pmatrix}\overrightarrow{\beta_1}\\\overrightarrow{\beta_2}\\\overrightarrow{\beta_3}\end{pmatrix}=\boldsymbol{P}_m\boldsymbol{P}_{m-1}\cdots\boldsymbol{P}_1\begin{pmatrix}\overrightarrow{\alpha_1}\\\overrightarrow{\alpha_2}\\\overrightarrow{\alpha_3}\end{pmatrix}$$

成立，其中 $\boldsymbol{P}_1,\cdots,\boldsymbol{P}_{m-1},\boldsymbol{P}_m$ 为初等矩阵.

设 $\boldsymbol{P}=\boldsymbol{P}_m\boldsymbol{P}_{m-1}\cdots\boldsymbol{P}_1$，由矩阵乘积的运算法则，可以知道 $\boldsymbol{P}$ 为 3×3 的矩阵，则其结果一定

为 $\boldsymbol{P}=\begin{pmatrix} a & b & c \\ d & e & f \\ g & h & i \end{pmatrix}$ 的形式，其中 a,b,c,d,e,f,g,h,i 为实数．这样就有下面的结果

$$\begin{pmatrix} \overrightarrow{\beta_1} \\ \overrightarrow{\beta_2} \\ \overrightarrow{\beta_3} \end{pmatrix}=\begin{pmatrix} a & b & c \\ d & e & f \\ g & h & i \end{pmatrix}\begin{pmatrix} \overrightarrow{\alpha_1} \\ \overrightarrow{\alpha_2} \\ \overrightarrow{\alpha_3} \end{pmatrix} \tag{7-1}$$

以 $m=2$ 为例加以说明．假设 $\boldsymbol{P}_1=\begin{pmatrix} 0 & 1 & 0 \\ 1 & 0 & 0 \\ 0 & 0 & 1 \end{pmatrix}$，$\boldsymbol{P}_2=\begin{pmatrix} k & 0 & 0 \\ 0 & 1 & 0 \\ 0 & 0 & 1 \end{pmatrix}$，则

$$\boldsymbol{P}_2\boldsymbol{P}_1=\begin{pmatrix} k & 0 & 0 \\ 0 & 1 & 0 \\ 0 & 0 & 1 \end{pmatrix}\begin{pmatrix} 0 & 1 & 0 \\ 1 & 0 & 0 \\ 0 & 0 & 1 \end{pmatrix}=\begin{pmatrix} 0 & k & 0 \\ 1 & 0 & 0 \\ 0 & 0 & 1 \end{pmatrix}$$

利用性质 1 中的注，由式（7-1）可得

$$\overrightarrow{\beta_1}=a\overrightarrow{\alpha_1}+b\overrightarrow{\alpha_2}+c\overrightarrow{\alpha_3}$$
$$\overrightarrow{\beta_2}=d\overrightarrow{\alpha_1}+e\overrightarrow{\alpha_2}+f\overrightarrow{\alpha_3}$$
$$\overrightarrow{\beta_3}=g\overrightarrow{\alpha_1}+h\overrightarrow{\alpha_2}+i\overrightarrow{\alpha_3}$$

此时称 $\overrightarrow{\beta_1}$ 可由向量组 $\overrightarrow{\alpha_1},\overrightarrow{\alpha_2},\overrightarrow{\alpha_3}$ 线性表示，称 $\overrightarrow{\beta_2}$ 可由向量组 $\overrightarrow{\alpha_1},\overrightarrow{\alpha_2},\overrightarrow{\alpha_3}$ 线性表示，称 $\overrightarrow{\beta_3}$ 可由向量组 $\overrightarrow{\alpha_1},\overrightarrow{\alpha_2},\overrightarrow{\alpha_3}$ 线性表示，称向量组 $\overrightarrow{\beta_1},\overrightarrow{\beta_2},\overrightarrow{\beta_3}$ 可由向量组 $\overrightarrow{\alpha_1},\overrightarrow{\alpha_2},\overrightarrow{\alpha_3}$ 线性表示．

一般地，关于线性表示有下面的定义．

定义 3　对向量 $\vec{\beta}$ 及向量组 $\overrightarrow{\alpha_1},\overrightarrow{\alpha_2},\overrightarrow{\alpha_3}$，若有实数 k_1,k_2,k_3，使得

$$\vec{\beta}=k_1\overrightarrow{\alpha_1}+k_2\overrightarrow{\alpha_2}+k_3\overrightarrow{\alpha_3},$$

称 $\vec{\beta}$ 可由向量组 $\overrightarrow{\alpha_1},\overrightarrow{\alpha_2},\overrightarrow{\alpha_3}$ 线性表示．

定义 4　如果向量组 $\overrightarrow{\beta_1},\overrightarrow{\beta_2},\overrightarrow{\beta_3}$ 中的每一个向量均可由向量组 $\overrightarrow{\alpha_1},\overrightarrow{\alpha_2},\overrightarrow{\alpha_3}$ 线性表示，则称向量组 $\overrightarrow{\beta_1},\overrightarrow{\beta_2},\overrightarrow{\beta_3}$ 可由向量组 $\overrightarrow{\alpha_1},\overrightarrow{\alpha_2},\overrightarrow{\alpha_3}$ 线性表示．

例 3　设 $\overrightarrow{\beta_1}=(1,-1,1)$，$\overrightarrow{\beta_2}=(1,2,-1)$，$\overrightarrow{\beta_3}=(0,1,-2)$，$\vec{\alpha}=(5,3,2)$，判断 $\vec{\alpha}$ 可否由 $\overrightarrow{\beta_1},\overrightarrow{\beta_2}$，$\overrightarrow{\beta_3}$ 线性表示？

分析　判断 $\vec{\alpha}$ 可否由 $\overrightarrow{\beta_1},\overrightarrow{\beta_2},\overrightarrow{\beta_3}$ 线性表示，根据线性表示的定义，需要判断是否存在实数 k_1,k_2,k_3，使得

$$\vec{\alpha}=k_1\overrightarrow{\beta_1}+k_2\overrightarrow{\beta_2}+k_3\overrightarrow{\beta_3}.$$

也就是需要判断由上式得到的关于 k_1,k_2,k_3 的方程组是否有解．如果有解，则 $\vec{\alpha}$ 可由 $\overrightarrow{\beta_1},\overrightarrow{\beta_2}$，$\overrightarrow{\beta_3}$ 线性表示；如果无解，则 $\vec{\alpha}$ 不能由 $\overrightarrow{\beta_1},\overrightarrow{\beta_2},\overrightarrow{\beta_3}$ 线性表示．

解　设 $\vec{\alpha}=k_1\overrightarrow{\beta_1}+k_2\overrightarrow{\beta_2}+k_3\overrightarrow{\beta_3}$，有

$$\begin{aligned}(5,3,2)&=k_1(1,-1,1)+k_2(1,2,-1)+k_3(0,1,-2)\\&=(k_1,-k_1,k_1)+(k_2,2k_2,-k_2)+(0,k_3,-2k_3)\\&=(k_1+k_2,-k_1+2k_2+k_3,k_1-k_2-2k_3),\end{aligned}$$

比较两端的对应分量，可得 k_1,k_2,k_3 满足下列方程组

$$\begin{cases}k_1+k_2=5\\-k_1+2k_2+k_3=3\\k_1-k_2-2k_3=2\end{cases}$$

求解上述方程组，可以用增广矩阵方法，也可以用克莱姆法则，下面对这两种方法都进行介绍，大家在做题时根据自己的熟练情况使用其中一种即可.

1）利用第五章的增广矩阵方法

$$\begin{pmatrix}1&1&0&5\\-1&2&1&3\\1&-1&-2&2\end{pmatrix}\xrightarrow[r_3+(-1)\times r_1]{r_2+1\times r_1}\begin{pmatrix}1&1&0&5\\0&3&1&8\\0&-2&-2&-3\end{pmatrix}\xrightarrow{\frac{1}{3}\times r_2}\begin{pmatrix}1&1&0&5\\0&1&\frac{1}{3}&\frac{8}{3}\\0&-2&-2&-3\end{pmatrix}$$

$$\xrightarrow{r_3+2\times r_2}\begin{pmatrix}1&1&0&5\\0&1&\frac{1}{3}&\frac{8}{3}\\0&0&-\frac{4}{3}&\frac{7}{3}\end{pmatrix}\xrightarrow{\left(-\frac{3}{4}\right)\times r_3}\begin{pmatrix}1&1&0&5\\0&1&\frac{1}{3}&\frac{8}{3}\\0&0&1&-\frac{7}{4}\end{pmatrix}\xrightarrow{r_2+\left(-\frac{1}{3}\right)\times r_3}\begin{pmatrix}1&1&0&5\\0&1&0&\frac{13}{4}\\0&0&1&-\frac{7}{4}\end{pmatrix}$$

$$\xrightarrow{r_1+(-1)\times r_2}\begin{pmatrix}1&0&0&\frac{7}{4}\\0&1&0&\frac{13}{4}\\0&0&1&-\frac{7}{4}\end{pmatrix}.$$

2）利用克莱姆法则

由于

$$D=\begin{vmatrix}1&1&0\\-1&2&1\\1&-1&-2\end{vmatrix}=-4+0+1-0+1-2=-4,\quad D_1=\begin{vmatrix}5&1&0\\3&2&1\\2&-1&-2\end{vmatrix}=-20+0+2-0+5+6=-7,$$

$$D_2=\begin{vmatrix}1&5&0\\-1&3&1\\1&2&-2\end{vmatrix}=-6+0+5-0-2-10=-13,\quad D_3=\begin{vmatrix}1&1&5\\-1&2&3\\1&-1&2\end{vmatrix}=4+5+3-10+3+2=7,$$

利用克莱姆法则可得

$$k_1=\frac{D_1}{D}=\frac{-7}{-4}=\frac{7}{4},\quad k_2=\frac{D_2}{D}=\frac{-13}{-4}=\frac{13}{4},\quad k_3=\frac{D_3}{D}=\frac{7}{-4}=-\frac{7}{4}$$

于是，有 $\vec{\alpha}=\frac{7}{4}\overrightarrow{\beta_1}+\frac{13}{4}\overrightarrow{\beta_2}-\frac{7}{4}\overrightarrow{\beta_3}$，即 $\vec{\alpha}$ 可由 $\overrightarrow{\beta_1},\overrightarrow{\beta_2},\overrightarrow{\beta_3}$ 线性表示.

练习 3 设 $\overrightarrow{\beta_1}=(2,2,-1),\overrightarrow{\beta_2}=(1,3,2),\overrightarrow{\beta_3}=(-1,3,2),\vec{\alpha}=(4,1,3)$，判断 $\vec{\alpha}$ 可否由 $\overrightarrow{\beta_1},\overrightarrow{\beta_2},\overrightarrow{\beta_3}$ 线性表示?

例 4 设向量组 $\boldsymbol{A}$：$\overrightarrow{\alpha_1}=(0,2,-1),\overrightarrow{\alpha_2}=(3,1,-2),\overrightarrow{\alpha_3}=(3,1,1)$，向量组 $\boldsymbol{B}$：$\overrightarrow{\beta_1}=(1,3,1)$，

$\overrightarrow{\beta_2}=(0,1,4),\overrightarrow{\beta_3}=(1,-1,4)$，试判断向量组 $\boldsymbol{A}$ 是否可由向量组 $\boldsymbol{B}$ 线性表示.

分析　判断向量组 $\boldsymbol{A}$ 是否可由向量组 $\boldsymbol{B}$ 线性表示，需要对向量组 $\boldsymbol{A}$ 中的每一个向量判断是否可由向量组 $\boldsymbol{B}$ 线性表示.

解　设 $\overrightarrow{\alpha_1}=k_1\overrightarrow{\beta_1}+k_2\overrightarrow{\beta_2}+k_3\overrightarrow{\beta_3}$，有

$$(0,2,-1)=k_1(1,3,1)+k_2(0,1,4)+k_3(1,-1,4)=(k_1,3k_1,k_1)+(0,k_2,4k_2)+(k_3,-k_3,4k_3)$$
$$=(k_1+k_3,3k_1+k_2-k_3,k_1+4k_2+4k_3)$$

比较两端的对应分量，可得 k_1,k_2,k_3 满足下列方程组

$$\begin{cases}k_1+k_3=0\\3k_1+k_2-k_3=2\\k_1+4k_2+4k_3=-1\end{cases}$$

由于

$$D=\begin{vmatrix}1&0&1\\3&1&-1\\1&4&4\end{vmatrix}=4+12+0-1+4-0=19$$

$$D_1=\begin{vmatrix}0&0&1\\2&1&-1\\-1&4&4\end{vmatrix}=1\times(-1)^{1+3}\begin{vmatrix}2&1\\-1&4\end{vmatrix}=9，\quad D_2=\begin{vmatrix}1&0&1\\3&2&-1\\1&-1&4\end{vmatrix}=8-3+0-2-1-0=2$$

$$D_3=\begin{vmatrix}1&0&0\\3&1&2\\1&4&-1\end{vmatrix}=1\times(-1)^{1+1}\begin{vmatrix}1&2\\4&-1\end{vmatrix}=-9$$

利用克莱姆法则可得

$$k_1=\frac{D_1}{D}=\frac{9}{19}，\quad k_2=\frac{D_2}{D}=\frac{2}{19}，\quad k_3=\frac{D_3}{D}=\frac{-9}{19}=-\frac{9}{19}$$

于是，有 $\overrightarrow{\alpha_1}=\frac{9}{19}\overrightarrow{\beta_1}+\frac{2}{19}\overrightarrow{\beta_2}-\frac{9}{19}\overrightarrow{\beta_3}$，即 $\overrightarrow{\alpha_1}$ 可由 $\overrightarrow{\beta_1},\overrightarrow{\beta_2},\overrightarrow{\beta_3}$ 线性表示.

设 $\overrightarrow{\alpha_2}=l_1\overrightarrow{\beta_1}+l_2\overrightarrow{\beta_2}+l_3\overrightarrow{\beta_3}$，有

$$(3,1,-2)=l_1(1,3,1)+l_2(0,1,4)+l_3(1,-1,4)=(l_1,3l_1,l_1)+(0,l_2,4l_2)+(l_3,-l_3,4l_3)$$
$$=(l_1+l_3,3l_1+l_2-l_3,l_1+4l_2+4l_3)，$$

比较两端的对应分量，可得 l_1,l_2,l_3 满足下列方程组

$$\begin{cases}l_1+l_3=3\\3l_1+l_2-l_3=1\\l_1+4l_2+4l_3=-2\end{cases}$$

由于

$$D=\begin{vmatrix}1&0&1\\3&1&-1\\1&4&4\end{vmatrix}=19，\quad D_1=\begin{vmatrix}3&0&1\\1&1&-1\\-2&4&4\end{vmatrix}=12+4+0+2+12-0=30$$

$$D_2=\begin{vmatrix}1&3&1\\3&1&-1\\1&-2&4\end{vmatrix}=4-6-3-1-2-36=-44$$

$$D_3=\begin{vmatrix}1&0&3\\3&1&1\\1&4&-2\end{vmatrix}=-2+36+0-3-4-0=27$$

利用克莱姆法则可得

$$l_1=\frac{D_1}{D}=\frac{30}{19},\quad l_2=\frac{D_2}{D}=\frac{-44}{19}=-\frac{44}{19},\quad l_3=\frac{D_3}{D}=\frac{27}{19}$$

于是，有$\overrightarrow{\alpha_2}=\frac{30}{19}\overrightarrow{\beta_1}-\frac{44}{19}\overrightarrow{\beta_2}+\frac{27}{19}\overrightarrow{\beta_3}$，即$\overrightarrow{\alpha_2}$可由$\overrightarrow{\beta_1},\overrightarrow{\beta_2},\overrightarrow{\beta_3}$线性表示.

设$\overrightarrow{\alpha_3}=m_1\overrightarrow{\beta_1}+m_2\overrightarrow{\beta_2}+m_3\overrightarrow{\beta_3}$，有

$$\begin{aligned}(3,1,1)&=m_1(1,3,1)+m_2(0,1,4)+m_3(1,-1,4)=(m_1,3m_1,m_1)+(0,m_2,4m_2)+(m_3,-m_3,4m_3)\\&=(m_1+m_3,3m_1+m_2-m_3,m_1+4m_2+4m_3)\end{aligned}$$

比较两端的对应分量，可得m_1,m_2,m_3满足下列方程组

$$\begin{cases}m_1+m_3=3\\3m_1+m_2-m_3=1\\m_1+4m_2+4m_3=1\end{cases}$$

由于

$$D=\begin{vmatrix}1&0&1\\3&1&-1\\1&4&4\end{vmatrix}=19,\quad D_1=\begin{vmatrix}3&0&1\\1&1&-1\\1&4&4\end{vmatrix}=12+4+0-1+12-0=27$$

$$D_2=\begin{vmatrix}1&3&1\\3&1&-1\\1&1&4\end{vmatrix}=4+3-3-1+1-36=-32,\quad D_3=\begin{vmatrix}1&0&3\\3&1&1\\1&4&1\end{vmatrix}=30$$

利用克莱姆法则可得

$$m_1=\frac{D_1}{D}=\frac{27}{19},\quad m_2=\frac{D_2}{D}=\frac{-32}{19}=-\frac{32}{19},\quad m_3=\frac{D_3}{D}=\frac{30}{19}$$

于是，有$\overrightarrow{\alpha_3}=\frac{27}{19}\overrightarrow{\beta_1}-\frac{32}{19}\overrightarrow{\beta_2}+\frac{30}{19}\overrightarrow{\beta_3}$，即$\overrightarrow{\alpha_3}$可由$\overrightarrow{\beta_1},\overrightarrow{\beta_2},\overrightarrow{\beta_3}$线性表示.

综上，向量组$\boldsymbol{A}$可由向量组$\boldsymbol{B}$线性表示.

练习 4 设向量组$\boldsymbol{A}:\overrightarrow{\alpha_1}=(0,1,1),\overrightarrow{\alpha_2}=(1,1,2),\overrightarrow{\alpha_3}=(2,1,-1)$，向量组$\boldsymbol{B}:\overrightarrow{\beta_1}=(1,2,1)$，$\overrightarrow{\beta_2}=(0,1,2),\overrightarrow{\beta_3}=(1,-1,2)$，试判断向量组$\boldsymbol{A}$是否可由向量组$\boldsymbol{B}$线性表示.

上面说明了当向量组$\boldsymbol{A}:\overrightarrow{\alpha_1},\overrightarrow{\alpha_2},\overrightarrow{\alpha_3}$与向量组$\boldsymbol{B}:\overrightarrow{\beta_1},\overrightarrow{\beta_2},\overrightarrow{\beta_3}$等价时，向量组$\overrightarrow{\beta_1},\overrightarrow{\beta_2},\overrightarrow{\beta_3}$可由向量组$\overrightarrow{\alpha_1},\overrightarrow{\alpha_2},\overrightarrow{\alpha_3}$线性表示. 下面来说明当向量组$\boldsymbol{A}:\overrightarrow{\alpha_1},\overrightarrow{\alpha_2},\overrightarrow{\alpha_3}$与向量组$\boldsymbol{B}:\overrightarrow{\beta_1},\overrightarrow{\beta_2},\overrightarrow{\beta_3}$等价时，向量组$\boldsymbol{A}:\overrightarrow{\alpha_1},\overrightarrow{\alpha_2},\overrightarrow{\alpha_3}$也可由向量组$\boldsymbol{B}:\overrightarrow{\beta_1},\overrightarrow{\beta_2},\overrightarrow{\beta_3}$线性表示.

由于

$$\begin{pmatrix}\overrightarrow{\beta_1}\\\overrightarrow{\beta_2}\\\overrightarrow{\beta_3}\end{pmatrix}=\boldsymbol{P}_m\boldsymbol{P}_{m-1}\cdots\boldsymbol{P}_1\begin{pmatrix}\overrightarrow{\alpha_1}\\\overrightarrow{\alpha_2}\\\overrightarrow{\alpha_3}\end{pmatrix}$$

下面仅以$m=2$为例加以说明，其他情况可类似证明.

当 $m=2$ 时，上式变为

$$\begin{pmatrix}\overrightarrow{\beta_1}\\\overrightarrow{\beta_2}\\\overrightarrow{\beta_3}\end{pmatrix}=\boldsymbol{P}_2\boldsymbol{P}_1\begin{pmatrix}\overrightarrow{\alpha_1}\\\overrightarrow{\alpha_2}\\\overrightarrow{\alpha_3}\end{pmatrix}$$

由此可得

$$\begin{pmatrix}\overrightarrow{\alpha_1}\\\overrightarrow{\alpha_2}\\\overrightarrow{\alpha_3}\end{pmatrix}=\boldsymbol{P}_1^{-1}\boldsymbol{P}_2^{-1}\begin{pmatrix}\overrightarrow{\beta_1}\\\overrightarrow{\beta_2}\\\overrightarrow{\beta_3}\end{pmatrix}$$

由第五章第三节的例 4 和之后的练习可知，初等矩阵的逆矩阵都存在，且仍为初等矩阵.

设 $\boldsymbol{P}_1^{-1}\boldsymbol{P}_2^{-1}=\begin{pmatrix}k_1&k_2&k_3\\k_4&k_5&k_6\\k_7&k_8&k_9\end{pmatrix}$，则有 $\begin{pmatrix}\overrightarrow{\alpha_1}\\\overrightarrow{\alpha_2}\\\overrightarrow{\alpha_3}\end{pmatrix}=\begin{pmatrix}k_1&k_2&k_3\\k_4&k_5&k_6\\k_7&k_8&k_9\end{pmatrix}\begin{pmatrix}\overrightarrow{\beta_1}\\\overrightarrow{\beta_2}\\\overrightarrow{\beta_3}\end{pmatrix}$，从而

$$\overrightarrow{\alpha_1}=k_1\overrightarrow{\beta_1}+k_2\overrightarrow{\beta_2}+k_3\overrightarrow{\beta_3}\text{，}\quad\overrightarrow{\alpha_2}=k_4\overrightarrow{\beta_1}+k_5\overrightarrow{\beta_2}+k_6\overrightarrow{\beta_3}\text{，}\quad\overrightarrow{\alpha_3}=k_7\overrightarrow{\beta_1}+k_8\overrightarrow{\beta_2}+k_9\overrightarrow{\beta_3}$$

由向量组线性表示的定义可知，向量组 $\boldsymbol{A}:\overrightarrow{\alpha_1},\overrightarrow{\alpha_2},\overrightarrow{\alpha_3}$ 可由向量组 $\boldsymbol{B}:\overrightarrow{\beta_1},\overrightarrow{\beta_2},\overrightarrow{\beta_3}$ 线性表示.

综上所述，当向量组 $\boldsymbol{A}:\overrightarrow{\alpha_1},\overrightarrow{\alpha_2},\overrightarrow{\alpha_3}$ 和向量组 $\boldsymbol{B}:\overrightarrow{\beta_1},\overrightarrow{\beta_2},\overrightarrow{\beta_3}$ 等价时，这两个向量组可以相互线性表示.

（二）由两个向量组可以相互线性表示，推出两个向量组等价

设向量组 $\boldsymbol{A}:\overrightarrow{\alpha_1},\overrightarrow{\alpha_2},\overrightarrow{\alpha_3}$ 与向量组 $\boldsymbol{B}:\overrightarrow{\beta_1},\overrightarrow{\beta_2},\overrightarrow{\beta_3}$ 可以相互线性表示，由向量组线性表示的定义可知，当向量组 $\boldsymbol{A}:\overrightarrow{\alpha_1},\overrightarrow{\alpha_2},\overrightarrow{\alpha_3}$ 可由向量组 $\boldsymbol{B}:\overrightarrow{\beta_1},\overrightarrow{\beta_2},\overrightarrow{\beta_3}$ 线性表示时，有下面的式子成立

$$\overrightarrow{\alpha_1}=k_{11}\overrightarrow{\beta_1}+k_{12}\overrightarrow{\beta_2}+k_{13}\overrightarrow{\beta_3}$$
$$\overrightarrow{\alpha_2}=k_{21}\overrightarrow{\beta_1}+k_{22}\overrightarrow{\beta_2}++k_{23}\overrightarrow{\beta_3}$$
$$\overrightarrow{\alpha_3}=k_{31}\overrightarrow{\beta_1}+k_{32}\overrightarrow{\beta_2}++k_{33}\overrightarrow{\beta_3}$$

即

$$\begin{pmatrix}\overrightarrow{\alpha_1}\\\overrightarrow{\alpha_2}\\\overrightarrow{\alpha_3}\end{pmatrix}=\begin{pmatrix}k_{11}&k_{12}&k_{13}\\k_{21}&k_{22}&k_{23}\\k_{31}&k_{32}&k_{33}\end{pmatrix}\begin{pmatrix}\overrightarrow{\beta_1}\\\overrightarrow{\beta_2}\\\overrightarrow{\beta_3}\end{pmatrix}\tag{7-2}$$

当向量组 $\boldsymbol{B}:\overrightarrow{\beta_1},\overrightarrow{\beta_2},\overrightarrow{\beta_3}$ 可由向量组 $\boldsymbol{A}:\overrightarrow{\alpha_1},\overrightarrow{\alpha_2},\overrightarrow{\alpha_3}$ 线性表示时，有下面的式子成立

$$\overrightarrow{\beta_1}=m_{11}\overrightarrow{\alpha_1}+m_{12}\overrightarrow{\alpha_2}+m_{13}\overrightarrow{\alpha_3}$$
$$\overrightarrow{\beta_2}=m_{21}\overrightarrow{\alpha_1}+m_{22}\overrightarrow{\alpha_2}+m_{23}\overrightarrow{\alpha_3}$$
$$\overrightarrow{\beta_3}=m_{31}\overrightarrow{\alpha_1}+m_{32}\overrightarrow{\alpha_2}+m_{33}\overrightarrow{\alpha_3}$$

即

$$\begin{pmatrix}\overrightarrow{\beta_1}\\ \overrightarrow{\beta_2}\\ \overrightarrow{\beta_3}\end{pmatrix}=\begin{pmatrix}m_{11}&m_{12}&m_{13}\\ m_{21}&m_{22}&m_{23}\\ m_{31}&m_{32}&m_{33}\end{pmatrix}\begin{pmatrix}\overrightarrow{\alpha_1}\\ \overrightarrow{\alpha_2}\\ \overrightarrow{\alpha_3}\end{pmatrix} \tag{7-3}$$

由式（7-2）和式（7-3）可得

$$\begin{pmatrix}\overrightarrow{\alpha_1}\\ \overrightarrow{\alpha_2}\\ \overrightarrow{\alpha_3}\end{pmatrix}=\begin{pmatrix}k_{11}&k_{12}&k_{13}\\ k_{21}&k_{22}&k_{23}\\ k_{31}&k_{32}&k_{33}\end{pmatrix}\begin{pmatrix}\overrightarrow{\beta_1}\\ \overrightarrow{\beta_2}\\ \overrightarrow{\beta_3}\end{pmatrix}=\begin{pmatrix}k_{11}&k_{12}&k_{13}\\ k_{21}&k_{22}&k_{23}\\ k_{31}&k_{32}&k_{33}\end{pmatrix}\begin{pmatrix}m_{11}&m_{12}&m_{13}\\ m_{21}&m_{22}&m_{23}\\ m_{31}&m_{32}&m_{33}\end{pmatrix}\begin{pmatrix}\overrightarrow{\alpha_1}\\ \overrightarrow{\alpha_2}\\ \overrightarrow{\alpha_3}\end{pmatrix}$$

对于向量组$\begin{pmatrix}\overrightarrow{\alpha_1}\\ \overrightarrow{\alpha_2}\\ \overrightarrow{\alpha_3}\end{pmatrix}$的各种情况，都有$\begin{pmatrix}k_{11}&k_{12}&k_{13}\\ k_{21}&k_{22}&k_{23}\\ k_{31}&k_{32}&k_{33}\end{pmatrix}\begin{pmatrix}m_{11}&m_{12}&m_{13}\\ m_{21}&m_{22}&m_{23}\\ m_{31}&m_{32}&m_{33}\end{pmatrix}=\boldsymbol{E}$（由于过于烦琐，这里略去证明）. 根据逆矩阵的定义，可知矩阵$\begin{pmatrix}k_{11}&k_{12}&k_{13}\\ k_{21}&k_{22}&k_{23}\\ k_{31}&k_{32}&k_{33}\end{pmatrix}$和$\begin{pmatrix}m_{11}&m_{12}&m_{13}\\ m_{21}&m_{22}&m_{23}\\ m_{31}&m_{32}&m_{33}\end{pmatrix}$都有逆矩阵，且互为对方的逆矩阵.

不妨设矩阵$\begin{pmatrix}k_{11}&k_{12}&k_{13}\\ k_{21}&k_{22}&k_{23}\\ k_{31}&k_{32}&k_{33}\end{pmatrix}=\boldsymbol{A}$，由于存在逆矩阵，所以以此矩阵为系数矩阵的线性方程组$\begin{pmatrix}k_{11}&k_{12}&k_{13}\\ k_{21}&k_{22}&k_{23}\\ k_{31}&k_{32}&k_{33}\end{pmatrix}\vec{x}=\vec{b}$有唯一解$\vec{x}=\begin{pmatrix}k_{11}&k_{12}&k_{13}\\ k_{21}&k_{22}&k_{23}\\ k_{31}&k_{32}&k_{33}\end{pmatrix}^{-1}\vec{b}$.

由第五章第三节可知，有唯一解的线性方程组的系数矩阵均可以通过初等行变换化为单位矩阵，再利用初等行变换与初等矩阵之间的关系，可知对于有唯一解的线性方程组的系数矩阵$\boldsymbol{A}$，总可以找到初等矩阵$\boldsymbol{P}_1,\boldsymbol{P}_2,\cdots,\boldsymbol{P}_m$，使得$\boldsymbol{P}_m\cdots\boldsymbol{P}_2\boldsymbol{P}_1\boldsymbol{A}=\boldsymbol{E}$. 于是有

$$\boldsymbol{A}=\boldsymbol{P}_1^{-1}\boldsymbol{P}_2^{-1}\cdots\boldsymbol{P}_m^{-1}\boldsymbol{E}=\boldsymbol{P}_1^{-1}\boldsymbol{P}_2^{-1}\cdots\boldsymbol{P}_m^{-1},$$

$$\begin{pmatrix}\overrightarrow{\alpha_1}\\ \overrightarrow{\alpha_2}\\ \overrightarrow{\alpha_3}\end{pmatrix}=\begin{pmatrix}k_{11}&k_{12}&k_{13}\\ k_{21}&k_{22}&k_{23}\\ k_{31}&k_{32}&k_{33}\end{pmatrix}\begin{pmatrix}\overrightarrow{\beta_1}\\ \overrightarrow{\beta_2}\\ \overrightarrow{\beta_3}\end{pmatrix}=\boldsymbol{A}\begin{pmatrix}\overrightarrow{\beta_1}\\ \overrightarrow{\beta_2}\\ \overrightarrow{\beta_3}\end{pmatrix}=\boldsymbol{P}_1^{-1}\boldsymbol{P}_2^{-1}\cdots\boldsymbol{P}_m^{-1}\begin{pmatrix}\overrightarrow{\beta_1}\\ \overrightarrow{\beta_2}\\ \overrightarrow{\beta_3}\end{pmatrix}$$

因为初等矩阵的逆矩阵仍为初等矩阵，且每个初等矩阵都对应着对行向量组$\begin{pmatrix}\overrightarrow{\beta_1}\\ \overrightarrow{\beta_2}\\ \overrightarrow{\beta_3}\end{pmatrix}$的一次初等运算，所以向量组$\boldsymbol{A}:\overrightarrow{\alpha_1},\overrightarrow{\alpha_2},\overrightarrow{\alpha_3}$可由向量组$\boldsymbol{B}:\overrightarrow{\beta_1},\overrightarrow{\beta_2},\overrightarrow{\beta_3}$经有限次初等运算得到，因此向量组$\boldsymbol{A}:\overrightarrow{\alpha_1},\overrightarrow{\alpha_2},\overrightarrow{\alpha_3}$和向量组$\boldsymbol{B}:\overrightarrow{\beta_1},\overrightarrow{\beta_2},\overrightarrow{\beta_3}$等价.

（三）两个向量组等价的另一种定义

综合（一）与（二）的结论，可以得到两个向量组等价的另一种定义.

定义 5　如果向量组 $\boldsymbol{A}:\overrightarrow{\alpha_1},\overrightarrow{\alpha_2},\overrightarrow{\alpha_3}$ 与向量组 $\boldsymbol{B}:\overrightarrow{\beta_1},\overrightarrow{\beta_2},\overrightarrow{\beta_3}$ 能相互线性表示，则称这两个向量组等价.

例 5　证明向量组 $\boldsymbol{A}:\overrightarrow{\alpha_1}=(1,2,3)$，$\overrightarrow{\alpha_2}=(2,-1,2)$，$\overrightarrow{\alpha_3}=(2,-1,0)$ 与向量组 $\boldsymbol{B}:\overrightarrow{\beta_1}=(1,2,-1)$，$\overrightarrow{\beta_2}=(2,-1,3)$，$\overrightarrow{\beta_3}=(2,2,-1)$ 等价.

证明　（1）先证向量组 $\boldsymbol{A}$ 能由向量组 $\boldsymbol{B}$ 线性表示.

设 $\overrightarrow{\alpha_1}=k_1\overrightarrow{\beta_1}+k_2\overrightarrow{\beta_2}+k_3\overrightarrow{\beta_3}$，有

$$\begin{aligned}(1,2,3)&=k_1(1,2,-1)+k_2(2,-1,3)+k_3(2,2,-1)\\&=\left(k_1,2k_1,-k_1\right)+\left(2k_2,-k_2,3k_2\right)+\left(2k_3,2k_3,-k_3\right)\\&=\left(k_1+2k_2+2k_3,2k_1-k_2+2k_3,-k_1+3k_2-k_3\right)\end{aligned}$$

比较两端的对应分量，可得 k_1,k_2,k_3 满足下列方程组

$$\begin{cases}k_1+2k_2+2k_3=1\\2k_1-k_2+2k_3=2\\-k_1+3k_2-k_3=3\end{cases}$$

由于

$$D=\begin{vmatrix}1&2&2\\2&-1&2\\-1&3&-1\end{vmatrix}=1+12-4-2-6+4=5,\quad D_1=\begin{vmatrix}1&2&2\\2&-1&2\\3&3&-1\end{vmatrix}=1+12+12+6-6+4=29$$

$$D_2=\begin{vmatrix}1&1&2\\2&2&2\\-1&3&-1\end{vmatrix}=-2+12-2+4-6+2=8,\quad D_3=\begin{vmatrix}1&2&1\\2&-1&2\\-1&3&3\end{vmatrix}=-3+6-4-1-6-12=-20$$

利用克莱姆法则可得

$$k_1=\frac{D_1}{D}=\frac{29}{5},\quad k_2=\frac{D_2}{D}=\frac{8}{5},\quad k_3=\frac{D_3}{D}=\frac{-20}{5}=-4$$

于是，有 $\overrightarrow{\alpha_1}=\frac{29}{5}\overrightarrow{\beta_1}+\frac{8}{5}\overrightarrow{\beta_2}-4\overrightarrow{\beta_3}$，即 $\overrightarrow{\alpha_1}$ 可由 $\overrightarrow{\beta_1},\overrightarrow{\beta_2},\overrightarrow{\beta_3}$ 线性表示.

设 $\overrightarrow{\alpha_2}=l_1\overrightarrow{\beta_1}+l_2\overrightarrow{\beta_2}+l_3\overrightarrow{\beta_3}$，有

$$\begin{aligned}(2,-1,2)&=l_1(1,2,-1)+l_2(2,-1,3)+l_3(2,2,-1)\\&=\left(l_1,2l_1,-l_1\right)+\left(2l_2,-l_2,3l_2\right)+\left(2l_3,2l_3,-l_3\right)\\&=\left(l_1+2l_2+2l_3,2l_1-l_2+2l_3,-l_1+3l_2-l_3\right)\end{aligned}$$

比较两端的对应分量，可得 l_1,l_2,l_3 满足下列方程组

$$\begin{cases}l_1+2l_2+2l_3=2\\2l_1-l_2+2l_3=-1\\-l_1+3l_2-l_3=2\end{cases}$$

由于

$$D=\begin{vmatrix}1&2&2\\2&-1&2\\-1&3&-1\end{vmatrix}=5,\quad D_1=\begin{vmatrix}2&2&2\\-1&-1&2\\2&3&-1\end{vmatrix}=2-6+8+4-12-2=-6$$

$$D_2=\begin{vmatrix}1&2&2\\2&-1&2\\-1&2&-1\end{vmatrix}=1+8-4-2-4+4=3,\quad D_3=\begin{vmatrix}1&2&2\\2&-1&-1\\-1&3&2\end{vmatrix}=-2+12+2-2+3-8=5$$

利用克莱姆法则可得

$$l_1=\frac{D_1}{D}=\frac{-6}{5}=-\frac{6}{5},\quad l_2=\frac{D_2}{D}=\frac{3}{5},\quad l_3=\frac{D_3}{D}=\frac{5}{5}=1$$

于是，有$\overrightarrow{\alpha_2}=-\frac{6}{5}\overrightarrow{\beta_1}+\frac{3}{5}\overrightarrow{\beta_2}+\overrightarrow{\beta_3}$，即$\overrightarrow{\alpha_2}$可由$\overrightarrow{\beta_1},\overrightarrow{\beta_2},\overrightarrow{\beta_3}$线性表示.

设$\overrightarrow{\alpha_3}=m_1\overrightarrow{\beta_1}+m_2\overrightarrow{\beta_2}+m_3\overrightarrow{\beta_3}$，有

$$\begin{aligned}(2,-1,0)&=m_1(1,2,-1)+m_2(2,-1,3)+m_3(2,2,-1)\\&=(m_1,2m_1,-m_1)+(2m_2,-m_2,3m_2)+(2m_3,2m_3,-m_3)\\&=(m_1+2m_2+2m_3,2m_1-m_2+2m_3,-m_1+3m_2-m_3)\end{aligned}$$

比较两端的对应分量，可得m_1,m_2,m_3满足下列方程组

$$\begin{cases}m_1+2m_2+2m_3=2\\2m_1-m_2+2m_3=-1\\-m_1+3m_2-m_3=0\end{cases}$$

由于

$$D=\begin{vmatrix}1&2&2\\2&-1&2\\-1&3&-1\end{vmatrix}=5,\quad D_1=\begin{vmatrix}2&2&2\\-1&-1&2\\0&3&-1\end{vmatrix}=2-6+0-0-12-2=-18$$

$$D_2=\begin{vmatrix}1&2&2\\2&-1&2\\-1&0&-1\end{vmatrix}=1+0-4-2-0+4=-1$$

$$D_3=\begin{vmatrix}1&2&2\\2&-1&-1\\-1&3&0\end{vmatrix}=0+12+2-2+3-0=15$$

利用克莱姆法则可得

$$m_1=\frac{D_1}{D}=\frac{-18}{5}=-\frac{18}{5},\quad m_2=\frac{D_2}{D}=\frac{-1}{5}=-\frac{1}{5},\quad m_3=\frac{D_3}{D}=\frac{15}{5}=3$$

于是，有$\overrightarrow{\alpha_3}=-\frac{18}{5}\overrightarrow{\beta_1}-\frac{1}{5}\overrightarrow{\beta_2}+3\overrightarrow{\beta_3}$，即$\overrightarrow{\alpha_3}$可由$\overrightarrow{\beta_1},\overrightarrow{\beta_2},\overrightarrow{\beta_3}$线性表示.

综上，向量组 $\boldsymbol{A}$ 可由向量组 $\boldsymbol{B}$ 线性表示.

（2）再证向量组 $\boldsymbol{B}$ 能由向量组 $\boldsymbol{A}$ 线性表示.

设$\overrightarrow{\beta_1}=k_1\overrightarrow{\alpha_1}+k_2\overrightarrow{\alpha_2}+k_3\overrightarrow{\alpha_3}$，有

$$\begin{aligned}(1,2,-1)&=k_1(1,2,3)+k_2(2,-1,2)+k_3(2,-1,0)\\&=(k_1,2k_1,3k_1)+(2k_2,-k_2,2k_2)+(2k_3,-k_3,0)\\&=(k_1+2k_2+2k_3,2k_1-k_2-k_3,3k_1+2k_2)\end{aligned}$$

比较两端的对应分量，可得k_1,k_2,k_3满足下列方程组

$$\begin{cases} k_1 + 2k_2 + 2k_3 = 1 \\ 2k_1 - k_2 - k_3 = 2 \\ 3k_1 + 2k_2 = -1 \end{cases}$$

由于

$$D = \begin{vmatrix} 1 & 2 & 2 \\ 2 & -1 & -1 \\ 3 & 2 & 0 \end{vmatrix} = 0 + 8 - 6 + 6 + 2 - 0 = 10\text{，}\quad D_1 = \begin{vmatrix} 1 & 2 & 2 \\ 2 & -1 & -1 \\ -1 & 2 & 0 \end{vmatrix} = 0 + 8 + 2 - 2 + 2 - 0 = 10$$

$$D_2 = \begin{vmatrix} 1 & 1 & 2 \\ 2 & 2 & -1 \\ 3 & -1 & 0 \end{vmatrix} = 0 - 4 - 3 - 12 - 1 - 0 = -20\text{，}\quad D_3 = \begin{vmatrix} 1 & 2 & 1 \\ 2 & -1 & 2 \\ 3 & 2 & -1 \end{vmatrix} = 1 + 4 + 12 + 3 - 4 + 4 = 20$$

利用克莱姆法则可得

$$k_1 = \frac{D_1}{D} = \frac{10}{10} = 1\text{，}\quad k_2 = \frac{D_2}{D} = \frac{-20}{10} = -2\text{，}\quad k_3 = \frac{D_3}{D} = \frac{20}{10} = 2$$

于是，有 $\overrightarrow{\beta_1} = \overrightarrow{\alpha_1} - 2\overrightarrow{\alpha_2} + 2\overrightarrow{\alpha_3}$，即 $\overrightarrow{\beta_1}$ 可由 $\overrightarrow{\alpha_1}, \overrightarrow{\alpha_2}, \overrightarrow{\alpha_3}$ 线性表示.

设 $\overrightarrow{\beta_2} = l_1\overrightarrow{\alpha_1} + l_2\overrightarrow{\alpha_2} + l_3\overrightarrow{\alpha_3}$，有

$$\begin{aligned}(2,-1,3) &= l_1(1,2,3) + l_2(2,-1,2) + l_3(2,-1,0) \\ &= (l_1, 2l_1, 3l_1) + (2l_2, -l_2, 2l_2) + (2l_3, -l_3, 0) \\ &= (l_1 + 2l_2 + 2l_3, 2l_1 - l_2 - l_3, 3l_1 + 2l_2)\end{aligned}$$

比较两端的对应分量，可得 l_1, l_2, l_3 满足下列方程组

$$\begin{cases} l_1 + 2l_2 + 2l_3 = 2 \\ 2l_1 - l_2 - l_3 = -1 \\ 3l_1 + 2l_2 = 3 \end{cases}$$

由于

$$D = \begin{vmatrix} 1 & 2 & 2 \\ 2 & -1 & -1 \\ 3 & 2 & 0 \end{vmatrix} = 10\text{，}\quad D_1 = \begin{vmatrix} 2 & 2 & 2 \\ -1 & -1 & -1 \\ 3 & 2 & 0 \end{vmatrix} = 0 - 4 - 6 + 6 + 4 - 0 = 0$$

$$D_2 = \begin{vmatrix} 1 & 2 & 2 \\ 2 & -1 & -1 \\ 3 & 3 & 0 \end{vmatrix} = 0 + 12 - 6 + 6 + 3 - 0 = 15\text{，}\quad D_3 = \begin{vmatrix} 1 & 2 & 2 \\ 2 & -1 & -1 \\ 3 & 2 & 3 \end{vmatrix} = -3 + 8 - 6 + 6 + 2 - 12 = -5$$

利用克莱姆法则可得

$$l_1 = \frac{D_1}{D} = \frac{0}{10} = 0\text{，}\quad l_2 = \frac{D_2}{D} = \frac{15}{10} = \frac{3}{2}\text{，}\quad l_3 = \frac{D_3}{D} = \frac{-5}{10} = -\frac{1}{2}$$

于是，有 $\overrightarrow{\beta_2} = \frac{3}{2}\overrightarrow{\alpha_2} - \frac{1}{2}\overrightarrow{\alpha_3}$，即 $\overrightarrow{\beta_2}$ 可由 $\overrightarrow{\alpha_1}, \overrightarrow{\alpha_2}, \overrightarrow{\alpha_3}$ 线性表示.

设 $\overrightarrow{\beta_3} = m_1\overrightarrow{\alpha_1} + m_2\overrightarrow{\alpha_2} + m_3\overrightarrow{\alpha_3}$，有

$$\begin{aligned}(2,2,-1) &= m_1(1,2,3) + m_2(2,-1,2) + m_3(2,-1,0) \\ &= (m_1, 2m_1, 3m_1) + (2m_2, -m_2, 2m_2) + (2m_3, -m_3, 0)\end{aligned}$$

$$=\left(m_1+2m_2+2m_3,2m_1-m_2-m_3,3m_1+2m_2\right)$$

比较两端的对应分量，可得m_1,m_2,m_3满足下列方程组

$$\begin{cases}m_1+2m_2+2m_3=2\\2m_1-m_2-m_3=2\\3m_1+2m_2=-1\end{cases}$$

由于

$$D=\begin{vmatrix}1&2&2\\2&-1&-1\\3&2&0\end{vmatrix}=10，\quad D_1=\begin{vmatrix}2&2&2\\2&-1&-1\\-1&2&0\end{vmatrix}=0+8+2-2+4-0=12$$

$$D_2=\begin{vmatrix}1&2&2\\2&2&-1\\3&-1&0\end{vmatrix}=0-4-6-12-1-0=-23，\quad D_3=\begin{vmatrix}1&2&2\\2&-1&2\\3&2&-1\end{vmatrix}=1+8+12+6-4+4=27$$

利用克莱姆法则可得

$$m_1=\frac{D_1}{D}=\frac{12}{10}=\frac{6}{5}，\quad m_2=\frac{D_2}{D}=\frac{-23}{10}=-\frac{23}{10}，\quad m_3=\frac{D_3}{D}=\frac{27}{10}$$

于是，有$\overrightarrow{\beta_3}=\frac{6}{5}\overrightarrow{\alpha_1}-\frac{23}{10}\overrightarrow{\alpha_2}+\frac{27}{10}\overrightarrow{\alpha_3}$，即$\overrightarrow{\beta_3}$可由$\overrightarrow{\alpha_1},\overrightarrow{\alpha_2},\overrightarrow{\alpha_3}$线性表示.

综上，向量组$\boldsymbol{B}$可由向量组$\boldsymbol{A}$线性表示.

综合（1）和（2），可知向量组$\boldsymbol{A}$与向量组$\boldsymbol{B}$等价.

练习 5　判断向量组$\boldsymbol{A}$:$\overrightarrow{\alpha_1}=(1,2,3)$，$\overrightarrow{\alpha_2}=(0,1,0)$，$\overrightarrow{\alpha_3}=(0,1,1)$与向量组$\boldsymbol{B}$:$\overrightarrow{\beta_1}=(1,1,1)$，$\overrightarrow{\beta_2}=(1,1,0)$，$\overrightarrow{\beta_3}=(0,1,1)$是否等价.

第二节　三元冗余线性方程组的缩减与向量组的线性相关性

在实际问题中，有时会遇到三元冗余方程组. 求解这样的方程组，需要去掉多余的方程，那么应该去掉哪些方程保留哪些方程呢？本节介绍三元冗余线性方程组的缩减与极大无关组的概念、向量组的线性相关与线性无关的等价定义等内容.

一、三元冗余线性方程组的缩减与极大无关组的概念

先看一个引例.

引例　求解线性方程组$\begin{cases}x+2y+z=2\\2x-y+3z=2\\3x+y+2z=3\\6x+2y+6z=7\end{cases}$.

分析　这是一个冗余线性方程组，因为3个未知数4个方程. 应该去掉哪个方程呢?下面利用前面讲过的方程组化对角线形方法和增广矩阵方法分别求解.

（1）方程组化对角线形方法求解.

$$\begin{cases} x+2y+z=2 \text{ ①} \\ 2x-y+3z=2 \text{ ②} \\ 3x+y+2z=3 \text{ ③} \\ 6x+2y+6z=7 \text{ ④} \end{cases} \xrightarrow[\text{④}+(-6)\times\text{①}]{\text{②}+(-2)\times\text{①},\ \text{③}+(-3)\times\text{①}} \begin{cases} x+2y+z=2 \text{ ⑤} \\ -5y+z=-2 \text{ ⑥} \\ -5y-z=-3 \text{ ⑦} \\ -10y=-5 \text{ ⑧} \end{cases} \xrightarrow[\text{⑧}+(-2)\times\text{⑥}]{\text{⑦}+(-1)\times\text{⑥}} \begin{cases} x+2y+z=2 \text{ ⑨} \\ -5y+z=-2 \text{ ⑩} \\ -2z=-1 \text{ ⑪} \\ -2z=-1 \text{ ⑫} \end{cases}$$

$$\xrightarrow{\text{⑫}+(-1)\times\text{⑪}} \begin{cases} x+2y+z=2 \text{ ⑬} \\ -5y+z=-2 \text{ ⑭} \\ -2z=-1 \text{ ⑮} \\ 0=0 \text{ ⑯} \end{cases} \xrightarrow[\left(-\frac{1}{2}\right)\times\text{⑮}]{\left(-\frac{1}{5}\right)\times\text{⑭}} \begin{cases} x+2y+z=2 \text{ ⑰} \\ y-\frac{1}{5}z=\frac{2}{5} \text{ ⑱} \\ z=\frac{1}{2} \text{ ⑲} \\ 0=0 \text{ ⑳} \end{cases}$$

$$\xrightarrow[\text{⑰}+(-1)\times\text{⑲}]{\text{⑱}+\frac{1}{5}\times\text{⑲}} \begin{cases} x+2y=\frac{3}{2} \text{ ㉑} \\ y=\frac{1}{2} \text{ ㉒} \\ z=\frac{1}{2} \text{ ㉓} \\ 0=0 \text{ ㉔} \end{cases} \xrightarrow{\text{㉑}+(-2)\times\text{㉒}} \begin{cases} x=\frac{1}{2} \\ y=\frac{1}{2} \\ z=\frac{1}{2} \\ 0=0 \end{cases}$$

（2）增广矩阵方法求解.

增广矩阵

$$\tilde{\boldsymbol{A}}=\begin{pmatrix} 1 & 2 & 1 & 2 \\ 2 & -1 & 3 & 2 \\ 3 & 1 & 2 & 3 \\ 6 & 2 & 6 & 7 \end{pmatrix} \xrightarrow[r_4+(-6)\times r_1]{r_2+(-2)\times r_1,\ r_3+(-3)\times r_1} \begin{pmatrix} 1 & 2 & 1 & 2 \\ 0 & -5 & 1 & -2 \\ 0 & -5 & -1 & -3 \\ 0 & -10 & 0 & -5 \end{pmatrix} \xrightarrow[r_4+(-2)\times r_2]{r_3+(-1)\times r_2} \begin{pmatrix} 1 & 2 & 1 & 2 \\ 0 & -5 & 1 & -2 \\ 0 & 0 & -2 & -1 \\ 0 & 0 & -2 & -1 \end{pmatrix}$$

$$\xrightarrow{r_4+(-1)\times r_3} \begin{pmatrix} 1 & 2 & 1 & 2 \\ 0 & -5 & 1 & -2 \\ 0 & 0 & -2 & -1 \\ 0 & 0 & 0 & 0 \end{pmatrix} \xrightarrow[\left(-\frac{1}{2}\right)\times r_3]{\left(-\frac{1}{5}\right)\times r_2} \begin{pmatrix} 1 & 2 & 1 & 2 \\ 0 & 1 & -\frac{1}{5} & \frac{2}{5} \\ 0 & 0 & 1 & \frac{1}{2} \\ 0 & 0 & 0 & 0 \end{pmatrix}$$

$$\xrightarrow[r_1+(-1)\times r_3]{r_2+\frac{1}{5}\times r_3} \begin{pmatrix} 1 & 2 & 0 & \frac{3}{2} \\ 0 & 1 & 0 & \frac{1}{2} \\ 0 & 0 & 1 & \frac{1}{2} \\ 0 & 0 & 0 & 0 \end{pmatrix} \xrightarrow{r_1+(-2)\times r_2} \begin{pmatrix} 1 & 0 & 0 & \frac{1}{2} \\ 0 & 1 & 0 & \frac{1}{2} \\ 0 & 0 & 1 & \frac{1}{2} \\ 0 & 0 & 0 & 0 \end{pmatrix}$$

从方程组化对角线形求解的结果可以看出，在有了第 1 个、第 2 个和第 3 个方程后，第 4 个方程对于最后方程组的解没有起到作用，可以去掉，所以称第 4 个方程为多余的方程. 很明显，去掉多余方程后剩下的方程组与原方程组同解，这个剩下的方程组称为与原方程组同解的非冗余方程组.

由于每个方程提取未知数前面的系数和常数项后组成一个行向量，这样一个方程组就对应一个向量组. 由本章第一节的介绍可知，对线性方程组的三种同解处理等同于对行向量组进行初等行变换，当方程组有多余方程时，对应的向量组经过有限次的初等运算，就会出现零向量（每个分量都为零的向量），此时称原向量组是线性相关的. 去掉零向量对应的原向量组中的向量，原向量组剩下的向量组成的新向量组，称为原向量组的极大无关组.

对于向量组，可以单独讨论线性相关和极大无关组，下面给出一般的定义.

定义 1 如果一个向量组经过有限次的初等运算后出现零向量，则称原向量组是线性相关的，否则称为线性无关.

定义 2 一个向量组，去掉所有经过有限次的初等运算后变为零向量的原向量，剩下的向量组成与原向量组等价的新向量组，称为原向量组的极大无关组，极大无关组中向量的个数称为原向量组的秩.

对于引例中的行向量 $\overrightarrow{\alpha_1}=(1,2,1,2)$, $\overrightarrow{\alpha_2}=(2,-1,3,2)$, $\overrightarrow{\alpha_3}=(3,1,2,3)$, $\overrightarrow{\alpha_4}=(6,2,6,7)$，由于在进行初等运算后出现零向量，所以这四个向量线性相关；去掉零向量对应的向量 $\overrightarrow{\alpha_4}$，可得到此向量组 $\overrightarrow{\alpha_1},\overrightarrow{\alpha_2},\overrightarrow{\alpha_3},\overrightarrow{\alpha_4}$ 的一个极大无关组 $\overrightarrow{\alpha_1},\overrightarrow{\alpha_2},\overrightarrow{\alpha_3}$，故原向量组的秩为 3.

上面在对引例求极大无关组的过程中，由于对向量组进行初等运算时没有用到换法运算，所以没有改变行向量的位置，去掉零向量对应的原向量时直接去掉第四个向量就可以了. 如果在对原向量组进行初等运算时用到换法运算，每用一次就要进行一次标记，标记出对应的原向量的行号，下面通过一个具体的例子加以说明.

例 1 判断向量组 $\overrightarrow{\alpha_1}=(2,1,2,3)$, $\overrightarrow{\alpha_2}=(4,2,6,7)$, $\overrightarrow{\alpha_3}=(1,2,1,2)$, $\overrightarrow{\alpha_4}=(1,-1,3,2)$ 是否线性相关，并求一个极大无关组和向量组的秩.

解 将向量组按序排成矩阵的形式，并在其后注明行向量在原向量组中的序号，对其进行初等行变换如下：

$$\left(\begin{array}{cccc|c} 2 & 1 & 2 & 3 & 1 \\ 4 & 2 & 6 & 7 & 2 \\ 1 & 2 & 1 & 2 & 3 \\ 1 & -1 & 3 & 2 & 4 \end{array}\right) \xrightarrow{r_3 \leftrightarrow r_1} \left(\begin{array}{cccc|c} 1 & 2 & 1 & 2 & 3 \\ 4 & 2 & 6 & 7 & 2 \\ 2 & 1 & 2 & 3 & 1 \\ 1 & -1 & 3 & 2 & 4 \end{array}\right) \xrightarrow[r_4+(-1)\times r_1]{\substack{r_2+(-4)\times r_1 \\ r_3+(-2)\times r_1}} \left(\begin{array}{cccc|c} 1 & 2 & 1 & 2 & 3 \\ 0 & -6 & 2 & -1 & 2 \\ 0 & -3 & 0 & -1 & 1 \\ 0 & -3 & 2 & 0 & 4 \end{array}\right)$$

$$\xrightarrow{r_2 \leftrightarrow r_4} \left(\begin{array}{cccc|c} 1 & 2 & 1 & 2 & 3 \\ 0 & -3 & 2 & 0 & 4 \\ 0 & -3 & 0 & -1 & 1 \\ 0 & -6 & 2 & -1 & 2 \end{array}\right) \xrightarrow[r_4+(-2)\times r_2]{r_3+(-1)\times r_2} \left(\begin{array}{cccc|c} 1 & 2 & 1 & 2 & 3 \\ 0 & -3 & 2 & 0 & 4 \\ 0 & 0 & -2 & -1 & 1 \\ 0 & 0 & -2 & -1 & 2 \end{array}\right)$$

$$\xrightarrow{r_4+(-1)\times r_3} \left(\begin{array}{cccc|c} 1 & 2 & 1 & 2 & 3 \\ 0 & -3 & 2 & 0 & 4 \\ 0 & 0 & -2 & -1 & 1 \\ 0 & 0 & 0 & 0 & 2 \end{array}\right) \xrightarrow[\left(-\frac{1}{2}\right)\times r_3]{\left(-\frac{1}{3}\right)\times r_2} \left(\begin{array}{cccc|c} 1 & 2 & 1 & 2 & 3 \\ 0 & 1 & -\frac{2}{3} & 0 & 4 \\ 0 & 0 & 1 & \frac{1}{2} & 1 \\ 0 & 0 & 0 & 0 & 2 \end{array}\right)$$

$$\xrightarrow[r_2+\frac{2}{3}\times r_3]{r_1+(-1)\times r_3}\left(\begin{array}{cccc|c}1 & 2 & 0 & \frac{3}{2} & 3\\ 0 & 1 & 0 & \frac{1}{3} & 4\\ 0 & 0 & 1 & \frac{1}{2} & 1\\ 0 & 0 & 0 & 0 & 2\end{array}\right)\xrightarrow{r_1+(-2)\times r_2}\left(\begin{array}{cccc|c}1 & 0 & 0 & \frac{5}{6} & 3\\ 0 & 1 & 0 & \frac{1}{3} & 4\\ 0 & 0 & 1 & \frac{1}{2} & 1\\ 0 & 0 & 0 & 0 & 2\end{array}\right)$$

所以原向量组线性相关，去掉零向量对应的原向量$\overrightarrow{\alpha_2}$，得原向量组的一个极大无关组$\overrightarrow{\alpha_1}$，$\overrightarrow{\alpha_3}$，$\overrightarrow{\alpha_4}$，故原向量组的秩为 3.

练习 1　判断向量组$\overrightarrow{\alpha_1}=(2,1,-1,3)$，$\overrightarrow{\alpha_2}=(2,2,3,3)$，$\overrightarrow{\alpha_3}=(-1,2,1,2)$，$\overrightarrow{\alpha_4}=(1,-1,3,-2)$是否线性相关，并求一个极大无关组和向量组的秩.

注　极大无关组不唯一. 在例 1 中，$\overrightarrow{\alpha_2}$，$\overrightarrow{\alpha_3}$，$\overrightarrow{\alpha_4}$也是向量组的极大无关组，因为

$$\left(\begin{array}{cccc|c}2 & 1 & 2 & 3 & 1\\ 4 & 2 & 6 & 7 & 2\\ 1 & 2 & 1 & 2 & 3\\ 1 & -1 & 3 & 2 & 4\end{array}\right)\xrightarrow{r_4\leftrightarrow r_1}\left(\begin{array}{cccc|c}1 & -1 & 3 & 2 & 4\\ 4 & 2 & 6 & 7 & 2\\ 1 & 2 & 1 & 2 & 3\\ 2 & 1 & 2 & 3 & 1\end{array}\right)\xrightarrow[r_4+(-2)r_1]{r_2+(-4)r_1,\ r_3+(-1)r_1}\left(\begin{array}{cccc|c}1 & -1 & 3 & 2 & 4\\ 0 & 6 & -6 & -1 & 2\\ 0 & 3 & -2 & 0 & 3\\ 0 & 3 & -4 & -1 & 1\end{array}\right)$$

$$\xrightarrow{\frac{1}{6}\times r_2}\left(\begin{array}{cccc|c}1 & -1 & 3 & 2 & 4\\ 0 & 1 & -1 & -\frac{1}{6} & 2\\ 0 & 3 & -2 & 0 & 3\\ 0 & 3 & -4 & -1 & 1\end{array}\right)\xrightarrow[r_4+(-3)\times r_2]{r_3+(-3)\times r_2}\left(\begin{array}{cccc|c}1 & -1 & 3 & 2 & 4\\ 0 & 1 & -1 & -\frac{1}{6} & 2\\ 0 & 0 & 1 & \frac{1}{2} & 3\\ 0 & 0 & -1 & -\frac{1}{2} & 1\end{array}\right)$$

$$\xrightarrow[r_1+(-3)\times r_3]{r_4+1\times r_3,\ r_2+1\times r_3}\left(\begin{array}{cccc|c}1 & -1 & 0 & \frac{1}{2} & 4\\ 0 & 1 & 0 & \frac{1}{3} & 2\\ 0 & 0 & 1 & \frac{1}{2} & 3\\ 0 & 0 & 0 & 0 & 1\end{array}\right)\xrightarrow{r_1+1\times r_2}\left(\begin{array}{cccc|c}1 & 0 & 0 & \frac{5}{6} & 4\\ 0 & 1 & 0 & \frac{1}{3} & 2\\ 0 & 0 & 1 & \frac{1}{2} & 3\\ 0 & 0 & 0 & 0 & 1\end{array}\right)$$

去掉零向量对应的原向量$\overrightarrow{\alpha_1}$，得原向量组的一个极大无关组$\overrightarrow{\alpha_2}$，$\overrightarrow{\alpha_3}$，$\overrightarrow{\alpha_4}$.

在例 1 中，用同样的方法，可以证明$\overrightarrow{\alpha_1}$，$\overrightarrow{\alpha_2}$，$\overrightarrow{\alpha_4}$和$\overrightarrow{\alpha_1}$，$\overrightarrow{\alpha_2}$，$\overrightarrow{\alpha_3}$均为向量组的极大无关组，这里不再赘述.

利用向量组求极大无关组的方法，可以去掉方程组中的冗余方程，下面通过一个例子加以说明.

例 2　去掉方程组$\begin{cases}2x+3y+z=2\\ x+2y+3z=4\\ 3x+5y+4z=6\\ x+y-2z=-2\end{cases}$中冗余的方程.

解 因为

$$\left(\begin{array}{cccc|c}2&3&1&2&1\\1&2&3&4&2\\3&5&4&6&3\\1&1&-2&-2&4\end{array}\right)\xrightarrow{r_2\leftrightarrow r_1}\left(\begin{array}{cccc|c}1&2&3&4&2\\2&3&1&2&1\\3&5&4&6&3\\1&1&-2&-2&4\end{array}\right)\xrightarrow[r_4+(-1)\times r_1]{\substack{r_2+(-2)\times r_1\\r_3+(-3)\times r_1}}\left(\begin{array}{cccc|c}1&2&3&4&2\\0&-1&-5&-6&1\\0&-1&-5&-6&3\\0&-1&-5&-6&4\end{array}\right)$$

$$\xrightarrow{\substack{r_3+(-1)\times r_2\\r_4+(-1)\times r_2}}\left(\begin{array}{cccc|c}1&2&3&4&2\\0&-1&-5&-6&1\\0&0&0&0&3\\0&0&0&0&4\end{array}\right)\xrightarrow{(-1)\times r_2}\left(\begin{array}{cccc|c}1&2&3&4&2\\0&1&5&6&1\\0&0&0&0&3\\0&0&0&0&4\end{array}\right)\xrightarrow{r_1+(-2)\times r_2}\left(\begin{array}{cccc|c}1&0&-7&-8&2\\0&1&5&6&1\\0&0&0&0&3\\0&0&0&0&4\end{array}\right)$$

所以去掉原方程组中的第 3 个和第 4 个方程，得到新的方程组 $\begin{cases}2x+3y+z=2\\x+2y+3z=4\end{cases}$.

练习 2 去掉方程组 $\begin{cases}2x-2y+3z=4\\3x+y+2z=3\\5x-y+5z=7\\x+3y-z=-1\end{cases}$ 中冗余的方程.

二、向量组的线性相关与线性无关的等价定义

利用向量组线性相关与线性无关的定义，验证向量组是否线性相关时，往往采用下面给出的向量组线性相关与线性无关的另一种描述：其中是否有一个向量可以由其他向量线性表示．为了说清楚这个问题，从两个方面来讨论．一方面，按照向量组线性相关的定义，推出向量组中有一个向量可以由其他向量线性表示；另一方面，由向量组中有一个向量可以由其他向量线性表示，推出向量组线性相关.

（一）由线性相关的定义，推出其中有一个向量可以由其他向量线性表示

假设向量组 $\boldsymbol{A}:\overrightarrow{\alpha_1},\overrightarrow{\alpha_2},\overrightarrow{\alpha_3}$ 线性相关，由线性相关的定义，可知由向量组组成的矩阵 $\begin{pmatrix}\overrightarrow{\alpha_1}\\\overrightarrow{\alpha_2}\\\overrightarrow{\alpha_3}\end{pmatrix}$ 经过有限次的初等行变换后出现零向量，设经过初等行变换的向量组矩阵为 $\begin{pmatrix}\overrightarrow{\beta_1}\\\overrightarrow{\beta_2}\\\vec{0}\end{pmatrix}$，则有 $\begin{pmatrix}\overrightarrow{\beta_1}\\\overrightarrow{\beta_2}\\\vec{0}\end{pmatrix}=\boldsymbol{P}_m\cdots\boldsymbol{P}_2\boldsymbol{P}_1\begin{pmatrix}\overrightarrow{\alpha_1}\\\overrightarrow{\alpha_2}\\\overrightarrow{\alpha_3}\end{pmatrix}$，其中 $\boldsymbol{P}_1,\boldsymbol{P}_2,\cdots,\boldsymbol{P}_m$ 为初等矩阵．根据初等矩阵的性质，可知 $\boldsymbol{P}_m\cdots\boldsymbol{P}_2\boldsymbol{P}_1$ 一定为可逆矩阵，设 $\boldsymbol{P}_m\cdots\boldsymbol{P}_2\boldsymbol{P}_1=\begin{pmatrix}a&b&c\\d&e&f\\g&h&i\end{pmatrix}$，则 g,h,i 不能全为零（否则有 $\begin{vmatrix}a&b&c\\d&e&f\\g&h&i\end{vmatrix}=0$，与

$\begin{pmatrix} a & b & c \\ d & e & f \\ g & h & i \end{pmatrix}$为可逆矩阵矛盾）. 不妨假设 $g \neq 0$，则由 $\begin{pmatrix} \overrightarrow{\beta_1} \\ \overrightarrow{\beta_2} \\ \vec{0} \end{pmatrix} = \begin{pmatrix} a & b & c \\ d & e & f \\ g & h & i \end{pmatrix} \begin{pmatrix} \overrightarrow{\alpha_1} \\ \overrightarrow{\alpha_2} \\ \overrightarrow{\alpha_3} \end{pmatrix}$，可知 $\vec{0} = g\vec{\alpha}_1 + h\overrightarrow{\alpha_2} + i\overrightarrow{\alpha_3}$，则有 $\overrightarrow{\alpha_1} = -\frac{h}{g}\overrightarrow{\alpha_2} - \frac{i}{g}\overrightarrow{\alpha_3}$，于是得到 $\overrightarrow{\alpha_1}$ 可由 $\overrightarrow{\alpha_2}, \overrightarrow{\alpha_3}$ 线性表示.

（二）由向量组中有一个向量可以由其他向量线性表示，推出向量组线性相关

假设向量组 $\boldsymbol{A}: \overrightarrow{\alpha_1}, \overrightarrow{\alpha_2}, \overrightarrow{\alpha_3}$ 中有一个向量可以由其他向量线性表示，不妨设 $\overrightarrow{\alpha_3} = k_1\overrightarrow{\alpha_1} + k_2\overrightarrow{\alpha_2}$，其中 k_1, k_2 为实数. 于是，对于向量组 $\boldsymbol{A}: \overrightarrow{\alpha_1}, \overrightarrow{\alpha_2}, \overrightarrow{\alpha_3}$ 组成的矩阵 $\begin{pmatrix} \overrightarrow{\alpha_1} \\ \overrightarrow{\alpha_2} \\ \overrightarrow{\alpha_3} \end{pmatrix}$ 经过初等行变换后，得到

$$\begin{pmatrix} 1 & 0 & 0 \\ 0 & 1 & 0 \\ 0 & -k_2 & 1 \end{pmatrix} \begin{pmatrix} 1 & 0 & 0 \\ 0 & 1 & 0 \\ -k_1 & 0 & 1 \end{pmatrix} \begin{pmatrix} \overrightarrow{\alpha_1} \\ \overrightarrow{\alpha_2} \\ \overrightarrow{\alpha_3} \end{pmatrix} = \begin{pmatrix} \overrightarrow{\alpha_1} \\ \overrightarrow{\alpha_2} \\ \overrightarrow{\alpha_3} - k_1\overrightarrow{\alpha_1} - k_2\overrightarrow{\alpha_2} \end{pmatrix} = \begin{pmatrix} \overrightarrow{\alpha_1} \\ \overrightarrow{\alpha_2} \\ \vec{0} \end{pmatrix}$$

因此向量组 $\boldsymbol{A}: \overrightarrow{\alpha_1}, \overrightarrow{\alpha_2}, \overrightarrow{\alpha_3}$ 线性相关.

综合（一）和（二），可知向量组线性相关与其中有一个向量可以由其他向量线性表示是等价的，于是可得下面的向量组线性相关的等价定义.

定义 3　如果一个向量组中有一个向量可以由其他向量线性表示，则称该向量组线性相关. 如果一个向量组中任何一个向量都不能由其他向量线性表示，称为该向量组线性无关.

在利用定义 3 判断向量组是否线性相关时，往往需要对每个向量讨论是否可以由其他向量线性表示，因此直接利用定义 3 来判断向量组是否线性相关比较麻烦，下面给出与定义 3 等价的定义.

定义 4　对于向量组 $\boldsymbol{A}: \overrightarrow{\alpha_1}, \overrightarrow{\alpha_2}, \overrightarrow{\alpha_3}$，如果存在不全为零的实数 k_1, k_2, k_3，使得

$$k_1\overrightarrow{\alpha_1} + k_2\overrightarrow{\alpha_2} + k_3\overrightarrow{\alpha_3} = \vec{0}$$

成立，则称向量组 $\boldsymbol{A}: \overrightarrow{\alpha_1}, \overrightarrow{\alpha_2}, \overrightarrow{\alpha_3}$ 线性相关.

如果只有全为零的实数 k_1, k_2, k_3，才能使得

$$k_1\overrightarrow{\alpha_1} + k_2\overrightarrow{\alpha_2} + k_3\overrightarrow{\alpha_3} = \vec{0}$$

成立，则称向量组 $\boldsymbol{A}: \overrightarrow{\alpha_1}, \overrightarrow{\alpha_2}, \overrightarrow{\alpha_3}$ 线性无关.

下面给出定义 3 与定义 4 等价的证明.

（1）由一个向量组中有一个向量可以由其他向量线性表示，推出存在不全为零的实数，使得这些实数与向量组中的向量依次相乘的积之和为零向量.

假设向量组 $\boldsymbol{A}: \overrightarrow{\alpha_1}, \overrightarrow{\alpha_2}, \overrightarrow{\alpha_3}$ 中有一个向量可以由其他向量线性表示，不妨设 $\overrightarrow{\alpha_3} = k_1\overrightarrow{\alpha_1} + k_2\overrightarrow{\alpha_2}$，其中 k_1, k_2 为实数. 于是 $k_1\overrightarrow{\alpha_1} + k_2\overrightarrow{\alpha_2} - \overrightarrow{\alpha_3} = \vec{0}$，即存在不全为零的实数 k_1, k_2，-1，使得 $k_1\overrightarrow{\alpha_1} + k_2\overrightarrow{\alpha_2} - \overrightarrow{\alpha_3} = \vec{0}$.

（2）由存在不全为零的实数，使得这些实数与一个向量组中的向量依次相乘的积之和为

零向量，推出该向量组中有一个向量可以由其他向量线性表示．

假设对于向量组$\boldsymbol{A}:\overrightarrow{\alpha_1},\overrightarrow{\alpha_2},\overrightarrow{\alpha_3}$，存在不全为零的实数$k_1,k_2,k_3$，使得

$$k_1\overrightarrow{\alpha_1}+k_2\overrightarrow{\alpha_2}+k_3\overrightarrow{\alpha_3}=\vec{0}$$

成立．不妨设$k_1\neq 0$，则有$\overrightarrow{\alpha_1}=-\frac{k_2}{k_1}\overrightarrow{\alpha_2}-\frac{k_3}{k_1}\overrightarrow{\alpha_3}$，由此得到$\overrightarrow{\alpha_1}$可由$\overrightarrow{\alpha_2},\overrightarrow{\alpha_3}$线性表示．

有了定义 4，要判断一个向量组的线性相关与否，只需建立关于k_1,k_2,k_3的方程组

$$k_1\overrightarrow{\alpha_1}+k_2\overrightarrow{\alpha_2}+k_3\overrightarrow{\alpha_3}=\vec{0}$$

如果关于k_1,k_2,k_3的方程组只有零解，则该向量组线性无关；如果有非零解，则该向量组线性相关．下面通过一个例子加以说明．

例 3　判断向量组$\overrightarrow{\alpha_1}=(5,5,6),\overrightarrow{\alpha_2}=(1,3,4),\overrightarrow{\alpha_3}=(4,2,2)$的线性相关性．

解　令$k_1\overrightarrow{\alpha_1}+k_2\overrightarrow{\alpha_2}+k_3\overrightarrow{\alpha_3}=\vec{0}$，根据向量的运算法则与相等的定义，可知$k_1,k_2,k_3$满足

$$\begin{cases}5k_1+k_2+4k_3=0\\5k_1+3k_2+2k_3=0\\6k_1+4k_2+2k_3=0\end{cases}$$

由于该方程组的系数行列式

$$\begin{vmatrix}5&1&4\\5&3&2\\6&4&2\end{vmatrix}=30+80+12-(72+40+10)=0$$

利用第六章第二节定理 2 的结论，可知方程组有非零解，所以向量组$\overrightarrow{\alpha_1},\overrightarrow{\alpha_2},\overrightarrow{\alpha_3}$线性相关．

练习 3　判断向量组$\overrightarrow{\alpha_1}=(1,4,3),\overrightarrow{\alpha_2}=(2,3,4),\overrightarrow{\alpha_3}=(2,-1,1)$的线性相关性．

第三节　三元线性方程组无穷多组解的表示

本章第二节介绍了三元冗余线性方程组的缩减，当方程组消除了冗余方程后，如果未知数的个数和方程的个数相同且有解，则可以利用第一章第一节的消元法、第五章第一节的方程组化对角线形方法、第五章第三节的逆矩阵方法和第六章第一节的行列式法来求解方程组．在实际问题中，有时会遇到方程组消除了冗余方程后，方程组中方程的个数小于未知数的个数的情况，此时方程组有无穷多组解．虽然方程组有无穷多组解，但并不是任意三个实数都是方程组的解，需要满足限制条件．本节介绍方程组有无穷多组解时的简洁表示方法，包括三元非齐次线性方程组解的结构、三元齐次线性方程组解的向量组表示与基础解系、三元线性方程组解空间的几何意义等内容．

一、三元非齐次线性方程组解的结构

根据非齐次线性方程组和齐次线性方程组的定义，可以看出线性方程组$\begin{cases}2x_1+x_2+2x_3=1\\x_1-2x_2+x_3=4\\3x_1+2x_2+2x_3=2\end{cases}$和$\begin{cases}2x_1+x_2+2x_3=1\\x_1-2x_2+x_3=0\\3x_1+2x_2+2x_3=0\end{cases}$都是三元非齐次线性方程组，而线性方程组

$\begin{cases} x_1+x_2+2x_3=0 \\ 3x_1-2x_2+x_3=0 \\ 3x_1+2x_2-x_3=0 \end{cases}$是齐次线性方程组.

有时会遇到只含有一个方程或两个方程的三元非齐次线性方程组的求解问题，此时方程组有无穷多组解，这些解有什么特点呢？下面通过一个具体的例子来说明.

引例　求解三元非齐次线性方程组$\begin{cases} x_1-x_2+2x_3=2 \\ 2x_1-2x_2+4x_3=4 \\ 3x_1-3x_2+6x_3=6 \end{cases}$.

解　此线性方程组的增广矩阵为$\begin{pmatrix} 1 & -1 & 2 & 2 \\ 2 & -2 & 4 & 4 \\ 3 & -3 & 6 & 6 \end{pmatrix}$，经过初等行变换可变为

$$\begin{pmatrix} 1 & -1 & 2 & 2 \\ 2 & -2 & 4 & 4 \\ 3 & -3 & 6 & 6 \end{pmatrix} \xrightarrow[r_3+(-3)\times r_1]{r_2+(-2)\times r_1} \begin{pmatrix} 1 & -1 & 2 & 2 \\ 0 & 0 & 0 & 0 \\ 0 & 0 & 0 & 0 \end{pmatrix}$$

所以原线性方程组为冗余线性方程组，与线性方程组

$$\begin{cases} x_1-x_2+2x_3=2 \end{cases} \tag{7-4}$$

同解. 这是线性方程组的特殊情况，即方程组中只含有一个方程. 由于方程组中有三个未知数但只有一个方程，所以其中有两个未知数为自由未知数（该未知数可以取任意实数），不妨设 x_2 和 x_3 为自由未知数，设 $x_2=k_1$，$x_3=k_2$（k_1，k_2 可以取任意实数），此时可解得 $x_1=2+k_1-2k_2$，将 x_1,x_2,x_3 组成向量，并写成列向量的形式，称为解向量，则有 $\begin{pmatrix} x_1 \\ x_2 \\ x_3 \end{pmatrix}=\begin{pmatrix} 2+k_1-2k_2 \\ k_1 \\ k_2 \end{pmatrix}$，其中 k_1，k_2 为任意实数. 这是方程组（7-4）通解向量的表达式，按照向量的加法和数乘运算定义，不难将其写成下面的形式

$$\begin{pmatrix} x_1 \\ x_2 \\ x_3 \end{pmatrix}=\begin{pmatrix} 2+k_1-2k_2 \\ k_1 \\ k_2 \end{pmatrix}=\begin{pmatrix} 2 \\ 0 \\ 0 \end{pmatrix}+\begin{pmatrix} k_1-2k_2 \\ k_1 \\ k_2 \end{pmatrix} \tag{7-5}$$

可以看出，向量$\begin{pmatrix} 2 \\ 0 \\ 0 \end{pmatrix}$是非齐次线性方程组（7-4）的解向量，是其通解表达式中的 k_1，k_2 均取零时的解向量，因此向量$\begin{pmatrix} 2 \\ 0 \\ 0 \end{pmatrix}$也称为非齐次线性方程组（7-4）的特解向量，而向量$\begin{pmatrix} k_1-2k_2 \\ k_1 \\ k_2 \end{pmatrix}$是方程组对应的齐次线性方程组

$$\begin{cases} x_1 - x_2 + 2x_3 = 0, \\ \\ \end{cases} \tag{7-6}$$

的通解向量．于是，式（7-5）可以解释为：三元非齐次线性方程组的通解等于该方程组的一个特解加上该方程组所对应的齐次线性方程组的通解．

由引例得到的这个结论，对于有无穷多组解的一般三元非齐次线性方程组也成立，于是有下面的定理．

定理 1 三元非齐次线性方程组的通解等于该方程组的一个特解加上该方程组所对应的齐次线性方程组的通解．

定理 1 中三元非齐次线性方程组的特解可以是任意选的．可以证明，由三元非齐次线性方程组的不同特解所表示的三元非齐次线性方程组的通解，是相同的．

以引例为例说明如下：

不难看出，$\begin{pmatrix} 3 \\ 1 \\ 0 \end{pmatrix}$也是该三元非齐次线性方程组的一个特解，下面说明$\begin{pmatrix} 2 \\ 0 \\ 0 \end{pmatrix} + \begin{pmatrix} k_1 - 2k_2 \\ k_1 \\ k_2 \end{pmatrix}$（$k_1,k_2$为任意实数）与$\begin{pmatrix} 3 \\ 1 \\ 0 \end{pmatrix} + \begin{pmatrix} k_1 - 2k_2 \\ k_1 \\ k_2 \end{pmatrix}$（$k_1,k_2$为任意实数）均表示该三元非齐次线性方程组的通解．

为了说明二者表示的三元非齐次线性方程组的通解相同，我们采用证明两个集合相等的方法，即证明从前一个集合中任取一个元素，该元素都在后一个集合中，再证从后一个集合中任取一个元素，该元素都在前一个集合中．

（1）从$\begin{pmatrix} 2 \\ 0 \\ 0 \end{pmatrix} + \begin{pmatrix} k_1 - 2k_2 \\ k_1 \\ k_2 \end{pmatrix}$（$k_1,k_2$为任意实数）中任取一个解向量$\begin{pmatrix} 2 \\ 0 \\ 0 \end{pmatrix} + \begin{pmatrix} k_{11} - 2k_{21} \\ k_{11} \\ k_{21} \end{pmatrix}$，证明它也可以表示成$\begin{pmatrix} 3 \\ 1 \\ 0 \end{pmatrix} + \begin{pmatrix} k_1 - 2k_2 \\ k_1 \\ k_2 \end{pmatrix}$（$k_1,k_2$为任意实数）的形式．

由于

$$\begin{pmatrix} 2 \\ 0 \\ 0 \end{pmatrix} + \begin{pmatrix} k_{11} - 2k_{21} \\ k_{11} \\ k_{21} \end{pmatrix} = \begin{pmatrix} 2 \\ 0 \\ 0 \end{pmatrix} + \begin{pmatrix} 1 + (k_{11} - 1) - 2k_{21} \\ 1 + (k_{11} - 1) \\ 0 + k_{21} \end{pmatrix} = \begin{pmatrix} 2 \\ 0 \\ 0 \end{pmatrix} + \begin{pmatrix} 1 \\ 1 \\ 0 \end{pmatrix} + \begin{pmatrix} (k_{11} - 1) - 2k_{21} \\ (k_{11} - 1) \\ k_{21} \end{pmatrix}$$

$$= \begin{pmatrix} 3 \\ 1 \\ 0 \end{pmatrix} + \begin{pmatrix} (k_{11} - 1) - 2k_{21} \\ (k_{11} - 1) \\ k_{21} \end{pmatrix}$$

所以$\begin{pmatrix} 2 \\ 0 \\ 0 \end{pmatrix} + \begin{pmatrix} k_{11} - 2k_{21} \\ k_{11} \\ k_{21} \end{pmatrix}$也可以表示成$\begin{pmatrix} 3 \\ 1 \\ 0 \end{pmatrix} + \begin{pmatrix} k_1 - 2k_2 \\ k_1 \\ k_2 \end{pmatrix}$（$k_1,k_2$为任意实数）的形式．

（2）从$\begin{pmatrix}3\\1\\0\end{pmatrix}+\begin{pmatrix}k_1-2k_2\\k_1\\k_2\end{pmatrix}$（$k_1,k_2$为任意实数）中任取一个解向量$\begin{pmatrix}3\\1\\0\end{pmatrix}+\begin{pmatrix}k_{11}-2k_{21}\\k_{11}\\k_{21}\end{pmatrix}$，证明它也可以表示成$\begin{pmatrix}2\\0\\0\end{pmatrix}+\begin{pmatrix}k_1-2k_2\\k_1\\k_2\end{pmatrix}$（$k_1,k_2$为任意实数）的形式.

由于

$$\begin{pmatrix}3\\1\\0\end{pmatrix}+\begin{pmatrix}k_{11}-2k_{21}\\k_{11}\\k_{21}\end{pmatrix}=\begin{pmatrix}3\\1\\0\end{pmatrix}+\begin{pmatrix}(-1+k_{11}+1)-2k_{21}\\-1+k_{11}+1\\k_{21}\end{pmatrix}=\begin{pmatrix}3\\1\\0\end{pmatrix}+\begin{pmatrix}-1\\-1\\0\end{pmatrix}+\begin{pmatrix}(k_{11}+1)-2k_{21}\\(k_{11}+1)\\k_{21}\end{pmatrix}$$

$$=\begin{pmatrix}2\\0\\0\end{pmatrix}+\begin{pmatrix}(k_{11}+1)-2k_{21}\\(k_{11}+1)\\k_{21}\end{pmatrix}$$

所以$\begin{pmatrix}3\\1\\0\end{pmatrix}+\begin{pmatrix}k_{11}-2k_{21}\\k_{11}\\k_{21}\end{pmatrix}$也可以表示成$\begin{pmatrix}2\\0\\0\end{pmatrix}+\begin{pmatrix}k_1-2k_2\\k_1\\k_2\end{pmatrix}$（$k_1,k_2$为任意实数）的形式.

综合（1）（2），可知$\begin{pmatrix}2\\0\\0\end{pmatrix}+\begin{pmatrix}k_1-2k_2\\k_1\\k_2\end{pmatrix}$（$k_1,k_2$为任意实数）与$\begin{pmatrix}3\\1\\0\end{pmatrix}+\begin{pmatrix}k_1-2k_2\\k_1\\k_2\end{pmatrix}$（$k_1,k_2$为任意实数）均表示该三元非齐次线性方程组的通解.

由上述分析可知，要表示三元非齐次线性方程组的通解，首先需求出该三元非齐次线性方程组的一个特解，如何求呢？一般选取最容易计算的，即让自由未知数皆取零，计算出非自由未知数的相应取值，下面通过一个具体的例子来说明求非齐次线性方程组特解的方法.

例 1　求非齐次线性方程组$\begin{cases}2x_1+x_2-2x_3=1\\4x_1+2x_2-4x_3=2\\6x_1+3x_2-6x_3=3\end{cases}$的一个特解向量.

解　此线性方程组的增广矩阵为$\begin{pmatrix}2&1&-2&1\\4&2&-4&2\\6&3&-6&3\end{pmatrix}$，经过初等行变换可变为

$$\begin{pmatrix}2&1&-2&1\\4&2&-4&2\\6&3&-6&3\end{pmatrix}\xrightarrow[r_3+(-3)\times r_1]{r_2+(-2)\times r_1}\begin{pmatrix}2&1&-2&1\\0&0&0&0\\0&0&0&0\end{pmatrix}\xrightarrow{\frac{1}{2}\times r_1}\begin{pmatrix}1&\frac{1}{2}&-1&\frac{1}{2}\\0&0&0&0\\0&0&0&0\end{pmatrix}$$

所以原线性方程组为冗余线性方程组，与线性方程组$\begin{cases}x_1+\frac{1}{2}x_2-x_3=\frac{1}{2}\\ \\ \end{cases}$同解. 不妨选 x_2 和 x_3

为自由未知数，令 $x_2=0$ ，$x_3=0$ ，可解得 $x_1=\dfrac{1}{2}$ ，所以该方程组的一个特解向量为 $\begin{pmatrix} \frac{1}{2} \\ 0 \\ 0 \end{pmatrix}$.

练习 1 求非齐次线性方程组 $\begin{cases} x_1+2x_2-2x_3=3 \\ 2x_1+4x_2-4x_3=6 \\ 3x_1+6x_2-6x_3=9 \end{cases}$ 的一个特解向量.

对三元非齐次线性方程组来讲，当求出一个特解后，要简洁地表示其通解，根据定理 1，只需要将对应的齐次线性方程组的通解用简洁的方式表示出来就可以了. 如何用简洁的方式来表示齐次线性方程组的通解呢？下面介绍三元齐次线性方程组通解的简洁表示.

二、三元齐次线性方程组解的向量组表示与基础解系

根据第四章第三节极大无关组的等价定义和求二元齐次线性方程组的基础解系的方法，不难得到有无穷多组解的三元齐次线性方程组解的结构及其简洁表示，下面通过一个具体的例子加以说明.

例 2 给出引例中的非齐次线性方程组对应的齐次线性方程组 $\begin{cases} x_1-x_2+2x_3=0 \\ \\ \end{cases}$ 通解的简洁表示.

分析 从引例中已经知道，齐次线性方程组 $\begin{cases} x_1-x_2+2x_3=0 \\ \\ \end{cases}$ 的通解向量为 $\begin{pmatrix} k_1-2k_2 \\ k_1 \\ k_2 \end{pmatrix}$，其中 k_1，k_2 可以取任意实数. 如果将所有的解向量放在一起，则组成一个向量组. 由于该向量组中有无穷多个向量，我们希望找出该向量组的一个极大无关组（此时的极大无关组也称为齐次线性方程组的基础解系）.

按照极大无关组的等价定义，需要从该向量组中找出一个线性无关组，使得解向量都可用此线性无关组线性表示. 为此，对齐次线性方程组选取自由未知数（不妨将 x_2 和 x_3 取为自由未知数），令第一个自由未知数取 1，其他自由未知数取零，将所有这些自由未知数的取值代入方程组中，解得其他未知数的值，这样就得到第一个解向量；再令第二个自由未知数取 1，其他自由未知数取零，将所有这些自由未知数的取值代入方程组中，解得其他未知数的值，这样就得到第二个解向量；……令最后一个自由未知数取 1，其他自由未知数取零，将所有这些自由未知数的取值代入方程组中，解得其他未知数的值，这样就得到最后一个解向量.

可以看出，有几个自由未知数就有几个这种形式的解向量. 对于本题，因为有两个自由未知数，所以可以得到两个这种形式的解向量，具体做法如下：令 $x_2=1, x_3=0$ ，代入方程组中可以得到 $x_1=1$；令 $x_2=0, x_3=1$，代入方程组中可以得到 $x_1=-2$ ，于是可得解向量组 $\boldsymbol{A}$: $\begin{pmatrix} 1 \\ 1 \\ 0 \end{pmatrix}$，

$\begin{pmatrix} -2 \\ 0 \\ 1 \end{pmatrix}$.

解向量组 $\boldsymbol{A}$ 是线性无关的．因为设 $k_1\begin{pmatrix} 1 \\ 1 \\ 0 \end{pmatrix}+k_2\begin{pmatrix} -2 \\ 0 \\ 1 \end{pmatrix}=\begin{pmatrix} 0 \\ 0 \\ 0 \end{pmatrix}$，则 k_1,k_2 满足 $\begin{cases} k_1-2k_2=0 \\ k_1=0 \\ k_2=0 \end{cases}$，于是 k_1,k_2 只有零解，即只有 k_1,k_2 全为零时，才能使得 $k_1\begin{pmatrix} 1 \\ 1 \\ 0 \end{pmatrix}+k_2\begin{pmatrix} -2 \\ 0 \\ 1 \end{pmatrix}=\begin{pmatrix} 0 \\ 0 \\ 0 \end{pmatrix}$．由线性无关的定义可知，解向量组 $\boldsymbol{A}$ 是线性无关的．

此外，由引例可知，齐次线性方程组 $\begin{cases} x_1-x_2+2x_3=0 \\ \\ \end{cases}$ 的任一解向量都可以表示为 $\begin{pmatrix} k_1-2k_2 \\ k_1 \\ k_2 \end{pmatrix}$，而 $\begin{pmatrix} k_1-2k_2 \\ k_1 \\ k_2 \end{pmatrix}=k_1\begin{pmatrix} 1 \\ 1 \\ 0 \end{pmatrix}+k_2\begin{pmatrix} -2 \\ 0 \\ 1 \end{pmatrix}$，说明任一解向量可由解向量组 $\boldsymbol{A}$：$\begin{pmatrix} 1 \\ 1 \\ 0 \end{pmatrix}$，$\begin{pmatrix} -2 \\ 0 \\ 1 \end{pmatrix}$ 线性表示．由极大无关组的等价定义，可知解向量组 $\boldsymbol{A}$：$\begin{pmatrix} 1 \\ 1 \\ 0 \end{pmatrix}$，$\begin{pmatrix} -2 \\ 0 \\ 1 \end{pmatrix}$ 是一个极大无关组，即基础解系．

这样一来，该齐次线性方程组的通解为 $k_1\begin{pmatrix} 1 \\ 1 \\ 0 \end{pmatrix}+k_2\begin{pmatrix} -2 \\ 0 \\ 1 \end{pmatrix}$，其中 k_1,k_2 为任意实数．这就是该齐次线性方程组的通解的简洁表示．

解　选 x_2 和 x_3 为自由未知数，令 $x_2=1,x_3=0$，代入方程组中可以得到 $x_1=1$；令 $x_2=0,x_3=1$，代入方程组中可以得到 $x_1=-2$，于是齐次线性方程组的基础解系为 $\begin{pmatrix} 1 \\ 1 \\ 0 \end{pmatrix}$，$\begin{pmatrix} -2 \\ 0 \\ 1 \end{pmatrix}$．故该齐次线性方程组的通解向量可以表示为 $k_1\begin{pmatrix} 1 \\ 1 \\ 0 \end{pmatrix}+k_2\begin{pmatrix} -2 \\ 0 \\ 1 \end{pmatrix}$，其中 k_1,k_2 为任意实数．

练习 2　求齐次线性方程组 $\begin{cases} x_1-2x_2+3x_3=0 \\ \\ \end{cases}$ 的基础解系和通解的简洁表示．

例 3　求齐次线性方程组 $\begin{cases} x_1+2x_2-3x_3=0 \\ 2x_1+5x_2+3x_3=0 \end{cases}$ 的基础解系和通解的简洁表示．

解　此线性方程组的系数矩阵为 $\begin{pmatrix} 1 & 2 & -3 \\ 2 & 5 & 3 \end{pmatrix}$，经过初等行变换可变为

$$\begin{pmatrix}1 & 2 & -3\\2 & 5 & 3\end{pmatrix}\xrightarrow{r_2+(-2)\times r_1}\begin{pmatrix}1 & 2 & -3\\0 & 1 & 9\end{pmatrix}\xrightarrow{r_1+(-2)\times r_2}\begin{pmatrix}1 & 0 & -21\\0 & 1 & 9\end{pmatrix}$$

选 x_3 为自由未知数，令 $x_3=1$，代入方程组中可以得到 $x_1=21$，$x_2=-9$，于是齐次线性方程组的基础解系为 $\begin{pmatrix}21\\-9\\1\end{pmatrix}$，故该齐次线性方程组的通解向量可以表示为 $k\begin{pmatrix}21\\-9\\1\end{pmatrix}$，其中 k 为任意实数.

练习 3 求齐次线性方程组 $\begin{cases}2x_1-x_2+2x_3=0\\3x_1-2x_2+x_3=0\end{cases}$ 的基础解系和通解的简洁表示.

有了三元齐次线性方程组基础解系的求法和通解的简洁表示，再对三元非齐次线性方程组的通解进行简洁表示就很容易了，下面通过一个例子加以说明.

例 4 求三元非齐次线性方程组 $\begin{cases}x_1-3x_2+x_3=2\\2x_1-6x_2+2x_3=4\\3x_1-9x_2+3x_3=6\end{cases}$ 通解的简洁表示.

解 此线性方程组的增广矩阵为 $\begin{pmatrix}1 & -3 & 1 & 2\\2 & -6 & 2 & 4\\3 & -9 & 3 & 6\end{pmatrix}$，经过初等行变换可变为

$$\begin{pmatrix}1 & -3 & 1 & 2\\2 & -6 & 2 & 4\\3 & -9 & 3 & 6\end{pmatrix}\xrightarrow[r_3+(-3)\times r_1]{r_2+(-2)\times r_1}\begin{pmatrix}1 & -3 & 1 & 2\\0 & 0 & 0 & 0\\0 & 0 & 0 & 0\end{pmatrix}$$

于是原线性方程组为冗余线性方程组，与线性方程组 $\begin{cases}x_1-3x_2+x_3=2\end{cases}$ 同解.

先求出该三元非齐次线性方程组的一个特解向量. 不妨设 x_2, x_3 为自由未知数，令 $x_2=0$，$x_3=0$，可解得 $x_1=2$，所以该方程组的一个特解向量为 $\begin{pmatrix}2\\0\\0\end{pmatrix}$.

再求该方程组所对应的齐次线性方程组 $\begin{cases}x_1-3x_2+x_3=0\\2x_1-6x_2+2x_3=0\\3x_1-9x_2+3x_3=0\end{cases}$ 的基础解系. 因为该齐次线性方程组与 $\begin{cases}x_1-3x_2+x_3=0\end{cases}$ 同解，令 $x_2=1, x_3=0$，可得 $x_1=3$；令 $x_2=0, x_3=1$，可得 $x_1=-1$，于是齐次线性方程组的基础解系为 $\begin{pmatrix}3\\1\\0\end{pmatrix}$，$\begin{pmatrix}-1\\0\\1\end{pmatrix}$. 故该齐次线性方程组的通解向量可以表示为

$k_1\begin{pmatrix}3\\1\\0\end{pmatrix}+k_2\begin{pmatrix}-1\\0\\1\end{pmatrix}$，其中 k_1，k_2 为任意实数.

综上可得，三元非齐次线性方程组的通解为 $\begin{pmatrix}2\\0\\0\end{pmatrix}+k_1\begin{pmatrix}3\\1\\0\end{pmatrix}+k_2\begin{pmatrix}-1\\0\\1\end{pmatrix}$，其中 k_1,k_2 为任意实数.

练习 4　求三元非齐次线性方程组 $\begin{cases}2x_1-x_2+2x_3=3\\4x_1-2x_2+4x_3=6\\6x_1-3x_2+6x_3=9\end{cases}$ 通解的简洁表示.

例 5　求三元非齐次线性方程组 $\begin{cases}2x_1+x_2-2x_3=3\\3x_1-2x_2+4x_3=4\end{cases}$ 通解的简洁表示.

解　该非齐次线性方程组的增广矩阵为 $\begin{pmatrix}2&1&-2&3\\3&-2&4&4\end{pmatrix}$，经过初等行变换可变为

$$\begin{pmatrix}2&1&-2&3\\3&-2&4&4\end{pmatrix}\xrightarrow{\frac{1}{2}\times r_1}\begin{pmatrix}1&\frac{1}{2}&-1&\frac{3}{2}\\3&-2&4&4\end{pmatrix}\xrightarrow{r_2+(-3)\times r_1}\begin{pmatrix}1&\frac{1}{2}&-1&\frac{3}{2}\\0&-\frac{7}{2}&7&-\frac{1}{2}\end{pmatrix}$$

$$\xrightarrow{\left(-\frac{2}{7}\right)\times r_2}\begin{pmatrix}1&\frac{1}{2}&-1&\frac{3}{2}\\0&1&-2&\frac{1}{7}\end{pmatrix}\xrightarrow{r_1+\left(-\frac{1}{2}\right)\times r_2}\begin{pmatrix}1&0&0&\frac{10}{7}\\0&1&-2&\frac{1}{7}\end{pmatrix}$$

于是原线性方程组与 $\begin{cases}x_1=\dfrac{10}{7}\\x_2-2x_3=\dfrac{1}{7}\end{cases}$ 同解. 此三元非齐次线性方程组有一个自由未知数，不妨设 x_3 为自由未知数.

先求出该三元非齐次线性方程组的一个特解向量. 令 $x_3=0$，可解得 $x_2=\dfrac{1}{7}$，$x_1=\dfrac{10}{7}$，

所以该三元非齐次线性方程组的一个特解向量为 $\begin{pmatrix}\frac{10}{7}\\\frac{1}{7}\\0\end{pmatrix}$.

再求原三元非齐次方程组所对应的齐次线性方程组 $\begin{cases}2x_1+x_2-2x_3=0\\3x_1-2x_2+4x_3=0\end{cases}$ 的基础解系. 因为该齐次线性方程组与 $\begin{cases}x_1=0\\x_2-2x_3=0\end{cases}$ 同解，令 $x_3=1$，可得 $x_2=2$，$x_1=0$，于是齐次线性方程组

的基础解系为$\begin{pmatrix}0\\2\\1\end{pmatrix}$．故该齐次线性方程组的通解向量可以表示为$k\begin{pmatrix}0\\2\\1\end{pmatrix}$，其中$k$为任意实数．

综上可得，三元非齐次线性方程组的通解为$\begin{pmatrix}\dfrac{10}{7}\\\dfrac{1}{7}\\0\end{pmatrix}+k\begin{pmatrix}0\\2\\1\end{pmatrix}$，其中$k$为任意实数．

练习 5　求三元非齐次线性方程组$\begin{cases}2x_1-2x_2-3x_3=1\\3x_1+x_2+4x_3=4\\\end{cases}$通解的简洁表示．

三、三元线性方程组解空间的几何意义

有无穷多组解的三元非齐次线性方程组可分为两种情况，一种是经过初等行变换后有两个方程，如例 5 的方程组；另一种是经过初等行变换后有一个方程，如例 4 的方程组．下面分别讨论解空间的几何意义．

1．三元非齐次线性方程组经过同解变换后只有一个非冗余方程的情况

1）三元齐次线性方程组解空间的几何意义

先通过一个具体的例子来说明．

以引例中的齐次线性方程组$\begin{cases}x_1-x_2+2x_3=0\\\\\end{cases}$为例，如果选自由未知数为$x_2$和$x_3$，令$x_2=k_1$，$x_3=k_2$，则有$x_1=k_1-2k_2$，其解向量为$\begin{pmatrix}k_1-2k_2\\k_1\\k_2\end{pmatrix}$，如果将$x_2$的数据画在空间直角坐标系的$x$轴上，$x_3$的数据画在空间直角坐标系的$y$轴上，$x_1$的数据画在空间直角坐标系的$z$轴上，则解向量$\begin{pmatrix}k_1-2k_2\\k_1\\k_2\end{pmatrix}$与空间直角坐标系中的点$(k_1,\ k_2,\ k_1-2k_2)$一一对应，其中$k_1,k_2$为任意实数．这些点恰好形成空间平面$z=x-2y$，该平面是法向量为$\vec{n}=(-1,2,1)$且过原点的平面.于是齐次线性方程组的解空间就是过原点的某一平面，如图 7-1 所示．

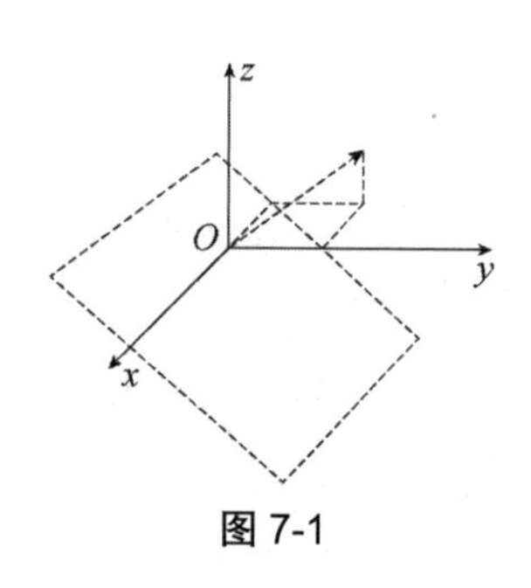

图 7-1

一般地，有两个自由未知数的三元齐次线性方程组解空间的几何意义为：如果将取作自由未知数的两个未知数的值分别画在空间直角坐标系的x轴和y轴上，另一个未知数的值画在空间直角坐标系的z轴上，则三元齐次线性方程组的解空间就是过原点的某一平面．

2）三元非齐次线性方程组解空间的几何意义

先通过一个具体的例子加以说明.

以引例中的非齐次线性方程组$\begin{cases} x_1 - x_2 + 2x_3 = 2 \\ \end{cases}$为例，如果选 x_2 和 x_3 为自由未知数，令 $x_2 = k_1$，$x_3 = k_2$，则有 $x_1 = 2 + k_1 - 2k_2$，其解向量为$\begin{pmatrix} 2 + k_1 - 2k_2 \\ k_1 \\ k_2 \end{pmatrix}$，如果将 x_2 的数据画在空间直角坐标系的 x 轴上，x_3 的数据画在空间直角坐标系的 y 轴上，x_1 的数据画在空间直角坐标系的 z 轴上，则解向量$\begin{pmatrix} 2 + k_1 - 2k_2 \\ k_1 \\ k_2 \end{pmatrix}$与空间直角坐标系中的点$(k_1, k_2, 2 + k_1 - 2k_2)$一一对应，其中 k_1, k_2 为任意实数. 这些点恰好构成空间平面 $z = 2 + x - 2y$，该平面是法向量为 $\vec{n} = (-1, 2, 1)$ 且过点 $(0, 0, 2)$ 的平面. 该平面与对应的齐次线性方程组解空间所表示的平面平行，如图 7-2 所示.

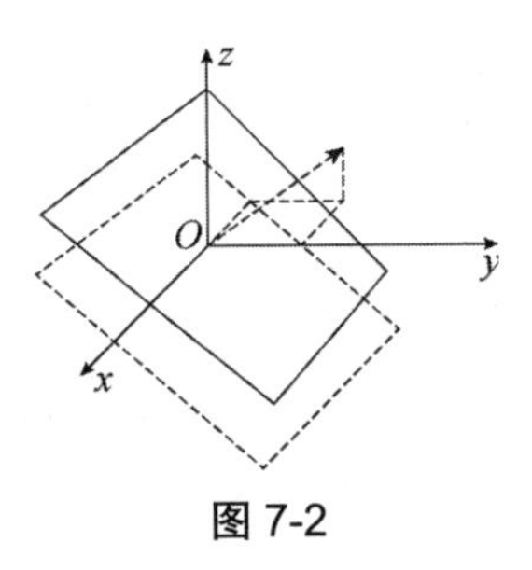

图 7-2

一般地，三元非齐次线性方程组解空间的几何意义为：如果将取作自由未知数的两个未知数的值分别画在空间直角坐标系的 x 轴和 y 轴上，另一个未知数的值画在空间直角坐标系的 z 轴上，则三元非齐次线性方程组的解空间就是与过原点的某一平面平行的平面.

也可以从非齐次线性方程组的通解与对应的齐次线性方程组通解的关系上，给出非齐次线性方程组解空间的另一种解释：

因为$\begin{pmatrix} 2 \\ 0 \\ 0 \end{pmatrix}$是非齐次线性方程组的一个特解向量，$\begin{pmatrix} k_1 - 2k_2 \\ k_1 \\ k_2 \end{pmatrix}$是非齐次线性方程组对应的齐次线性方程组的通解，所以三元非齐次线性方程组的通解为$\begin{pmatrix} 2 \\ 0 \\ 0 \end{pmatrix} + \begin{pmatrix} k_1 - 2k_2 \\ k_1 \\ k_2 \end{pmatrix}$. 因为也可将$\begin{pmatrix} 2 \\ 0 \\ 0 \end{pmatrix}$和$\begin{pmatrix} k_1 - 2k_2 \\ k_1 \\ k_2 \end{pmatrix}$看成始点在原点，终点分别为这些点的向量，利用向量相加的平行四边形法则，二者相加的结果就是以原点为始点，以过$(2,0,0)$点且平行于过原点的某平面的平面上的点为终点的向量.

2．三元非齐次线性方程组经过同解变换后有两个非冗余方程的情况

1）三元齐次线性方程组解空间的几何意义

先通过一个具体的例子加以说明.

以例 5 中三元非齐次线性方程组对应的齐次线性方程组$\begin{cases}2x_1+x_2-2x_3=0\\3x_1-2x_2+4x_3=0\end{cases}$为例来说明. 因为方程组中有三个未知数但是只有两个方程，所以有一个自由未知数，如果选x_3为自由未知数，令$x_3=k$，则有$\begin{cases}2x_1+x_2=2k\\3x_1-2x_2=-4k\end{cases}$，解得$\begin{cases}x_1=0\\x_2=2k\end{cases}$，于是解向量为$\begin{pmatrix}0\\2k\\k\end{pmatrix}$，如果将$x_3$的数据画在空间直角坐标系的 x 轴上，x_2的数据画在空间直角坐标系的 y 轴上，x_1的数据画在空间直角坐标系的 z 轴上，则解向量$\begin{pmatrix}0\\2k\\k\end{pmatrix}$与空间直角坐标系中的点$(k,2k,0)$一一对应，其中 k 为任意实数. 这些点恰好构成空间直线$\begin{cases}z=0\\y=2x\end{cases}$，于是三元齐次线性方程组的解空间就是 xOy 平面上过原点的一条直线，如图 7-3 所示.

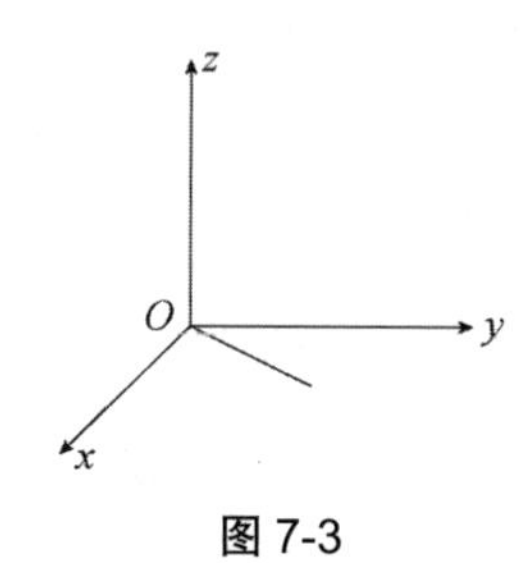

图 7-3

一般地，有一个自由未知数的三元齐次线性方程组解空间的几何意义为：如果将取作自由未知数的未知数的值画在空间直角坐标系的 x 轴上，另两个未知数的值画在空间直角坐标系的 y 轴和 z 轴上，则三元齐次线性方程组的解空间就是 xOy 平面上过原点的一条直线.

2）三元非齐次线性方程组解空间的几何意义

先通过一个具体的例子加以说明.

以例 5 中三元非齐次线性方程组$\begin{cases}2x_1+x_2-2x_3=3\\3x_1-2x_2+4x_3=4\end{cases}$为例说明. 因为方程组中有三个未知数但是只有两个方程，所以有一个自由未知数，如果选x_3为自由未知数，令$x_3=k$，则有$\begin{cases}2x_1+x_2=3+2k\\3x_1-2x_2=4-4k\end{cases}$，解得$\begin{cases}x_1=\dfrac{10}{7}\\x_2=\dfrac{1}{7}+2k\end{cases}$，于是解向量为$\begin{pmatrix}\dfrac{10}{7}\\\dfrac{1}{7}+2k\\k\end{pmatrix}$，如果将 x_3 的数据画在空间直

角坐标系的 x 轴上，x_2 的数据画在空间直角坐标系的 y 轴上，x_1 的数据画在空间直角坐标系的 z 轴上，则解向量 $\begin{pmatrix} \frac{10}{7} \\ \frac{1}{7}+2k \\ k \end{pmatrix}$ 与空间直角坐标系中的点 $\left(k,\frac{1}{7}+2k,\frac{10}{7}\right)$ 一一对应，其中 k 为任意实数．这些空间直角坐标系中的点恰好构成空间直线 $\begin{cases} z=\frac{10}{7}, \\ y=\frac{1}{7}+2x \end{cases}$．于是三元非齐次线性方程组解空间就是过点 $\left(0,\frac{1}{7},\frac{10}{7}\right)$ 且与 xOy 平面上过原点的直线平行的一条直线，如图 7-4 所示．

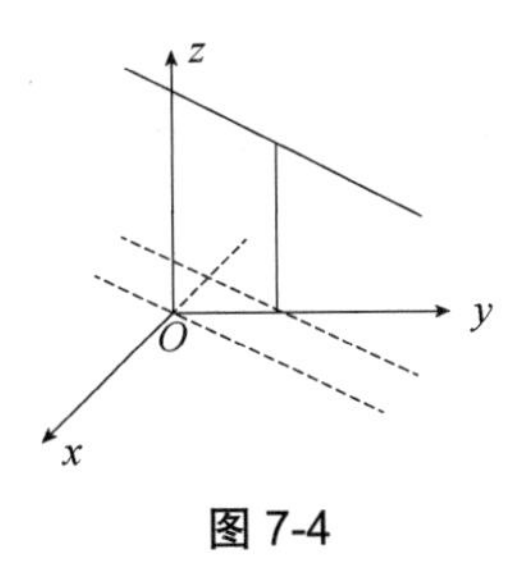

图 7-4

一般地，有一个自由未知数的三元非齐次线性方程组解空间的几何意义为：如果将取作自由未知数的未知数的值分别画在空间直角坐标系的 x 轴上，另两个未知数的值分别画在空间直角坐标系的 y 轴和 z 轴上，则三元非齐次线性方程组的解空间就是与过原点的某一空间直线平行的一条直线．

习题七

1．设 $\overrightarrow{\beta_1}=(1,3,1)$，$\overrightarrow{\beta_2}=(2,1,2)$，$\overrightarrow{\beta_3}=(0,1,1)$，$\vec{\alpha}=(3,2,1)$，判断 $\vec{\alpha}$ 可否由 $\overrightarrow{\beta_1}$，$\overrightarrow{\beta_2}$，$\overrightarrow{\beta_3}$ 线性表示．

2．设向量组 $\boldsymbol{A}:\overrightarrow{\alpha_1}=(1,2,-3)$，$\overrightarrow{\alpha_2}=(1,3,1)$，向量组 $\boldsymbol{B}:\overrightarrow{\beta_1}=(1,1,1)$，$\overrightarrow{\beta_2}=(2,1,1)$，$\overrightarrow{\beta_3}=(1,2,1)$，试判断向量组 $\boldsymbol{A}$ 是否可由向量组 $\boldsymbol{B}$ 线性表示．

3．判断向量组 $\boldsymbol{A}:\overrightarrow{\alpha_1}=(1,2,-1)$，$\overrightarrow{\alpha_2}=(0,1,2)$ 与向量组 $\boldsymbol{B}:\overrightarrow{\beta_1}=(1,0,1)$，$\overrightarrow{\beta_2}=(1,1,0)$，$\overrightarrow{\beta_3}=(0,1,1)$ 是否等价．

4．判断向量组 $\overrightarrow{\alpha_1}=(2,1,1,3)$，$\overrightarrow{\alpha_2}=(6,4,4,3)$，$\overrightarrow{\alpha_3}=(3,2,1,2)$，$\overrightarrow{\alpha_4}=(1,1,2,-2)$ 是否线性相关，并求一个极大无关组和向量组的秩．

5．去掉方程组 $\begin{cases} 2x-3y+2z=3 \\ 3x+2y+z=2 \\ 5x-y+3z=5 \\ x+5y-z=-1 \end{cases}$ 中冗余的方程．

6．判断向量组$\overrightarrow{\alpha_1}=(2,4,3)$，$\overrightarrow{\alpha_2}=(1,1,3)$，$\overrightarrow{\alpha_3}=(2,-1,3)$的线性相关性．

7．求非齐次线性方程组$\begin{cases} 3x_1-2x_2-x_3=2 \\ 6x_1-4x_2-2x_3=4 \\ 12x_1-8x_2-4x_3=8 \end{cases}$的一个特解向量．

8．求齐次线性方程组$\begin{cases} 2x_1+3x_2-x_3=0 \\ \\ \end{cases}$的基础解系和通解的简洁表示．

9．求齐次线性方程组$\begin{cases} 2x_1-3x_2-2x_3=0 \\ 3x_1+x_2+2x_3=0 \\ \end{cases}$的基础解系和通解的简洁表示．

10．求三元非齐次线性方程组$\begin{cases} x_1-3x_2-2x_3=4 \\ 3x_1-9x_2-6x_3=12 \\ 4x_1-12x_2-8x_3=16 \end{cases}$通解的简洁表示．

11．求三元非齐次线性方程组$\begin{cases} 3x_1-2x_2+2x_3=2 \\ 4x_1+3x_2-x_3=3 \\ \end{cases}$通解的简洁表示．

高级篇

高级篇主要讲述二次型、正交变换、特征值和特征向量的内容，包括二次曲线、二元二次方程与二元二次型的标准化，和二次曲面、三元二次方程与三元二次型的标准化等内容.

第八章　二次曲线、二元二次方程与二元二次型的标准化

前面几章介绍了矩阵、行列式、向量组、线性方程组求解等线性代数的基本理论，本章利用这些理论来解决二元二次方程所表示曲线形状的快速辨识问题，并介绍由此产生的线性代数的一些新理论．由于部分同学在中学没有学过二次曲线或者没有掌握好这部分内容，本章先来介绍二次曲线的方程与坐标变换，而后介绍二元二次方程所表示曲线形状的识别，最后介绍正交变换化二元二次型为标准形及矩阵的特征值和特征向量．

第一节　二次曲线的方程与坐标变换

二次曲线是指由二元二次方程所确定的曲线，包括圆、椭圆、双曲线和抛物线．由于这些曲线又可以看成圆锥面被不同平面所截的截痕（不含直线），所以这类曲线也称为圆锥曲线，下面分别来介绍．

一、圆的方程与坐标变换

所谓圆，就是指平面上与定点的距离等于定长的点的轨迹，该定点称为该圆的圆心，该定长称为该圆的半径．

假设定长为 a，下面建立两个平面直角坐标系，分别求出圆的方程，即圆上的点的坐标所满足的条件．

（1）不将定点作为平面直角坐标系的原点，建立如图 8-1（a）所示的坐标系．假设定点在坐标系的坐标为 $A(x_1,y_1)$，设圆上任一点 P 的坐标为 $P(x,y)$，因为 $|AP|=a$，由两点间距离公式，可得

$$\sqrt{(x-x_1)^2+(y-y_1)^2}=a$$

将上式两边平方，得

$$(x-x_1)^2+(y-y_1)^2=a^2 \tag{8-1}$$

若点 $P(x,y)$ 在圆上，由上述讨论可知点 P 的坐标满足方程（8-1）；反之，若点 $P(x,y)$ 的坐标满足方程（8-1），就说明点 P 与圆心 A 的距离为 a，即点 P 在圆心为 A 的圆上．这样一来，圆心为 $A(x_1,y_1)$，半径为 a 的圆，与方程（8-1）构成一一对应的关系，我们把方程（8-1）称为圆心为 $A(x_1,y_1)$，半径为 a 的圆的方程．

（2）以定点为平面直角坐标系的原点，建立如图 8-1（b）所示的坐标系．设圆上任一点 P 的坐标为 $P(x,y)$，因为 $|OP|=a$，由两点间距离公式，可得

$$\sqrt{(x-0)^2+(y-0)^2}=a$$

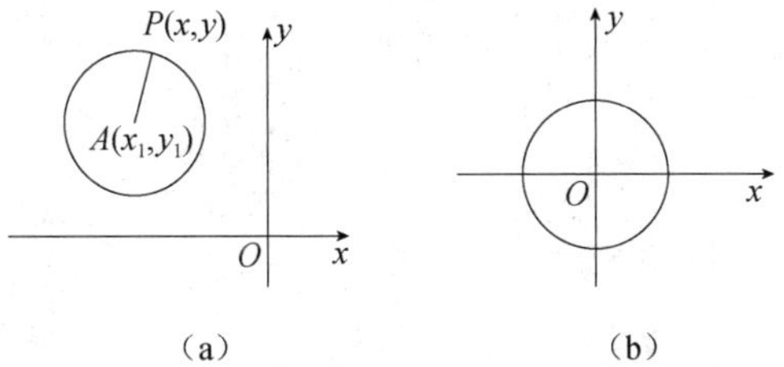

（a）　　（b）

图 8-1

将上式两边平方，得

$$x^2+y^2=a^2 \tag{8-2}$$

若点 $P(x,y)$ 在圆上，由上述讨论可知点 P 的坐标满足方程（8-2）；反之，若点 $P(x,y)$ 的坐标满足方程（8-2），就说明点 P 与圆心 O 的距离为 a，即点 P 在圆心为 O 的圆上．这样一来，圆心为 $O(0,0)$，半径为 a 的圆，与方程（8-2）构成一一对应的关系，我们把方程（8-2）称为圆心为 $O(0,0)$，半径为 a 的圆的方程．

方程（8-1）称为圆的一般方程，方程（8-2）称为圆的规范方程．

例 1　求圆心在点 $(1,-2)$ 处，半径为 4 的圆的方程．

解　根据圆的一般方程可知，所求圆的方程为 $(x-1)^2+[y-(-2)]^2=4^2$，即 $(x-1)^2+(y+2)^2=4^2$．

练习 1　求圆心在点 $(-3,-1)$ 处，半径为 3 的圆的方程．

不难看出，第一个坐标系与第二个坐标系之间有下列关系：将第一个坐标系的原点平移到 (x_1,y_1) 处就成为第二个坐标系，如图 8-2 所示．这两个坐标系下圆的方程之间是一种什么关系？能不能利用已知坐标系下的曲线方程求得平移后新坐标系下的曲线方程呢？如果能找到这种关系，对于很多问题的研究将变得容易．为了说清楚这种关系，下面给出坐标系平移后同一点在两个不同坐标系下坐标之间的关系．

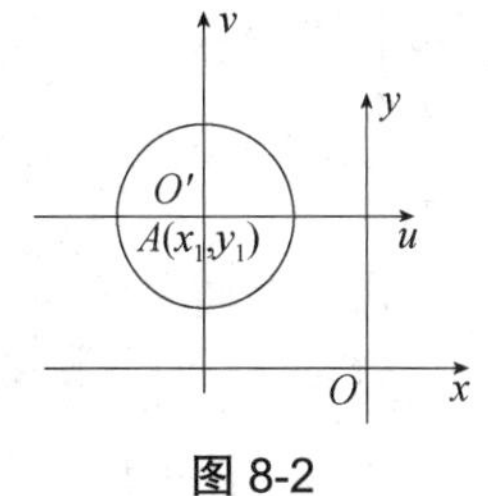

图 8-2

假设动坐标系为 $O'-uv$，定坐标系为 $O-xy$，并且开始时动坐标系与定坐标系重合，而后动坐标系的原点平移到 $P_0(x_0,y_0)$，求同一点在不同坐标系下坐标之间的关系．

设 P 点在动坐标系 $O'-uv$ 下的坐标为 (u,v)，在定坐标系 $O-xy$ 下的坐标为 (x,y)，则 $x=OC=OF+FC=x_0+u$，$y=OD=OE+ED=y_0+v$，如图 8-3 所示．

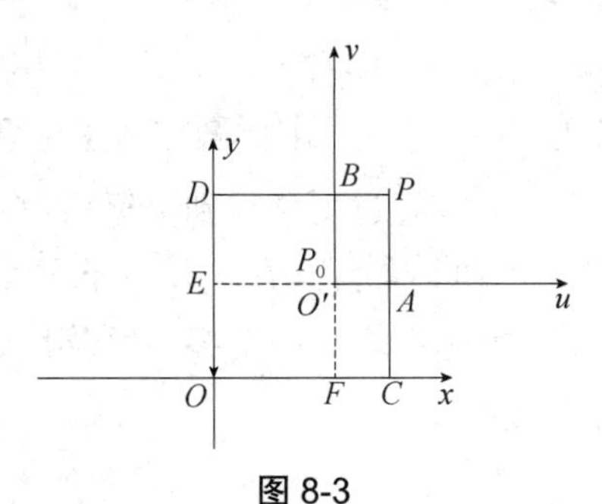

图 8-3

直接将上式写成矩阵形式无法实现，此时增加等式 1=1，将二维扩展到三维，可得两个坐标系的坐标变换的矩阵表示：

$$\begin{pmatrix} x \\ y \\ 1 \end{pmatrix} = \begin{pmatrix} 1 & 0 & x_0 \\ 0 & 1 & y_0 \\ 0 & 0 & 1 \end{pmatrix} \begin{pmatrix} u \\ v \\ 1 \end{pmatrix} \tag{8-3}$$

利用求逆矩阵的方法，可以得到

$$\begin{pmatrix} 1 & 0 & x_0 \\ 0 & 1 & y_0 \\ 0 & 0 & 1 \end{pmatrix}^{-1} = \begin{pmatrix} 1 & 0 & -x_0 \\ 0 & 1 & -y_0 \\ 0 & 0 & 1 \end{pmatrix}$$

于是

$$\begin{pmatrix} u \\ v \\ 1 \end{pmatrix} = \begin{pmatrix} 1 & 0 & -x_0 \\ 0 & 1 & -y_0 \\ 0 & 0 & 1 \end{pmatrix} \begin{pmatrix} x \\ y \\ 1 \end{pmatrix} \tag{8-4}$$

式（8-3）和式（8-4）统称为两个平移坐标系坐标变换的矩阵表示.

求圆的方程时所建立的第一个坐标系过渡到第二个坐标系，需要坐标原点平移到(x_1, y_1)，所以对方程（8-1）进行平移变换

$$\begin{pmatrix} x \\ y \\ 1 \end{pmatrix} = \begin{pmatrix} 1 & 0 & x_1 \\ 0 & 1 & y_1 \\ 0 & 0 & 1 \end{pmatrix} \begin{pmatrix} u \\ v \\ 1 \end{pmatrix}$$

即将$\begin{cases} x = x_1 + u \\ y = y_1 + v \end{cases}$代入方程（8-1）中，可得

$$u^2 + v^2 = a^2$$

此方程的含义与前面建立的第二个坐标系所得到的圆的方程是吻合的.

例 2 已知平面直角坐标系 $O-xy$ 内有一以点 $(2,3)$ 为圆心，以 3 为半径的圆，现将该坐标系平移，使得原点平移到点 $(1,-2)$ 处，求此圆在新坐标系 $O'-uv$ 下的方程.

解 该圆在原坐标系下的方程为

$$(x-2)^2 + (y-3)^2 = 3^2$$

两个坐标系的坐标变换为$\begin{cases} x = 1 + u \\ y = -2 + v \end{cases}$，将其代入圆的方程中，得此圆在新坐标系 $O'-uv$ 下的方程为 $(1+u-2)^2 + (-2+v-3)^2 = 3^2$，即 $(u-1)^2 + (v-5)^2 = 3^2$.

练习 2 已知平面直角坐标系 $O-xy$ 内有一以点 $(-1,0)$ 为圆心，以 2 为半径的圆，现将该坐标系平移，使得原点平移到点 $(-1,3)$ 处，求此圆在新坐标系 $O'-uv$ 下的方程.

例 3 已知平面直角坐标系 $O-xy$ 经过平移得到坐标系 $O'-uv$，某个圆在两个坐标系下的方程分别为 $(x-2)^2 + (y-3)^2 = 4^2$ 和 $(u+2)^2 + (v-2)^2 = 4^2$，求坐标系 $O'-uv$ 的原点在坐标系 $O-xy$ 中的位置，并写出这两个坐标系之间的平移变换及其矩阵表示.

解　该圆的圆心在两个坐标系下的坐标分别为$(2,3)$和$(-2,2)$，根据坐标变换公式$\begin{cases}x=u+x_0\\y=v+y_0\end{cases}$，有$\begin{cases}2=-2+x_0\\3=2+y_0\end{cases}$，解得$\begin{cases}x_0=4\\y_0=1\end{cases}$，于是坐标系$O'-uv$的原点在坐标系$O-xy$中的位置为$P_0(4,1)$，所以两个坐标系之间的平移变换为$\begin{cases}x=4+u\\y=1+v\end{cases}$，矩阵表示为

$$\begin{pmatrix}x\\y\\1\end{pmatrix}=\begin{pmatrix}1&0&4\\0&1&1\\0&0&1\end{pmatrix}\begin{pmatrix}u\\v\\1\end{pmatrix},\quad \begin{pmatrix}u\\v\\1\end{pmatrix}=\begin{pmatrix}1&0&-4\\0&1&-1\\0&0&1\end{pmatrix}\begin{pmatrix}x\\y\\1\end{pmatrix}$$

练习 3　已知平面直角坐标系$O-xy$经过平移得到坐标系$O'-uv$，某个圆在两个坐标系下的方程分别为$(x-1)^2+(y+2)^2=2^2$和$(u-1)^2+(v+1)^2=2^2$，求坐标系$O'-uv$的原点在坐标系$O-xy$中的位置，并写出这两个坐标系之间的平移变换及其矩阵表示.

二、椭圆方程与坐标变换

在平面内到两定点的距离之和等于定长的点的轨迹是椭圆，两个定点分别称为椭圆的焦点，两个焦点间的距离称为焦距.

在图板上选择两点，分别钉上小钉，取一条定长的细绳，把它的两端分别固定在两个小钉上，套上铅笔，拉紧绳子，移动笔尖，这时笔尖画出的轨迹就是椭圆，如图 8-4（a）所示.

不难看出，当椭圆的两个定点重合时，椭圆就化成圆.

下面来介绍椭圆的方程.

假设两定点之间的距离为$2c$，定长为$2a$，$a>c$．下面分别建立 4 个不同的平面直角坐标系来求出椭圆的方程，椭圆的方程即椭圆上的点的坐标所满足的条件.

（1）以两定点之间的连线为x轴，以两定点之间连线的中点为平面直角坐标系的原点，建立如图 8-4（b）所示的坐标系．两个焦点的坐标分别为$F_1(-c,0)$和$F_2(c,0)$．设椭圆上任一点P的坐标为(x,y)，因为$|F_1P|+|F_2P|=2a$，由两点间距离公式，可得

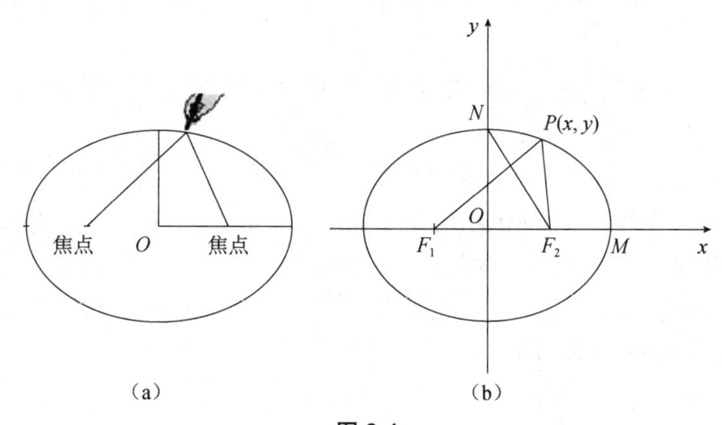

图 8-4

$$\sqrt{[x-(-c)]^2+(y-0)^2}+\sqrt{(x-c)^2+(y-0)^2}=2a$$

整理上式，得

$$\sqrt{(x+c)^2+y^2}+\sqrt{(x-c)^2+y^2}=2a$$

对上式移项，可得

$$\sqrt{(x+c)^2+y^2}=2a-\sqrt{(x-c)^2+y^2}$$

对上式两边平方并移项，得

$$a\sqrt{(x-c)^2+y^2}=a^2-cx$$

再对上式两边平方，整理后可得

$$\left(a^2-c^2\right)x^2+a^2y^2=a^2\left(a^2-c^2\right)$$

将上式两边同除以 $a^2\left(a^2-c^2\right)$，得

$$\frac{x^2}{a^2}+\frac{y^2}{a^2-c^2}=1$$

令 $b^2=a^2-c^2$，上式化为

$$\frac{x^2}{a^2}+\frac{y^2}{b^2}=1 \tag{8-5}$$

在图 8-4（b）中，设椭圆与 x 轴正向、y 轴正向的交点分别为 M，N，则 OM 称为长半轴，ON 称为短半轴．令 F_2M 的长度 $|F_2M|=m$，则 M 点到焦点 F_1，F_2 的距离分别为 $|F_1M|=2c+m$，$|F_2M|=m$．于是有 $2a=|F_1M|+|F_2M|=2c+2m$，即 $a=c+m$，而 $c+m$ 恰为 OM 的长度，所以 a 为长半轴长度．连接 F_2N，则 $2|F_2N|=2a$，即 $|F_2N|=a$.在直角三角形 NOF_2 中，由勾股定理可知，$|ON|^2=|NF_2|^2-|OF_2|^2=a^2-c^2=b^2$，所以 $b=|ON|$，即 b 表示椭圆短半轴的长度．

若点 $P(x,y)$ 在椭圆上，由上述讨论可知点 P 的坐标满足方程（8-5）；反之，若点 P 的坐标 (x,y) 满足方程（8-5），继续往上追溯可知也满足

$$\sqrt{[x-(-c)]^2+(y-0)^2}+\sqrt{(x-c)^2+(y-0)^2}=2a$$

也就说明点 P 与 $F_1(-c,0)$ 和 $F_2(c,0)$ 的距离之和为 $2a$，即点 P 在椭圆上．我们把方程（8-5）称为椭圆的方程．

例 4　已知椭圆的两个焦点间的距离为 4，动点到两个焦点的距离之和为 6，求此椭圆的长半轴和短半轴的长度，并建立坐标系求出椭圆的方程．

解　由题意可知，椭圆两焦点间的距离 $2c=4$，解得 c=2，又椭圆上的点到两个焦点的距离之和 $2a=6$，解得 a=3，则短半轴 b 满足 $b^2=a^2-c^2=3^2-2^2=5$，所以短半轴 $b=\sqrt{5}$．由于长半轴的长度等于 a，所以长半轴长度 $a=3$．

以两焦点之间的连线为 x 轴，以两焦点之间连线的中点为平面直角坐标系的原点，建立平面直角坐标系，则在此坐标系下的椭圆方程为

$$\frac{x^2}{3^2}+\frac{y^2}{\left(\sqrt{5}\right)^2}=1$$

练习 4　已知椭圆的两个焦点间的距离为 2，动点到两个焦点的距离之和为 3，求此椭圆的长半轴和短半轴的长度，并建立坐标系求出椭圆的方程．

练习 5　已知椭圆的长半轴和短半轴的长度分别为 5 和 3，求两个焦点之间的距离.

（2）假设以两定点之间的连线为 x 轴，以左侧的定点为平面直角坐标系的原点，建立如图 8-5 所示的坐标系.

此坐标系可以看成将图 8-4（b）所示坐标系的原点平移到 $(-c,0)$ 处得到的，利用平移的坐标变换公式 $\begin{cases} x=-c+u \\ y=v \end{cases}$，可得椭圆在平移后的坐标系 $O'-uv$ 中的方程为

$$\frac{(-c+u)^2}{a^2}+\frac{v^2}{b^2}=1\text{，即}\frac{u^2}{a^2}+\frac{v^2}{b^2}-\frac{2c}{a^2}u+\frac{c^2}{a^2}-1=0$$

将平移后的坐标轴 u,v 仍分别用 x,y 表示，则平移后的方程为

$$\frac{x^2}{a^2}+\frac{y^2}{b^2}-\frac{2c}{a^2}x+\frac{c^2}{a^2}-1=0 \tag{8-6}$$

方程（8-6）也为椭圆的方程.

（3）以两定点之间的连线为 y 轴，以两定点之间连线的中点为平面直角坐标系的原点，建立如图 8-6 所示的坐标系.

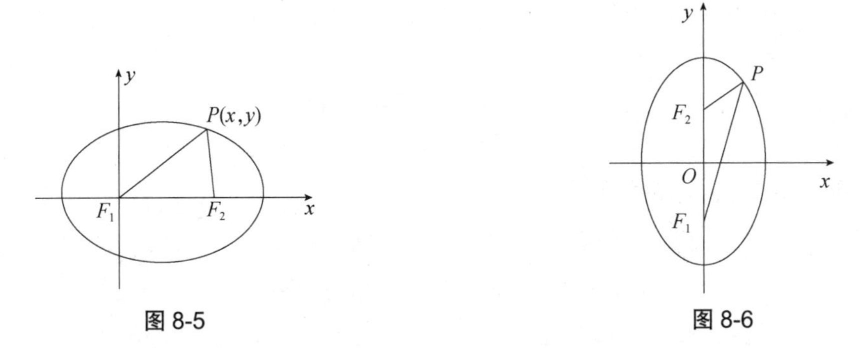

图 8-5　　　　图 8-6

此坐标系可以看成将图 8-4（b）所示坐标系旋转 90° 得到的坐标系，为了得到旋转前后两个坐标系的坐标之间的关系，下面先给出旋转一般角度时两个坐标系的坐标之间的关系.

假设动坐标系为 $O'-uv$，定坐标系为 $O-xy$，并且开始时动坐标系与定坐标系重合，而后动坐标系绕坐标原点旋转 θ 角，求同一点在不同坐标系下坐标之间的关系.

如图 8-7 所示，过 P 点作垂直于 u 轴的直线交 u 轴于 M 点，过 P 点作垂直于 x 轴的直线交 x 轴于 B 点，过 M 点作垂直于 x 轴的直线交 x 轴于 A 点，过 M 点作平行于 x 轴的直线交 PB 于 N 点，则有 $OB=x$，$BP=y$，$OM=u$，$MP=v$.

在直角三角形 OAM 中，$\dfrac{OA}{OM}=\cos\theta$，即 $OA=OM\cos\theta=u\cos\theta$．在直角三角形 PNM 中，$\angle NPM=\angle AOM=\theta$，$\dfrac{NM}{MP}=\sin\theta$，即 $NM=MP\sin\theta=v\sin\theta$. 又因为 $BA=NM$，所以 $x=OB=OA-BA=u\cos\theta-v\sin\theta$.

从图 8-7 中的 N 点作垂直于 y 轴的直线交 y 轴于 C 点，过 P 点作垂直于 y 轴的直线交 y 轴于 D 点，如图 8-8 所示.

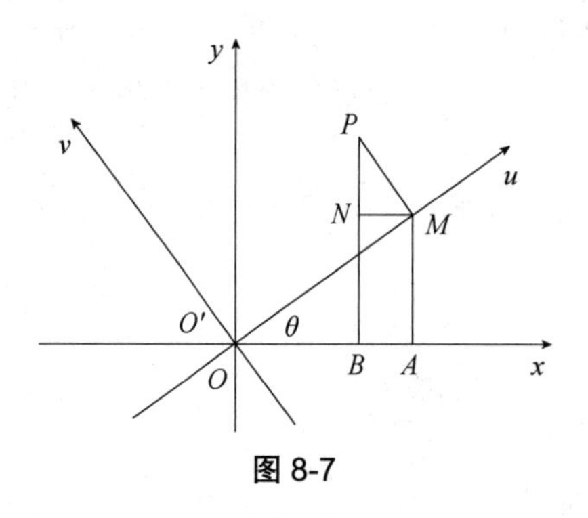

图 8-7

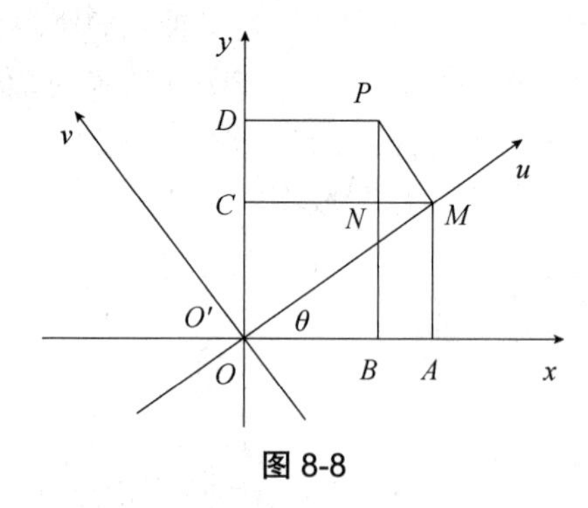

图 8-8

在直角三角形 OAM 中，$\dfrac{AM}{OM}=\sin\theta$，即 $AM=OM\sin\theta=u\sin\theta$. 在直角三角形 PNM 中，$\angle NPM=\angle AOM=\theta$，$\dfrac{NP}{MP}=\cos\theta$，即 $NP=MP\cos\theta=v\cos\theta$. 又因为 $NP=CD$，所以 $y=OD=OC+CD=u\sin\theta+v\cos\theta$.

综上可得 $\begin{cases}x=u\cos\theta-v\sin\theta\\ y=u\sin\theta+v\cos\theta\end{cases}$.

将上式写成矩阵形式，可得

$$\begin{pmatrix}x\\y\end{pmatrix}=\begin{pmatrix}\cos\theta & -\sin\theta\\ \sin\theta & \cos\theta\end{pmatrix}\begin{pmatrix}u\\v\end{pmatrix} \tag{8-7}$$

利用求逆矩阵的方法，可以得到

$$\begin{pmatrix}\cos\theta & -\sin\theta\\ \sin\theta & \cos\theta\end{pmatrix}^{-1}=\begin{pmatrix}\cos\theta & \sin\theta\\ -\sin\theta & \cos\theta\end{pmatrix}$$

于是

$$\begin{pmatrix}u\\v\end{pmatrix}=\begin{pmatrix}\cos\theta & \sin\theta\\ -\sin\theta & \cos\theta\end{pmatrix}\begin{pmatrix}x\\y\end{pmatrix} \tag{8-8}$$

此结果也可以从几何中得到证明. 下面加以说明.

过 P 点作垂直于 y 轴的直线交 y 轴于 D 点，过 P 点作垂直于 v 轴的直线交 v 轴于 G 点，过 D 点作垂直于 v 轴的直线交 v 轴于 E 点，过 D 点作垂直于 GP 的直线交 GP 于 F 点，如图 8-9 所示.

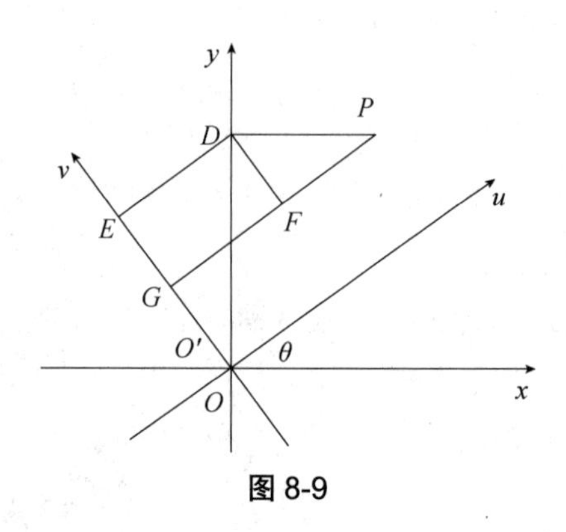

图 8-9

在直角三角形 DEO 中，$\angle EOD=\theta$，由于 $\dfrac{ED}{OD}=\sin\theta$，于是 $ED=OD\sin\theta=y\sin\theta$. 由于 $\dfrac{OE}{OD}=\cos\theta$，于是 $OE=OD\cos\theta=y\cos\theta$.

在直角三角形 DFP 中，$\angle FPD=\angle GOD=\theta$，由于 $\dfrac{FP}{DP}=\cos\theta$，于是 $FP=DP\cos\theta=x\cos\theta$. 由于 $\dfrac{FD}{DP}=\sin\theta$，于是 $FD=DP\sin\theta=x\sin\theta$.

因为 $ED=GF$，$GE=FD$，所以 $u=GP=FP+GF=x\cos\theta+y\sin\theta$，$v=OG=OE-GE=y\cos\theta-x\sin\theta$，即 $\begin{pmatrix}u\\v\end{pmatrix}=\begin{pmatrix}\cos\theta & \sin\theta\\ -\sin\theta & \cos\theta\end{pmatrix}\begin{pmatrix}x\\y\end{pmatrix}$.

式（8-7）和式（8-8）称为旋转变换公式.

利用旋转变换公式，可以由图 8-4（b）所示坐标系下的椭圆方程得到图 8-7 所示坐标系下的椭圆方程，推导过程如下.

由于由图 8-4（b）所示坐标系到图 8-7 所示坐标系，需要将坐标系旋转 90°，所以对方程（8-5）进行旋转变换

$$\begin{pmatrix}x\\y\end{pmatrix}=\begin{pmatrix}\cos 90^\circ & -\sin 90^\circ\\ \sin 90^\circ & \cos 90^\circ\end{pmatrix}\begin{pmatrix}u\\v\end{pmatrix}=\begin{pmatrix}0 & -1\\ 1 & 0\end{pmatrix}\begin{pmatrix}u\\v\end{pmatrix}$$

即将 $\begin{cases}x=-v\\y=u\end{cases}$ 代入方程（8-5）中，可得 $\dfrac{u^2}{b^2}+\dfrac{v^2}{a^2}=1$. 将旋转后的坐标轴 u,v 仍分别用 x，y 表示，则旋转后的方程为

$$\frac{x^2}{b^2}+\frac{y^2}{a^2}=1 \tag{8-9}$$

此方程即为图 8-7 所示坐标系下的椭圆方程.

（4）下面建立另外一种坐标系，原点在两个焦点的中点，x 轴建在与两个焦点的连线成 45° 角的直线上，如图 8-10 所示.

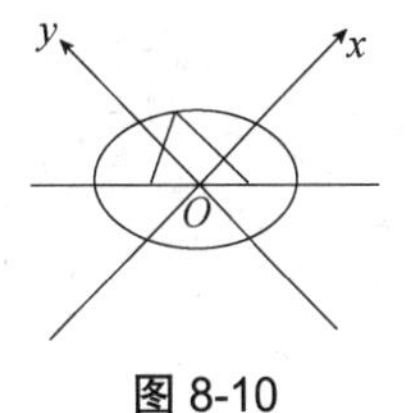

图 8-10

由于由图 8-4（b）所示坐标系到图 8-10 所示坐标系，需要将坐标系旋转 45°，所以对方程（8-5）进行旋转变换

$$\begin{pmatrix}x\\y\end{pmatrix}=\begin{pmatrix}\cos 45^\circ & -\sin 45^\circ\\ \sin 45^\circ & \cos 45^\circ\end{pmatrix}\begin{pmatrix}u\\v\end{pmatrix}=\begin{pmatrix}\dfrac{\sqrt{2}}{2} & -\dfrac{\sqrt{2}}{2}\\ \dfrac{\sqrt{2}}{2} & \dfrac{\sqrt{2}}{2}\end{pmatrix}\begin{pmatrix}u\\v\end{pmatrix}$$

即将 $\begin{cases}x=\dfrac{\sqrt{2}}{2}u-\dfrac{\sqrt{2}}{2}v\\ y=\dfrac{\sqrt{2}}{2}u+\dfrac{\sqrt{2}}{2}v\end{cases}$ 代入方程（8-5）中，可得 $\dfrac{\left(\dfrac{\sqrt{2}}{2}u-\dfrac{\sqrt{2}}{2}v\right)^2}{a^2}+\dfrac{\left(\dfrac{\sqrt{2}}{2}u+\dfrac{\sqrt{2}}{2}v\right)^2}{b^2}=1$，

整理得

$$\left(a^2+b^2\right)u^2+\left(a^2+b^2\right)v^2+2\left(a^2-b^2\right)uv=2a^2b^2$$

将旋转后的坐标轴 u,v 仍分别用 x，y 表示，则旋转后的方程为

$$\left(a^2+b^2\right)x^2+\left(a^2+b^2\right)y^2+2\left(a^2-b^2\right)xy=2a^2b^2 \tag{8-10}$$

此方程即为图 8-10 所示坐标系下的椭圆方程.

例 5 已知平面直角坐标系 $O-xy$ 内有一个椭圆，其方程为

$$\frac{x^2}{4}+\frac{y^2}{9}=1$$

现将该坐标系旋转 30°，求该椭圆在新坐标系 $O'-uv$ 下的方程.

解 两个坐标系的坐标变换为

$$\begin{pmatrix}x\\y\end{pmatrix}=\begin{pmatrix}\cos 30^\circ & -\sin 30^\circ\\ \sin 30^\circ & \cos 30^\circ\end{pmatrix}\begin{pmatrix}u\\v\end{pmatrix}=\begin{pmatrix}\frac{\sqrt{3}}{2} & -\frac{1}{2}\\ \frac{1}{2} & \frac{\sqrt{3}}{2}\end{pmatrix}\begin{pmatrix}u\\v\end{pmatrix}$$

即 $\begin{cases}x=\frac{\sqrt{3}}{2}u-\frac{1}{2}v\\ y=\frac{1}{2}u+\frac{\sqrt{3}}{2}v\end{cases}$，将其代入椭圆方程中，得此椭圆在新坐标系 $O'-uv$ 下的方程：

$$\frac{\left(\frac{\sqrt{3}}{2}u-\frac{1}{2}v\right)^2}{4}+\frac{\left(\frac{1}{2}u+\frac{\sqrt{3}}{2}v\right)^2}{9}=1$$

即 $\frac{u^2}{4}+\frac{v^2}{9}-\frac{5\sqrt{3}}{72}uv=1$.

练习 6 已知平面直角坐标系 $O-xy$ 内有一个椭圆，其方程为

$$\frac{x^2}{25}+\frac{y^2}{16}=1$$

现将该坐标系旋转 60°，求该椭圆在新坐标系 $O'-uv$ 下的方程.

三、双曲线方程与坐标变换

在平面内到两定点的距离之差的绝对值等于定长的点的轨迹称为双曲线，两定点称为双曲线的焦点，两定点间距离称为双曲线的焦距.

为了获得双曲线的形状，先在图板上 F_1,F_2 处分别按上一个图钉，如图 8-11 所示，再把细绳扎牢在圆环 M 上，分两股绕过图钉 F_1,F_2（可以滑动），且使 $|F_1M|-|F_2M|=2a$（定长），再合起来穿过位于 F_1,F_2 中点 O 处的小孔，在 N 处打上一个结，当拉住结 N 向下运动时，穿过环 M 的铅笔就可在图板上画出双曲线在右支上的一段，交换绕过 F_1,F_2 两股细绳的位置，又能画出双曲线在左支上的一段．如果改变 F_1 与 F_2 间的距离（仍保持 O 是 F_1,F_2 的中点），还能画出开口大小不同的双曲线.

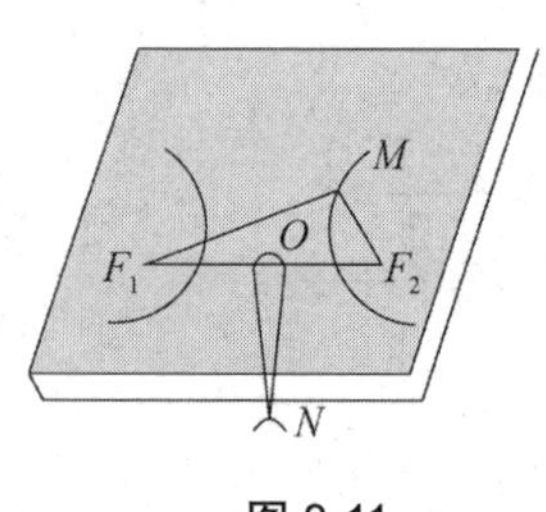

图 8-11

假设两定点之间的距离为 $2c$，定长为 $2a$，且 $a<c$．下面分几种情况分别建立不同的平面直角坐标系来求出此双曲线的方程，即双曲线上的点的坐标所

满足的条件.

（1）以两定点之间的连线为 x 轴，以两定点之间的连线的中点为平面直角坐标系的原点，建立如图 8-12 所示的坐标系. 两个焦点的坐标分别为 $F_1(-c,0)$ 和 $F_2(c,0)$. 设双曲线上任一点 P 的坐标为 $P(x,y)$ ，因为 $\left\||F_1P|-|F_2P|\right\|=2a$ ，由两点间距离公式，可得

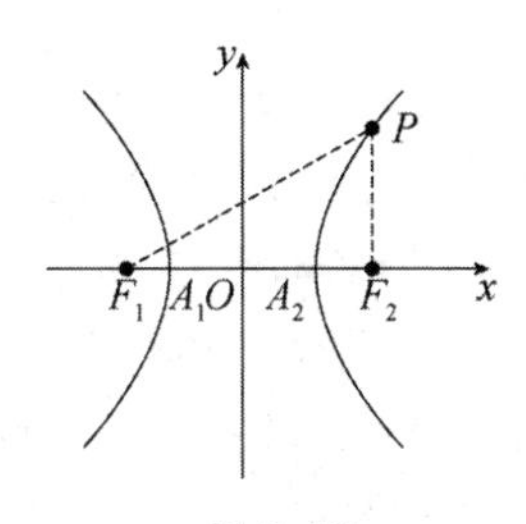

图 8-12

$$\sqrt{[x-(-c)]^2+(y-0)^2}-\sqrt{(x-c)^2+(y-0)^2}=\pm 2a$$

整理上式，得

$$\sqrt{(x+c)^2+y^2}-\sqrt{(x-c)^2+y^2}=\pm 2a$$

对上式移项，可得

$$\sqrt{(x+c)^2+y^2}=\pm 2a+\sqrt{(x-c)^2+y^2}$$

① 当取正号时，$\sqrt{(x+c)^2+y^2}=2a+\sqrt{(x-c)^2+y^2}$ ，对两边平方并移项，得

$$a\sqrt{(x-c)^2+y^2}=cx-a^2$$

再对上式两边平方，可得

$$a^2\left[(x-c)^2+y^2\right]=c^2x^2+a^4-2ca^2x$$

$$\left(c^2-a^2\right)x^2-a^2y^2=a^2\left(c^2-a^2\right)$$

② 当取负号时，$\sqrt{(x+c)^2+y^2}=-2a+\sqrt{(x-c)^2+y^2}$ ，对两边平方并移项，得

$$a\sqrt{(x-c)^2+y^2}=a^2-cx ,$$

再对上式两边平方，可得

$$a^2\left[(x-c)^2+y^2\right]=c^2x^2+a^4-2ca^2x$$

整理得

$$\left(c^2-a^2\right)x^2-a^2y^2=a^2\left(c^2-a^2\right)$$

由①和②不难看出，两种情况下

$$\left(c^2-a^2\right)x^2-a^2y^2=a^2\left(c^2-a^2\right)$$

总成立，将上式两边同除以 $a^2\left(c^2-a^2\right)$，得

$$\frac{x^2}{a^2}-\frac{y^2}{c^2-a^2}=1$$

令 $b^2=c^2-a^2$ ，则上式化为

$$\frac{x^2}{a^2}-\frac{y^2}{b^2}=1 \tag{8-11}$$

设两个顶点分别为 A_1, A_2，如图 8-12 所示．因为 $|F_1A_1|-|F_2A_1|=-2a$，即 $c-|OA_1|-(c+|OA_1|)=-2a$，即 $2|OA_1|=2a$．由于对称性，$|OA_1|=|OA_2|$，于是 $2a=|OA_1|+|OA_2|$，所以 $2a$ 表示双曲线的两个顶点的距离．

在方程（8-11）中，令 $y=0$，可得 $x=\pm a$，于是双曲线与 x 轴的交点为 $A_1(-a,0)$，$A_2(a,0)$，所以 A_1A_2 称为双曲线的实轴，它的长度等于 $2a$，a 称为双曲线的实半轴长．在方程（8-11）中，令 $x=0$，可得 $y=\pm b\mathrm{i}$，于是双曲线与 y 轴没有实交点，令 $B_1(0,-b)$，$B_2(0,b)$，所以 B_1B_2 称为双曲线的虚轴，它的长度等于 $2b$，b 称为双曲线的虚半轴长．

以双曲线的实轴和虚轴为中心线作矩形，如图 8-13 所示，则过矩形的对角线的两条直线为双曲线的渐近线（这里用到斜渐近线的求法，超出本书的范围，从略），利用此渐近线可以比较准确地画出双曲线．

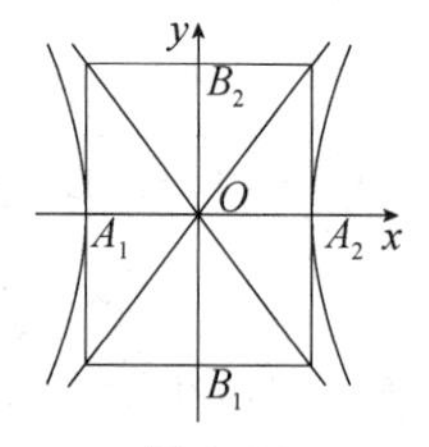

图 8-13

若点 $P(x,y)$ 在双曲线上，由上述讨论可知点 P 的坐标满足方程（8-11）；反之，若点 $P(x,y)$ 的坐标满足方程（8-11），继续往上追溯可知也满足

$$\sqrt{[x-(-c)]^2+(y-0)^2}-\sqrt{(x-c)^2+(y-0)^2}=\pm 2a$$

也就说明点 P 与 $F_1(-c,0)$ 和 $F_2(c,0)$ 的距离之差的绝对值为 $2a$，即点 P 在双曲线上．我们把方程（8-11）称为双曲线的方程．

例 6　已知双曲线的焦距为 6，顶点间的长度为 4，试建立坐标系并求出双曲线的方程．

解　由题意可知，双曲线的两个焦点之间的距离 $2c=6$，可得 $c=3$，顶点间的长度 $2a=4$，可得 $a=2$，于是 $b^2=c^2-a^2=3^2-2^2=5$，$b=\sqrt{5}$．

以两焦点之间的连线为 x 轴，以两焦点之间的连线的中点为平面直角坐标系的原点，建立坐标系，则该双曲线的方程为 $\frac{x^2}{2^2}-\frac{y^2}{(\sqrt{5})^2}=1$．

练习 7　已知双曲线的焦距为 8，顶点间的长度为 5，试建立坐标系并求出双曲线的方程．

例 7　已知双曲线的方程为 $\frac{x^2}{4^2}-\frac{y^2}{5^2}=1$，试求双曲线的两条渐近线方程．

解　由题意可知，双曲线的实半轴长 $a=4$，虚半轴长 $b=5$，则渐近线的斜率为 $\pm\frac{b}{a}=\pm\frac{5}{4}$，于是双曲线的两条渐近线方程 $y=\pm\frac{5}{4}x$．

练习 8　已知双曲线的方程为 $\frac{x^2}{3^2}-\frac{y^2}{2^2}=1$，试求双曲线的两条渐近线方程．

（2）以两定点之间的连线为 y 轴，以两定点之间的连线的中点为平面直角坐标系的原点，建立如图 8-14 所示的坐标系.

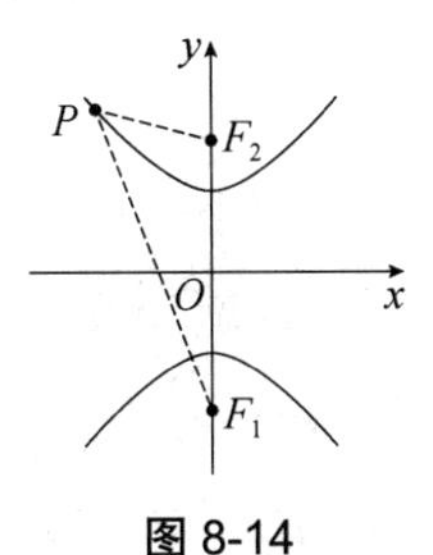

图 8-14

不难看出，此坐标系是由图 8-12 所示坐标系旋转 90° 得到的，所以对方程（8-11）进行旋转变换

$$\begin{pmatrix} x \\ y \end{pmatrix} = \begin{pmatrix} \cos 90^\circ & -\sin 90^\circ \\ \sin 90^\circ & \cos 90^\circ \end{pmatrix} \begin{pmatrix} u \\ v \end{pmatrix} = \begin{pmatrix} 0 & -1 \\ 1 & 0 \end{pmatrix} \begin{pmatrix} u \\ v \end{pmatrix}$$

即将 $\begin{cases} x = -v \\ y = u \end{cases}$ 代入方程（8-11）中，可得 $\dfrac{v^2}{a^2} - \dfrac{u^2}{b^2} = 1$. 将旋转后的坐标轴 u, v 仍分别用 x, y 表示，则旋转后的方程为

$$\frac{y^2}{a^2} - \frac{x^2}{b^2} = 1 \tag{8-12}$$

（3）将坐标系的原点放在两个焦点连线的中点，x 轴建在与两个焦点的连线成 45° 角的直线上，如图 8-15 所示.

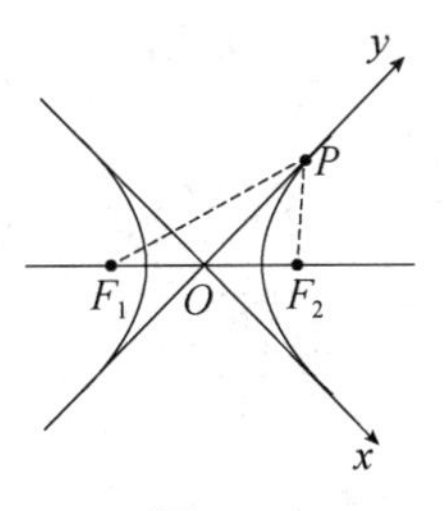

图 8-15

不难看出，此坐标系是由图 8-12 所示坐标系旋转 45° 得到的，所以对方程（8-11）进行旋转变换

$$\begin{pmatrix} x \\ y \end{pmatrix} = \begin{pmatrix} \cos 45^\circ & -\sin 45^\circ \\ \sin 45^\circ & \cos 45^\circ \end{pmatrix} \begin{pmatrix} u \\ v \end{pmatrix} = \begin{pmatrix} \dfrac{\sqrt{2}}{2} & -\dfrac{\sqrt{2}}{2} \\ \dfrac{\sqrt{2}}{2} & \dfrac{\sqrt{2}}{2} \end{pmatrix} \begin{pmatrix} u \\ v \end{pmatrix}$$

即将 $\begin{cases} x = \dfrac{\sqrt{2}}{2}u - \dfrac{\sqrt{2}}{2}v \\ y = \dfrac{\sqrt{2}}{2}u + \dfrac{\sqrt{2}}{2}v \end{cases}$ 代入方程（8-11）中，可得

$$\frac{\left(\frac{\sqrt{2}}{2}u-\frac{\sqrt{2}}{2}v\right)^2}{a^2}-\frac{\left(\frac{\sqrt{2}}{2}u+\frac{\sqrt{2}}{2}v\right)^2}{b^2}=1$$

整理上式得

$$\left(b^2-a^2\right)u^2+\left(b^2-a^2\right)v^2-2\left(a^2+b^2\right)uv=2a^2b^2$$

将旋转后的坐标轴u,v仍分别用x,y表示，则旋转后的方程为

$$\left(b^2-a^2\right)x^2+\left(b^2-a^2\right)y^2-2\left(a^2+b^2\right)xy=2a^2b^2 \tag{8-13}$$

（4）以两定点之间的连线为x轴，以左侧的定点为平面直角坐标系的原点，建立如图 8-16 所示的坐标系.

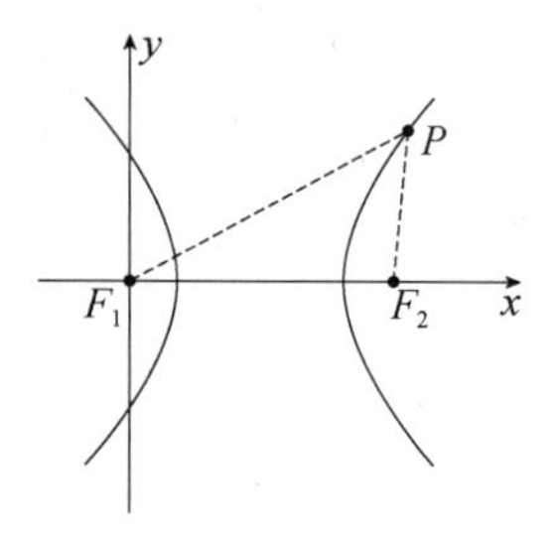

图 8-16

不难看出，此坐标系是将图 8-12 所示坐标系的原点平移到$(-c,0)$处得到的，所以对方程（8-11）进行平移变换$\begin{cases}x=-c+u\\y=v\end{cases}$，可得双曲线在平移后的坐标系$O'-uv$中的方程为

$$\frac{u^2}{a^2}-\frac{v^2}{b^2}-\frac{2\sqrt{a^2+b^2}}{a^2}u+\frac{b^2}{a^2}=0$$

将平移后的坐标轴u,v仍分别用x,y表示，则平移后的方程为

$$\frac{x^2}{a^2}-\frac{y^2}{b^2}-\frac{2\sqrt{a^2+b^2}}{a^2}x+\frac{b^2}{a^2}=0 \tag{8-14}$$

例 8 已知平面直角坐标系$O-xy$内有一双曲线，其方程为

$$\frac{x^2}{4}-\frac{y^2}{9}=1$$

现将该坐标系旋转 30°，求该双曲线在新坐标系$O'-uv$下的方程.

解 两个坐标系的坐标变换为

$$\begin{pmatrix}x\\y\end{pmatrix}=\begin{pmatrix}\cos 30° & -\sin 30°\\ \sin 30° & \cos 30°\end{pmatrix}\begin{pmatrix}u\\v\end{pmatrix}=\begin{pmatrix}\frac{\sqrt{3}}{2} & -\frac{1}{2}\\ \frac{1}{2} & \frac{\sqrt{3}}{2}\end{pmatrix}\begin{pmatrix}u\\v\end{pmatrix}$$

即$\begin{cases}x=\frac{\sqrt{3}}{2}u-\frac{1}{2}v\\ y=\frac{1}{2}u+\frac{\sqrt{3}}{2}v\end{cases}$，将其代入双曲线方程中，得此双曲线在新坐标系$O'-uv$下的方程为

$$\frac{\left(\frac{\sqrt{3}}{2}u-\frac{1}{2}v\right)^2}{4}-\frac{\left(\frac{1}{2}u+\frac{\sqrt{3}}{2}v\right)^2}{9}=1$$

即 $23u^2-3v^2-26\sqrt{3}uv-144=0$.

练习 9　已知平面直角坐标系 $O-xy$ 内有一双曲线，其方程为

$$\frac{x^2}{25}-\frac{y^2}{16}=1$$

现将该坐标系旋转 60°，求该双曲线在新坐标系 $O'-uv$ 下的方程.

四、抛物线方程与坐标变换

在平面内到定点和定直线的距离相等的点的轨迹称为抛物线，定点称为焦点，定直线称为准线.

为了获得抛物线的形状，先在图板上画出定直线 L 和定点 F，取丁字尺和细绳，将细绳的一端固定在丁字尺的 A 处，在细绳上截取从 A 点到丁字尺根部的长度并将末端固定在 F 点，将铅笔套在细绳上并紧挨着丁字尺画线，当丁字尺沿着直线 L 滑动时，铅笔画出的轨迹就是抛物线，如图 8-17 所示.

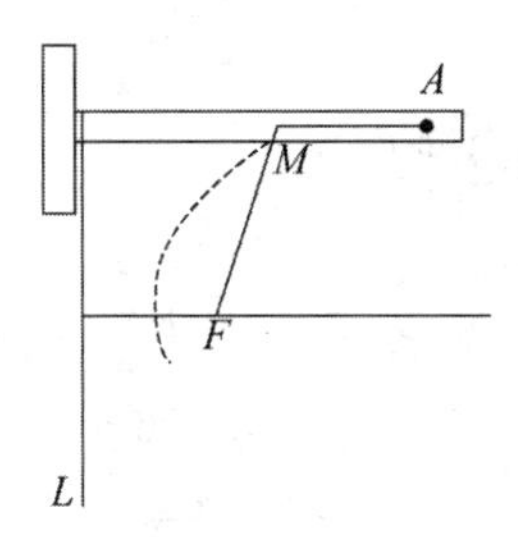

图 8-17

设定点到定直线的距离为 p，下面分几种情况分别建立不同的平面直角坐标系来求出此抛物线的方程，即抛物线上的点的坐标所满足的条件.

（1）以过定点且垂直于定直线的直线为 x 轴，以定点到定直线所作的垂线的中点为平面直角坐标系的原点，建立如图 8-18 所示的坐标系，则定点的坐标为 $F\left(\frac{p}{2},0\right)$. 设抛物线上任一点 P 的坐标为 $P(x,y)$，因为 $|FP|=x+\frac{p}{2}$，由两点间距离公式，可得

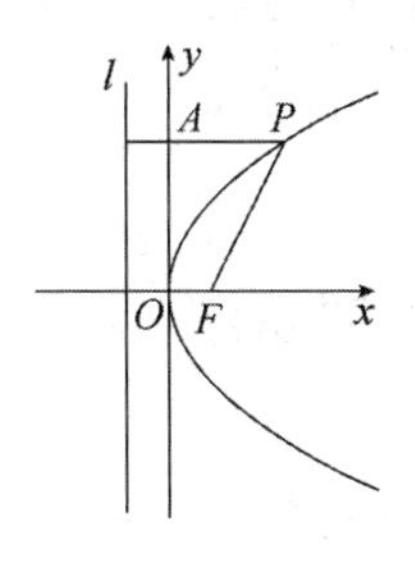

图 8-18

$$\sqrt{\left(x-\frac{p}{2}\right)^2+y^2}=\frac{p}{2}+x$$

对上式两边平方，整理得

$$y^2=2px \tag{8-15}$$

若点$P(x,y)$在抛物线上，由上述讨论可知点P的坐标满足方程（8-15）；反之，若点$P(x,y)$的坐标满足方程（8-15），继续往上追溯可知也满足

$$\sqrt{\left(x-\frac{p}{2}\right)^2+y^2}=\frac{p}{2}+x$$

这就说明点P与$F\left(\frac{p}{2},0\right)$的距离等于$p$到定直线的距离，即点$P$在抛物线上．我们把方程（8-15）称为抛物线的方程．

例 9　已知抛物线的焦点到准线的距离为 4，试建立坐标系并求出双曲线的方程．

解　由题意可知，抛物线的焦点到准线的距离$p=4$．

过抛物线的焦点作垂直于准线的直线，以此直线作为x轴，以焦点到准线所作的垂线的中点为平面直角坐标系的原点，建立坐标系，则该抛物线的方程为$y^2=2\cdot 4\cdot x$，即$y^2=8x$．

练习 10　已知抛物线的焦点到准线的距离为 3，试建立坐标系并求出双曲线的方程．

（2）假设以过定点且垂直于定直线的直线为y轴，以定点到定直线所作的垂线的中点为平面直角坐标系的原点，建立如图 8-19 所示的坐标系．

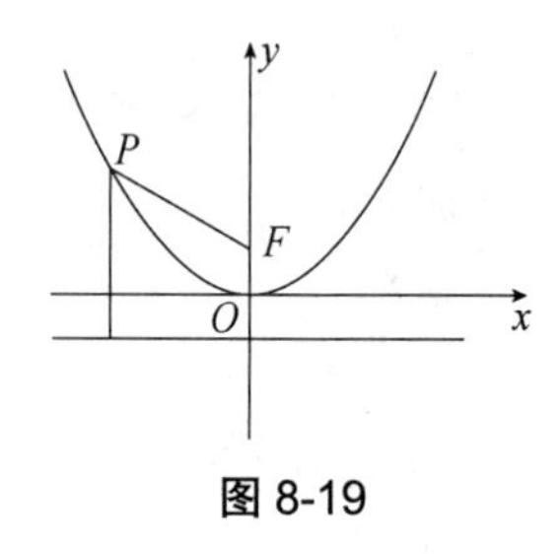

图 8-19

不难看出，此坐标系是由图 8-18 所示坐标系旋转−90° 得到的，所以对方程（8-15）进行旋转变换

$$\begin{pmatrix}x\\y\end{pmatrix}=\begin{pmatrix}\cos(-90^\circ) & -\sin(-90^\circ)\\ \sin(-90^\circ) & \cos(-90^\circ)\end{pmatrix}\begin{pmatrix}u\\v\end{pmatrix}=\begin{pmatrix}0 & 1\\ -1 & 0\end{pmatrix}\begin{pmatrix}u\\v\end{pmatrix}$$

即将$\begin{cases}x=v\\y=-u\end{cases}$代入方程（8-15）中，可得$u^2=2pv$．将旋转后的坐标轴$u,v$仍分别用$x,y$表示，则旋转后的方程为

$$x^2=2py \tag{8-16}$$

（3）将坐标原点放在以定点到定直线所作的垂线的中点，x轴建在与该垂线成 45° 角的直线上，如图 8-20 所示．

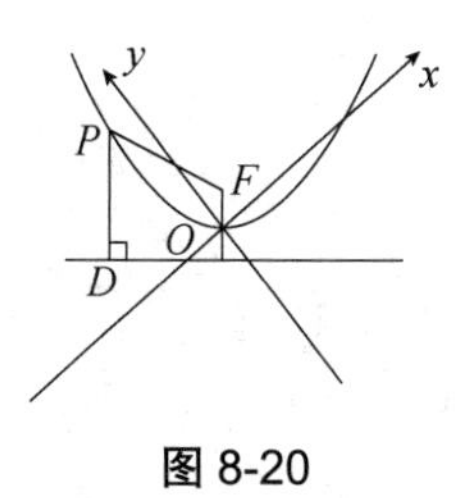

图 8-20

不难看出，此坐标系是由图 8-20 所示坐标系旋转 45° 得到的，所以对方程（8-15）进行旋转变换

$$\begin{pmatrix} x \\ y \end{pmatrix}=\begin{pmatrix} \cos 45^\circ & -\sin 45^\circ \\ \sin 45^\circ & \cos 45^\circ \end{pmatrix}\begin{pmatrix} u \\ v \end{pmatrix}=\begin{pmatrix} \frac{\sqrt{2}}{2} & -\frac{\sqrt{2}}{2} \\ \frac{\sqrt{2}}{2} & \frac{\sqrt{2}}{2} \end{pmatrix}\begin{pmatrix} u \\ v \end{pmatrix}$$

即将 $\begin{cases} x=\frac{\sqrt{2}}{2}u-\frac{\sqrt{2}}{2}v \\ y=\frac{\sqrt{2}}{2}u+\frac{\sqrt{2}}{2}v \end{cases}$ 代入方程（8-15）中，可得

$$\left(\frac{\sqrt{2}}{2}u+\frac{\sqrt{2}}{2}v\right)^2=2p\left(\frac{\sqrt{2}}{2}u-\frac{\sqrt{2}}{2}v\right)$$

整理上式得

$$\frac{1}{2}u^2+\frac{1}{2}v^2-uv-\sqrt{2}pu-\sqrt{2}pv-\frac{3}{4}p^2=0$$

将旋转后的坐标轴 u,v 仍分别用 x,y 表示，则旋转后的方程为

$$\frac{1}{2}x^2+\frac{1}{2}y^2-xy-\sqrt{2}px-\sqrt{2}py-\frac{3}{4}p^2=0 \tag{8-17}$$

（4）以过定点且垂直于定直线所作的直线为 x 轴，以定直线为 y 轴，建立如图 8-21 所示的坐标系.

不难看出，此坐标系是将图 8-18 所示坐标系的原点平移到 $\left(-\frac{p}{2},0\right)$ 处得到的，所以对方程（8-15）进行平移变换 $\begin{cases} x=-\frac{p}{2}+u \\ y=v \end{cases}$，可得抛物线在平移后的坐标系 $O'-uv$ 中的方程为

$$v^2=2p\left(-\frac{p}{2}+u\right)$$

将平移后的坐标轴 u,v 仍分别用 x,y 表示，则平移后的方程为

$$y^2-2px+p^2=0 \tag{8-18}$$

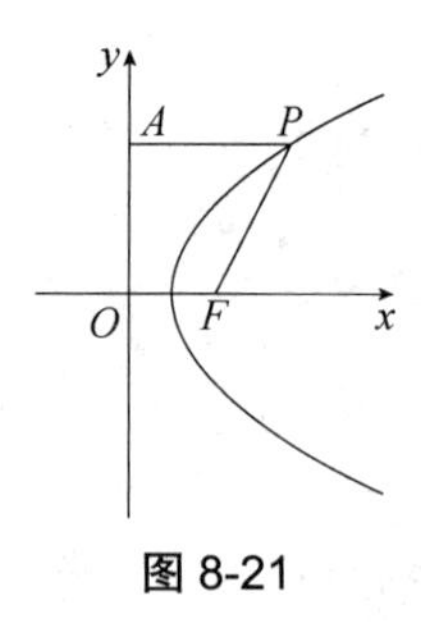

图 8-21

例 10 已知平面直角坐标系 $O-xy$ 内有一抛物线，其方程为

$$x^2=3y$$

现将该坐标系旋转 30°，求该抛物线在新坐标系 $O'-uv$ 下的方程.

解 两个坐标系的坐标变换为

$$\begin{pmatrix}x\\y\end{pmatrix}=\begin{pmatrix}\cos 30^\circ & -\sin 30^\circ\\ \sin 30^\circ & \cos 30^\circ\end{pmatrix}\begin{pmatrix}u\\v\end{pmatrix}=\begin{pmatrix}\frac{\sqrt{3}}{2} & -\frac{1}{2}\\ \frac{1}{2} & \frac{\sqrt{3}}{2}\end{pmatrix}\begin{pmatrix}u\\v\end{pmatrix}$$

即 $\begin{cases}x=\frac{\sqrt{3}}{2}u-\frac{1}{2}v\\ y=\frac{1}{2}u+\frac{\sqrt{3}}{2}v\end{cases}$，将其代入抛物线方程中，得此抛物线在新坐标系 $O'-uv$ 下的方程：

$$\left(\frac{\sqrt{3}}{2}u-\frac{1}{2}v\right)^2=3\left(\frac{1}{2}u+\frac{\sqrt{3}}{2}v\right)$$

即 $3u^2+v^2-2\sqrt{3}uv-6u-6\sqrt{3}v=0$.

练习 11 已知平面直角坐标系 $O-xy$ 内有一抛物线，其方程为

$$y^2=4x,$$

现将该坐标系旋转 60°，求该抛物线在新坐标系 $O'-uv$ 下的方程.

第二节 二元二次方程所表示曲线形状的识别

本章第一节介绍了建立坐标系后如何求出二次曲线的方程，以及坐标系的变化对二次曲线方程的影响. 从中可以看出，选择不同的坐标系，最后所得到的二次曲线的方程大不相同，简洁程度也有很大的区别. 我们还发现，对坐标系做平移变换只能改变一次项，而旋转变换可能改变交叉项. 在实际问题中，有时会遇到给出一个二次方程，判别其所表示曲线形状的问题，实际上是第一节问题的相反问题.

一、二次方程中没有交叉项时所表示曲线的形状

二次方程的一般式为

$$f(x,y)=Ax^2+Bxy+Cy^2+Dx+Ey+F=0\ .$$

下面对没有交叉项的各种方程所表示曲线的形状进行分析.

（一）变量 x 和 y 的平方项前的系数全为零且不存在交叉项

此时方程表示的曲线退化为直线或无意义.

（二）变量 x 和 y 的平方项前的系数只有一个为零且不存在交叉项

1. 假设 x^2 前面的系数为零

（1）如果 x 的系数不为零，则方程为

$$f(x,y)=Cy^2+Dx+Ey+F=0$$

下面先通过一个具体的例子，说明此时方程所表示曲线的形状.

例 1　说明方程 $y^2+3x+4y+6=0$ 所表示曲线的形状，并画出图形.

解　因为 $y^2+3x+4y+6=y^2+4y+4+3x+2=(y+2)^2+3x+2$，所以方程为

$$(y+2)^2=-3\left(x+\frac{2}{3}\right)$$

做变换 $\begin{cases}u=x+\dfrac{2}{3}\\ v=y+2\end{cases}$，由本章第一节可知，此变换的几何意义是将原来坐标系的原点平移到 $\left(-\dfrac{2}{3},-2\right)$，坐标轴的方向和刻度不变. 在此变换下，原方程变为 $v^2=-3u$，此方程表示 $O'-uv$ 坐标系中的抛物线，如图 8-22 所示.

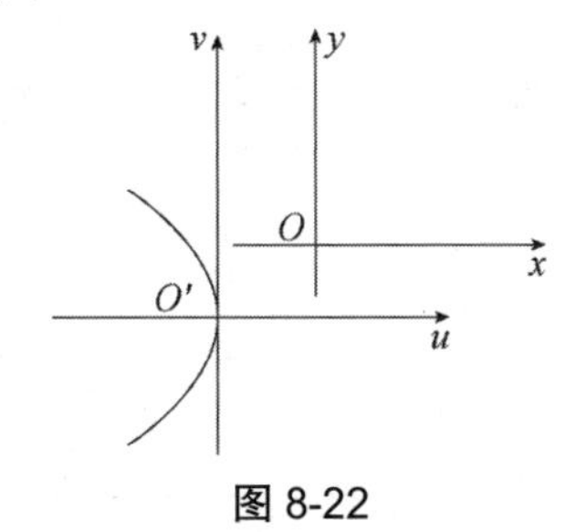

图 8-22

练习 1　说明方程 $y^2+4x+2y+4=0$ 所表示曲线的形状，并画出图形.

对于这种情况的一般方程 $f(x,y)=Cy^2+Dx+Ey+F=0$，可采取下面的配方法获得曲线的形状.

因为

$$Cy^2+Dx+Ey+F=C\left[y^2+\frac{E}{C}y+\left(\frac{E}{2C}\right)^2-\left(\frac{E}{2C}\right)^2\right]+Dx+F=C\left(y+\frac{E}{2C}\right)^2+Dx+F-\frac{E^2}{4C},$$

所以方程化为$C\left(y+\dfrac{E}{2C}\right)^2=-D\left(x+\dfrac{4CF-E^2}{4CD}\right)$.

做变换$\begin{cases}u=x+\dfrac{4CF-E^2}{4CD}\\ v=y+\dfrac{E}{2C}\end{cases}$，此变换的几何意义是将原来坐标系的原点平移到$\left(-\dfrac{4CF-E^2}{4CD},-\dfrac{E}{2C}\right)$，坐标轴的方向和刻度不变．在此变换下，原方程变为$Cv^2=-Du$，此方程表示$O'-uv$坐标系中的抛物线.

（2）如果x的系数为零，则方程为

$$f(x,y)=Cy^2+Ey+F=0$$

很容易确定曲线类型为直线或无解.

2．假设y^2前面的系数为零

（1）如果y的系数不为零，则方程为

$$f(x,y)=Ax^2+Dx+Ey+F=0$$

下面先通过一个具体的例子，说明此时方程所表示曲线的形状.

例2 说明方程$x^2+2x+3y+3=0$所表示曲线的形状，并画出图形.

解 因为$x^2+2x+3y+3=x^2+2x+1+3y+2=(x+1)^2+3\left(y+\dfrac{2}{3}\right)$，所以方程为

$$(x+1)^2=-3\left(y+\frac{2}{3}\right)$$

做变换$\begin{cases}u=x+1\\ v=y+\dfrac{2}{3}\end{cases}$，此变换的几何意义是将原来坐标系的原点平移到$\left(-1,-\dfrac{2}{3}\right)$，坐标轴的方向和刻度不变．在此变换下，原方程变为$u^2=-3v$，此方程表示$O'-uv$坐标系中的抛物线，如图8-23所示.

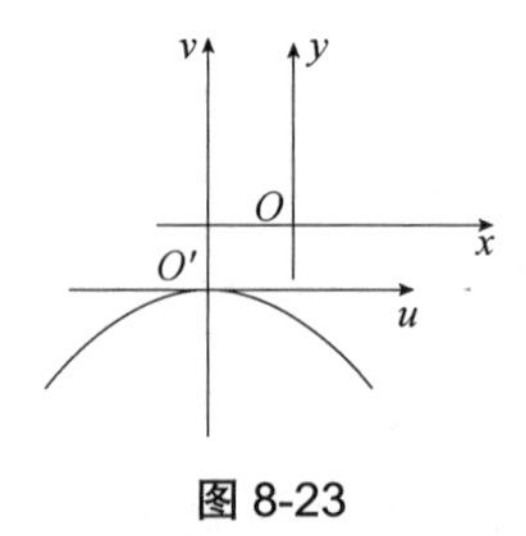

图8-23

练习2 说明方程$x^2+4x+2y+4=0$所表示曲线的形状，并画出图形.

对于这种情况的一般方程$f(x,y)=Ax^2+Dx+Ey+F=0$，可采取下面的配方法获得曲线的形状.

因为

$$Ax^2+Dx+Ey+F=A\left[x^2+\frac{D}{A}x+\left(\frac{D}{2A}\right)^2-\left(\frac{D}{2A}\right)^2\right]+Ey+F=A\left(x+\frac{D}{2A}\right)^2+Ey+F-\frac{D^2}{4A}$$

所以方程化为 $A\left(x+\frac{D}{2A}\right)^2=-E\left(y+\frac{4AF-D^2}{4AE}\right)$.

做变换 $\begin{cases}u=x+\dfrac{D}{2A}\\ v=y+\dfrac{4AF-D^2}{4AE}\end{cases}$，此变换的几何意义是将原来坐标系的原点平移到 $\left(-\frac{D}{2A},-\frac{4AF-D^2}{4AE}\right)$，坐标轴的方向和刻度不变. 在此变换下，原方程变为 $Au^2=-Ev$，此方程表示 $O'-uv$ 坐标系中的抛物线.

（2）如果 y 的系数为零，则方程为

$$f(x,y)=Ax^2+Dx+F=0$$

很容易确定曲线类型为直线或无解.

（三）变量 x 和 y 的平方项前的系数都不为零且没有交叉项

变量 x 和 y 的平方项前的系数都不为零且没有交叉项，则方程所表示的曲线的形状完全由二次项前面的系数确定.

此时二次方程为

$$f(x,y)=Ax^2+Cy^2+F=0$$

1. A,C,F **全不为 0 时**

（1）A,C,F 同号无解.

（2）A,C,F 异号情况.

① A 正，C,F 均为负时，方程表示双曲线.

② C 正，A,F 均为负时，方程表示双曲线.

③ F 正，A,C 均为负时，方程表示椭圆.

④ A 负，C,F 均为正时，方程两边乘（-1）后，方程转化为①的情况，故方程表示双曲线.

⑤ C 负，A,F 均为正时，方程两边乘（-1）后，方程转化为②的情况，故方程表示双曲线.

⑥ F 负，A,C 均为正时，方程两边乘（-1）后，方程转化为③的情况，故方程表示椭圆.

例 3　说明方程 $3x^2-2y^2+6=0$ 所表示曲线的形状，并画出图形.

解　方程 $3x^2-2y^2+6=0$ 可化为 $\frac{y^2}{3}-\frac{x^2}{2}=1$，其图形为双曲线，如图 8-24 所示.

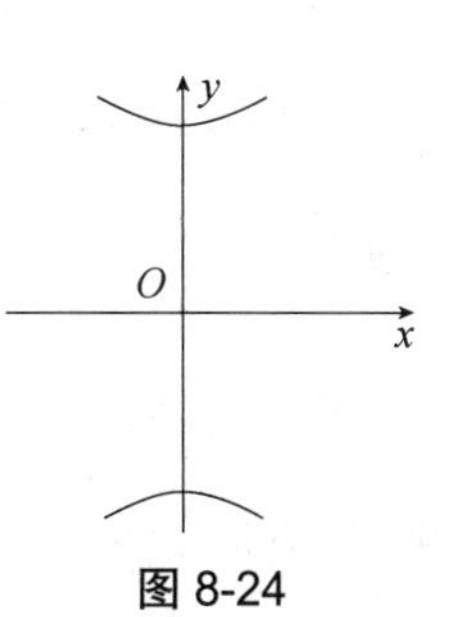

图 8-24

练习 3　说明方程 $-2x^2+5y^2+3=0$ 所表示曲线的形状，并画出图形.

2. A, C, F 中只有一个为 0

此时方程所表示的图形退化为直线或无图形，其中

（1）A 为零且 C, F 同号时方程无解，则方程没有图形；C, F 异号时方程表示两条平行于 x 轴的直线.

（2）C 为零且 A, F 同号时方程无解，则方程没有图形；A, F 异号时方程表示两条平行于 y 轴的直线.

（3）F 为零且 A, C 同号时方程无解，则方程没有图形；A, C 异号时方程表示两条直线.

3. A, C, F 中有两个为 0

此时方程所表示的图形退化为直线，其中

（1）只有 A 不为零时，方程表示 y 轴所在的直线.

（2）只有 C 不为零时，方程表示 x 轴所在的直线.

（3）只有 F 不为零时，方程没有对应的图形.

从前面的分析可知，二次方程没有交叉项时，至多通过平移变换就可以将原方程化为易于识别形状的形式. 下面讨论二次方程中有交叉项对二次曲线形状的影响.

二、交叉项对二次曲线形状的影响

下面通过几个例子加以说明.

例 4 说明方程 $x^2+2xy+2y^2+y-\frac{3}{4}=0$ 所表示曲线的形状，并画出图形.

解 因为

$$\begin{aligned}x^2+2xy+2y^2+y-\frac{3}{4}&=x^2+2xy+y^2+y^2+y-\frac{3}{4}\\&=(x+y)^2+y^2+y-\frac{3}{4}\end{aligned}$$

做变换 $\begin{cases}u'=x+y\\v'=y\end{cases}$，即 $\begin{pmatrix}u'\\v'\end{pmatrix}=\begin{pmatrix}1&1\\0&1\end{pmatrix}\begin{pmatrix}x\\y\end{pmatrix}$，可得

$$\begin{pmatrix}x\\y\end{pmatrix}=\begin{pmatrix}1&1\\0&1\end{pmatrix}^{-1}\begin{pmatrix}u'\\v'\end{pmatrix}=\begin{pmatrix}1&-1\\0&1\end{pmatrix}\begin{pmatrix}u'\\v'\end{pmatrix}$$

由此可得变换后的坐标系的位置：

（1）由于 $\begin{pmatrix}1&-1\\0&1\end{pmatrix}\begin{pmatrix}0\\0\end{pmatrix}=\begin{pmatrix}0\\0\end{pmatrix}$，表明坐标系 $O'-u'v'$ 的原点在原坐标系 $O-xy$ 的原点上.

（2）由于 $\begin{pmatrix}1&-1\\0&1\end{pmatrix}\begin{pmatrix}1\\0\end{pmatrix}=\begin{pmatrix}1\\0\end{pmatrix}$，表明坐标系 $O'-u'v'$ 的 u' 轴与原坐标系 $O-xy$ 的 x 轴重合，且刻度一致.

（3）由于 $\begin{pmatrix}1&-1\\0&1\end{pmatrix}\begin{pmatrix}0\\1\end{pmatrix}=\begin{pmatrix}-1\\1\end{pmatrix}$，表明坐标系 $O'-u'v'$ 的 v' 轴正向与原坐标系 $O-xy$ 下的向量 $(-1,1)$ 同向，且一个刻度的长度（单位长度）等于 $\sqrt{(-1)^2+1^2}=\sqrt{2}$. 坐标系 $O'-u'v'$ 的构成如图 8-25 所示.

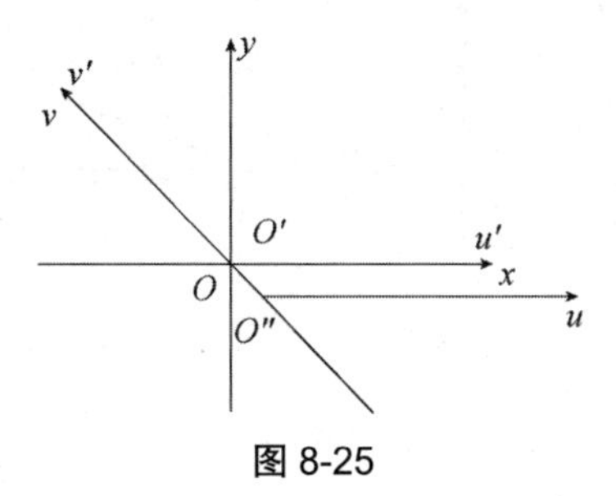

图 8-25

在此变换下，方程变为

$$u'^2+v'^2+v'-\frac{3}{4}=0$$

由于此方程还不是最简单的形式，还需进行配方，步骤如下：

因为

$$u'^2+v'^2+v'-\frac{3}{4}=u'^2+\left(v'^2+v'+\frac{1}{4}\right)-1=u'^2+\left(v'+\frac{1}{2}\right)^2-1$$

做变换$\begin{cases}u=u'\\ v=v'+\dfrac{1}{2}\end{cases}$，此变换的几何意义是将坐标系 $O'-u'v'$ 的原点平移到$\left(0,-\dfrac{1}{2}\right)$，坐标轴的方向和刻度不变，如图 8-22 所示．在此变换下，则方程 $u'^2+v'^2+v'-\dfrac{3}{4}=0$ 变为 $u^2+v^2=1$，此方程表示 $O''-uv$ 坐标系中的以原点 O'' 为圆心，以 1 为半径的圆．

注 本题也可以直接将原方程配方成下面的形式

$$\begin{aligned}x^2+2xy+2y^2+y-\frac{3}{4}&=x^2+2xy+y^2+y^2+y+\frac{1}{4}-1\\&=(x+y)^2+\left(y+\frac{1}{2}\right)^2-1\end{aligned}$$

做变换$\begin{cases}u=x+y\\ v=y+\dfrac{1}{2}\end{cases}$，即$\begin{pmatrix}u\\v\\1\end{pmatrix}=\begin{pmatrix}1&1&0\\0&1&\dfrac{1}{2}\\0&0&1\end{pmatrix}\begin{pmatrix}x\\y\\1\end{pmatrix}$，可得

$$\begin{pmatrix}x\\y\\1\end{pmatrix}=\begin{pmatrix}1&1&0\\0&1&\dfrac{1}{2}\\0&0&1\end{pmatrix}^{-1}\begin{pmatrix}u\\v\\1\end{pmatrix}=\begin{pmatrix}1&-1&\dfrac{1}{2}\\0&1&-\dfrac{1}{2}\\0&0&1\end{pmatrix}\begin{pmatrix}u\\v\\1\end{pmatrix}$$

由此可得变换后的坐标系的位置：

（1）由于$\begin{pmatrix} 1 & -1 & \frac{1}{2} \\ 0 & 1 & -\frac{1}{2} \\ 0 & 0 & 1 \end{pmatrix}\begin{pmatrix} 0 \\ 0 \\ 1 \end{pmatrix}=\begin{pmatrix} \frac{1}{2} \\ -\frac{1}{2} \\ 1 \end{pmatrix}$，表明坐标系$O-uv$的原点位于原坐标系$O-xy$的点$\left(\frac{1}{2},-\frac{1}{2}\right)$处.

（2）由于$\begin{pmatrix} 1 & -1 & \frac{1}{2} \\ 0 & 1 & -\frac{1}{2} \\ 0 & 0 & 1 \end{pmatrix}\begin{pmatrix} 1 \\ 0 \\ 1 \end{pmatrix}=\begin{pmatrix} \frac{3}{2} \\ -\frac{1}{2} \\ 1 \end{pmatrix}$，表明坐标系$O-uv$的$u$轴的单位向量的终点位于原坐标系$O-xy$的点$\left(\frac{3}{2},-\frac{1}{2}\right)$处，这样坐标系$O-uv$的$u$轴上的单位向量为$\left(\frac{3}{2}-\frac{1}{2},-\frac{1}{2}-\left(-\frac{1}{2}\right)\right)=(1,0)$，$u$轴上1个单位长度等于$O-xy$坐标系的单位长度.

（3）由于$\begin{pmatrix} 1 & -1 & \frac{1}{2} \\ 0 & 1 & -\frac{1}{2} \\ 0 & 0 & 1 \end{pmatrix}\begin{pmatrix} 0 \\ 1 \\ 1 \end{pmatrix}=\begin{pmatrix} -\frac{1}{2} \\ \frac{1}{2} \\ 1 \end{pmatrix}$，表明坐标系$O-uv$的$v$轴的单位向量的终点位于原坐标系$O-xy$的点$\left(-\frac{1}{2},\frac{1}{2}\right)$处，这样坐标系$O-uv$的$v$轴上的单位向量为$\left(-\frac{1}{2}-\frac{1}{2},\frac{1}{2}-\left(-\frac{1}{2}\right)\right)=(-1,1)$，$v$轴上1个单位长度等于$O-xy$坐标系的$\sqrt{(-1)^2+1^2}=\sqrt{2}$个单位长度.

由此可见，这种方式建立的坐标系$O-uv$与例4中的完全一致.

从例4可以看出，对方程配方后，就可以写出坐标间的变换，并得到坐标之间的变换矩阵，由此变换矩阵就可以建立新的坐标系．新的坐标系的建立可以分两种基本情况，一种是将坐标原点平移而坐标轴的方向和刻度都不变，另一种是坐标系的原点保持不动而坐标轴发生变化．第一种情况的坐标系很容易建立，第二种情况则比较复杂．对于第二种情况，我们可以在原坐标系的两个坐标轴上分别找单位向量的终点，然后分别求出这两个点变换后的新位置，再以原点为始点，以这两个点的新位置为终点作向量，则这两个向量就是新坐标系的两个新的坐标轴的单位向量.

对于复杂的配方变换，既可以看成两种基本情况的合成，分步进行，也可以一次完成．一次完成时，可利用例4的注中提供的方法.

例5 说明方程$x^2+\frac{3}{2}xy+2y^2+y-\frac{3}{4}=0$所表示曲线的形状.

解　因为

$$x^2+\frac{3}{2}xy+2y^2+y-\frac{3}{4}=x^2+\frac{3}{2}xy+\left(\frac{3}{4}y\right)^2-\frac{9}{16}y^2+2y^2+y-\frac{3}{4}$$

$$=\left(x+\frac{3}{4}y\right)^2+\frac{23}{16}y^2+y-\frac{3}{4}=\left(x+\frac{3}{4}y\right)^2+\frac{23}{16}\left[y^2+\frac{16}{23}y+\left(\frac{16}{46}\right)^2\right]-\frac{3}{4}-\frac{16}{92}$$

$$=\left(x+\frac{3}{4}y\right)^2+\frac{23}{16}\left(y+\frac{16}{46}\right)^2-\frac{85}{92}=\left(x+\frac{3}{4}y\right)^2+\frac{23}{16}\left(y+\frac{8}{23}\right)^2-\frac{85}{92}$$

做变换$\begin{cases}u=x+\dfrac{3}{4}y\\ v=y+\dfrac{8}{23}\end{cases}$，或$\begin{cases}x=u-\dfrac{3}{4}v+\dfrac{6}{23}\\ y=v-\dfrac{8}{23}\end{cases}$，在此变换下，方程变为$u^2+\dfrac{23}{16}v^2=\dfrac{85}{92}$，其图形为$O-uv$坐标系下的椭圆．$O-uv$坐标系的建立方法与例 4 一致，这里不再细说．

例 6　说明方程$x^2+4xy+2y^2+y-\dfrac{3}{4}=0$所表示曲线的形状．

解　因为

$$x^2+4xy+2y^2+y-\frac{3}{4}=x^2+4xy+4y^2-2y^2+y-\frac{3}{4}$$

$$=(x+2y)^2-2y^2+y-\frac{3}{4}=(x+2y)^2-2\left[y^2-\frac{1}{2}y+\left(\frac{1}{4}\right)^2-\frac{1}{16}\right]-\frac{3}{4}$$

$$=(x+2y)^2-2\left(y-\frac{1}{4}\right)^2-\frac{3}{4}+\frac{1}{8}=(x+2y)^2-2\left(y-\frac{1}{4}\right)^2-\frac{5}{8}$$

做变换$\begin{cases}u=x+2y\\ v=y-\dfrac{1}{4}\end{cases}$，或$\begin{cases}x=u-2v-\dfrac{1}{2}\\ y=v+\dfrac{1}{4}\end{cases}$，在此变换下，方程变为$u^2-2v^2=\dfrac{5}{8}$，其图形为$O-uv$坐标系下的双曲线．$O-uv$坐标系的建立方法与例 4 一致，这里不再细说．

例 7　说明方程$x^2+2\sqrt{2}xy+2y^2+y-\dfrac{3}{4}=0$所表示曲线的形状．

解　因为

$$x^2+2\sqrt{2}xy+2y^2+y-\frac{3}{4}=x^2+2\sqrt{2}xy+(\sqrt{2}y)^2+y-\frac{3}{4}=(x+\sqrt{2}y)^2+y-\frac{3}{4}$$

所以做变换$\begin{cases}u=x+\sqrt{2}y\\ v=y-\dfrac{3}{4}\end{cases}$或$\begin{cases}x=u-\sqrt{2}v-\dfrac{3}{4}\sqrt{2}\\ y=v+\dfrac{3}{4}\end{cases}$，在此变换下，方程变为$u^2=-v$，其图形为$O-uv$坐标系下的抛物线．$O-uv$坐标系的建立方法与例 4 一致，这里不再细说．

从例 4～例 7 可以看出，在其他项不变的情况下，二元二次方程中的交叉项对曲线的形状起着至关重要的作用．交叉项系数的不同，很可能带来曲面形状根本性的变化，所以消除交叉项就是非常重要的．

三、配方法化二次型为标准形

由本节“一、二次方程中没有交叉项时所表示曲线的形状”可知，当二次方程所表示的图形为二次曲线时，如果没有交叉项，图形究竟是圆、椭圆、双曲线还是抛物线，完全由平方项前面的系数决定．此时，当两个平方项前的系数中只有一个为零时，若该方程还表示二次曲线，则必为抛物线．当两个平方项前面的系数都不为零且同号时，若该方程还表示二次曲线，则该曲线必为椭圆．特别地，当两个平方项前面的系数相同时该曲线为圆．当两个平方项前面的系数都不为零且异号时，若该方程还表示二次曲线，则该曲线必为双曲线．

由本节“二、交叉项对二次曲线形状的影响”可知，在其他项不变的情况下，二次方程中的交叉项对曲线的形状起着至关重要的作用，而且在消除交叉项的过程中，往往会引起平方项前面系数的变化．

综上所述，如果能将二次方程中去掉一次项和常数项后的部分化为不含有交叉项的形式，且二次方程还表示二次曲线，则二次方程图形是其中的哪种形状也就不难识别了．我们将二元二次方程中的一次项和常数项去掉，剩下的部分称为二元二次型，不含有交叉项的二元二次型称为标准形．由于后面还要研究多个变量的二次型，为了表示简洁，我们统一采用字母加下角标的方式来表示变量．下面先给出二元二次型的规范定义．

定义 1　设 x_1,x_2 为两个变量，则称函数

$$f\left(x_1,x_2\right)=a_{11}x_1^2+2a_{12}x_1x_2+a_{22}x_2^2$$

为二元二次型．

例如，$f\left(x_1,x_2\right)=3x_1^2+x_1x_2+2x_2^2$ 就是一个二元二次型，其中 $a_{11}=3,a_{12}=\dfrac{1}{2},a_{22}=2$ ．

又如，$f\left(x_1,x_2\right)=x_1x_2$ 也是一个二元二次型，其中 $a_{11}=0,a_{12}=\dfrac{1}{2},a_{22}=0$ ．

对于二元二次型，本节的主要任务就是寻求坐标变换

$$\begin{cases}x_1=c_{11}y_1+c_{12}y_2\\x_2=c_{21}y_1+c_{22}y_2\end{cases}$$

使得二元二次型化为以下形式：

$$f=k_1y_1^2+k_2y_2^2$$

这种只含平方项的二元二次型，称为二元二次型的标准形．

下面通过几个例子来介绍二元二次型化为标准形的配方法．

例 8　用配方法化二元二次型 $f=x_1^2+3x_1x_2+2x_2^2$ 为标准形，并将变换写成矩阵形式．

解　$f=x_1^2+3x_1x_2+2x_2^2=x_1^2+3x_1x_2+\left(\dfrac{3}{2}x_2\right)^2-\left(\dfrac{3}{2}x_2\right)^2+2x_2^2=\left(x_1+\dfrac{3}{2}x_2\right)^2-\dfrac{1}{4}x_2^2$

做变换 $\begin{cases}y_1=x_1+\dfrac{3}{2}x_2\\y_2=x_2\end{cases}$，代入二元二次型可得 $f=y_1^2-\dfrac{1}{4}y_2^2$，此变换写成矩阵形式为

$$\begin{pmatrix}y_1\\y_2\end{pmatrix}=\begin{pmatrix}1&\dfrac{3}{2}\\0&1\end{pmatrix}\begin{pmatrix}x_1\\x_2\end{pmatrix}$$

练习 4　用配方法化二元二次型 $f=2x_1^2-4x_1x_2+3x_2^2$ 为标准形，并将变换写成矩阵形式．

例 9　用配方法化二元二次型 $f=x_1x_2$ 为标准形，并将变换写成矩阵形式.

解　做变换 $\begin{cases}x_1=y_1-y_2\\x_2=y_1+y_2\end{cases}$ 或 $\begin{cases}y_1=\dfrac{1}{2}(x_1+x_2)\\y_2=\dfrac{1}{2}(x_2-x_1)\end{cases}$，可得 $f=y_1^2-y_2^2$，此变换写成矩阵形式为

$$\begin{pmatrix}y_1\\y_2\end{pmatrix}=\begin{pmatrix}\dfrac{1}{2}&\dfrac{1}{2}\\-\dfrac{1}{2}&\dfrac{1}{2}\end{pmatrix}\begin{pmatrix}x_1\\x_2\end{pmatrix}$$

练习 5　用配方法化二元二次型 $f=4x_1x_2$ 为标准形，并将变换写成矩阵形式.

四、二次型的矩阵表示与配方法所做变换的矩阵表示

由于后面还要介绍利用正交变换化二次型为标准形，因此需要给出二元二次型的矩阵表示. 下面通过一个具体的例子加以说明.

例 10　将二次型 $f=2x_1^2-4x_1x_2+3x_2^2$ 表示为矩阵形式.

分析　假设 $\vec{x}=\begin{pmatrix}x_1\\x_2\end{pmatrix}$，则 $\vec{x}^{\mathrm{T}}=(x_1,x_2)$，构造满足 $\boldsymbol{A}^{\mathrm{T}}=\boldsymbol{A}$ 的矩阵 $\boldsymbol{A}$（此时称矩阵 $\boldsymbol{A}$ 为对称矩阵，易知矩阵 $\boldsymbol{A}$ 具有形式 $\boldsymbol{A}=\begin{pmatrix}a&c\\c&b\end{pmatrix}$. 本章第三节定理 2 将要介绍实对称矩阵的特征值都是实数，对寻找正交变换有重要意义），并使得

$$f=2x_1^2-4x_1x_2+3x_2^2=\vec{x}^{\mathrm{T}}\boldsymbol{A}\vec{x}=(x_1,x_2)\begin{pmatrix}a&c\\c&b\end{pmatrix}\begin{pmatrix}x_1\\x_2\end{pmatrix}.$$

由于 $(x_1,x_2)\begin{pmatrix}a&c\\c&b\end{pmatrix}\begin{pmatrix}x_1\\x_2\end{pmatrix}=(ax_1+cx_2,cx_1+bx_2)\begin{pmatrix}x_1\\x_2\end{pmatrix}=ax_1^2+2cx_1x_2+bx_2^2$，不难得到，$a=2,b=3,c=-2$. 于是可得二次型的矩阵表示.

矩阵 $\boldsymbol{A}$ 称为**二次型的矩阵**.

解　二次型的矩阵为 $\boldsymbol{A}=\begin{pmatrix}2&-2\\-2&3\end{pmatrix}$，于是二次型 $f=2x_1^2-4x_1x_2+3x_2^2$ 的矩阵表示为

$$f=(x_1,x_2)\begin{pmatrix}2&-2\\-2&3\end{pmatrix}\begin{pmatrix}x_1\\x_2\end{pmatrix}.$$

练习 6　将二次型 $f=3x_1^2-3x_1x_2-2x_2^2$ 表示为矩阵形式.

第三节　正交变换化二元二次型为标准形及矩阵的特征值和特征向量

用配方法化二次型为标准形所用到的坐标变换，实际上是线性变换的一种. 本节介绍从向量空间 $\mathbf{R}^2$ 到向量空间 $\mathbf{R}^2$ 的线性变换的定义和性质，并介绍常见的从向量空间 $\mathbf{R}^2$ 到向量空

间 $\mathbf{R}^2$ 的变换如初等变换、旋转变换、平移变换对图形的影响，由此引出保持形状和尺寸都不变的变换——正交变换的重要性，并推导出这种变换的找寻方法，进而引出特征值和特征向量的概念，由此介绍正交变换化二次型为标准形的方法.

一、从向量空间 $\mathbf{R}^2$ 到向量空间 $\mathbf{R}^2$ 的线性变换

下面通过一个具体的例子加以说明.

例 1 用配方法将二次型 $f=x_1x_2-x_2{}^2$ 化为标准形，并指出所做变换对应的坐标变换.

分析

$$f=x_1x_2-x_2^2=-\left[x_2^2-x_1x_2+\left(\frac{x_1}{2}\right)^2-\left(\frac{x_1}{2}\right)^2\right]=-\left(x_2-\frac{x_1}{2}\right)^2+\frac{1}{4}x_1^2$$

令 $\begin{cases}y_1=x_1\\ y_2=-\dfrac{x_1}{2}+x_2\end{cases}$，则有 $f=\dfrac{1}{4}y_1^2-y_2^2$，所用的变换写成矩阵形式为

$$\begin{pmatrix}y_1\\y_2\end{pmatrix}=\begin{pmatrix}1&0\\-\dfrac{1}{2}&1\end{pmatrix}\begin{pmatrix}x_1\\x_2\end{pmatrix}$$

或

$$\begin{pmatrix}x_1\\x_2\end{pmatrix}=\begin{pmatrix}1&0\\-\dfrac{1}{2}&1\end{pmatrix}^{-1}\begin{pmatrix}y_1\\y_2\end{pmatrix}=\begin{pmatrix}1&0\\\dfrac{1}{2}&1\end{pmatrix}\begin{pmatrix}y_1\\y_2\end{pmatrix}$$

令 $\boldsymbol{C}=\begin{pmatrix}1&0\\\dfrac{1}{2}&1\end{pmatrix}$，则

$$\begin{pmatrix}x_1\\x_2\end{pmatrix}=\boldsymbol{C}\begin{pmatrix}y_1\\y_2\end{pmatrix}$$

将上式代入二次型中，得

$$f=(x_1,x_2)\boldsymbol{A}\begin{pmatrix}x_1\\x_2\end{pmatrix}=(y_1,y_2)\boldsymbol{C}^{\mathrm{T}}\boldsymbol{A}\boldsymbol{C}\begin{pmatrix}y_1\\y_2\end{pmatrix}=(y_1,y_2)\begin{pmatrix}k_1&0\\0&k_2\end{pmatrix}\begin{pmatrix}y_1\\y_2\end{pmatrix}$$

于是

$$\boldsymbol{C}^{\mathrm{T}}\boldsymbol{A}\boldsymbol{C}=\begin{pmatrix}k_1&0\\0&k_2\end{pmatrix}$$

利用本章第二节的分析方法，可以看出变换

$$\begin{pmatrix}x_1\\x_2\end{pmatrix}=\begin{pmatrix}1&0\\\dfrac{1}{2}&1\end{pmatrix}\begin{pmatrix}y_1\\y_2\end{pmatrix}\tag{8-19}$$

是将一个坐标系转化为另一个坐标系时的转化关系，由此关系不难得到变换后的坐标系的位置：

（1）由于 $\begin{pmatrix}1&0\\\dfrac{1}{2}&1\end{pmatrix}\begin{pmatrix}0\\0\end{pmatrix}=\begin{pmatrix}0\\0\end{pmatrix}$，表明新坐标系 $O'-y_1y_2$ 的原点在原坐标系 $O-x_1x_2$ 的原点上.

（2）由于$\begin{pmatrix}1 & 0\\ \frac{1}{2} & 1\end{pmatrix}\begin{pmatrix}1\\0\end{pmatrix}=\begin{pmatrix}1\\ \frac{1}{2}\end{pmatrix}$，表明坐标系$O'-y_1y_2$的$y_1$轴上的单位向量是由原坐标系$O-x_1x_2$的原点和点$\left(1,\frac{1}{2}\right)$连接的向量，且$y_1$轴上的 1 刻度的长度等于原坐标系$O-x_1x_2$的$\sqrt{1^2+\left(\frac{1}{2}\right)^2}=\frac{\sqrt{5}}{2}$刻度的长度.

（3）由于$\begin{pmatrix}1 & 0\\ \frac{1}{2} & 1\end{pmatrix}\begin{pmatrix}0\\1\end{pmatrix}=\begin{pmatrix}0\\1\end{pmatrix}$，表明坐标系$O'-y_1y_2$的$y_2$轴与原坐标系$O-x_1x_2$下的$x_2$轴同向，且刻度相同.

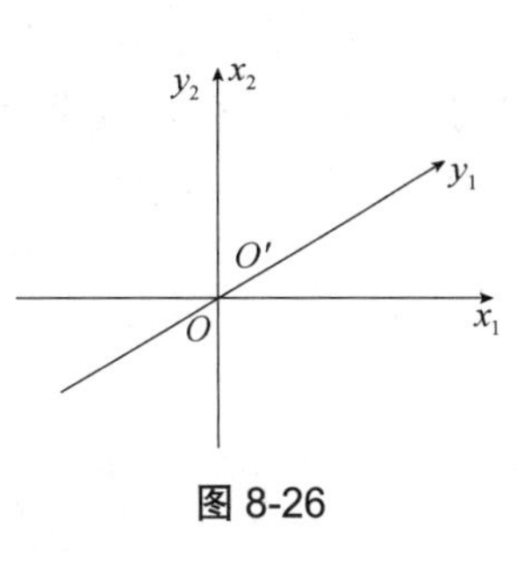

图 8-26

综上，坐标系$O'-y_1y_2$的构成如图 8-26 所示.

变换(8-19)是同一点在两个坐标系中坐标之间的转换公式，这种关系也可以看成是动坐标系与静坐标系之间的关系，即开始时动、静坐标系重合，而后静坐标系中的点，随着动坐标系变化为新坐标系而变化到新位置. 如果开始时静坐标系中的点用$\begin{pmatrix}x\\y\end{pmatrix}$表示，该点随着动坐标系变化到新点，其在原坐标系下的坐标为$\begin{pmatrix}x'\\y'\end{pmatrix}$，则有

$$\begin{pmatrix}x'\\y'\end{pmatrix}=\begin{pmatrix}1 & 0\\ \frac{1}{2} & 1\end{pmatrix}\begin{pmatrix}x\\y\end{pmatrix}$$

这种变化可以看成一种映射，即在原静坐标系下的点随着动坐标系而变化，变化为原坐标系下的另一点，这个变化使平面上的任一点都有唯一的象，称为从$\mathbf{R}^2$空间到$\mathbf{R}^2$空间的映射，也称为**线性变换**. 这是因为新点的横、纵坐标都是原来点的横、纵坐标的线性组合，新坐标系的两个坐标轴就像是两个指挥官，一个指挥新坐标系的横轴，另一个指挥新坐标系的纵轴.

例如，对于原坐标系中正方形的四个顶点$O(0,0)$，$A(1,0)$，$B(1,1)$，$C(0,1)$，经过上面的线性变换后变为点$O'(0,0)$，$A'\left(1,\frac{1}{2}\right)$，$B'\left(1,\frac{3}{2}\right)$，$C'(0,1)$. 这是因为

$$\begin{pmatrix}1 & 0\\ \frac{1}{2} & 1\end{pmatrix}\begin{pmatrix}0\\0\end{pmatrix}=\begin{pmatrix}0\\0\end{pmatrix},\quad \begin{pmatrix}1 & 0\\ \frac{1}{2} & 1\end{pmatrix}\begin{pmatrix}1\\0\end{pmatrix}=\begin{pmatrix}1\\ \frac{1}{2}\end{pmatrix},\quad \begin{pmatrix}1 & 0\\ \frac{1}{2} & 1\end{pmatrix}\begin{pmatrix}1\\1\end{pmatrix}=\begin{pmatrix}1\\ \frac{3}{2}\end{pmatrix},\quad \begin{pmatrix}1 & 0\\ \frac{1}{2} & 1\end{pmatrix}\begin{pmatrix}0\\1\end{pmatrix}=\begin{pmatrix}0\\1\end{pmatrix}.$$

对于原坐标系中正方形四条边的其他点，经过上面的线性变换后变成什么点呢？如果都采用上面的计算方法，就非常麻烦，且不能完成全部对应，因为有无穷多点. 为此，我们需要探讨这类线性变换的一般性质.

关于线性变换有下面的一般定义.

定义 1 如果坐标系中的点(x,y)按照$\begin{pmatrix}x'\\y'\end{pmatrix}=\begin{pmatrix}a & b\\ c & d\end{pmatrix}\begin{pmatrix}x\\y\end{pmatrix}$映射到同一坐标系中的点$(x',y')$，则称此变换为从向量空间$\mathbf{R}^2$到向量空间$\mathbf{R}^2$的线性变换.

定理 1 线性变换将直线变为直线.

证明 设 $O-xy$ 坐标面上的直线 L 通过点 $A(x_1,y_1)$ 和 $B(x_2,y_2)$，$O-xy$ 坐标面到 $O'-x'y'$ 坐标面上的线性变换为 $\begin{pmatrix} x' \\ y' \end{pmatrix}=\begin{pmatrix} a & b \\ c & d \end{pmatrix}\begin{pmatrix} x \\ y \end{pmatrix}$，假设点 $A(x_1,y_1)$ 经过线性变换变为 $O'-x'y'$ 坐标面上的点 $A'(x_1',y_1')$，点 $B(x_2,y_2)$ 经过线性变换变为 $O'-x'y'$ 坐标面上的点 $B'(x_2',y_2')$，则有

$$\begin{pmatrix} x_1' \\ y_1' \end{pmatrix}=\begin{pmatrix} a & b \\ c & d \end{pmatrix}\begin{pmatrix} x_1 \\ y_1 \end{pmatrix},\quad \begin{pmatrix} x_2' \\ y_2' \end{pmatrix}=\begin{pmatrix} a & b \\ c & d \end{pmatrix}\begin{pmatrix} x_2 \\ y_2 \end{pmatrix}$$

设直线 L 上任一点的坐标为 $C(x,y)$，经过线性变换变为 $O'-x'y'$ 坐标面上的点 $C'(x',y')$，由于点 $C(x,y)$ 在通过点 $A(x_1,y_1)$ 和 $B(x_2,y_2)$ 的直线上，所以满足 $\overrightarrow{AC}=\lambda\overrightarrow{AB}$，其中 λ 为某一常数，即

$$\begin{pmatrix} x-x_1 \\ y-y_1 \end{pmatrix}=\lambda\begin{pmatrix} x_2-x_1 \\ y_2-y_1 \end{pmatrix}$$

要证明线性变换 $\begin{pmatrix} x' \\ y' \end{pmatrix}=\begin{pmatrix} a & b \\ c & d \end{pmatrix}\begin{pmatrix} x \\ y \end{pmatrix}$ 将直线 L 变为直线，只需证明点 $C'(x',y')$ 在由点 $A'(x_1',y_1')$ 和 $B'(x_2',y_2')$ 连接的直线上，也就是要证明 $\overrightarrow{A'C'}=\lambda\overrightarrow{A'B'}$，即

$$\begin{pmatrix} x'-x_1' \\ y'-y_1' \end{pmatrix}=\lambda\begin{pmatrix} x_2'-x_1' \\ y_2'-y_1' \end{pmatrix}$$

成立.

由于

$$\begin{aligned}\begin{pmatrix} x'-x_1' \\ y'-y_1' \end{pmatrix}&=\begin{pmatrix} x' \\ y' \end{pmatrix}-\begin{pmatrix} x_1' \\ y_1' \end{pmatrix}=\begin{pmatrix} a & b \\ c & d \end{pmatrix}\begin{pmatrix} x \\ y \end{pmatrix}-\begin{pmatrix} a & b \\ c & d \end{pmatrix}\begin{pmatrix} x_1 \\ y_1 \end{pmatrix}=\begin{pmatrix} a & b \\ c & d \end{pmatrix}\begin{pmatrix} x-x_1 \\ y-y_1 \end{pmatrix}\\ &=\begin{pmatrix} a & b \\ c & d \end{pmatrix}\lambda\begin{pmatrix} x_2-x_1 \\ y_2-y_1 \end{pmatrix}=\lambda\begin{pmatrix} a & b \\ c & d \end{pmatrix}\left[\begin{pmatrix} x_2 \\ y_2 \end{pmatrix}-\begin{pmatrix} x_1 \\ y_1 \end{pmatrix}\right]=\lambda\left[\begin{pmatrix} a & b \\ c & d \end{pmatrix}\begin{pmatrix} x_2 \\ y_2 \end{pmatrix}-\begin{pmatrix} a & b \\ c & d \end{pmatrix}\begin{pmatrix} x_1 \\ y_1 \end{pmatrix}\right]\\ &=\lambda\left[\begin{pmatrix} x_2' \\ y_2' \end{pmatrix}-\begin{pmatrix} x_1' \\ y_1' \end{pmatrix}\right]=\lambda\begin{pmatrix} x_2'-x_1' \\ y_2'-y_1' \end{pmatrix}\end{aligned}$$

所以 $\overrightarrow{A'C'}=\lambda\overrightarrow{A'B'}$.

证毕.

有了定理 1，可知例 1 中的线性变换就将正方形变化为以点 $O'(0,0)$，$A'\left(1,\dfrac{1}{2}\right)$，$B'\left(1,\dfrac{3}{2}\right)$，$C'(0,1)$ 为顶点的平行四边形，如图 8-27 所示.

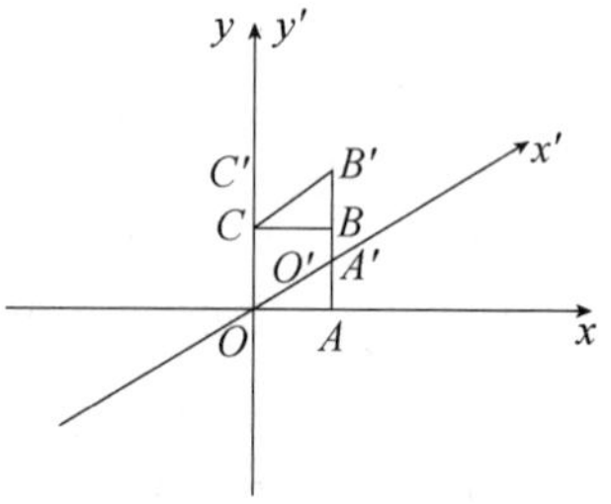

图 8-27

二、常见的从向量空间 $\mathbf{R}^2$ 到向量空间 $\mathbf{R}^2$ 的变换对图形的影响

对于线性变换矩阵，其中的元素可以为任何实数，当这些元素取特殊值时就得到我们常见的变换，下面分别谈谈这些变换对图形的影响.

1. 初等变换

初等变换对应的矩阵称为初等矩阵，初等矩阵有三类，下面分别来说明.

（1）对单位矩阵进行换法变换，比如交换第 1 行和第 2 行，这时矩阵变为$\begin{pmatrix}0 & 1\\1 & 0\end{pmatrix}$，记作$\boldsymbol{E}_2(1,2)$.

假设此时的变换为

$$\begin{pmatrix}x'\\y'\end{pmatrix}=\begin{pmatrix}0 & 1\\1 & 0\end{pmatrix}\begin{pmatrix}x\\y\end{pmatrix}$$

下面根据正方形经过变换后所得图形的形状说明变换的几何意义.

因为

$$\begin{pmatrix}0 & 1\\1 & 0\end{pmatrix}\begin{pmatrix}0\\0\end{pmatrix}=\begin{pmatrix}0\\0\end{pmatrix},\ \begin{pmatrix}0 & 1\\1 & 0\end{pmatrix}\begin{pmatrix}1\\0\end{pmatrix}=\begin{pmatrix}0\\1\end{pmatrix},\ \begin{pmatrix}0 & 1\\1 & 0\end{pmatrix}\begin{pmatrix}0\\1\end{pmatrix}=\begin{pmatrix}1\\0\end{pmatrix},\ \begin{pmatrix}0 & 1\\1 & 0\end{pmatrix}\begin{pmatrix}1\\1\end{pmatrix}=\begin{pmatrix}1\\1\end{pmatrix}$$

所以在原坐标系$O-xy$中的正方形$OABC$与经过此变换后所得的图形如图 8-28 所示.

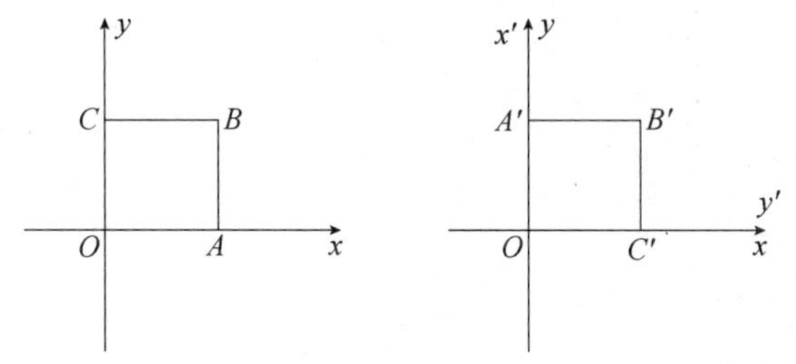

图 8-28

（2）对单位矩阵进行倍法变换，比如用一常数k（$k\neq 0$）乘以单位矩阵的第 2 行，这时矩阵变为$\begin{pmatrix}1 & 0\\0 & k\end{pmatrix}$，记作$\boldsymbol{E}_2((k)2)$.

假设此时的变换为

$$\begin{pmatrix}x'\\y'\end{pmatrix}=\begin{pmatrix}1 & 0\\0 & k\end{pmatrix}\begin{pmatrix}x\\y\end{pmatrix}$$

下面根据正方形经过变换后所得图形的形状说明变换的几何意义.

因为

$$\begin{pmatrix}1 & 0\\0 & k\end{pmatrix}\begin{pmatrix}0\\0\end{pmatrix}=\begin{pmatrix}0\\0\end{pmatrix},\ \begin{pmatrix}1 & 0\\0 & k\end{pmatrix}\begin{pmatrix}1\\0\end{pmatrix}=\begin{pmatrix}1\\0\end{pmatrix},\ \begin{pmatrix}1 & 0\\0 & k\end{pmatrix}\begin{pmatrix}0\\1\end{pmatrix}=\begin{pmatrix}0\\k\end{pmatrix},\ \begin{pmatrix}1 & 0\\0 & k\end{pmatrix}\begin{pmatrix}1\\1\end{pmatrix}=\begin{pmatrix}1\\k\end{pmatrix}$$

所以在原坐标系$O-xy$中的正方形$OABC$与经过此变换后所得的图形如图 8-29 所示.

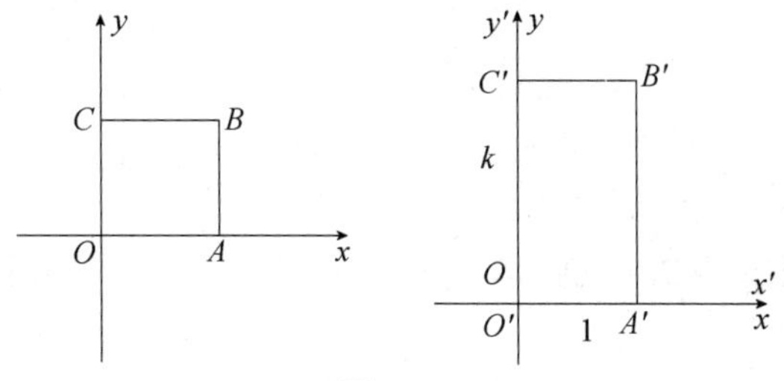

图 8-29

（3）对单位矩阵进行消法变换，比如将单位矩阵的第 1 行乘以 k 加到第 2 行上，这时矩阵变为 $\begin{pmatrix}1 & 0\\ k & 1\end{pmatrix}$，记作 $\boldsymbol{E}_2(2+(k)1)$.

假设此时的变换为

$$\begin{pmatrix}x'\\ y'\end{pmatrix}=\begin{pmatrix}1 & 0\\ k & 1\end{pmatrix}\begin{pmatrix}x\\ y\end{pmatrix}$$

下面根据正方形经过变换后所得图形的形状说明变换的几何意义.

因为 $\begin{pmatrix}1 & 0\\ k & 1\end{pmatrix}\begin{pmatrix}0\\ 0\end{pmatrix}=\begin{pmatrix}0\\ 0\end{pmatrix}$，$\begin{pmatrix}1 & 0\\ k & 1\end{pmatrix}\begin{pmatrix}1\\ 0\end{pmatrix}=\begin{pmatrix}1\\ k\end{pmatrix}$，$\begin{pmatrix}1 & 0\\ k & 1\end{pmatrix}\begin{pmatrix}0\\ 1\end{pmatrix}=\begin{pmatrix}0\\ 1\end{pmatrix}$，$\begin{pmatrix}1 & 0\\ k & 1\end{pmatrix}\begin{pmatrix}1\\ 1\end{pmatrix}=\begin{pmatrix}1\\ k+1\end{pmatrix}$

所以在原坐标系 $O-xy$ 中的正方形 $OABC$ 与经过此变换后所得的图形如图 8-30 所示.

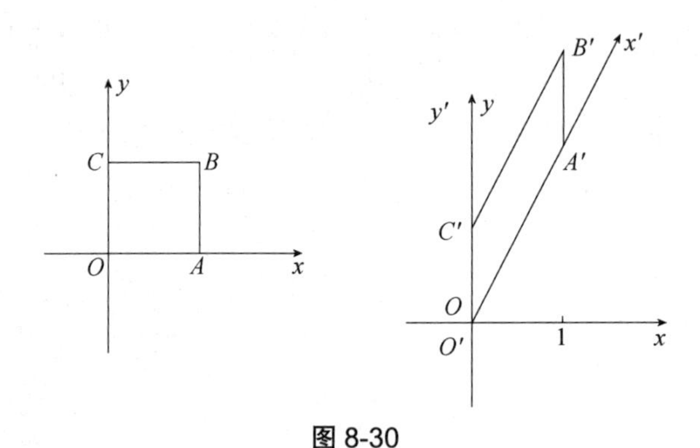

图 8-30

2. 旋转变换

下面以旋转 45° 为例对旋转变换加以说明，此时的变换为

$$\begin{pmatrix}x'\\ y'\end{pmatrix}=\begin{pmatrix}\cos 45^\circ & -\sin 45^\circ\\ \sin 45^\circ & \cos 45^\circ\end{pmatrix}\begin{pmatrix}x\\ y\end{pmatrix}=\begin{pmatrix}\frac{\sqrt{2}}{2} & -\frac{\sqrt{2}}{2}\\ \frac{\sqrt{2}}{2} & \frac{\sqrt{2}}{2}\end{pmatrix}\begin{pmatrix}x\\ y\end{pmatrix}$$

下面根据正方形经过变换后所得图形的形状说明变换的几何意义.

因为

$$\begin{pmatrix}\frac{\sqrt{2}}{2} & -\frac{\sqrt{2}}{2}\\ \frac{\sqrt{2}}{2} & \frac{\sqrt{2}}{2}\end{pmatrix}\begin{pmatrix}0\\ 0\end{pmatrix}=\begin{pmatrix}0\\ 0\end{pmatrix},\quad \begin{pmatrix}\frac{\sqrt{2}}{2} & -\frac{\sqrt{2}}{2}\\ \frac{\sqrt{2}}{2} & \frac{\sqrt{2}}{2}\end{pmatrix}\begin{pmatrix}1\\ 0\end{pmatrix}=\begin{pmatrix}\frac{\sqrt{2}}{2}\\ \frac{\sqrt{2}}{2}\end{pmatrix},$$

$$\begin{pmatrix}\frac{\sqrt{2}}{2} & -\frac{\sqrt{2}}{2}\\ \frac{\sqrt{2}}{2} & \frac{\sqrt{2}}{2}\end{pmatrix}\begin{pmatrix}0\\ 1\end{pmatrix}=\begin{pmatrix}-\frac{\sqrt{2}}{2}\\ \frac{\sqrt{2}}{2}\end{pmatrix},\quad \begin{pmatrix}\frac{\sqrt{2}}{2} & -\frac{\sqrt{2}}{2}\\ \frac{\sqrt{2}}{2} & \frac{\sqrt{2}}{2}\end{pmatrix}\begin{pmatrix}1\\ 1\end{pmatrix}=\begin{pmatrix}0\\ \sqrt{2}\end{pmatrix}$$

所以在原坐标系 $O-xy$ 中的正方形 $OABC$ 与经过此变换后所得的图形如图 8-31 所示.

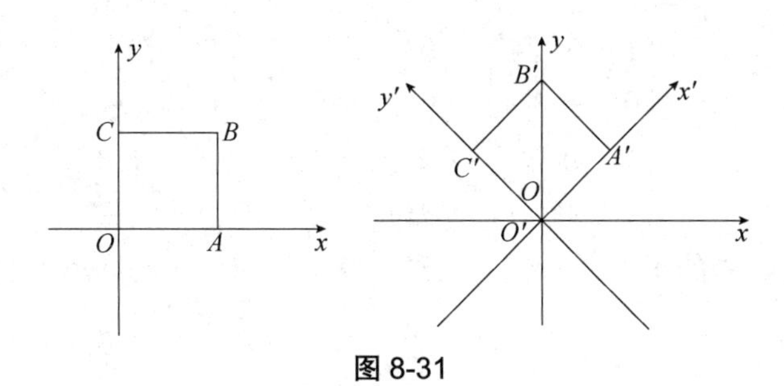

图 8-31

3. 平移变换（不是线性变换）

假设坐标系 $O'-x'y'$ 是将坐标系 $O-xy$ 的原点平移到 $P_0\left(x_0,y_0\right)$ 得到的，则坐标变换为

$$\begin{pmatrix} x' \\ y' \\ 1 \end{pmatrix}=\begin{pmatrix} 1 & 0 & x_0 \\ 0 & 1 & y_0 \\ 0 & 0 & 1 \end{pmatrix}\begin{pmatrix} x \\ y \\ 1 \end{pmatrix}$$

下面根据正方形经过变换后所得图形的形状说明变换的几何意义.

因为

$$\begin{pmatrix} 1 & 0 & x_0 \\ 0 & 1 & y_0 \\ 0 & 0 & 1 \end{pmatrix}\begin{pmatrix} 0 \\ 0 \\ 1 \end{pmatrix}=\begin{pmatrix} x_0 \\ y_0 \\ 1 \end{pmatrix},\quad \begin{pmatrix} 1 & 0 & x_0 \\ 0 & 1 & y_0 \\ 0 & 0 & 1 \end{pmatrix}\begin{pmatrix} 1 \\ 0 \\ 1 \end{pmatrix}=\begin{pmatrix} 1+x_0 \\ y_0 \\ 1 \end{pmatrix},$$

$$\begin{pmatrix} 1 & 0 & x_0 \\ 0 & 1 & y_0 \\ 0 & 0 & 1 \end{pmatrix}\begin{pmatrix} 0 \\ 1 \\ 1 \end{pmatrix}=\begin{pmatrix} x_0 \\ 1+y_0 \\ 1 \end{pmatrix},\quad \begin{pmatrix} 1 & 0 & x_0 \\ 0 & 1 & y_0 \\ 0 & 0 & 1 \end{pmatrix}\begin{pmatrix} 1 \\ 1 \\ 1 \end{pmatrix}=\begin{pmatrix} 1+x_0 \\ 1+y_0 \\ 1 \end{pmatrix}$$

所以在原坐标系 $O-xy$ 中的正方形 $OABC$ 与经过此变换后所得的图形如图 8-32 所示.

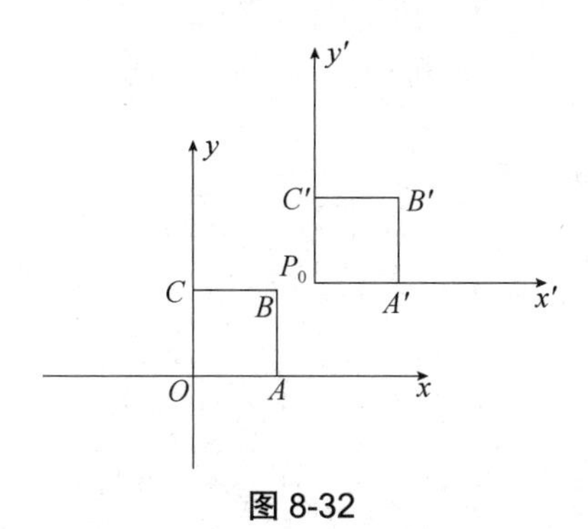

图 8-32

4. 对称变换

（1）关于 x 轴对称时的变换为

$$\begin{pmatrix} x' \\ y' \end{pmatrix}=\begin{pmatrix} 1 & 0 \\ 0 & -1 \end{pmatrix}\begin{pmatrix} x \\ y \end{pmatrix},$$

下面根据正方形经过变换后所得图形的形状说明变换的几何意义.

因为

$$\begin{pmatrix}1 & 0\\0 & -1\end{pmatrix}\begin{pmatrix}0\\0\end{pmatrix}=\begin{pmatrix}0\\0\end{pmatrix},\quad \begin{pmatrix}1 & 0\\0 & -1\end{pmatrix}\begin{pmatrix}1\\0\end{pmatrix}=\begin{pmatrix}1\\0\end{pmatrix},$$
$$\begin{pmatrix}1 & 0\\0 & -1\end{pmatrix}\begin{pmatrix}1\\1\end{pmatrix}=\begin{pmatrix}1\\-1\end{pmatrix},\quad \begin{pmatrix}1 & 0\\0 & -1\end{pmatrix}\begin{pmatrix}0\\1\end{pmatrix}=\begin{pmatrix}0\\-1\end{pmatrix}$$

所以在原坐标系 $O-xy$ 中的正方形 $OABC$ 与经过此变换后所得的图形如图 8-33 所示.

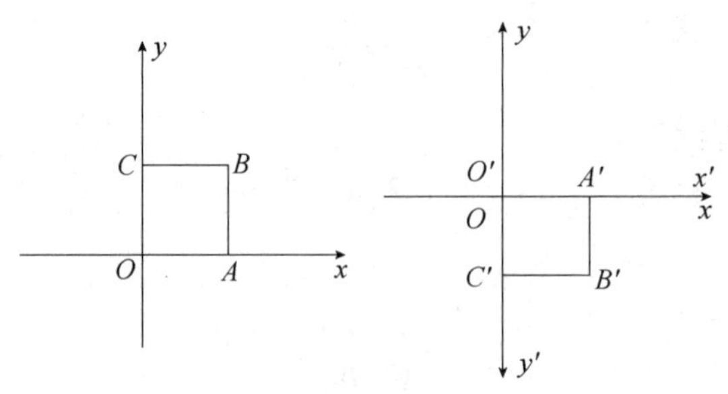

图 8-33

（2）关于 y 轴对称时的变换为

$$\begin{pmatrix}x'\\y'\end{pmatrix}=\begin{pmatrix}-1 & 0\\0 & 1\end{pmatrix}\begin{pmatrix}x\\y\end{pmatrix}$$

下面根据正方形经过变换后所得图形的形状说明变换的几何意义.

因为

$$\begin{pmatrix}-1 & 0\\0 & 1\end{pmatrix}\begin{pmatrix}0\\0\end{pmatrix}=\begin{pmatrix}0\\0\end{pmatrix},\quad \begin{pmatrix}-1 & 0\\0 & 1\end{pmatrix}\begin{pmatrix}1\\0\end{pmatrix}=\begin{pmatrix}-1\\0\end{pmatrix},$$
$$\begin{pmatrix}-1 & 0\\0 & 1\end{pmatrix}\begin{pmatrix}1\\1\end{pmatrix}=\begin{pmatrix}-1\\1\end{pmatrix},\quad \begin{pmatrix}-1 & 0\\0 & 1\end{pmatrix}\begin{pmatrix}0\\1\end{pmatrix}=\begin{pmatrix}0\\1\end{pmatrix}$$

所以在原坐标系 $O-xy$ 中的正方形 $OABC$ 与经过此变换后所得的图形如图 8-34 所示.

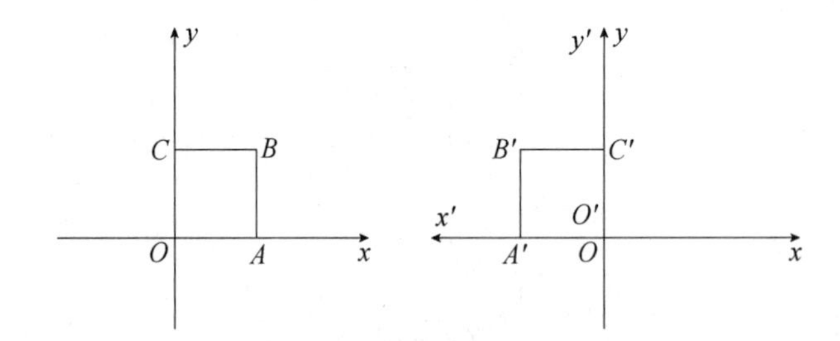

图 8-34

三、从向量空间 $\mathbf{R}^2$ 到向量空间 $\mathbf{R}^2$ 的正交变换

从上面的分析可以看出，配方法所得到的变换为线性变换．不同的线性变换，对图形的影响是不一样的，有的保持原有图形的形状，有的改变原有图形的形状；有的保持原有的尺寸，有的改变原有的尺寸．例如，上面提到的初等变换、旋转变换、平移变换、对称变换中的换法变换是保持形状和尺寸不变的线性变换，对于这样的变换，我们称之为正交变换.

一般地，有下面的定义.

定义 2　如果一个线性变换保持图形的形状和尺寸不变，则称这样的变换为正交变换.

用配方法对二次型进行标准化时，有时所做的线性变换会改变原有图形的形状和尺寸. 例如，本节例 1 中的二次型 $f = x_1x_2 - x_2^2$，用配方法所做的线性变换写成矩阵形式为

$$\begin{pmatrix} y_1 \\ y_2 \end{pmatrix} = \begin{pmatrix} 1 & 0 \\ -\frac{1}{2} & 1 \end{pmatrix} \begin{pmatrix} x_1 \\ x_2 \end{pmatrix}$$

所做的变换不保持原有的形状和尺寸.

再如，二次型 $f = x_1x_2$，用配方法所做的坐标变换为 $\begin{cases} x_1 = y_1 - y_2 \\ x_2 = y_1 + y_2 \end{cases}$，对应的线性变换写成矩阵形式为

$$\begin{pmatrix} x_1' \\ x_2' \end{pmatrix} = \begin{pmatrix} 1 & -1 \\ 1 & 1 \end{pmatrix} \begin{pmatrix} x_1 \\ x_2 \end{pmatrix}$$

下面根据正方形经过变换后所得图形的形状说明变换的几何意义.

因为

$$\begin{pmatrix} 1 & -1 \\ 1 & 1 \end{pmatrix} \begin{pmatrix} 0 \\ 0 \end{pmatrix} = \begin{pmatrix} 0 \\ 0 \end{pmatrix},\quad \begin{pmatrix} 1 & -1 \\ 1 & 1 \end{pmatrix} \begin{pmatrix} 1 \\ 0 \end{pmatrix} = \begin{pmatrix} 1 \\ 1 \end{pmatrix},$$

$$\begin{pmatrix} 1 & -1 \\ 1 & 1 \end{pmatrix} \begin{pmatrix} 1 \\ 1 \end{pmatrix} = \begin{pmatrix} 0 \\ 2 \end{pmatrix},\quad \begin{pmatrix} 1 & -1 \\ 1 & 1 \end{pmatrix} \begin{pmatrix} 0 \\ 1 \end{pmatrix} = \begin{pmatrix} -1 \\ 1 \end{pmatrix}$$

所以在原坐标系 $O-xy$ 中的正方形 $OABC$ 与经过此变换后所得的图形如图 8-35 所示.

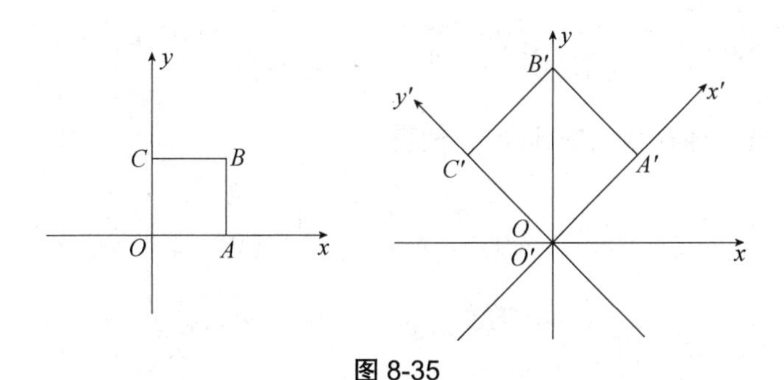

图 8-35

该线性变换将正方形仍变为正方形，但尺寸扩大. 为了使其保持原有尺寸，可以将变换矩阵 $\begin{pmatrix} 1 & -1 \\ 1 & 1 \end{pmatrix}$ 的列向量单位化，也就是做线性变换

$$\begin{pmatrix} x' \\ y' \end{pmatrix} = \begin{pmatrix} \frac{\sqrt{2}}{2} & -\frac{\sqrt{2}}{2} \\ \frac{\sqrt{2}}{2} & \frac{\sqrt{2}}{2} \end{pmatrix} \begin{pmatrix} x \\ y \end{pmatrix}$$

这样可以使图形既保持原有的形状，又保持原有尺寸.

一般地，线性变换应满足什么条件才能使得变换后图形形状和尺寸不变呢?

从上面的分析可知，只要该线性变换能将原坐标系下互相垂直的单位向量 $\begin{pmatrix} 1 \\ 0 \end{pmatrix}$ 和 $\begin{pmatrix} 0 \\ 1 \end{pmatrix}$ 转化

为新的互相垂直的单位向量即可.

假设线性变换为$\begin{pmatrix} x' \\ y' \end{pmatrix} = \boldsymbol{P}\begin{pmatrix} x \\ y \end{pmatrix} = \begin{pmatrix} a & b \\ c & d \end{pmatrix}\begin{pmatrix} x \\ y \end{pmatrix}$，单位向量$\begin{pmatrix} 1 \\ 0 \end{pmatrix}$和$\begin{pmatrix} 0 \\ 1 \end{pmatrix}$经过此线性变换后的向量分别为$\begin{pmatrix} a \\ c \end{pmatrix}$和$\begin{pmatrix} b \\ d \end{pmatrix}$，于是$a,b,c,d$应满足$ab+cd=0$，$a^2+c^2=1$，$b^2+d^2=1$，因此

$$\boldsymbol{P}^{\mathrm{T}}\boldsymbol{P} = \begin{pmatrix} a & c \\ b & d \end{pmatrix}\begin{pmatrix} a & b \\ c & d \end{pmatrix} = \begin{pmatrix} a^2+c^2 & ab+cd \\ ab+cd & b^2+d^2 \end{pmatrix} = \begin{pmatrix} 1 & 0 \\ 0 & 1 \end{pmatrix} = \boldsymbol{E}$$

上面的推导逆向也成立.

这样我们就可以得到正交变换的等价定义.

定义 3 如果一个线性变换$\begin{pmatrix} x' \\ y' \end{pmatrix} = \boldsymbol{P}\begin{pmatrix} x \\ y \end{pmatrix}$的变换矩阵$\boldsymbol{P}$满足$\boldsymbol{P}^{\mathrm{T}}\boldsymbol{P} = \boldsymbol{E}$，则称这样的变换为**正交变换**，矩阵$\boldsymbol{P}$称为**正交矩阵**.

结合前面逆矩阵的概念，不难看出$\boldsymbol{P}^{-1} = \boldsymbol{P}^{\mathrm{T}}$.

四、用正交变换化二次型为标准形与矩阵的特征值和特征向量

先通过一个具体的二元二次型来介绍用正交变换化二次型为标准形的过程.

例 2 用正交变换化二次型$f = 2x_1x_2$为标准形.

分析 对二次型做正交变换$\begin{pmatrix} x_1 \\ x_2 \end{pmatrix} = \boldsymbol{P}\begin{pmatrix} y_1 \\ y_2 \end{pmatrix}$后，得

$$f = 2x_1x_2 = (x_1,x_2)\begin{pmatrix} 0 & 1 \\ 1 & 0 \end{pmatrix}\begin{pmatrix} x_1 \\ x_2 \end{pmatrix} = (y_1,y_2)\boldsymbol{P}^{\mathrm{T}}\begin{pmatrix} 0 & 1 \\ 1 & 0 \end{pmatrix}\boldsymbol{P}\begin{pmatrix} y_1 \\ y_2 \end{pmatrix}$$

将二次型化为标准形，即存在实数λ_1,λ_2，使得

$$(y_1,y_2)\boldsymbol{P}^{\mathrm{T}}\begin{pmatrix} 0 & 1 \\ 1 & 0 \end{pmatrix}\boldsymbol{P}\begin{pmatrix} y_1 \\ y_2 \end{pmatrix} = (y_1,y_2)\begin{pmatrix} \lambda_1 & 0 \\ 0 & \lambda_2 \end{pmatrix}\begin{pmatrix} y_1 \\ y_2 \end{pmatrix}$$

由此可得$\boldsymbol{P}^{\mathrm{T}}\begin{pmatrix} 0 & 1 \\ 1 & 0 \end{pmatrix}\boldsymbol{P} = \begin{pmatrix} \lambda_1 & 0 \\ 0 & \lambda_2 \end{pmatrix}$，由于$\boldsymbol{P}$为正交矩阵，所以有$\boldsymbol{P}^{-1} = \boldsymbol{P}^{\mathrm{T}}$，于是

$$\boldsymbol{P}^{-1}\begin{pmatrix} 0 & 1 \\ 1 & 0 \end{pmatrix}\boldsymbol{P} = \begin{pmatrix} \lambda_1 & 0 \\ 0 & \lambda_2 \end{pmatrix}$$

对上式两边左乘矩阵$\boldsymbol{P}$，可得

$$\boldsymbol{P}\boldsymbol{P}^{-1}\begin{pmatrix} 0 & 1 \\ 1 & 0 \end{pmatrix}\boldsymbol{P} = \boldsymbol{P}\begin{pmatrix} \lambda_1 & 0 \\ 0 & \lambda_2 \end{pmatrix}$$

$$\begin{pmatrix} 0 & 1 \\ 1 & 0 \end{pmatrix}\boldsymbol{P} = \boldsymbol{P}\begin{pmatrix} \lambda_1 & 0 \\ 0 & \lambda_2 \end{pmatrix}$$

设$\boldsymbol{P} = (\overrightarrow{\alpha_1},\overrightarrow{\alpha_2})$，其中$\overrightarrow{\alpha_1} = \begin{pmatrix} \alpha_{11} \\ \alpha_{12} \end{pmatrix}$，$\overrightarrow{\alpha_2} = \begin{pmatrix} \alpha_{21} \\ \alpha_{22} \end{pmatrix}$，由上面的式子可以得到

$$\begin{pmatrix} 0 & 1 \\ 1 & 0 \end{pmatrix}(\overrightarrow{\alpha_1},\overrightarrow{\alpha_2}) = (\overrightarrow{\alpha_1},\overrightarrow{\alpha_2})\begin{pmatrix} \lambda_1 & 0 \\ 0 & \lambda_2 \end{pmatrix}$$

于是有
$$\left(\begin{pmatrix}0 & 1\\1 & 0\end{pmatrix}\overrightarrow{\alpha_1},\begin{pmatrix}0 & 1\\1 & 0\end{pmatrix}\overrightarrow{\alpha_2}\right)=\left(\lambda_1\overrightarrow{\alpha_1},\lambda_2\overrightarrow{\alpha_2}\right)$$

因此
$$\begin{pmatrix}0 & 1\\1 & 0\end{pmatrix}\overrightarrow{\alpha_1}=\lambda_1\overrightarrow{\alpha_1},\quad\begin{pmatrix}0 & 1\\1 & 0\end{pmatrix}\overrightarrow{\alpha_2}=\lambda_2\overrightarrow{\alpha_2}$$

为了求得$\overrightarrow{\alpha_1},\overrightarrow{\alpha_2}$，对上面的式子进行变形，得
$$\begin{pmatrix}0 & 1\\1 & 0\end{pmatrix}\overrightarrow{\alpha_1}=\lambda_1\boldsymbol{E}\overrightarrow{\alpha_1},\begin{pmatrix}0 & 1\\1 & 0\end{pmatrix}\overrightarrow{\alpha_2}=\lambda_2\boldsymbol{E}\overrightarrow{\alpha_2}$$

即
$$\left(\begin{pmatrix}0 & 1\\1 & 0\end{pmatrix}-\lambda_1\boldsymbol{E}\right)\overrightarrow{\alpha_1}=\vec{0},\quad\left(\begin{pmatrix}0 & 1\\1 & 0\end{pmatrix}-\lambda_2\boldsymbol{E}\right)\overrightarrow{\alpha_2}=\vec{0}$$

因为$\overrightarrow{\alpha_1}\neq\vec{0}$，$\overrightarrow{\alpha_2}\neq\vec{0}$，所以$\left|\begin{pmatrix}0 & 1\\1 & 0\end{pmatrix}-\lambda_1\boldsymbol{E}\right|=0$，$\left|\begin{pmatrix}0 & 1\\1 & 0\end{pmatrix}-\lambda_2\boldsymbol{E}\right|=0$，因此$\lambda_1,\lambda_2$是方程$\left|\begin{pmatrix}0 & 1\\1 & 0\end{pmatrix}-\lambda\boldsymbol{E}\right|=0$的两个实根.

下面求出这两个实根.

由$\left|\begin{pmatrix}0 & 1\\1 & 0\end{pmatrix}-\lambda\boldsymbol{E}\right|=0$可得$\begin{vmatrix}-\lambda & 1\\1 & -\lambda\end{vmatrix}=0$，根据行列式的定义，有$\lambda^2-1=0$，可得$\lambda_1=-1$，$\lambda_2=1$. 此时称$\lambda_1,\lambda_2$为矩阵$\begin{pmatrix}0 & 1\\1 & 0\end{pmatrix}$的**特征值**.

有了λ_1,λ_2，就可以求出$\overrightarrow{\alpha_1}$，$\overrightarrow{\alpha_2}$了，具体过程如下：

（1）先求$\overrightarrow{\alpha_1}$.

将$\lambda_1=-1$代入$\left(\begin{pmatrix}0 & 1\\1 & 0\end{pmatrix}-\lambda_1\boldsymbol{E}\right)\overrightarrow{\alpha_1}=\vec{0}$中，可得$\begin{pmatrix}1 & 1\\1 & 1\end{pmatrix}\overrightarrow{\alpha_1}=\vec{0}$，这是一个关于$\vec{\alpha}_1$两个分量的二元齐次线性方程组，该齐次线性方程组的系数矩阵经过初等行变换可变为$\begin{pmatrix}1 & 1\\0 & 0\end{pmatrix}$，于是该齐次线性方程组与齐次线性方程组$\begin{pmatrix}1 & 1\\0 & 0\end{pmatrix}\overrightarrow{\alpha_1}=\vec{0}$同解，可以看出后者有一个自由未知数，其基础解系为$\begin{pmatrix}-1\\1\end{pmatrix}$. 将$\begin{pmatrix}-1\\1\end{pmatrix}$单位化可得$\begin{pmatrix}-\frac{\sqrt{2}}{2}\\\frac{\sqrt{2}}{2}\end{pmatrix}$，于是取$\overrightarrow{\alpha_1}=\begin{pmatrix}-\frac{\sqrt{2}}{2}\\\frac{\sqrt{2}}{2}\end{pmatrix}$.

（2）再求$\overrightarrow{\alpha_2}$.

将$\lambda_2=1$代入$\left(\begin{pmatrix}0 & 1\\1 & 0\end{pmatrix}-\lambda_2\boldsymbol{E}\right)\overrightarrow{\alpha_2}=\vec{0}$中，可得$\begin{pmatrix}-1 & 1\\1 & -1\end{pmatrix}\overrightarrow{\alpha_2}=\vec{0}$，这是一个关于$\overrightarrow{\alpha_2}$的两个分

量的二元齐次线性方程组，该齐次线性方程组的系数矩阵经过初等行变换可变为$\begin{pmatrix}1 & -1\\ 0 & 0\end{pmatrix}$，于是该齐次线性方程组与齐次线性方程组$\begin{pmatrix}1 & -1\\ 0 & 0\end{pmatrix}\overrightarrow{\alpha_2}=\vec{0}$同解，可以看出后者有一个自由未知数，其基础解系为$\begin{pmatrix}1\\ 1\end{pmatrix}$. 将$\begin{pmatrix}1\\ 1\end{pmatrix}$单位化可得$\begin{pmatrix}\frac{\sqrt{2}}{2}\\ \frac{\sqrt{2}}{2}\end{pmatrix}$，于是取$\overrightarrow{\alpha_2}=\begin{pmatrix}\frac{\sqrt{2}}{2}\\ \frac{\sqrt{2}}{2}\end{pmatrix}$.

综上可得正交矩阵$\boldsymbol{P}=\begin{pmatrix}-\frac{\sqrt{2}}{2} & \frac{\sqrt{2}}{2}\\ \frac{\sqrt{2}}{2} & \frac{\sqrt{2}}{2}\end{pmatrix}$，经过正交变换$\begin{pmatrix}x_1\\ x_2\end{pmatrix}=\boldsymbol{P}\begin{pmatrix}y_1\\ y_2\end{pmatrix}$后，二次型化为$f=-y_1^2+y_2^2$. 可以看出$y_1^2,y_2^2$前面的系数恰为$\lambda_1$和$\lambda_2$.

在上面的分析中，我们把满足$(\boldsymbol{A}-\lambda_1\boldsymbol{E})\overrightarrow{\alpha_1}=\vec{0}$的向量$\overrightarrow{\alpha_1}$称为矩阵$\boldsymbol{A}$属于$\lambda_1$的特征向量，满足$(\boldsymbol{A}-\lambda_2\boldsymbol{E})\overrightarrow{\alpha_2}=\vec{0}$的向量$\overrightarrow{\alpha_2}$称为矩阵$\boldsymbol{A}$属于$\lambda_2$的特征向量.

下面将矩阵的特征值和特征向量的概念推广到一般矩阵，有下面的定义.

定义 4 设$\boldsymbol{A}$为2×2的矩阵，如果存在实数λ和非零的列向量$\vec{\alpha}$满足$\boldsymbol{A}\vec{\alpha}=\lambda\vec{\alpha}$，则称实数$\lambda$为矩阵$\boldsymbol{A}$的特征值，非零的列向量$\vec{\alpha}$称为矩阵$\boldsymbol{A}$的对应于特征值$\lambda$的特征向量.

由例 2 的分析可知，要求特征向量，必须先求出特征值. 为了求特征值，需要求解方程$|\boldsymbol{A}-\lambda\boldsymbol{E}|=0$，此方程也称为矩阵$\boldsymbol{A}$的特征方程.

下面再通过几个具体的例子来说明求特征值和特征向量的方法.

例 3 求矩阵$\begin{pmatrix}1 & 2\\ 2 & 3\end{pmatrix}$的特征值和特征向量.

解 矩阵的特征方程为$\left|\begin{pmatrix}1 & 2\\ 2 & 3\end{pmatrix}-\lambda\boldsymbol{E}\right|=0$，对方程左边化简得$\left|\begin{pmatrix}1 & 2\\ 2 & 3\end{pmatrix}-\begin{pmatrix}\lambda & 0\\ 0 & \lambda\end{pmatrix}\right|=\begin{vmatrix}1-\lambda & 2\\ 2 & 3-\lambda\end{vmatrix}=(1-\lambda)(3-\lambda)-4=\lambda^2-4\lambda-1$，于是特征方程化为$\lambda^2-4\lambda-1=0$，解得矩阵的特征值$\lambda_1=2-\sqrt{5}$， $\lambda_2=2+\sqrt{5}$.

当$\lambda_1=2-\sqrt{5}$时，对应的特征向量$\begin{pmatrix}x_1\\ x_2\end{pmatrix}$应满足

$$\begin{pmatrix}1-\lambda_1 & 2\\ 2 & 3-\lambda_1\end{pmatrix}\begin{pmatrix}x_1\\ x_2\end{pmatrix}=\begin{pmatrix}0\\ 0\end{pmatrix}，即\begin{pmatrix}\sqrt{5}-1 & 2\\ 2 & \sqrt{5}+1\end{pmatrix}\begin{pmatrix}x_1\\ x_2\end{pmatrix}=\begin{pmatrix}0\\ 0\end{pmatrix},$$

该方程组与方程组$\begin{pmatrix}2 & \sqrt{5}+1\\ 0 & 0\end{pmatrix}\begin{pmatrix}x_1\\ x_2\end{pmatrix}=\begin{pmatrix}0\\ 0\end{pmatrix}$同解，基础解系为$\begin{pmatrix}-\frac{\sqrt{5}+1}{2}\\ 1\end{pmatrix}$，于是矩阵的特征值

$\lambda_1 = 2-\sqrt{5}$ 对应的特征向量为 $k\begin{pmatrix} -\dfrac{\sqrt{5}+1}{2} \\ 1 \end{pmatrix}$，其中 k 为任意实数.

当 $\lambda_2 = 2+\sqrt{5}$ 时，对应的特征向量 $\begin{pmatrix} x_1 \\ x_2 \end{pmatrix}$ 应满足

$$\begin{pmatrix} 1-\lambda_2 & 2 \\ 2 & 3-\lambda_2 \end{pmatrix}\begin{pmatrix} x_1 \\ x_2 \end{pmatrix}=\begin{pmatrix} 0 \\ 0 \end{pmatrix}，即\begin{pmatrix} -1-\sqrt{5} & 2 \\ 2 & 1-\sqrt{5} \end{pmatrix}\begin{pmatrix} x_1 \\ x_2 \end{pmatrix}=\begin{pmatrix} 0 \\ 0 \end{pmatrix},$$

该方程组与方程组 $\begin{pmatrix} 2 & 1-\sqrt{5} \\ 0 & 0 \end{pmatrix}\begin{pmatrix} x_1 \\ x_2 \end{pmatrix}=\begin{pmatrix} 0 \\ 0 \end{pmatrix}$ 同解，基础解系为 $\begin{pmatrix} \dfrac{\sqrt{5}-1}{2} \\ 1 \end{pmatrix}$，于是矩阵的特征值

$\lambda_2 = 2+\sqrt{5}$ 对应的特征向量为 $k\begin{pmatrix} \dfrac{\sqrt{5}-1}{2} \\ 1 \end{pmatrix}$，其中 k 为任意实数.

练习 1　求矩阵 $\begin{pmatrix} 3 & -1 \\ -1 & 3 \end{pmatrix}$ 的特征值和特征向量.

从例 3 可以看出，当所讨论的矩阵为对称矩阵时，都能找到实特征值和特征向量，这里隐含着一个一般的结论，可以概括为下面的定理.

定理 2　实对称矩阵的特征值都是实数.

证明　设对称矩阵为 $\begin{pmatrix} a_{11} & a_{12} \\ a_{12} & a_{22} \end{pmatrix}$，则特征方程为 $\left|\begin{pmatrix} a_{11} & a_{12} \\ a_{12} & a_{22} \end{pmatrix}-\lambda \boldsymbol{E}\right|=0$，即 $\begin{vmatrix} a_{11}-\lambda & a_{12} \\ a_{12} & a_{22}-\lambda \end{vmatrix}=0$，于是

$$(a_{11}-\lambda)(a_{22}-\lambda)-a_{12}^2=0，\ \lambda^2-(a_{11}+a_{22})\lambda+a_{11}a_{22}-a_{12}^2=0$$

$$\lambda^2-(a_{11}+a_{22})\lambda+\frac{(a_{11}+a_{22})^2}{4}-\frac{(a_{11}+a_{22})^2}{4}+a_{11}a_{22}-a_{12}^2=0$$

$$\left(\lambda-\frac{a_{11}+a_{22}}{2}\right)^2=\frac{(a_{11}+a_{22})^2}{4}-a_{11}a_{22}+a_{12}^2$$

$$\left(\lambda-\frac{a_{11}+a_{22}}{2}\right)^2=\frac{(a_{11}-a_{22})^2}{4}+a_{12}^2$$

所以 $\lambda-\dfrac{a_{11}+a_{22}}{2}=\pm\sqrt{\dfrac{(a_{11}-a_{22})^2}{4}+a_{12}^2}$，$\lambda=\dfrac{a_{11}+a_{22}}{2}\pm\sqrt{\dfrac{(a_{11}-a_{22})^2}{4}+a_{12}^2}$.

上式说明特征方程的根全部为实根，即实对称矩阵的特征值都是实数.

从例 3 还可以发现，二阶对称方阵的不同特征值对应的特征向量是正交的，这里隐含着一个一般的结论，可以概括为下面的定理.

定理 3　二阶对称方阵的不同特征值对应的特征向量正交.

证明　设二阶对称方阵为 $\begin{pmatrix} a_{11} & a_{12} \\ a_{12} & a_{22} \end{pmatrix}$，则特征方程为 $\left|\begin{pmatrix} a_{11} & a_{12} \\ a_{12} & a_{22} \end{pmatrix}-\lambda \boldsymbol{E}\right|=0$，即

$$\lambda^2-(a_{11}+a_{22})\lambda+a_{11}a_{22}-a_{12}^2=0\text{，解得}\lambda=\frac{a_{11}+a_{22}}{2}\pm\sqrt{\frac{(a_{11}-a_{22})^2}{4}+a_{12}^2}$$

（1）当 $a_{12}=0$ 时，$\lambda_1=a_{11}$，$\lambda_2=a_{22}$．

因为 $\lambda_1\neq\lambda_2$，所以 $a_{11}\neq a_{22}$．

当 $\lambda_1=a_{11}$ 时，对应的特征向量 $\begin{pmatrix}x_1\\x_2\end{pmatrix}$ 满足 $\begin{pmatrix}0&0\\0&a_{22}-a_{11}\end{pmatrix}\begin{pmatrix}x_1\\x_2\end{pmatrix}=\begin{pmatrix}0\\0\end{pmatrix}$，该方程组与 $x_2=0$ 同解，其基础解系为 $\begin{pmatrix}1\\0\end{pmatrix}$，所以与 λ_1 对应的特征向量为 $k\begin{pmatrix}1\\0\end{pmatrix}$，其中 k 为任意实数．

当 $\lambda_2=a_{22}$ 时，对应的特征向量 $\begin{pmatrix}x_1\\x_2\end{pmatrix}$ 满足 $\begin{pmatrix}a_{11}-a_{22}&0\\0&0\end{pmatrix}\begin{pmatrix}x_1\\x_2\end{pmatrix}=\begin{pmatrix}0\\0\end{pmatrix}$，该方程组与 $x_1=0$ 同解，其基础解系为 $\begin{pmatrix}0\\1\end{pmatrix}$，所以与 λ_2 对应的特征向量为 $k\begin{pmatrix}0\\1\end{pmatrix}$，其中 k 为任意实数．

容易看出，λ_1，λ_2 对应的特征向量是正交的．

（2）当 $a_{12}\neq0$ 时，此时 $\lambda_1\neq\lambda_2$（这是因为如果 $\lambda_1=\lambda_2$，则有 $\sqrt{\frac{(a_{11}-a_{22})^2}{4}+a_{12}^2}=0$，于是得到 $a_{11}-a_{22}=0$，$a_{12}=0$，与 $a_{12}\neq0$ 矛盾．）且 $\lambda_1\neq a_{11}$，$\lambda_2\neq a_{22}$（这是因为，如果 $\lambda_1=a_{11}$ 或 $\lambda_2=a_{22}$，则有 $a_{11}-\frac{a_{11}+a_{22}}{2}=\pm\sqrt{\frac{(a_{11}-a_{22})^2}{4}+a_{12}^2}$，或 $a_{22}-\frac{a_{11}+a_{22}}{2}=\pm\sqrt{\frac{(a_{11}-a_{22})^2}{4}+a_{12}^2}$，于是得到 $\frac{a_{11}-a_{22}}{2}=\pm\sqrt{\frac{(a_{11}-a_{22})^2}{4}+a_{12}^2}$ 或 $\frac{a_{22}-a_{11}}{2}=\pm\sqrt{\frac{(a_{11}-a_{22})^2}{4}+a_{12}^2}$，对两边平方并化简得 $a_{12}=0$，与 $a_{12}\neq0$ 矛盾．）

当 $\lambda_1=\frac{a_{11}+a_{22}}{2}-\sqrt{\frac{(a_{11}-a_{22})^2}{4}+a_{12}^2}$ 时，对应的特征向量 $\begin{pmatrix}x_1\\x_2\end{pmatrix}$ 满足

$$\begin{pmatrix}a_{11}-\lambda_1&a_{12}\\a_{12}&a_{22}-\lambda_1\end{pmatrix}\begin{pmatrix}x_1\\x_2\end{pmatrix}=\begin{pmatrix}0\\0\end{pmatrix}\text{，该方程组与}\begin{pmatrix}a_{11}-\lambda_1&a_{12}\\0&0\end{pmatrix}\begin{pmatrix}x_1\\x_2\end{pmatrix}=\begin{pmatrix}0\\0\end{pmatrix}\text{同解．}$$

这是因为，矩阵

$$\begin{pmatrix}a_{11}-\lambda_1&a_{12}\\a_{12}&a_{22}-\lambda_1\end{pmatrix}\xrightarrow{r_2+\left(-\frac{a_{12}}{a_{11}-\lambda_1}\right)\times r_1}\begin{pmatrix}a_{11}-\lambda_1&a_{12}\\0&-\frac{a_{12}^2}{a_{11}-\lambda_1}+a_{22}-\lambda_1\end{pmatrix}=\begin{pmatrix}a_{11}-\lambda_1&a_{12}\\0&0\end{pmatrix}$$

所以特征值 λ_1 对应的特征向量 $\begin{pmatrix}x_1\\x_2\end{pmatrix}$ 满足 $(a_{11}-\lambda_1)x_1+a_{12}x_2=0$．

当 $\lambda_2=\frac{a_{11}+a_{22}}{2}+\sqrt{\frac{(a_{11}-a_{22})^2}{4}+a_{12}^2}$ 时，对应的特征向量 $\begin{pmatrix}x_1'\\x_2'\end{pmatrix}$ 满足

$$\begin{pmatrix}a_{11}-\lambda_2&a_{12}\\a_{12}&a_{22}-\lambda_2\end{pmatrix}\begin{pmatrix}x_1'\\x_2'\end{pmatrix}=\begin{pmatrix}0\\0\end{pmatrix}\text{，该方程组与}\begin{pmatrix}a_{11}-\lambda_2&a_{12}\\0&0\end{pmatrix}\begin{pmatrix}x_1'\\x_2'\end{pmatrix}=\begin{pmatrix}0\\0\end{pmatrix}\text{同解．}$$

这是因为，矩阵

$$\begin{pmatrix} a_{11}-\lambda_2 & a_{12} \\ a_{12} & a_{22}-\lambda_2 \end{pmatrix} \xrightarrow{r_2+\left(-\frac{a_2}{a_{11}-\lambda_2}\right)\times r_1} \begin{pmatrix} a_{11}-\lambda_2 & a_{12} \\ 0 & -\dfrac{a_{12}^2}{a_{11}-\lambda_1}+a_{22}-\lambda_2 \end{pmatrix} = \begin{pmatrix} a_{11}-\lambda_2 & a_{12} \\ 0 & 0 \end{pmatrix}$$

所以特征值λ_2对应的特征向量$\begin{pmatrix} x_1' \\ x_2' \end{pmatrix}$满足$(a_{11}-\lambda_2)x_1'+a_{12}x_2'=0$.

因为

$$x_1x_1'+x_2x_2'=\left(-\frac{a_{12}x_2}{a_{11}-\lambda_1}\right)\left(-\frac{a_{12}x_2'}{a_{11}-\lambda_2}\right)+x_2x_2'=\left(\frac{a_{12}^2}{(a_{11}-\lambda_1)(a_{11}-\lambda_2)}+1\right)x_2x_2',$$

$$=\frac{a_{12}^2+(a_{11}-\lambda_1)(a_{11}-\lambda_2)}{(a_{11}-\lambda_1)(a_{11}-\lambda_2)}x_2x_2'=\frac{a_{12}^2+a_{11}^2-a_{11}(\lambda_1+\lambda_2)+\lambda_1\lambda_2}{(a_{11}-\lambda_1)(a_{11}-\lambda_2)}x_2x_2'=0$$

所以不同特征值对应的特征向量正交.

注　定理 3 的证明只适用于二阶矩阵，对于更高阶的矩阵一般不适用.

由于二元二次型所对应的矩阵为实二阶对称矩阵，由定理 2 可知，该二次型矩阵的两个特征值都是实数. 由定理 3 可知，当两个特征值为不同的实数时，可以得到正交矩阵，并使得二次型化为标准形. 当两个特征值相等时，会是什么情况呢?

此时由$\lambda_1=\lambda_2$，可知$a_{11}=a_{22}$，$a_{12}=0$，二次型为 $f=a_{11}x_1^2+a_{11}x_2^2$，本身就是标准形.

如果用例 2 的方法求解，此时特征值λ_1对应的特征向量$\begin{pmatrix} x_1 \\ x_2 \end{pmatrix}$满足的特征方程变成恒等式$\begin{pmatrix} 0 & 0 \\ 0 & 0 \end{pmatrix}\begin{pmatrix} x_1 \\ x_2 \end{pmatrix}=\begin{pmatrix} 0 \\ 0 \end{pmatrix}$，所以$\begin{pmatrix} x_1 \\ x_2 \end{pmatrix}$可以为任意数对，选$x_1$，$x_2$为自由未知数，可得基础解系为$\begin{pmatrix} 1 \\ 0 \end{pmatrix}$，$\begin{pmatrix} 0 \\ 1 \end{pmatrix}$，于是可得正交矩阵$\boldsymbol{P}=\begin{pmatrix} 1 & 0 \\ 0 & 1 \end{pmatrix}$，用此正交矩阵也可将二次型标准化，所得结果与直观分析一致.

综上可得下面的定理.

定理 4　对于任意的实系数二次型$f=a_{11}x_1^2+2a_{12}x_1x_2+a_{22}x_2^2$，其中$a_{11},a_{12},a_{22}$为实数，则一定存在正交变换$\begin{pmatrix} x_1 \\ x_2 \end{pmatrix}=\boldsymbol{P}\begin{pmatrix} y_1 \\ y_2 \end{pmatrix}$，使得二次型$f=\lambda_1y_1^2+\lambda_2y_2^2$成立，其中$\lambda_1$，$\lambda_2$是二次型矩阵$\begin{pmatrix} a_{11} & a_{12} \\ a_{12} & a_{22} \end{pmatrix}$的特征值.

通过对例 2 的分析，可以得到正交变换化实系数二次型为标准形的一般步骤:

（1）写出二次型的矩阵$\boldsymbol{A}$.

（2）求出矩阵$\boldsymbol{A}$的所有特征值.

（3）对于每个特征值求出对应的特征向量，当特征向量有无穷多个时，求出其基础解系，并对其正交单位化.

（4）用上述单位化的特征向量作为矩阵的列，从左到右依序排列构造正交矩阵$\boldsymbol{P}$.

（5）做正交变换，则二次型化为标准形，标准形的二次项前面的系数依次为正交矩阵的列向量从左到右所对应的特征值.

例 4 用正交变换化二次型 $f = 2x_1^2 - 2x_1x_2 + 2x_2^2$ 为标准形.

解 二次型矩阵为$\begin{pmatrix} 2 & -1 \\ -1 & 2 \end{pmatrix}$，其特征方程为$\left|\begin{pmatrix} 2 & -1 \\ -1 & 2 \end{pmatrix} - \lambda \boldsymbol{E}\right| = 0$，即$(2-\lambda)^2 - 1 = 0$，解得

$$\lambda = 2 \pm 1$$

当 $\lambda_1 = 1$ 时，对应的特征向量$\begin{pmatrix} x_1 \\ x_2 \end{pmatrix}$满足$\begin{pmatrix} 1 & -1 \\ -1 & 1 \end{pmatrix}\begin{pmatrix} x_1 \\ x_2 \end{pmatrix} = \begin{pmatrix} 0 \\ 0 \end{pmatrix}$，该方程组与$\begin{pmatrix} 1 & -1 \\ 0 & 0 \end{pmatrix}\begin{pmatrix} x_1 \\ x_2 \end{pmatrix} = \begin{pmatrix} 0 \\ 0 \end{pmatrix}$同解，其基础解系为$\begin{pmatrix} 1 \\ 1 \end{pmatrix}$，将其单位化得$\begin{pmatrix} \frac{\sqrt{2}}{2} \\ \frac{\sqrt{2}}{2} \end{pmatrix}$.

当 $\lambda_1 = 3$ 时，对应的特征向量$\begin{pmatrix} x_1 \\ x_2 \end{pmatrix}$满足$\begin{pmatrix} -1 & -1 \\ -1 & -1 \end{pmatrix}\begin{pmatrix} x_1 \\ x_2 \end{pmatrix} = \begin{pmatrix} 0 \\ 0 \end{pmatrix}$，该方程组与$\begin{pmatrix} 1 & 1 \\ 0 & 0 \end{pmatrix}\begin{pmatrix} x_1 \\ x_2 \end{pmatrix} = \begin{pmatrix} 0 \\ 0 \end{pmatrix}$同解，其基础解系为$\begin{pmatrix} -1 \\ 1 \end{pmatrix}$，将其单位化得$\begin{pmatrix} -\frac{\sqrt{2}}{2} \\ \frac{\sqrt{2}}{2} \end{pmatrix}$.

于是正交矩阵为$\begin{pmatrix} \frac{\sqrt{2}}{2} & -\frac{\sqrt{2}}{2} \\ \frac{\sqrt{2}}{2} & \frac{\sqrt{2}}{2} \end{pmatrix}$. 二次型经过正交变换$\begin{pmatrix} x_1 \\ x_2 \end{pmatrix} = \begin{pmatrix} \frac{\sqrt{2}}{2} & -\frac{\sqrt{2}}{2} \\ \frac{\sqrt{2}}{2} & \frac{\sqrt{2}}{2} \end{pmatrix}\begin{pmatrix} y_1 \\ y_2 \end{pmatrix}$后化为标准形 $f = y_1^2 + 3y_2^2$.

练习 2 用正交变换化二次型 $f = 3x_1^2 - 2x_1x_2 + 3x_2^2$ 为标准形.

习题八

1. 求圆心在点$(0,-3)$处，半径为 4 的圆的方程.

2. 已知平面直角坐标系$O-xy$内有一以点$(2,-3)$为圆心，半径为 4 的圆，现将该坐标系平移，使得原点平移到点$(-2,2)$处，求此圆在新坐标系$O'-uv$下的方程.

3. 已知平面直角坐标系$O-xy$经过平移得到坐标系$O'-uv$，某个圆在两个坐标系下的方程分别为$(x-3)^2+(y+4)^2=3^2$和$(u+3)^2+(v+2)^2=3^2$，求坐标系$O'-uv$的原点在坐标系$O-xy$中的位置，并写出这两个坐标系之间的平移变换及其矩阵表示.

4. 已知椭圆的两个焦点间的距离为 8，动点到两个焦点的距离之和为 10，求此椭圆的长半轴和短半轴的长度，并建立坐标系求出椭圆的方程.

5. 已知椭圆的长轴和短轴的长度分别为 6 和 5，求两个焦点之间的距离.

6. 已知平面直角坐标系$O-xy$内有一个椭圆，其方程为$\frac{x^2}{6}+\frac{y^2}{8}=1$，现将该坐标系旋转$45°$，求该椭圆在新坐标系$O'-uv$下的方程.

7．已知双曲线的焦距为 9，顶点间的长度为 6，试建立坐标系并求出双曲线的方程.

8．已知双曲线的方程为 $\frac{x^2}{4}-\frac{y^2}{5}=1$，试求双曲线的两条渐近线方程.

9．已知平面直角坐标系 $O-xy$ 内有一双曲线，其方程为

$$\frac{x^2}{4}-\frac{y^2}{9}=1$$

现将该坐标系旋转$-60°$，求该双曲线在新坐标系 $O'-uv$ 下的方程.

10．已知抛物线的焦点到准线的距离为 5，试建立坐标系并求出抛物线的方程.

11．已知平面直角坐标系 $O-xy$ 内有一抛物线，其方程为

$$y^2=6x$$

现将该坐标系旋转 $270°$，求该抛物线在新坐标系 $O'-uv$ 下的方程.

12．说明方程 $x^2-5y^2+3=0$ 所表示曲线的形状，并画出图形.

13．说明方程 $x^2+8xy+2y^2+y-\frac{3}{4}=0$ 所表示曲线的形状，并画出图形.

14．用配方法化二元二次型 $f=5x_1^2-3x_1x_2+3x_2^2$ 为标准形，并将变换写成矩阵形式.

15．用配方法化二元二次型 $f=5x_1x_2$ 为标准形，并将变换写成矩阵形式.

16．将二次型 $f=4x_1^2+x_1x_2-3x_2^2$ 表示为矩阵形式.

17．求矩阵 $\begin{pmatrix}3 & 1\\ 1 & 2\end{pmatrix}$ 的特征值和特征向量.

18．用正交变换化二次型 $f=3x_1^2-4x_1x_2+3x_2^2$ 为标准形.

第九章　二次曲面、三元二次方程与三元二次型的标准化

第八章介绍了二次曲线、二元二次方程与二元二次型的标准化，解决了二元二次方程所表示曲线形状的快速辨识问题．本章介绍三元二次方程所表示曲面形状的快速辨识问题，包括二次曲面及其标准方程、三元二次方程所表示的曲面形状的识别与配方法化三元二次型为标准形、正交变换化三元二次型为标准形及矩阵的特征值和特征向量等内容．

第一节　二次曲面及其标准方程

在空间解析几何中，一共有 9 种不同类型的二次曲面．对这些曲面，通过建立合适的坐标系，可以得到对应的标准方程．当知道这些方程后，可以通过截痕法来了解曲面的形状．所谓截痕法，是指用分别垂直于 3 个坐标轴的一族平面去截曲面，观察截痕的形状，并将这些截痕信息进行综合，从而得到曲面的形状．下面列出 9 种曲面的标准方程，同时给出它们所表示的曲面，并只以椭球面为例说明利用截痕法获知曲面形状的过程．

1．椭球面

椭球面的标准方程为

$$\frac{x^2}{a^2}+\frac{y^2}{b^2}+\frac{z^2}{c^2}=1$$

下面利用截痕法来获知曲面的形状．

（1）用垂直于 z 轴的一族平面去截曲面，截痕对应的曲线方程为

$$\begin{cases}\dfrac{x^2}{a^2}+\dfrac{y^2}{b^2}+\dfrac{z^2}{c^2}=1 \\ z=t\end{cases}，即\begin{cases}\dfrac{x^2}{a^2}+\dfrac{y^2}{b^2}=1-\dfrac{t^2}{c^2} \\ z=t\end{cases}，$$

其中 t 的取值范围为 $(-\infty,+\infty)$ ．

当 $t=0$ 时，截痕的方程为 $\dfrac{x^2}{a^2}+\dfrac{y^2}{b^2}=1$ ，表示椭圆．当 $t=\pm c$ 时，表示的椭圆收缩为一点．当 $|t|>c$ 时，没有截痕．当 $0<|t|<c$ 时，截痕的方程为 $\dfrac{x^2}{\left(a\sqrt{1-\dfrac{t^2}{c^2}}\right)^2}+\dfrac{y^2}{\left(b\sqrt{1-\dfrac{t^2}{c^2}}\right)^2}=1$，表示椭圆．由

于$0<\sqrt{1-\frac{t^2}{c^2}}<1$，所以此时表示的椭圆比 t=0 时表示的椭圆要小.

（2）用垂直于 x 轴的一族平面去截曲面，截痕对应的曲线方程为

$$\begin{cases}\frac{x^2}{a^2}+\frac{y^2}{b^2}+\frac{z^2}{c^2}=1\\ x=t\end{cases}，即\begin{cases}\frac{y^2}{b^2}+\frac{z^2}{c^2}=1-\frac{t^2}{a^2}\\ x=t\end{cases},$$

其中 t 的取值范围为$(-\infty,+\infty)$.

当 t=0 时，截痕的方程为$\frac{y^2}{b^2}+\frac{z^2}{c^2}=1$，表示椭圆. 当$t=\pm a$时，表示的椭圆收缩为一点. 当$|t|>a$时，没有截痕. 当$0<|t|<a$时，截痕的方程为$\frac{y^2}{\left(b\sqrt{1-\frac{t^2}{a^2}}\right)^2}+\frac{z^2}{\left(c\sqrt{1-\frac{t^2}{a^2}}\right)^2}=1$，表示椭圆. 由于$0<\sqrt{1-\frac{t^2}{a^2}}<1$，所以此时表示的椭圆比$t=0$时表示的椭圆要小.

（3）用垂直于 y 轴的一族平面去截曲面，截痕对应的曲线方程为

$$\begin{cases}\frac{x^2}{a^2}+\frac{y^2}{b^2}+\frac{z^2}{c^2}=1\\ y=t\end{cases}，即\begin{cases}\frac{x^2}{a^2}+\frac{z^2}{c^2}=1-\frac{t^2}{b^2}\\ y=t\end{cases},$$

其中 t 的取值范围为$(-\infty,+\infty)$.

当$t=0$时，截痕的方程为$\frac{x^2}{a^2}+\frac{z^2}{c^2}=1$，表示椭圆. 当$t=\pm b$时，表示的椭圆收缩为一点. 当$|t|>b$时，没有截痕. 当$0<|t|<b$时，截痕的方程为$\frac{x^2}{\left(a\sqrt{1-\frac{t^2}{b^2}}\right)^2}+\frac{z^2}{\left(c\sqrt{1-\frac{t^2}{b^2}}\right)^2}=1$，表示椭圆. 由于$0<\sqrt{1-\frac{t^2}{b^2}}<1$，所以此时表示的椭圆比$t=0$时表示的椭圆要小.

综合上面的信息，不难得到方程所表示曲面的形状，如图 9-1 所示.

当$a=b=c$时，变成球面方程$x^2+y^2+z^2=a^2$，其形状如图 9-2 所示.

对于其他标准方程，利用截痕法也不难得到其所表示曲面的形状，下面只给出曲面的形状而省略分析过程.

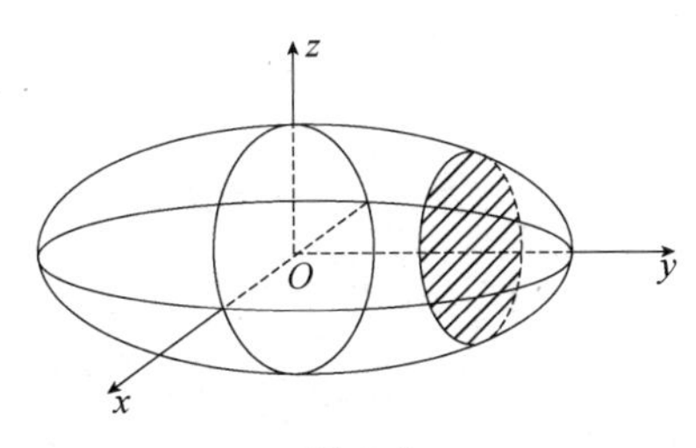

图 9-1

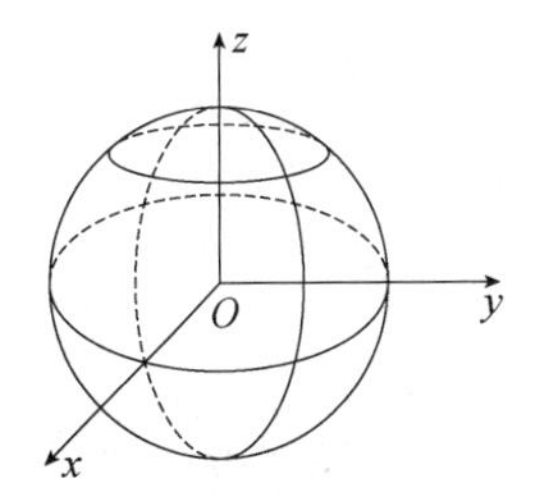

图 9-2

2. 抛物面

1）椭圆抛物面

椭圆抛物面的标准方程为

$$\frac{x^2}{a^2}+\frac{y^2}{b^2}=z$$

其形状可通过截痕法获得，如图 9-3 所示.

2）双曲抛物面

双曲抛物面的标准方程为

$$\frac{x^2}{a^2}-\frac{y^2}{b^2}=z$$

其形状可通过截痕法获得，如图 9-4 所示.

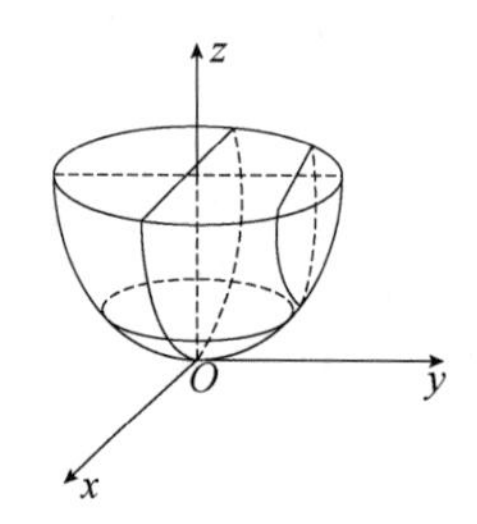

图 9-3

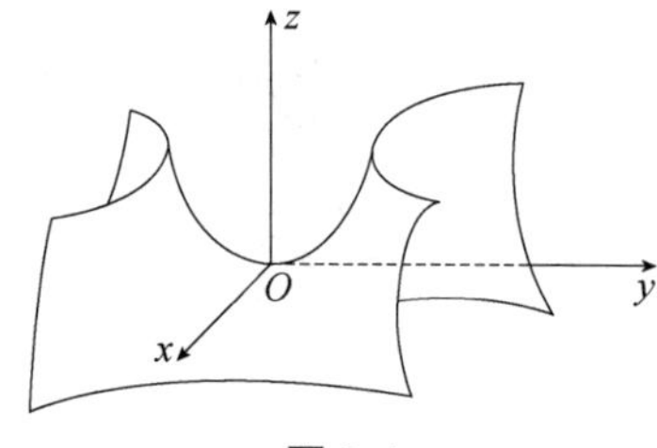

图 9-4

3. 双曲面

1）单叶双曲面

单叶双曲面的标准方程为

$$\frac{x^2}{a^2}+\frac{y^2}{b^2}-\frac{z^2}{c^2}=1$$

其形状可通过截痕法获得，如图 9-5 所示.

2）双叶双曲面

双叶双曲面的标准方程为

$$\frac{x^2}{a^2}+\frac{y^2}{b^2}-\frac{z^2}{c^2}=-1$$

其形状可通过截痕法获得，如图 9-6 所示.

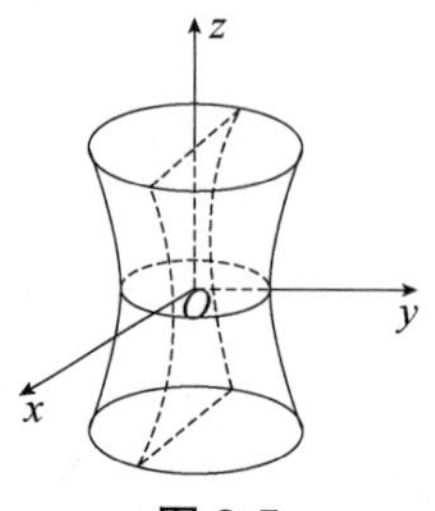

图 9-5

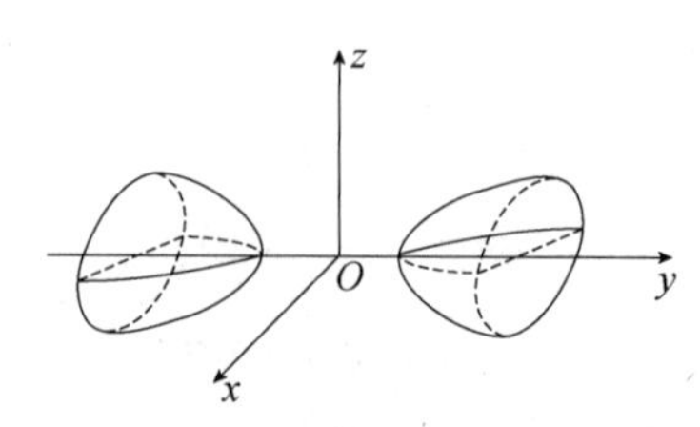

图 9-6

4. 锥面

锥面的标准方程为

$$\frac{x^2}{a^2}+\frac{y^2}{b^2}=\frac{z^2}{c^2}$$

其形状可通过截痕法获得，如图 9-7 所示.

5. 柱面

1）椭圆柱面

椭圆柱面的标准方程为

$$\frac{x^2}{a^2}+\frac{y^2}{b^2}=1$$

其形状可通过截痕法获得，如图 9-8 所示.

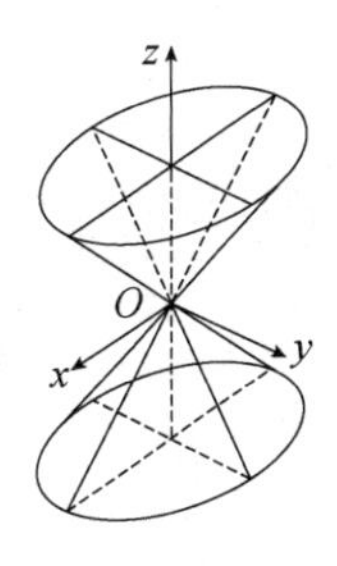

图 9-7

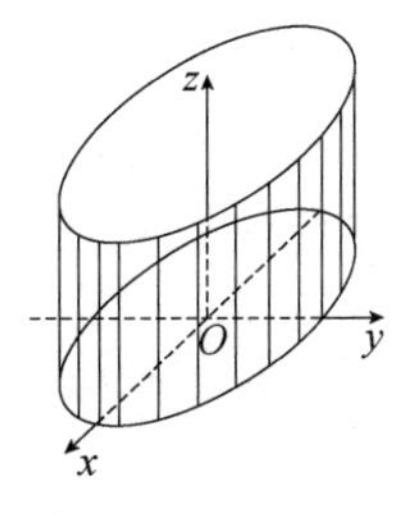

图 9-8

2）双曲柱面

双曲柱面的标准方程为

$$\frac{x^2}{a^2}-\frac{y^2}{b^2}=1$$

其形状可通过截痕法获得，如图 9-9 所示.

3）抛物柱面

抛物柱面的标准方程为

$$x^2=ay$$

其形状可通过截痕法获得，如图 9-10 所示.

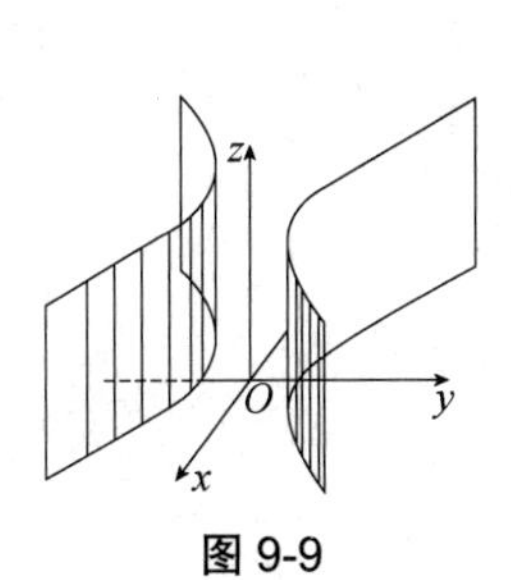

图 9-9

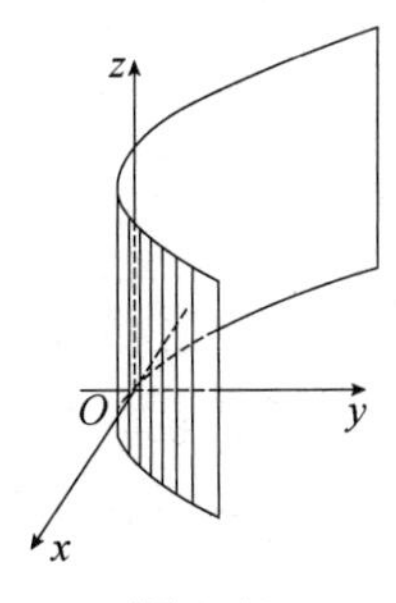

图 9-10

第二节 三元二次方程所表示的曲面形状的识别与配方法化三元二次型为标准形

在实际问题中，遇到的三元二次方程往往不是标准方程，那么，它表示什么样的曲面呢？它是否可以转化为标准方程的形式呢？本节就来讨论这个问题.

一、不含交叉项的三元二次方程所表示的曲面

三元二次方程的一般式为

$$f(x,y,z)=Ax^2+By^2+Cz^2+2Dxy+2Exz+2Fyz+Gx+Hy+Iz+J=0$$

下面对没有交叉项时各种方程所表示曲面的形状进行分析.

（一）变量 x,y 和 z 的平方项前的系数全为零

如果不存在交叉项，且变量 x,y 和 z 的平方项前的系数全为零，则方程表示的曲面退化为平面或无意义（例如，G,H,I 均为零，J 为 4，则有 4=0，无意义）.

（二）x,y 和 z 的平方项前的系数中有两个为零，另一个不为零

如果不存在交叉项且 x,y 和 z 的平方项前的系数中有两个为零，另一个不为零，则方程表示的曲面为柱面或退化为平面.

1. 假设只有 x^2 前面的系数不为零

（1）如果一次项 y 和 z 前面的系数均不为零且 x^2 前面的系数不为零，则方程为

$$f(x,y,z)=Ax^2+Gx+Hy+Iz+J=0,$$

这种情况下可以通过平移消去一次项 x 和常数项 J，下面通过一个具体的例子说明这种转化.

例 1 消去方程 $x^2+2x+3y+2z+3=0$ 中的一次项 x 和常数项.

解 因为 $x^2+2x+3y+2z+3=x^2+2x+1+3y+2(z+1)=(x+1)^2+3y+2(z+1)$，所以做变换 $\begin{cases}u=x+1\\v=y\\w=z+1\end{cases}$，可以将方程转化为 $u^2+3v+2w=0$. 将所做的变换写成矩阵的形式为

$$\begin{pmatrix}u\\v\\w\\1\end{pmatrix}=\begin{pmatrix}1&0&0&1\\0&1&0&0\\0&0&1&1\\0&0&0&1\end{pmatrix}\begin{pmatrix}x\\y\\z\\1\end{pmatrix} \text{或} \begin{pmatrix}x\\y\\z\\1\end{pmatrix}=\begin{pmatrix}1&0&0&-1\\0&1&0&0\\0&0&1&-1\\0&0&0&1\end{pmatrix}\begin{pmatrix}u\\v\\w\\1\end{pmatrix}$$

可以看成将原坐标系的原点平移到 $(-1,0,-1)$，坐标轴的方向和刻度不变.

一般地，将坐标系的原点平移到 (x_0,y_0,z_0) 时所做的变换为

$$\begin{pmatrix}u\\v\\w\\1\end{pmatrix}=\begin{pmatrix}1&0&0&-x_0\\0&1&0&-y_0\\0&0&1&-z_0\\0&0&0&1\end{pmatrix}\begin{pmatrix}x\\y\\z\\1\end{pmatrix} \text{或} \begin{pmatrix}x\\y\\z\\1\end{pmatrix}=\begin{pmatrix}1&0&0&x_0\\0&1&0&y_0\\0&0&1&z_0\\0&0&0&0\end{pmatrix}\begin{pmatrix}u\\v\\w\\1\end{pmatrix}$$

例 2　说明方程 $x^2+2y-2z=0$ 所表示曲面的形状.

解　此方程等价于 $\frac{x^2}{\sqrt{2}}+\sqrt{2}y-\sqrt{2}z=0$，令 $\cos\theta=\frac{\sqrt{2}}{2}$，$\sin\theta=\frac{\sqrt{2}}{2}$，则有 $\frac{x^2}{\sqrt{2}}+2y\cos\theta-2z\sin\theta=0$，做变换 $\begin{cases}x'=x\\ y'=y\cos\theta-z\sin\theta\\ z'=y\sin\theta+z\cos\theta\end{cases}$，则方程变为 $\frac{x'^2}{\sqrt{2}}+2y'=0$，即 $x'^2=-2\sqrt{2}y'$．于是该方程表示在新坐标系下的抛物柱面.

新坐标系与原坐标系之间是什么关系呢?

对于原坐标系，沿着 x 轴的负向观察 yOz 平面，将原坐标系的 y 轴和 z 轴围绕 x 轴逆时针旋转 $\frac{\pi}{4}$ 弧度，此时得到的坐标系就是新坐标系．此时，原坐标系中的点，随着坐标系的变化而变化，变换后的点的坐标与原坐标的关系为

$$\begin{pmatrix}x'\\ y'\\ z'\end{pmatrix}=\begin{pmatrix}1 & 0 & 0\\ 0 & \cos\frac{\pi}{4} & -\sin\frac{\pi}{4}\\ 0 & \sin\frac{\pi}{4} & \cos\frac{\pi}{4}\end{pmatrix}\begin{pmatrix}x\\ y\\ z\end{pmatrix}$$

一般地，沿着 x 轴的负向观察 yOz 平面，将原坐标系的 y 轴和 z 轴围绕 x 轴逆时针旋转 θ 角，则原坐标系中的点随着坐标系的变化而变化，变换后的点的坐标与原坐标的关系为

$$\begin{pmatrix}x'\\ y'\\ z'\end{pmatrix}=\begin{pmatrix}1 & 0 & 0\\ 0 & \cos\theta & -\sin\theta\\ 0 & \sin\theta & \cos\theta\end{pmatrix}\begin{pmatrix}x\\ y\\ z\end{pmatrix}$$

下面顺便给出以下两种情况下的原坐标系中的点随着坐标系的变化而变化，变换后的点的坐标与原坐标的关系.

① 沿着 y 轴的负向观察 zOx 平面，将原坐标系的 z 轴和 x 轴围绕 y 轴逆时针旋转 θ 角，则原坐标系中的点随着坐标系的变化而变化，变换后的点的坐标与原坐标的关系为

$$\begin{pmatrix}x'\\ y'\\ z'\end{pmatrix}=\begin{pmatrix}\cos\theta & 0 & \sin\theta\\ 0 & 1 & 0\\ -\sin\theta & 0 & \cos\theta\end{pmatrix}\begin{pmatrix}x\\ y\\ z\end{pmatrix}$$

② 沿着 z 轴的负向观察 xOy 平面，将原坐标系的 x 轴和 y 轴围绕 z 轴逆时针旋转 θ 角，则原坐标系中的点随着坐标系的变化而变化，变换后的点的坐标与原坐标的关系为

$$\begin{pmatrix}x'\\ y'\\ z'\end{pmatrix}=\begin{pmatrix}\cos\theta & -\sin\theta & 0\\ \sin\theta & \cos\theta & 0\\ 0 & 0 & 1\end{pmatrix}\begin{pmatrix}x\\ y\\ z\end{pmatrix}$$

（2）如果一次项 y 和 z 前面的系数中有一个为零，另一个不为零，且 x^2 前面的系数不为零，则方程为

$$f(x,y,z)=Ax^2+Gx+Hy+J=0 \text{ 或 } f(x,y,z)=Ax^2+Gx+Iz+J=0,$$

这种情况下可以通过平移消去一次项 x 和常数项 J，平移后方程变成

$$f(x,y,z)=Ax^2+Hy=0 \text{ 或 } f(x,y,z)=Ax^2+Iz=0$$

此时方程表示抛物柱面.

（3）如果一次项 y 和 z 前面的系数全为零，且 x^2 前面的系数不为零，则方程为 $f(x,y,z)=Ax^2+Gx+J=0$，此时方程表示的曲面为平面或无意义.

2. 假设只有 y^2 前面的系数不为零

这种情况的讨论方式与只有 x^2 前面的系数不为零的情况完全相同.

3. 假设只有 z^2 前面的系数不为零

这种情况的讨论方式与只有 x^2 前面的系数不为零的情况完全相同.

（三）x,y 和 z 的平方项前的系数中有一个为零，另两个不为零

如果不存在交叉项且 x,y 和 z 的平方项前的系数中有一个为零，另两个不为零，则方程表示的曲面为抛物面或退化为平面.

1. 假设只有 z^2 前面的系数为零，另两个不为零

此时方程为

$$f(x,y,z)=Ax^2+By^2+Gx+Hy+Iz+J=0$$

（1）如果一次项 z 前面的系数不为零，则方程为

$$f(x,y,z)=Ax^2+By^2+Gx+Hy+Iz+J=0$$

这种情况下可以通过平移消去一次项 x，y 和常数项 J，平移后方程变成

$$f(x,y,z)=Ax^2+By^2+Iz=0$$

方程表示的曲面为双曲抛物面或椭圆抛物面.

（2）如果一次项 z 前面的系数为零，则方程为

$$f(x,y,z)=Ax^2+By^2+Gx+Hy+J=0$$

这种情况下可以通过平移消去一次项 x 和 y，平移后方程变成

$$f(x,y,z)=Ax^2+By^2+J=0$$

方程表示的曲面为双曲柱面或椭圆抛物面.

2. 假设只有 y^2 前面的系数为零，另两个不为零

这种情况的讨论方式与只有 z^2 前面的系数为零的情况完全相同.

3. 假设只有 x^2 前面的系数为零，另两个不为零

这种情况的讨论方式与只有 z^2 前面的系数为零的情况完全相同.

（四）x,y 和 z 的平方项前的系数全不为零

如果不存在交叉项且 x,y 和 z 的平方项前的系数全不为零，则方程为

$$f(x,y,z)=Ax^2+By^2+Cz^2+Gx+Hy+Iz+J=0$$

这种情况下可以通过平移消去一次项 x，y 和 z，平移后方程变成

$$f(x,y,z)=Ax^2+By^2+Cz^2+J=0$$

此方程表示的曲面为椭球面、单叶双曲面或双叶双曲面.

1. 假设 A,B,C 同号，且与 J 异号

此时方程表示的曲面为椭球面.

2. 假设 A,B,C 同号，且与 J 同号

此时方程没有图形.

3. 假设 A,B,C 中有两个同号，且与 J 同号

此时方程表示的曲面为双叶双曲面.

4. 假设 A,B,C 中有两个同号，且与 J 异号

此时方程表示的曲面为单叶双曲面.

二、方程含有交叉项对曲面形状的影响

从上面的分析可以看出，当没有交叉项时，三元二次方程所表示曲面的形状很容易通过分析得到．那么方程有交叉项对曲面形状的影响如何呢？

下面通过几个例子加以说明.

例 3　说明方程 $x^2+2y^2+2z^2-1=0$ 所表示曲面的形状.

解　因为原方程可以表示为 $x^2+\dfrac{y^2}{\left(\dfrac{\sqrt{2}}{2}\right)^2}+\dfrac{z^2}{\left(\dfrac{\sqrt{2}}{2}\right)^2}=1$，所以此方程表示椭球面.

例 4　说明方程 $x^2+2xy+2xz+2y^2+2z^2-1=0$ 所表示曲面的形状.

解　因为

$$
\begin{aligned}
x^2+2xy+2xz+2y^2+2z^2-1&=x^2+2x(y+z)+(y+z)^2-(y+z)^2+2y^2+2z^2-1\\
&=(x+y+z)^2-(y^2+2yz+z^2)+2y^2+2z^2-1\\
&=(x+y+z)^2+(y^2-2yz+z^2)-1\\
&=(x+y+z)^2+(y-z)^2-1,
\end{aligned}
$$

做变换 $\begin{cases}x'=x+y+z\\ y'=y-z\\ z'=z\end{cases}$ 或 $\begin{cases}x=x'-y'-2z'\\ y=y'+z'\\ z=z'\end{cases}$，在此变换下，方程变为 $x'^2+y'^2=1$，其图形为新坐标系下的圆柱面.

例 5　说明方程 $x^2+2xy+4xz+2y^2+2z^2-1=0$ 所表示曲面的形状.

解　因为

$$
\begin{aligned}
x^2+2xy+4xz+2y^2+2z^2-1&=x^2+2x(y+2z)+(y+2z)^2-(y+2z)^2+2y^2+2z^2-1\\
&=(x+y+2z)^2-(y^2+4yz+4z^2)+2y^2+2z^2-1\\
&=(x+y+2z)^2+(y^2-4yz+4z^2)-6z^2-1\\
&=(x+y+2z)^2+(y-2z)^2-6z^2-1
\end{aligned}
$$

做变换 $\begin{cases}x'=x+y+2z\\ y'=y-2z\\ z'=z\end{cases}$ 或 $\begin{cases}x=x'-y'-4z'\\ y=y'+2z'\\ z=z'\end{cases}$，在此变换下，方程变为 $x'^2+y'^2-6z'^2=1$，其

图形为新坐标系下的单叶双曲面.

例 6 说明方程 $x^2-4xy-4xz+8yz+2y^2+2z^2-1=0$ 所表示曲面的形状.

解 因为

$$\begin{aligned}x^2-4xy-4xz+8yz+2y^2+2z^2-1&=x^2-4x(y+z)+4(y+z)^2-4(y+z)^2+8yz+2y^2+2z^2-1\\&=(x-2y-2z)^2-4(y^2+z^2+2yz)+8yz+2y^2+2z^2-1\\&=(x-2y-2z)^2-2y^2-2z^2-1\end{aligned}$$

做变换 $\begin{cases}x'=x-2y-2z\\y'=y\\z'=z\end{cases}$ 或 $\begin{cases}x=x'+2y'+2z'\\y=y'\\z=z'\end{cases}$，在此变换下，方程变为 $x'^2-2y'^2-2z'^2=1$，即 $\dfrac{y'^2}{\frac{1}{2}}+\dfrac{z'^2}{\frac{1}{2}}-x'^2=-1$，其图形为新坐标系下的双叶双曲面.

从例 3～例 6 可以看出，在其他项不变的情况下，三元二次方程中交叉项对曲面的形状起着至关重要的作用. 交叉项系数的不同，很可能带来曲面形状根本性的变化，所以消除交叉项是非常重要的.

三、配方法化二次型为标准形

由本节“一、不含交叉项的三元二次方程所表示的曲面”、可以看出，当三元二次方程所表示的图形为二次曲面时，如果没有交叉项，图形究竟是哪种，完全由平方项前面的系数决定. 由本节“二、方程含有交叉项对曲面形状的影响”可以看出，在其他项不变的情况下，三元二次方程中的交叉项对曲面的形状起着至关重要的作用，而且在消除交叉项的过程中，往往会引起平方项前面系数的变化.

综合本节的“一、不含交叉项的三元二次方程所表示的曲面”和“二、方程含有交叉项对曲面形状的影响”，如果能将三元二次方程中去掉一次项和常数项后的部分化为不含有交叉项的形式，且三元二次方程还表示二次曲面，则二次方程图形是其中的哪种形状也就不难识别了. 我们将三元二次方程中的一次项和常数项去掉，剩下的部分称为三元二次型，不含有交叉项的三元二次型称为标准形. 为了表示简洁，我们统一采用字母加下角标的方式来表示变量. 下面先给出三元二次型的规范定义.

定义 1 设 x_1,x_2,x_3 为三个变量，则称函数

$$f(x_1,x_2,x_3)=a_{11}x_1^2+2a_{12}x_1x_2+2a_{13}x_1x_3+a_{22}x_2^2+2a_{23}x_2x_3+a_{33}x_3^2$$

为三元二次型.

例如，$f(x_1,x_2,x_3)=x_1^2+4x_1x_2-2x_1x_3+x_2^2+x_3^2$ 就是一个三元二次型，其中 $a_{11}=1,a_{12}=2,a_{13}=-1,a_{22}=1,a_{23}=0,a_{33}=1$.

又如，$f(x_1,x_2,x_3)=2x_1x_2-4x_1x_3-6x_2x_3$ 也是一个二元二次型，其中 $a_{11}=0,a_{12}=1,a_{13}=-2,a_{22}=0,a_{23}=-3,a_{33}=0$.

对于三元二次型，本节的主要任务就是寻求坐标变换

$$\begin{cases} x_1 = c_{11}y_1 + c_{12}y_2 + c_{13}y_3 \\ x_2 = c_{21}y_1 + c_{22}y_2 + c_{23}y_3 \\ x_3 = c_{31}y_1 + c_{32}y_2 + c_{33}y_3 \end{cases}$$

使得三元二次型化为以下形式：

$$f = k_1y_1^2 + k_2y_2^2 + k_3y_3^2$$

这种只含平方项的三元二次型，称为三元二次型的标准形.

下面通过几个例子来介绍三元二次型化为标准形的配方法.

例 7 用配方法化三元二次型 $f = x_1^2 + 2x_1x_2 + 4x_1x_3 + 2x_2^2 + 2x_2x_3 + x_3^2$ 为标准形，并将变换写成矩阵形式.

解

$$\begin{aligned} f &= x_1^2 + 2x_1x_2 + 4x_1x_3 + 2x_2^2 + 2x_2x_3 + x_3^2 \\ &= x_1^2 + 2x_1(x_2 + 2x_3) + (x_2 + 2x_3)^2 - (x_2 + 2x_3)^2 + 2x_2^2 + 2x_2x_3 + x_3^2 \\ &= (x_1 + x_2 + 2x_3)^2 + x_2^2 - 2x_2x_3 - 3x_3^2 \\ &= (x_1 + x_2 + 2x_3)^2 + x_2^2 - 2x_2x_3 + x_3^2 - 4x_3^2 \\ &= (x_1 + x_2 + 2x_3)^2 + (x_2 - x_3)^2 - 4x_3^2 \end{aligned}$$

做变换 $\begin{cases} y_1 = x_1 + x_2 + 2x_3 \\ y_2 = x_2 - x_3 \\ y_3 = x_3 \end{cases}$，代入三元二次型可得 $f = y_1^2 + y_2^2 - 4y_3^2$.

此变换写成矩阵形式为 $\begin{pmatrix} y_1 \\ y_2 \\ y_3 \end{pmatrix} = \begin{pmatrix} 1 & 1 & 2 \\ 0 & 1 & -1 \\ 0 & 0 & 1 \end{pmatrix} \begin{pmatrix} x_1 \\ x_2 \\ x_3 \end{pmatrix}$，其中矩阵 $\begin{pmatrix} 1 & 1 & 2 \\ 0 & 1 & -1 \\ 0 & 0 & 1 \end{pmatrix}$ 也称为由原坐标系到新坐标系的变换矩阵.

练习 1 用配方法化三元二次型 $f = x_1^2 - x_1x_2 - 2x_1x_3 + 3x_2^2 - x_2x_3 + 2x_3^2$ 为标准形，并将变换写成矩阵形式.

可以看出，当三元二次型的三个变量的平方至少有一个出现时，按照顺序先将第一个变量的平方项及含有该变量的交叉项配成完全平方形式，再将第二个变量的平方项及含有该变量的交叉项配成完全平方形式，直到最后一个变量也成为完全平方形式，且不含有最后这个变量的交叉项为止.

有时三元二次型的三个变量的平方项一个也不出现，或即使出现一个，但其中的交叉项中不含有此变量，此时需要先做一个使构成交叉项的两个变量能对新变量出现平方项的变换，具体过程通过一个例子来说明.

例 8 用配方法化三元二次型 $f = 2x_1x_2 - 2x_1x_3 - x_2x_3$ 为标准形，并将变换写成矩阵形式.

解 做变换 $\begin{cases} x_1 = y_1 + y_2 \\ x_2 = y_1 - y_2 \\ x_3 = y_3 \end{cases}$ 或 $\begin{cases} y_1 = \dfrac{1}{2}(x_1 + x_2) \\ y_2 = \dfrac{1}{2}(x_1 - x_2) \\ y_3 = x_3 \end{cases}$，可得

$$f=2\left(y_1^2-y_2^2\right)-2\left(y_1+y_2\right)y_3-\left(y_1-y_2\right)y_3=2y_1^2-3y_1y_3-2y_2^2-y_2y_3$$
$$=2\left[y_1^2-\frac{3}{2}y_1y_3+\left(\frac{3}{4}y_3\right)^2-\left(\frac{3}{4}y_3\right)^2\right]-2y_2^2-y_2y_3$$
$$=2\left(y_1-\frac{3}{4}y_3\right)^2-\frac{9}{8}y_3{}^2-2\left[y_2{}^2+\frac{1}{2}y_2y_3+\left(\frac{1}{4}y_3\right)^2-\left(\frac{1}{4}y_3\right)^2\right]$$
$$=2\left(y_1-\frac{3}{4}y_3\right)^2-\frac{9}{8}y_3^2-2\left(y_2+\frac{1}{4}y_3\right)^2+\frac{1}{8}y_3^2$$
$$=2\left(y_1-\frac{3}{4}y_3\right)^2-2\left(y_2+\frac{1}{4}y_3\right)^2-y_3^2$$

做变换$\begin{cases}z_1=y_1-\dfrac{3}{4}y_3\\ z_2=y_2+\dfrac{1}{4}y_3\\ z_3=y_3\end{cases}$，或$\begin{cases}y_1=z_1+\dfrac{3}{4}z_3\\ y_2=z_2-\dfrac{1}{4}z_3\\ y_3=z_3\end{cases}$，则有 $f=2z_1^2-2z_2^2-z_3^2$.

将两次变换分别写成矩阵形式：

$$\begin{pmatrix}z_1\\z_2\\z_3\end{pmatrix}=\begin{pmatrix}1&0&-\dfrac{3}{4}\\0&1&\dfrac{1}{4}\\0&0&1\end{pmatrix}\begin{pmatrix}y_1\\y_2\\y_3\end{pmatrix},\quad \begin{pmatrix}y_1\\y_2\\y_3\end{pmatrix}=\begin{pmatrix}\dfrac{1}{2}&\dfrac{1}{2}&0\\\dfrac{1}{2}&-\dfrac{1}{2}&0\\0&0&1\end{pmatrix}\begin{pmatrix}x_1\\x_2\\x_3\end{pmatrix}$$

也可以将两次变换看成一次变换，有

$$\begin{pmatrix}z_1\\z_2\\z_3\end{pmatrix}=\begin{pmatrix}1&0&-\dfrac{3}{4}\\0&1&\dfrac{1}{4}\\0&0&1\end{pmatrix}\begin{pmatrix}\dfrac{1}{2}&\dfrac{1}{2}&0\\\dfrac{1}{2}&-\dfrac{1}{2}&0\\0&0&1\end{pmatrix}\begin{pmatrix}x_1\\x_2\\x_3\end{pmatrix}=\begin{pmatrix}\dfrac{1}{2}&\dfrac{1}{2}&-\dfrac{3}{4}\\\dfrac{1}{2}&-\dfrac{1}{2}&\dfrac{1}{4}\\0&0&1\end{pmatrix}\begin{pmatrix}x_1\\x_2\\x_3\end{pmatrix}$$

练习 2 用配方法化三元二次型 $f=x_1x_2+x_2x_3$ 为标准形，并将变换写成矩阵形式.

综上所述，配方法化二次型为标准形的过程如下：

（1）如果二次型中含有某个变量的平方项，那么先按序将此平方项连同含有此变量的交叉项一起，配成完全平方形式；如果二次型中不含有某个变量的平方项，那么按序将其中一个交叉项的两个变量分别设成两个对应的新变量的和与差，使得其相乘后为新变量的平方差.

（2）对剩余的变量或新变量重复进行（1）的过程.

（3）直到对最后的变量或新变量没有交叉项为止.

（4）当配方或引入新变量超过一次时，所做的变换是多次变换的复合，可写成一个综合的变换.

四、二次型的矩阵表示与配方法所做变换的矩阵表示

由于后面还要介绍利用正交变换化三元二次型为标准形，因此需要给出三元二次型的矩阵表示．下面通过一个具体的例子加以说明．

引例　将二次型 $f = x_1^2 - 2x_1x_2 + 4x_2x_3 - x_3^2$ 表示为矩阵形式．

分析　假设 $\vec{x} = \begin{pmatrix} x_1 \\ x_2 \\ x_3 \end{pmatrix}$，则 $\vec{x}^{\mathrm{T}} = (x_1, x_2, x_3)$，构造满足 $\boldsymbol{A}^{\mathrm{T}} = \boldsymbol{A}$ 的矩阵 $\boldsymbol{A} = \begin{pmatrix} a & b & c \\ d & e & f \\ g & h & i \end{pmatrix}$（此时称矩阵 $\boldsymbol{A}$ 为对称矩阵，易知矩阵 $\boldsymbol{A}$ 具有形式 $\boldsymbol{A} = \begin{pmatrix} a & b & c \\ b & e & f \\ c & f & i \end{pmatrix}$．对称矩阵有很好的性质，将在本章第三节定理 2 中介绍实对称矩阵的特征值都是实数，此结论对寻找正交变换有重要意义），并使得 $f = x_1^2 - 2x_1x_2 + 4x_2x_3 - x_3^2 = \vec{x}^{\mathrm{T}} \begin{pmatrix} a & b & c \\ b & e & f \\ c & f & i \end{pmatrix} \vec{x} = (x_1, x_2, x_3) \begin{pmatrix} a & b & c \\ b & e & f \\ c & f & i \end{pmatrix} \begin{pmatrix} x_1 \\ x_2 \\ x_3 \end{pmatrix}$．

由于

$$
\begin{aligned}
(x_1, x_2, x_3) \begin{pmatrix} a & b & c \\ b & e & f \\ c & f & i \end{pmatrix} \begin{pmatrix} x_1 \\ x_2 \\ x_3 \end{pmatrix} &= (ax_1 + bx_2 + cx_3, bx_1 + ex_2 + fx_3, cx_1 + fx_2 + ix_3) \begin{pmatrix} x_1 \\ x_2 \\ x_3 \end{pmatrix} \\
&= ax_1^2 + 2bx_1x_2 + 2cx_1x_3 + ex_2^2 + 2fx_2x_3 + ix_3^2,
\end{aligned}
$$

不难得到，$a = 1, b = -1, c = 0, e = 0, f = 2, i = -1$．于是可得二次型的矩阵表示

$$
f = x_1^2 - 2x_1x_2 + 4x_2x_3 - x_3^2 = \vec{x}^{\mathrm{T}} \begin{pmatrix} 1 & -1 & 0 \\ -1 & 0 & 2 \\ 0 & 2 & -1 \end{pmatrix} \vec{x} = (x_1, x_2, x_3) \begin{pmatrix} 1 & -1 & 0 \\ -1 & 0 & 2 \\ 0 & 2 & -1 \end{pmatrix} \begin{pmatrix} x_1 \\ x_2 \\ x_3 \end{pmatrix}
$$

矩阵 $\begin{pmatrix} 1 & -1 & 0 \\ -1 & 0 & 2 \\ 0 & 2 & -1 \end{pmatrix}$ 称为二次型 $f = x_1^2 - 2x_1x_2 + 4x_2x_3 - x_3^2$ 的矩阵．

解　二次型的矩阵为 $\boldsymbol{A} = \begin{pmatrix} 1 & -1 & 0 \\ -1 & 0 & 2 \\ 0 & 2 & -1 \end{pmatrix}$，于是二次型 $f = x_1^2 - 2x_1x_2 + 4x_2x_3 - x_3^2$ 的矩阵表示为

$$
f = (x_1, x_2, x_3) \boldsymbol{A} \begin{pmatrix} x_1 \\ x_2 \\ x_3 \end{pmatrix}
$$

练习 3　将二次型 $f = x_1^2 - 2x_1x_2 + 4x_2x_3 - x_3^2$ 表示为矩阵形式．

第三节　正交变换化三元二次型为标准形及矩阵的特征值和特征向量

本章第二节介绍的用配方法化二次型为标准形中所用到的坐标变换实际上是线性变换的一种，本节介绍从向量空间 $\mathbf{R}^3$ 到向量空间 $\mathbf{R}^3$ 的线性变换的定义和性质，并介绍常见的从向量空间 $\mathbf{R}^3$ 到向量空间 $\mathbf{R}^3$ 的线性变换如初等变换、旋转变换、平移变换对图形的影响，由此引出保持形状和尺寸都不变的变换——正交变换的重要性，并推导出这种变换的找寻方法，进而引出特征值和特征向量的概念，由此介绍正交变换化二次型为标准形的方法.

一、从向量空间 $\mathbf{R}^3$ 到向量空间 $\mathbf{R}^3$ 的线性变换

本章第二节介绍的用配方法化二次型为标准形可以概括为，对于二次型

$$f\left(x_1,x_2,x_3\right)=a_{11}x_1^2+2a_{12}x_1x_2+2a_{13}x_1x_3+a_{22}x_2^2+2a_{23}x_2x_3+a_{33}x_3^2$$

做变换

$$\begin{cases}x_1=c_{11}y_1+c_{12}y_2+c_{13}y_3\\x_2=c_{21}y_1+c_{22}y_2+c_{23}y_3\\x_3=c_{31}y_1+c_{32}y_2+c_{33}y_3\end{cases}$$

使得三元二次型化为

$$f=k_1y_1^2+k_2y_2^2+k_3y_3^2$$

上面的过程用矩阵表示就是寻找变换

$$\begin{pmatrix}y_1\\y_2\\y_3\end{pmatrix}=\boldsymbol{C}\begin{pmatrix}x_1\\x_2\\x_3\end{pmatrix}\text{，其中 }\boldsymbol{C}=\begin{pmatrix}c_{11}&c_{12}&c_{13}\\c_{21}&c_{22}&c_{23}\\c_{31}&c_{32}&c_{33}\end{pmatrix}$$

使得二次型

$$f=\left(x_1,x_2,x_3\right)\boldsymbol{A}\begin{pmatrix}x_1\\x_2\\x_3\end{pmatrix}\text{，其中 }\boldsymbol{A}=\begin{pmatrix}a_{11}&a_{12}&a_{13}\\a_{21}&a_{22}&a_{23}\\a_{31}&a_{32}&a_{33}\end{pmatrix}$$

化为

$$f=\left(x_1,x_2,x_3\right)\boldsymbol{A}\begin{pmatrix}x_1\\x_2\\x_3\end{pmatrix}=\left(y_1,y_2,y_3\right)\begin{pmatrix}k_1&0&0\\0&k_2&0\\0&0&k_3\end{pmatrix}\begin{pmatrix}y_1\\y_2\\y_3\end{pmatrix}$$

例 1　用配方法将二次型 $f=x_1^{\ 2}+2x_1x_2+4x_1x_3+x_2^{\ 2}+2x_2x_3+x_3^{\ 2}$ 化为标准形，并指出所做变换对应的坐标变换.

分析

$$\begin{aligned}f&=x_1^2+2x_1x_2+4x_1x_3+x_2^2+2x_2x_3+x_3^2\\&=x_1^2+2x_1\left(x_2+2x_3\right)+\left(x_2+2x_3\right)^2-\left(x_2+2x_3\right)^2+x_2^2+2x_2x_3+x_3^2\end{aligned}$$

$$=(x_1+x_2+2x_3)^2-2x_2x_3-3x_3^2=(x_1+x_2+2x_3)^2-3\left(x_3^2+\frac{2}{3}x_2x_3+\frac{x_2^2}{9}-\frac{x_2^2}{9}\right)$$

$$=(x_1+x_2+2x_3)^2-3\left(x_3+\frac{1}{3}x_2\right)^2+\frac{x_2^2}{3}$$

令$\begin{cases}y_1=x_1+x_2+2x_3\\y_2=x_2\\y_3=x_3+\dfrac{1}{3}x_2\end{cases}$，则有 $f=y_1^2-3y_3^2+\dfrac{y_2^2}{3}$，所用的变换写成矩阵形式为

$$\begin{pmatrix}y_1\\y_2\\y_3\end{pmatrix}=\begin{pmatrix}1&1&2\\0&1&0\\0&\frac{1}{3}&1\end{pmatrix}\begin{pmatrix}x_1\\x_2\\x_3\end{pmatrix}\text{或}\begin{pmatrix}x_1\\x_2\\x_3\end{pmatrix}=\begin{pmatrix}1&1&2\\0&1&0\\0&\frac{1}{3}&1\end{pmatrix}^{-1}\begin{pmatrix}y_1\\y_2\\y_3\end{pmatrix}=\begin{pmatrix}1&-\frac{1}{3}&-2\\0&1&0\\0&-\frac{1}{3}&1\end{pmatrix}\begin{pmatrix}y_1\\y_2\\y_3\end{pmatrix}=\boldsymbol{C}\begin{pmatrix}y_1\\y_2\\y_3\end{pmatrix}$$

将上式代入二次型中，得

$$f=(x_1,x_2,x_3)\boldsymbol{A}\begin{pmatrix}x_1\\x_2\\x_3\end{pmatrix}=(y_1,y_2,y_3)\boldsymbol{C}^{\mathrm{T}}\boldsymbol{AC}\begin{pmatrix}y_1\\y_2\\y_3\end{pmatrix}=(y_1,y_2,y_3)\begin{pmatrix}k_1&0&0\\0&k_2&0\\0&0&k_3\end{pmatrix}\begin{pmatrix}y_1\\y_2\\y_3\end{pmatrix}$$

于是，$\boldsymbol{C}^{\mathrm{T}}\boldsymbol{AC}=\begin{pmatrix}k_1&0&0\\0&k_2&0\\0&0&k_3\end{pmatrix}$.

利用本章第二节的分析方法，可以看出变换$\begin{pmatrix}x_1\\x_2\\x_3\end{pmatrix}=\boldsymbol{C}\begin{pmatrix}y_1\\y_2\\y_3\end{pmatrix}=\begin{pmatrix}1&-\frac{1}{3}&-2\\0&1&0\\0&-\frac{1}{3}&1\end{pmatrix}\begin{pmatrix}y_1\\y_2\\y_3\end{pmatrix}$是将一个坐标系转化为另一个坐标系时的转化关系，由此关系不难得到变换后的坐标系的位置：

（1）由于$\begin{pmatrix}x_1\\x_2\\x_3\end{pmatrix}=\begin{pmatrix}1&-\frac{1}{3}&-2\\0&1&0\\0&-\frac{1}{3}&1\end{pmatrix}\begin{pmatrix}0\\0\\0\end{pmatrix}=\begin{pmatrix}0\\0\\0\end{pmatrix}$，表明新坐标系的原点在原坐标系的原点上.

（2）由于$\begin{pmatrix}x_1\\x_2\\x_3\end{pmatrix}=\begin{pmatrix}1&-\frac{1}{3}&-2\\0&1&0\\0&-\frac{1}{3}&1\end{pmatrix}\begin{pmatrix}1\\0\\0\end{pmatrix}=\begin{pmatrix}1\\0\\0\end{pmatrix}$，表明坐标系 $O'-y_1y_2y_3$ 的 y_1 轴上的单位向量是由原坐标系 $O-x_1x_2x_3$ 的原点和点 $(1,0,0)$ 连接的向量，且 y_1 轴上的刻度与原坐标系 $O-x_1x_2x_3$ 的 x_1 轴上的刻度相同.

（3）由于$\begin{pmatrix} x_1 \\ x_2 \\ x_3 \end{pmatrix}=\begin{pmatrix} 1 & -\frac{1}{3} & -2 \\ 0 & 1 & 0 \\ 0 & -\frac{1}{3} & 1 \end{pmatrix}\begin{pmatrix} 0 \\ 1 \\ 0 \end{pmatrix}=\begin{pmatrix} -\frac{1}{3} \\ 1 \\ -\frac{1}{3} \end{pmatrix}$，表明坐标系$O'-y_1y_2y_3$的$y_2$轴上的单位向量是由原坐标系$O-x_1x_2x_3$的原点和点$\left(-\frac{1}{3},1,-\frac{1}{3}\right)$连接的向量，且$y_2$轴上的 1 刻度等于原坐标系$O-x_1x_2x_3$的$\sqrt{\left(-\frac{1}{3}\right)^2+1^2+\left(-\frac{1}{3}\right)^2}=\frac{\sqrt{11}}{3}$刻度.

（4）由于$\begin{pmatrix} x_1 \\ x_2 \\ x_3 \end{pmatrix}=\begin{pmatrix} 1 & -\frac{1}{3} & -2 \\ 0 & 1 & 0 \\ 0 & -\frac{1}{3} & 1 \end{pmatrix}\begin{pmatrix} 0 \\ 0 \\ 1 \end{pmatrix}=\begin{pmatrix} -2 \\ 0 \\ 1 \end{pmatrix}$，表明坐标系$O'-y_1y_2y_3$的$y_3$轴上的单位向量是由原坐标系$O-x_1x_2x_3$的原点和点$(-2,0,1)$连接的向量，且$y_3$轴上的 1 刻度等于原坐标系$O-x_1x_2x_3$的$\sqrt{(-2)^2+0^2+1^2}=\sqrt{5}$刻度.

综上，坐标系$O'-y_1y_2y_3$的构成如图 9-11 所示，此时的坐标系不再是直角坐标系了.

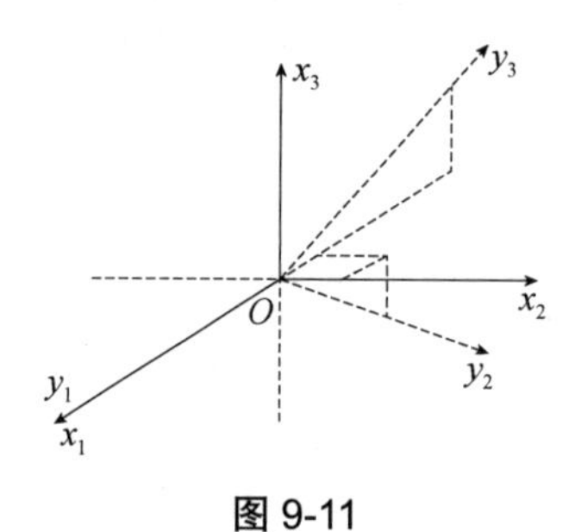

图 9-11

对于例 1 中的二次型$f=x_1^2+2x_1x_2+4x_1x_3+x_2^2+2x_2x_3+x_3^2$，令$\begin{pmatrix} y_1 \\ y_2 \\ y_3 \end{pmatrix}=\begin{pmatrix} 1 & 1 & 2 \\ 0 & 1 & 0 \\ 0 & \frac{1}{3} & 1 \end{pmatrix}\begin{pmatrix} x_1 \\ x_2 \\ x_3 \end{pmatrix}$，则有$f=y_1^2-3y_3^2+\frac{y_2^2}{3}$，所用的变换写成矩阵形式为

$$\begin{pmatrix} y_1 \\ y_2 \\ y_3 \end{pmatrix}=\begin{pmatrix} 1 & 1 & 2 \\ 0 & 1 & 0 \\ 0 & \frac{1}{3} & 1 \end{pmatrix}\begin{pmatrix} x_1 \\ x_2 \\ x_3 \end{pmatrix} \text{或} \begin{pmatrix} x_1 \\ x_2 \\ x_3 \end{pmatrix}=\begin{pmatrix} 1 & -\frac{1}{3} & -2 \\ 0 & 1 & 0 \\ 0 & -\frac{1}{3} & 1 \end{pmatrix}\begin{pmatrix} y_1 \\ y_2 \\ y_3 \end{pmatrix}=\boldsymbol{C}\begin{pmatrix} y_1 \\ y_2 \\ y_3 \end{pmatrix}$$

上式是同一点在两个坐标系中坐标之间的转换公式，这种关系也可以看成动坐标系与静坐标系之间的关系，即开始时动静坐标系重合，而后静坐标系中的点，随着动坐标系变化为

新坐标系而变化到新位置．如果开始时静坐标系中的点用$\begin{pmatrix} x \\ y \\ z \end{pmatrix}$表示，该点随着动坐标系变化到新点，其在原坐标系下的坐标为$\begin{pmatrix} x' \\ y' \\ z' \end{pmatrix}$，则有

$$\begin{pmatrix} x' \\ y' \\ z' \end{pmatrix} = \begin{pmatrix} 1 & -\frac{1}{3} & -2 \\ 0 & 1 & 0 \\ 0 & -\frac{1}{3} & 1 \end{pmatrix} \begin{pmatrix} x \\ y \\ z \end{pmatrix}$$

这种变化可以看成是一种映射，即在原静坐标系下的点随着动坐标系的变化而变化为原坐标系下的另一点，这个变化使空间内的任一点都有唯一的象，称为从向量空间 $\mathbf{R}^3$ 到向量空间 $\mathbf{R}^3$ 的映射，也称为线性变换．这是因为新点的坐标都是原来点坐标的线性组合，新坐标系的三个坐标轴就像是三个指挥官，一个指挥新坐标的横轴，一个指挥新坐标的纵轴，一个指挥新坐标的竖轴．

例如，对于原坐标系中的正方体的八个顶点 $O(0,0,0)$， $A(1,0,0)$， $B(1,1,0)$， $C(0,1,0)$， $D(0,0,1)$，$E(1,0,1)$，$F(1,1,1)$，$G(0,1,1)$，经过上面的线性变换后变为点 $O'(0,0,0)$，$A'(1,0,0)$， $B'\left(\frac{2}{3},1,-\frac{1}{3}\right)$， $C'\left(-\frac{1}{3},1,-\frac{1}{3}\right)$， $D'(-2,0,1)$， $E'(-1,0,1)$， $F'\left(-\frac{4}{3},1,\frac{2}{3}\right)$， $G'\left(-\frac{7}{3},1,\frac{2}{3}\right)$．这是因为

$$\begin{pmatrix} 1 & -\frac{1}{3} & -2 \\ 0 & 1 & 0 \\ 0 & -\frac{1}{3} & 1 \end{pmatrix} \begin{pmatrix} 0 \\ 0 \\ 0 \end{pmatrix} = \begin{pmatrix} 0 \\ 0 \\ 0 \end{pmatrix}, \quad \begin{pmatrix} 1 & -\frac{1}{3} & -2 \\ 0 & 1 & 0 \\ 0 & -\frac{1}{3} & 1 \end{pmatrix} \begin{pmatrix} 1 \\ 0 \\ 0 \end{pmatrix} = \begin{pmatrix} 1 \\ 0 \\ 0 \end{pmatrix}, \quad \begin{pmatrix} 1 & -\frac{1}{3} & -2 \\ 0 & 1 & 0 \\ 0 & -\frac{1}{3} & 1 \end{pmatrix} \begin{pmatrix} 1 \\ 1 \\ 0 \end{pmatrix} = \begin{pmatrix} \frac{2}{3} \\ 1 \\ -\frac{1}{3} \end{pmatrix},$$

$$\begin{pmatrix} 1 & -\frac{1}{3} & -2 \\ 0 & 1 & 0 \\ 0 & -\frac{1}{3} & 1 \end{pmatrix} \begin{pmatrix} 0 \\ 1 \\ 0 \end{pmatrix} = \begin{pmatrix} -\frac{1}{3} \\ 1 \\ -\frac{1}{3} \end{pmatrix}, \quad \begin{pmatrix} 1 & -\frac{1}{3} & -2 \\ 0 & 1 & 0 \\ 0 & -\frac{1}{3} & 1 \end{pmatrix} \begin{pmatrix} 0 \\ 0 \\ 1 \end{pmatrix} = \begin{pmatrix} -2 \\ 0 \\ 1 \end{pmatrix}, \quad \begin{pmatrix} 1 & -\frac{1}{3} & -2 \\ 0 & 1 & 0 \\ 0 & -\frac{1}{3} & 1 \end{pmatrix} \begin{pmatrix} 1 \\ 0 \\ 1 \end{pmatrix} = \begin{pmatrix} -1 \\ 0 \\ 1 \end{pmatrix},$$

$$\begin{pmatrix} 1 & -\frac{1}{3} & -2 \\ 0 & 1 & 0 \\ 0 & -\frac{1}{3} & 1 \end{pmatrix} \begin{pmatrix} 1 \\ 1 \\ 1 \end{pmatrix} = \begin{pmatrix} -\frac{4}{3} \\ 1 \\ \frac{2}{3} \end{pmatrix}, \quad \begin{pmatrix} 1 & -\frac{1}{3} & -2 \\ 0 & 1 & 0 \\ 0 & -\frac{1}{3} & 1 \end{pmatrix} \begin{pmatrix} 0 \\ 1 \\ 1 \end{pmatrix} = \begin{pmatrix} -\frac{7}{3} \\ 1 \\ \frac{2}{3} \end{pmatrix}$$

对于原坐标系中正方体六个面上的其他点，经过上面的线性变换后变成什么点呢？如果都采用上面的计算方法，就非常麻烦，且不能完成全部对应，因为有无穷多点．为此，我们需要探讨这类线性变换的一般性质．

关于线性变换，有下面的一般定义．

定义 1 如果坐标系中的点 (x,y,z) 按照 $\begin{pmatrix} x' \\ y' \\ z' \end{pmatrix}=\begin{pmatrix} a & b & c \\ d & e & f \\ g & h & i \end{pmatrix}\begin{pmatrix} x \\ y \\ z \end{pmatrix}$ 映射到同一坐标系中的点 (x',y',z')，则称此变换为从向量空间 $\mathbf{R}^3$ 到向量空间 $\mathbf{R}^3$ 的线性变换.

定理 1 线性变换将平面变为平面.

证明 设 $O-xyz$ 坐标系下的某平面 π 通过点 $A(x_1,y_1,z_1)$，$B(x_2,y_2,z_2)$ 和 $C(x_3,y_3,z_3)$，$O-xyz$ 坐标系到 $O'-x'y'z'$ 坐标系的线性变换为 $\begin{pmatrix} x' \\ y' \\ z' \end{pmatrix}=\boldsymbol{A}\begin{pmatrix} x \\ y \\ z \end{pmatrix}$，其中 $\boldsymbol{A}=\begin{pmatrix} a & b & c \\ d & e & f \\ g & h & i \end{pmatrix}$. 假设点 $A(x_1,y_1,z_1)$，$B(x_2,y_2,z_2)$，$C(x_3,y_3,z_3)$ 经过线性变换后分别变为 $O'-x'y'z'$ 坐标系中的点 $A'(x_1',y_1',z_1')$，$B'(x_2',y_2',z_2')$，$C'(x_3',y_3',z_3')$，则有

$$\begin{pmatrix} x_1' \\ y_1' \\ z_1' \end{pmatrix}=\boldsymbol{A}\begin{pmatrix} x_1 \\ y_1 \\ z_1 \end{pmatrix},\quad \begin{pmatrix} x_2' \\ y_2' \\ z_2' \end{pmatrix}=\boldsymbol{A}\begin{pmatrix} x_2 \\ y_2 \\ z_2 \end{pmatrix},\quad \begin{pmatrix} x_3' \\ y_3' \\ z_3' \end{pmatrix}=\boldsymbol{A}\begin{pmatrix} x_3 \\ y_3 \\ z_3 \end{pmatrix}$$

设平面 π 上任一点 P 的坐标为 (x,y,z)，该点经过线性变换变为 $O'-x'y'z'$ 坐标系的点 $P'(x',y',z')$，由于点 $P(x,y,z)$ 在通过点 $A(x_1,y_1,z_1)$，$B(x_2,y_2,z_2)$ 和 $C(x_3,y_3,z_3)$ 的平面上，所以满足

$$\begin{vmatrix} x-x_1 & y-y_1 & z-z_1 \\ x_2-x_1 & y_2-y_1 & z_2-z_1 \\ x_3-x_1 & y_3-y_1 & z_3-z_1 \end{vmatrix}=0$$

注 下面给出上式的证明：

因为点 $P(x,y,z)$，$A(x_1,y_1,z_1)$，$B(x_2,y_2,z_2)$，$C(x_3,y_3,z_3)$ 在一个平面上，所以必定存在非零向量 $\vec{n}$ 与 $\overrightarrow{AB}$，$\overrightarrow{AC}$，$\overrightarrow{AP}$ 正交. 由于 $\overrightarrow{AB}=(x_2-x_1,y_2-y_1,z_2-z_1)$，$\overrightarrow{AC}=(x_3-x_1,y_3-y_1,z_3-z_1)$，$\overrightarrow{AP}=(x-x_1,y-y_1,z-z_1)$，假设 $\vec{n}=(n_1,n_2,n_3)$，则有

$$\begin{cases} \vec{n}\cdot\overrightarrow{AP}=0 \\ \vec{n}\cdot\overrightarrow{AB}=0 \\ \vec{n}\cdot\overrightarrow{AC}=0 \end{cases}，即 \begin{cases} (x-x_1)n_1+(y-y_1)n_2+(z-z_1)n_3=0 \\ (x_2-x_1)n_1+(y_2-y_1)n_2+(z_2-z_1)n_3=0 \\ (x_3-x_1)n_1+(y_3-y_1)n_2+(z_3-z_1)n_3=0 \end{cases}.$$

由于 n_1,n_2,n_3 有非零解，所以 $\begin{vmatrix} x-x_1 & y-y_1 & z-z_1 \\ x_2-x_1 & y_2-y_1 & z_2-z_1 \\ x_3-x_1 & y_3-y_1 & z_3-z_1 \end{vmatrix}=0$.

要证明线性变换 $\begin{pmatrix} x' \\ y' \\ z' \end{pmatrix}=\boldsymbol{A}\begin{pmatrix} x \\ y \\ z \end{pmatrix}$ 将平面变为平面，只需证明点 $P'(x',y',z')$ 在由点 $A'(x_1',y_1',z_1')$，$B'(x_2',y_2',z_2')$，$C'(x_3',y_3',z_3')$ 确定的平面上，也就是要证明

$$\begin{vmatrix} x'-x_1' & y'-y_1' & z'-z_1' \\ x_2'-x_1' & y_2'-y_1' & z_2'-z_1' \\ x_3'-x_1' & y_3'-y_1' & z_3'-z_1' \end{vmatrix}=0$$

成立.

若令$\begin{pmatrix} x' \\ y' \\ z' \end{pmatrix}=\vec{v}$，$\begin{pmatrix} x_1' \\ y_1' \\ z_1' \end{pmatrix}=\vec{v}_1$，$\begin{pmatrix} x_2' \\ y_2' \\ z_2' \end{pmatrix}=\overrightarrow{v_2}$，$\begin{pmatrix} x_3' \\ y_3' \\ z_3' \end{pmatrix}=\overrightarrow{v_3}$，$\begin{pmatrix} x \\ y \\ z \end{pmatrix}=\vec{u}$，$\begin{pmatrix} x_1 \\ y_1 \\ z_1 \end{pmatrix}=\overrightarrow{u_1}$，$\begin{pmatrix} x_2 \\ y_2 \\ z_2 \end{pmatrix}=\overrightarrow{u_2}$，$\begin{pmatrix} x_3 \\ y_3 \\ z_3 \end{pmatrix}=\overrightarrow{u_3}$，

根据矩阵转置的性质，可得

$$(x',y',z')=\vec{v}^T=\vec{u}^{\mathrm{T}}\boldsymbol{A}^{\mathrm{T}}=(x,y,z)\boldsymbol{A}^{\mathrm{T}}，\ (x_1',y_1',z_1')=\vec{v}_1^{\mathrm{T}}=\vec{u}_1^{\mathrm{T}}\boldsymbol{A}^{\mathrm{T}}=(x_1,y_1,z_1)\boldsymbol{A}^{\mathrm{T}}，$$

$$(x_2',y_2',z_2')=\overrightarrow{v_2}^{\mathrm{T}}=\overrightarrow{u_2}^{\mathrm{T}}\boldsymbol{A}^{\mathrm{T}}=(x_2,y_2,z_2)\boldsymbol{A}^{\mathrm{T}}，\ (x_3',y_3',z_3')=\overrightarrow{v_3}^{\mathrm{T}}=\overrightarrow{u_3}^{\mathrm{T}}\boldsymbol{A}^{\mathrm{T}}=(x_3,y_3,z_3)\boldsymbol{A}^{\mathrm{T}}$$

于是

$$\begin{pmatrix} x'-x_1' & y'-y_1' & z'-z_1' \\ x_2'-x_1' & y_2'-y_1' & z_2'-z_1' \\ x_3'-x_1' & y_3'-y_1' & z_3'-z_1' \end{pmatrix}=\begin{pmatrix} x' & y' & z' \\ x_2' & y_2' & z_2' \\ x_3' & y_3' & z_3' \end{pmatrix}-\begin{pmatrix} x_1' & y_1' & z_1' \\ x_1' & y_1' & z_1' \\ x_1' & y_1' & z_1' \end{pmatrix}$$

$$=\begin{pmatrix} x & y & z \\ x_2 & y_2 & z_2 \\ x_3 & y_3 & z_3 \end{pmatrix}\boldsymbol{A}^{\mathrm{T}}-\begin{pmatrix} x_1 & y_1 & z_1 \\ x_1 & y_1 & z_1 \\ x_1 & y_1 & z_1 \end{pmatrix}\boldsymbol{A}^{\mathrm{T}}=\left[\begin{pmatrix} x & y & z \\ x_2 & y_2 & z_2 \\ x_3 & y_3 & z_3 \end{pmatrix}-\begin{pmatrix} x_1 & y_1 & z_1 \\ x_1 & y_1 & z_1 \\ x_1 & y_1 & z_1 \end{pmatrix}\right]\boldsymbol{A}^{\mathrm{T}}$$

$$=\left[\begin{pmatrix} x & y & z \\ x_2 & y_2 & z_2 \\ x_3 & y_3 & z_3 \end{pmatrix}-\begin{pmatrix} x_1 & y_1 & z_1 \\ x_1 & y_1 & z_1 \\ x_1 & y_1 & z_1 \end{pmatrix}\right]\boldsymbol{A}^{\mathrm{T}}=\begin{pmatrix} x-x_1 & y-y_1 & z-z_1 \\ x_2-x_1 & y_2-y_1 & z_2-z_1 \\ x_3-x_1 & y_3-y_1 & z_3-z_1 \end{pmatrix}\boldsymbol{A}^{\mathrm{T}}$$

由行列式的性质，有

$$\begin{vmatrix} x'-x_1' & y'-y_1' & z'-z_1' \\ x_2'-x_1' & y_2'-y_1' & z_2'-z_1' \\ x_3'-x_1' & y_3'-y_1' & z_3'-z_1' \end{vmatrix}=\begin{vmatrix} x-x_1 & y-y_1 & z-z_1 \\ x_2-x_1 & y_2-y_1 & z_2-z_1 \\ x_3-x_1 & y_3-y_1 & z_3-z_1 \end{vmatrix}\left|\boldsymbol{A}^{\mathrm{T}}\right|=0$$

证毕.

注　上面的证明中用到了矩阵乘积的转置的性质$(\boldsymbol{AB})^{\mathrm{T}}=\boldsymbol{B}^{\mathrm{T}}\boldsymbol{A}^{\mathrm{T}}$，下面给出证明.

证明　设$\boldsymbol{A}=\begin{pmatrix} a_{11} & a_{12} & a_{13} \\ a_{21} & a_{22} & a_{23} \\ a_{31} & a_{32} & a_{33} \end{pmatrix}$，$\boldsymbol{B}=\begin{pmatrix} b_{11} & b_{12} & b_{13} \\ b_{21} & b_{22} & b_{23} \\ b_{31} & b_{32} & b_{33} \end{pmatrix}$，$\boldsymbol{AB}=\begin{pmatrix} c_{11} & c_{12} & c_{13} \\ c_{21} & c_{22} & c_{23} \\ c_{31} & c_{32} & c_{33} \end{pmatrix}$，

$$(\boldsymbol{AB})^{\mathrm{T}}=\begin{pmatrix} e_{11} & e_{12} & e_{13} \\ e_{21} & e_{22} & e_{23} \\ e_{31} & e_{32} & e_{33} \end{pmatrix}，\ \boldsymbol{B}^{\mathrm{T}}\boldsymbol{A}^{\mathrm{T}}=\begin{pmatrix} d_{11} & d_{12} & d_{13} \\ d_{21} & d_{22} & d_{23} \\ d_{31} & d_{32} & d_{33} \end{pmatrix},$$

则

$$\boldsymbol{A}^{\mathrm{T}}=\begin{pmatrix} a_{11} & a_{21} & a_{31} \\ a_{12} & a_{22} & a_{32} \\ a_{13} & a_{23} & a_{33} \end{pmatrix}，\ \boldsymbol{B}^{\mathrm{T}}=\begin{pmatrix} b_{11} & b_{21} & b_{31} \\ b_{12} & b_{22} & b_{32} \\ b_{13} & b_{23} & b_{33} \end{pmatrix}$$

于是

$$d_{ij}=b_{1i}a_{j1}+b_{2i}a_{j2}+b_{3i}a_{j3}\ (1\leqslant i,j\leqslant 3)，\ e_{ij}=c_{ji}=a_{j1}b_{1i}+a_{j2}b_{2i}+a_{j3}b_{3i}\ (1\leqslant i,j\leqslant 3)$$

很显然$d_{ij}=e_{ij}$（$1\leqslant i,j\leqslant 3$），因此$(\boldsymbol{AB})^{\mathrm{T}}=\boldsymbol{B}^{\mathrm{T}}\boldsymbol{A}^{\mathrm{T}}$.

有了定理1,不难得到线性变换将直线变换为直线,因为直线可以看成两个平面的交线.于是有下面的定理.

定理 2　线性变换将直线变为直线.

有了定理1和定理2,可知例1中的线性变换就将正方体变换为以点 $O'(0,0,0)$, $A'(1,0,0)$, $B'\left(\frac{2}{3},1,-\frac{1}{3}\right)$, $C'\left(-\frac{1}{3},1,-\frac{1}{3}\right)$, $D'(-2,0,1)$, $E'(-1,0,1)$, $F'\left(-\frac{4}{3},1,\frac{2}{3}\right)$, $G'\left(-\frac{7}{3},1,\frac{2}{3}\right)$ 为顶点的平行六面体，如图 9-12 所示.

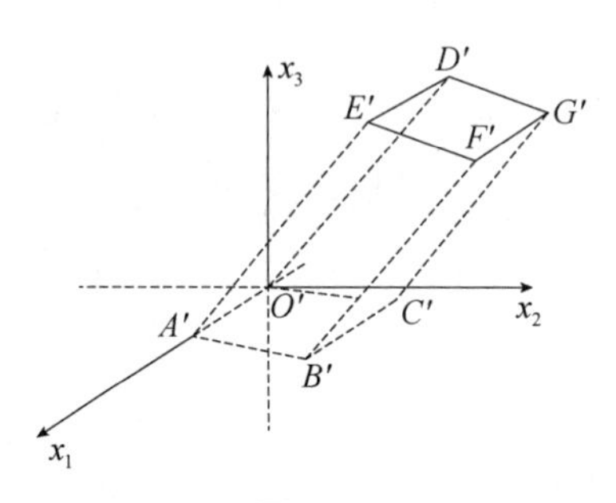

图 9-12

二、常见的从向量空间 $\mathbf{R}^3$ 到向量空间 $\mathbf{R}^3$ 的线性变换对图形的影响

对于线性变换矩阵，其中的元素可以是任何实数，当这些元素取特殊值时就得到我们常见的变换，下面分别谈谈这些变换对图形的影响.

1. 初等变换

初等变换对应矩阵称为初等矩阵，初等矩阵有三类，下面分别来说明.

（1）对单位矩阵进行换法变换，比如交换第1行和第2行，这时矩阵变为$\begin{pmatrix}0&1&0\\1&0&0\\0&0&1\end{pmatrix}$.

假设此时的变换为

$$\begin{pmatrix}x'\\y'\\z'\end{pmatrix}=\begin{pmatrix}0&1&0\\1&0&0\\0&0&1\end{pmatrix}\begin{pmatrix}x\\y\\z\end{pmatrix}$$

正方体的八个顶点 $O(0,0,0)$, $A(1,0,0)$, $B(1,1,0)$, $C(0,1,0)$, $D(0,0,1)$, $E(1,0,1)$, $F(1,1,1)$, $G(0,1,1)$,经过上面的线性变换后变为点 $O'(0,0,0)$, $A'(0,1,0)$, $B'(1,1,0)$, $C'(1,0,0)$, $D'(0,0,1)$, $E'(0,1,1)$, $F'(1,1,1)$, $G'(1,0,1)$ ，这是因为

$$\begin{pmatrix}0&1&0\\1&0&0\\0&0&1\end{pmatrix}\begin{pmatrix}0\\0\\0\end{pmatrix}=\begin{pmatrix}0\\0\\0\end{pmatrix},\quad\begin{pmatrix}0&1&0\\1&0&0\\0&0&1\end{pmatrix}\begin{pmatrix}1\\0\\0\end{pmatrix}=\begin{pmatrix}0\\1\\0\end{pmatrix},\quad\begin{pmatrix}0&1&0\\1&0&0\\0&0&1\end{pmatrix}\begin{pmatrix}1\\1\\0\end{pmatrix}=\begin{pmatrix}1\\1\\0\end{pmatrix},$$

$$\begin{pmatrix}0&1&0\\1&0&0\\0&0&1\end{pmatrix}\begin{pmatrix}0\\1\\0\end{pmatrix}=\begin{pmatrix}1\\0\\0\end{pmatrix},\quad\begin{pmatrix}0&1&0\\1&0&0\\0&0&1\end{pmatrix}\begin{pmatrix}0\\0\\1\end{pmatrix}=\begin{pmatrix}0\\0\\1\end{pmatrix},\quad\begin{pmatrix}0&1&0\\1&0&0\\0&0&1\end{pmatrix}\begin{pmatrix}1\\0\\1\end{pmatrix}=\begin{pmatrix}0\\1\\1\end{pmatrix},$$

$$\begin{pmatrix}0&1&0\\1&0&0\\0&0&1\end{pmatrix}\begin{pmatrix}1\\1\\1\end{pmatrix}=\begin{pmatrix}1\\1\\1\end{pmatrix},\quad \begin{pmatrix}0&1&0\\1&0&0\\0&0&1\end{pmatrix}\begin{pmatrix}0\\1\\1\end{pmatrix}=\begin{pmatrix}1\\0\\1\end{pmatrix}$$

所以在原坐标系 $O-xyz$ 中的正方体 $OABC$ 与经过此变换所得的图形如图 9-13 所示.

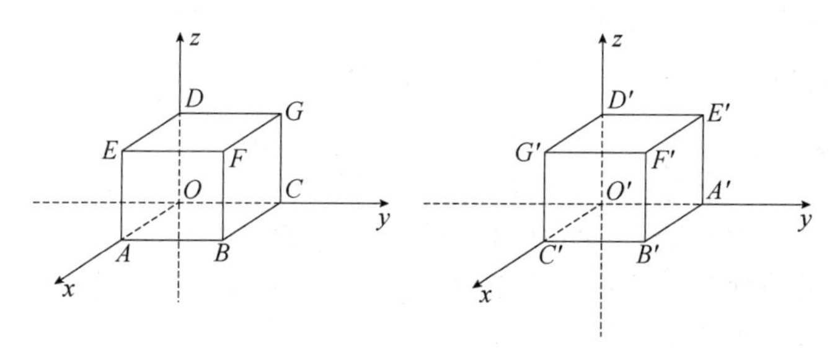

图 9-13

（2）对单位矩阵进行倍法变换，比如使第 2 行乘以 k（$k\neq 0$），这时矩阵变为 $\begin{pmatrix}1&0&0\\0&k&0\\0&0&1\end{pmatrix}$.

假设此时的变换为

$$\begin{pmatrix}x'\\y'\\z'\end{pmatrix}=\begin{pmatrix}1&0&0\\0&k&0\\0&0&1\end{pmatrix}\begin{pmatrix}x\\y\\z\end{pmatrix}$$

正方体的八个顶点 $O(0,0,0)$，$A(1,0,0)$，$B(1,1,0)$，$C(0,1,0)$，$D(0,0,1)$，$E(1,0,1)$，$F(1,1,1)$，$G(0,1,1)$，经过上面的线性变换后变为点 $O'(0,0,0)$，$A'(1,0,0)$，$B'(1,k,0)$，$C'(0,k,0)$，$D'(0,0,1)$，$E'(1,0,1)$，$F'(1,k,1)$，$G'(0,k,1)$，这是因为

$$\begin{pmatrix}1&0&0\\0&k&0\\0&0&1\end{pmatrix}\begin{pmatrix}0\\0\\0\end{pmatrix}=\begin{pmatrix}0\\0\\0\end{pmatrix},\quad \left(\begin{pmatrix}1&0&0\\0&k&0\\0&0&1\end{pmatrix}\right)\begin{pmatrix}1\\0\\0\end{pmatrix}=\begin{pmatrix}1\\0\\0\end{pmatrix},\quad \begin{pmatrix}1&0&0\\0&k&0\\0&0&1\end{pmatrix}\begin{pmatrix}1\\1\\0\end{pmatrix}=\begin{pmatrix}1\\k\\0\end{pmatrix},\quad \begin{pmatrix}1&0&0\\0&k&0\\0&0&1\end{pmatrix}\begin{pmatrix}0\\1\\0\end{pmatrix}=\begin{pmatrix}0\\k\\0\end{pmatrix},$$

$$\begin{pmatrix}1&0&0\\0&k&0\\0&0&1\end{pmatrix}\begin{pmatrix}0\\0\\1\end{pmatrix}=\begin{pmatrix}0\\0\\1\end{pmatrix},\quad \begin{pmatrix}1&0&0\\0&k&0\\0&0&1\end{pmatrix}\begin{pmatrix}1\\0\\1\end{pmatrix}=\begin{pmatrix}1\\0\\1\end{pmatrix},\quad \begin{pmatrix}1&0&0\\0&k&0\\0&0&1\end{pmatrix}\begin{pmatrix}1\\1\\1\end{pmatrix}=\begin{pmatrix}1\\k\\1\end{pmatrix},\quad \begin{pmatrix}1&0&0\\0&k&0\\0&0&1\end{pmatrix}\begin{pmatrix}0\\1\\1\end{pmatrix}=\begin{pmatrix}0\\k\\1\end{pmatrix},$$

所以在原坐标系 $O-xyz$ 中的正方体 $OABCDEFG$ 与经过此变换所得的图形如图 9-14 所示.

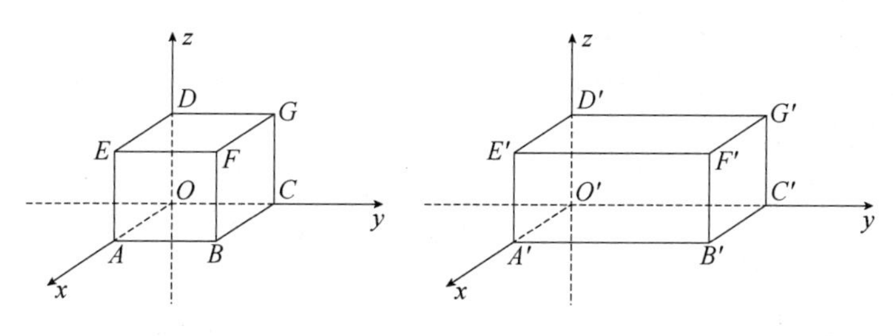

图 9-14

（3）对单位矩阵进行消法变换，比如将第 1 行乘以 k（$k \neq 0$）加到第 3 行上，这时矩阵变为 $\begin{pmatrix} 1 & 0 & 0 \\ 0 & 1 & 0 \\ k & 0 & 1 \end{pmatrix}$.

假设此时的变换为

$$\begin{pmatrix} x' \\ y' \\ z' \end{pmatrix} = \begin{pmatrix} 1 & 0 & 0 \\ 0 & 1 & 0 \\ k & 0 & 1 \end{pmatrix} \begin{pmatrix} x \\ y \\ z \end{pmatrix}$$

正方体的八个顶点 $O(0,0,0)$，$A(1,0,0)$，$B(1,1,0)$，$C(0,1,0)$，$D(0,0,1)$，$E(1,0,1)$，$F(1,1,1)$，$G(0,1,1)$，经过上面的线性变换后变为点 $O'(0,0,0)$，$A'(1,0,k)$，$B'(1,1,k)$，$C'(0,1,0)$，$D'(0,0,1)$，$E'(1,0,k+1)$，$F'(1,1,k+1)$，$G'(0,1,1)$，这是因为

$$\begin{pmatrix} 1 & 0 & 0 \\ 0 & 1 & 0 \\ k & 0 & 1 \end{pmatrix} \begin{pmatrix} 0 \\ 0 \\ 0 \end{pmatrix} = \begin{pmatrix} 0 \\ 0 \\ 0 \end{pmatrix}, \quad \begin{pmatrix} 1 & 0 & 0 \\ 0 & 1 & 0 \\ k & 0 & 1 \end{pmatrix} \begin{pmatrix} 1 \\ 0 \\ 0 \end{pmatrix} = \begin{pmatrix} 1 \\ 0 \\ k \end{pmatrix}, \quad \begin{pmatrix} 1 & 0 & 0 \\ 0 & 1 & 0 \\ k & 0 & 1 \end{pmatrix} \begin{pmatrix} 1 \\ 1 \\ 0 \end{pmatrix} = \begin{pmatrix} 1 \\ 1 \\ k \end{pmatrix}, \quad \begin{pmatrix} 1 & 0 & 0 \\ 0 & 1 & 0 \\ k & 0 & 1 \end{pmatrix} \begin{pmatrix} 0 \\ 1 \\ 0 \end{pmatrix} = \begin{pmatrix} 0 \\ 1 \\ 0 \end{pmatrix},$$

$$\begin{pmatrix} 1 & 0 & 0 \\ 0 & 1 & 0 \\ k & 0 & 1 \end{pmatrix} \begin{pmatrix} 0 \\ 0 \\ 1 \end{pmatrix} = \begin{pmatrix} 0 \\ 0 \\ 1 \end{pmatrix}, \quad \begin{pmatrix} 1 & 0 & 0 \\ 0 & 1 & 0 \\ k & 0 & 1 \end{pmatrix} \begin{pmatrix} 1 \\ 0 \\ 1 \end{pmatrix} = \begin{pmatrix} 1 \\ 0 \\ k+1 \end{pmatrix}, \quad \begin{pmatrix} 1 & 0 & 0 \\ 0 & 1 & 0 \\ k & 0 & 1 \end{pmatrix} \begin{pmatrix} 1 \\ 1 \\ 1 \end{pmatrix} = \begin{pmatrix} 1 \\ 1 \\ k+1 \end{pmatrix},$$

$$\begin{pmatrix} 1 & 0 & 0 \\ 0 & 1 & 0 \\ k & 0 & 1 \end{pmatrix} \begin{pmatrix} 0 \\ 1 \\ 1 \end{pmatrix} = \begin{pmatrix} 0 \\ 1 \\ 1 \end{pmatrix}$$

所以在原坐标系 $O-xyz$ 中的正方体 $OABCDEFG$ 与经过此变换所得的图形如图 9-15 所示.

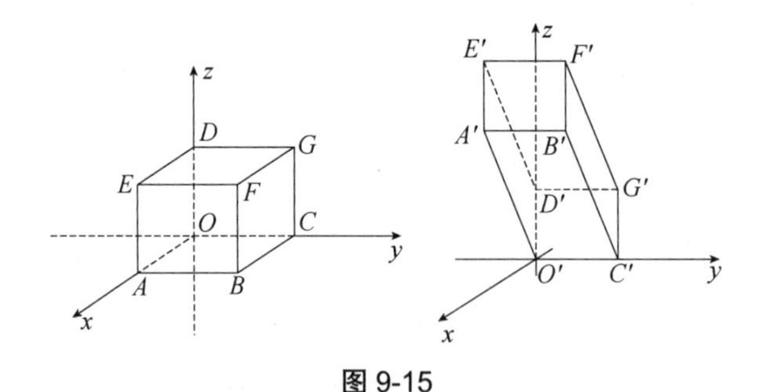

图 9-15

2. 旋转变换

旋转变换可以分为三种基本情况，第一种为沿着 x 轴的负向观察 yOz 平面，将原坐标系的 y 轴和 z 轴围绕 x 轴逆时针旋转 θ 角，则原坐标系中的点，随着坐标系的变化而变化，变换后的点的坐标与原坐标的关系为

$$\begin{pmatrix} x' \\ y' \\ z' \end{pmatrix} = \begin{pmatrix} 1 & 0 & 0 \\ 0 & \cos\theta & -\sin\theta \\ 0 & \sin\theta & \cos\theta \end{pmatrix} \begin{pmatrix} x \\ y \\ z \end{pmatrix}$$

第二种为沿着 y 轴的负向观察 xOz 平面，将原坐标系的 z 轴和 x 轴围绕 y 轴逆时针旋转 θ 角，则原坐标系中的点，随着坐标系的变化而变化，变换后的点的坐标与原坐标的关系为

$$\begin{pmatrix} x' \\ y' \\ z' \end{pmatrix} = \begin{pmatrix} \cos\theta & 0 & \sin\theta \\ 0 & 1 & 0 \\ -\sin\theta & 0 & \cos\theta \end{pmatrix} \begin{pmatrix} x \\ y \\ z \end{pmatrix}$$

第三种为沿着 z 轴的负向观察 xOy 平面，将原坐标系的 x 轴和 y 轴围绕 z 轴逆时针旋转 θ 角，则原坐标系中的点，随着坐标系的变化而变化，变换后的点的坐标与原坐标的关系为

$$\begin{pmatrix} x' \\ y' \\ z' \end{pmatrix} = \begin{pmatrix} \cos\theta & -\sin\theta & 0 \\ \sin\theta & \cos\theta & 0 \\ 0 & 0 & 1 \end{pmatrix} \begin{pmatrix} x \\ y \\ z \end{pmatrix}$$

经过这三种基本旋转变换，很显然正方体的形状和尺寸保持不变，这里不进行详细分析了，有兴趣的同学可以仿照前面的方法分析一下.

3. 对称变换

对称变换可以分为三种类型，下面分别进行讨论.

1）关于原点对称

做关于原点对称的变换后的点的坐标与原坐标的关系为 $\begin{pmatrix} x' \\ y' \\ z' \end{pmatrix} = \begin{pmatrix} -1 & 0 & 0 \\ 0 & -1 & 0 \\ 0 & 0 & -1 \end{pmatrix} \begin{pmatrix} x \\ y \\ z \end{pmatrix}$.

2）关于坐标轴对称

做关于 x 轴对称的变换后的点的坐标与原坐标的关系为 $\begin{pmatrix} x' \\ y' \\ z' \end{pmatrix} = \begin{pmatrix} 1 & 0 & 0 \\ 0 & -1 & 0 \\ 0 & 0 & -1 \end{pmatrix} \begin{pmatrix} x \\ y \\ z \end{pmatrix}$.

做关于 y 轴对称的变换后的点的坐标与原坐标的关系为 $\begin{pmatrix} x' \\ y' \\ z' \end{pmatrix} = \begin{pmatrix} -1 & 0 & 0 \\ 0 & 1 & 0 \\ 0 & 0 & -1 \end{pmatrix} \begin{pmatrix} x \\ y \\ z \end{pmatrix}$.

做关于 z 轴对称的变换后的点的坐标与原坐标的关系为 $\begin{pmatrix} x' \\ y' \\ z' \end{pmatrix} = \begin{pmatrix} -1 & 0 & 0 \\ 0 & -1 & 0 \\ 0 & 0 & 1 \end{pmatrix} \begin{pmatrix} x \\ y \\ z \end{pmatrix}$.

3）关于坐标面对称

做关于 xOy 平面对称的变换后的点的坐标与原坐标的关系为 $\begin{pmatrix} x' \\ y' \\ z' \end{pmatrix} = \begin{pmatrix} 1 & 0 & 0 \\ 0 & 1 & 0 \\ 0 & 0 & -1 \end{pmatrix} \begin{pmatrix} x \\ y \\ z \end{pmatrix}$.

做关于 xOz 平面对称的变换后的点的坐标与原坐标的关系为 $\begin{pmatrix} x' \\ y' \\ z' \end{pmatrix} = \begin{pmatrix} 1 & 0 & 0 \\ 0 & -1 & 0 \\ 0 & 0 & 1 \end{pmatrix} \begin{pmatrix} x \\ y \\ z \end{pmatrix}$.

做关于 yOz 平面对称的变换后的点的坐标与原坐标的关系为 $\begin{pmatrix} x' \\ y' \\ z' \end{pmatrix} = \begin{pmatrix} -1 & 0 & 0 \\ 0 & 1 & 0 \\ 0 & 0 & 1 \end{pmatrix} \begin{pmatrix} x \\ y \\ z \end{pmatrix}$.

经过这三种对称变换，很显然正方体的形状和尺寸保持不变，这里不进行详细分析了，有兴趣的同学可以仿照前面的方法分析一下.

三、从向量空间 $\mathbf{R}^3$ 到向量空间 $\mathbf{R}^3$ 的正交变换

从上面的分析可以看出，用配方法化三元二次型为标准形所用的变换为线性变换．不同的线性变换，对图形的影响是不一样的，有的保持原有图形的形状，有的改变原有图形的形状，有的保持原有的尺寸，有的改变原有的尺寸．例如，上面提到的旋转变换、对称变换、初等变换中的换法变换，这些变换是保持形状和尺寸不变的线性变换，对于这样的变换，我们称之为正交变换．

一般地，有下面的定义．

定义 2　如果一个线性变换保持图形的形状和尺寸不变，则称这样的变换为正交变换．

用配方法对三元二次型进行标准化时，有时所做的线性变换会改变原有图形的形状和尺寸．例如，本节例 1 中的二次型 $y = x_1^2 + 2x_1x_2 + 4x_1x_3 + x_2^2 + 2x_2x_3 + x_3^2$，用配方法所做的线性变换写成矩阵形式为

$$\begin{pmatrix} x_1 \\ x_2 \\ x_3 \end{pmatrix} = \begin{pmatrix} 1 & -\frac{1}{3} & -2 \\ 0 & 1 & 0 \\ 0 & -\frac{1}{3} & 1 \end{pmatrix} \begin{pmatrix} y_1 \\ y_2 \\ y_3 \end{pmatrix}$$

此变换不保持原有的形状和尺寸，如图 9-12 所示．

再如，二次型 $y = x_1x_2 + x_3^2$，用配方法所做的坐标变换为 $\begin{cases} x_1 = y_1 - y_2 \\ x_2 = y_1 + y_2 \\ x_3 = y_3 \end{cases}$，对应的线性变换写成矩阵形式为

$$\begin{pmatrix} x_1 \\ x_2 \\ x_3 \end{pmatrix} = \begin{pmatrix} 1 & -1 & 0 \\ 1 & 1 & 0 \\ 0 & 0 & 1 \end{pmatrix} \begin{pmatrix} y_1 \\ y_2 \\ y_3 \end{pmatrix}$$

下面根据正方体经过变换后所得图形的形状说明变换的几何意义．

正方体的八个顶点 $O(0,0,0)$，$A(1,0,0)$，$B(1,1,0)$，$C(0,1,0)$，$D(0,0,1)$，$E(1,0,1)$，$F(1,1,1)$，$G(0,1,1)$，经过上面的线性变换后变为点 $O'(0,0,0)$，$A'(1,1,0)$，$B'(0,2,0)$，$C'(-1,1,0)$，$D'(0,0,1)$，$E'(1,1,1)$，$F'(0,2,1)$，$G'(-1,1,1)$，这是因为

$$\begin{pmatrix} 1 & -1 & 0 \\ 1 & 1 & 0 \\ 0 & 0 & 1 \end{pmatrix}\begin{pmatrix} 0 \\ 0 \\ 0 \end{pmatrix} = \begin{pmatrix} 0 \\ 0 \\ 0 \end{pmatrix},\quad \begin{pmatrix} 1 & -1 & 0 \\ 1 & 1 & 0 \\ 0 & 0 & 1 \end{pmatrix}\begin{pmatrix} 1 \\ 0 \\ 0 \end{pmatrix} = \begin{pmatrix} 1 \\ 1 \\ 0 \end{pmatrix},\quad \begin{pmatrix} 1 & -1 & 0 \\ 1 & 1 & 0 \\ 0 & 0 & 1 \end{pmatrix}\begin{pmatrix} 1 \\ 1 \\ 0 \end{pmatrix} = \begin{pmatrix} 0 \\ 2 \\ 0 \end{pmatrix},$$

$$\begin{pmatrix} 1 & -1 & 0 \\ 1 & 1 & 0 \\ 0 & 0 & 1 \end{pmatrix}\begin{pmatrix} 0 \\ 1 \\ 0 \end{pmatrix} = \begin{pmatrix} -1 \\ 1 \\ 0 \end{pmatrix},\quad \begin{pmatrix} 1 & -1 & 0 \\ 1 & 1 & 0 \\ 0 & 0 & 1 \end{pmatrix}\begin{pmatrix} 0 \\ 0 \\ 1 \end{pmatrix} = \begin{pmatrix} 0 \\ 0 \\ 1 \end{pmatrix},\quad \begin{pmatrix} 1 & -1 & 0 \\ 1 & 1 & 0 \\ 0 & 0 & 1 \end{pmatrix}\begin{pmatrix} 1 \\ 0 \\ 1 \end{pmatrix} = \begin{pmatrix} 1 \\ 1 \\ 1 \end{pmatrix},$$

$$\begin{pmatrix} 1 & -1 & 0 \\ 1 & 1 & 0 \\ 0 & 0 & 1 \end{pmatrix}\begin{pmatrix} 1 \\ 1 \\ 1 \end{pmatrix} = \begin{pmatrix} 0 \\ 2 \\ 1 \end{pmatrix},\quad \begin{pmatrix} 1 & -1 & 0 \\ 1 & 1 & 0 \\ 0 & 0 & 1 \end{pmatrix}\begin{pmatrix} 0 \\ 1 \\ 1 \end{pmatrix} = \begin{pmatrix} -1 \\ 1 \\ 1 \end{pmatrix}$$

于是在原坐标系 $O-xyz$ 中的正方体 $OABCDEFG$，经过此变换后所得图形的形状如图 9-16 所示.

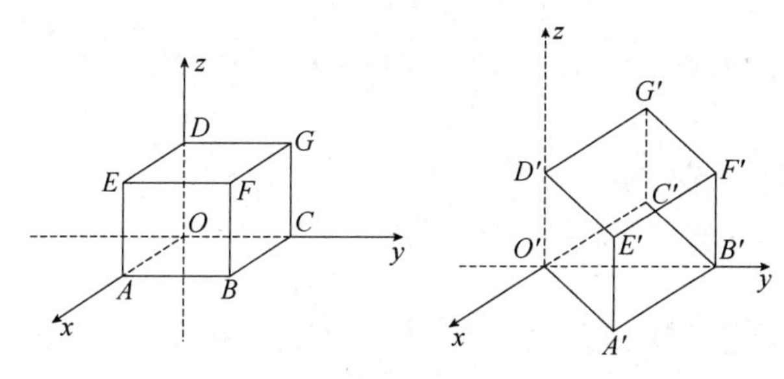

图 9-16

该线性变换将正方体仍变为立方体，但尺寸扩大了. 为了使其保持原有尺寸，此时可以将变换矩阵 $\begin{pmatrix} 1 & -1 & 0 \\ 1 & 1 & 0 \\ 0 & 0 & 1 \end{pmatrix}$ 的列向量单位化，也就是做线性变换

$$\begin{pmatrix} x' \\ y' \\ z' \end{pmatrix} = \begin{pmatrix} \dfrac{\sqrt{2}}{2} & -\dfrac{\sqrt{2}}{2} & 0 \\ \dfrac{\sqrt{2}}{2} & \dfrac{\sqrt{2}}{2} & 0 \\ 0 & 0 & 1 \end{pmatrix} \begin{pmatrix} x \\ y \\ z \end{pmatrix}$$

这样可以使图形既保持原有的形状，又保持原有尺寸.

一般地，线性变换应满足什么条件才能使得变换后图形形状和尺寸不变呢?

从上面的分析可知，只要该线性变换能将原坐标系下互相垂直的单位向量 $\begin{pmatrix} 1 \\ 0 \\ 0 \end{pmatrix}$，$\begin{pmatrix} 0 \\ 1 \\ 0 \end{pmatrix}$ 和 $\begin{pmatrix} 0 \\ 0 \\ 1 \end{pmatrix}$ 转化为新的互相垂直的单位向量即可.

假设线性变换为 $\begin{pmatrix} x' \\ y' \\ z' \end{pmatrix} = \boldsymbol{P} \begin{pmatrix} x \\ y \\ z \end{pmatrix} = \begin{pmatrix} p_{11} & p_{12} & p_{13} \\ p_{21} & p_{22} & p_{23} \\ p_{31} & p_{32} & p_{33} \end{pmatrix} \begin{pmatrix} x \\ y \\ z \end{pmatrix}$，单位向量 $\begin{pmatrix} 1 \\ 0 \\ 0 \end{pmatrix}$，$\begin{pmatrix} 0 \\ 1 \\ 0 \end{pmatrix}$ 和 $\begin{pmatrix} 0 \\ 0 \\ 1 \end{pmatrix}$ 经过此线性变换后的向量分别为 $\begin{pmatrix} p_{11} \\ p_{21} \\ p_{31} \end{pmatrix}$，$\begin{pmatrix} p_{12} \\ p_{22} \\ p_{32} \end{pmatrix}$，$\begin{pmatrix} p_{13} \\ p_{23} \\ p_{33} \end{pmatrix}$，要使得此变换为正交变换，应满足

$$p_{11}p_{12} + p_{21}p_{22} + p_{31}p_{32} = 0, \quad p_{11}p_{13} + p_{21}p_{23} + p_{31}p_{33} = 0,$$
$$p_{12}p_{13} + p_{22}p_{23} + p_{32}p_{33} = 0, \quad p_{11}^2 + p_{21}^2 + p_{31}^2 = 1,$$
$$p_{12}^2 + p_{22}^2 + p_{32}^2 = 1, \quad p_{13}^2 + p_{23}^2 + p_{33}^2 = 1$$

于是 $\boldsymbol{P}^{\mathrm{T}}\boldsymbol{P} = \boldsymbol{E}$.

上面的推导逆向也成立.

这样我们就可以得到正交变换的等价定义.

定义 3 如果一个线性变换$\begin{pmatrix} x_1' \\ x_2' \\ x_3' \end{pmatrix} = \boldsymbol{P}\begin{pmatrix} x_1 \\ x_2 \\ x_3 \end{pmatrix}$的变换矩阵$\boldsymbol{P}$满足$\boldsymbol{P}^{\mathrm{T}}\boldsymbol{P} = \boldsymbol{E}$，则称这样的变换为**正交变换**，矩阵$\boldsymbol{P}$称为**正交矩阵**.

结合前面逆矩阵的概念，不难看出$\boldsymbol{P}^{-1} = \boldsymbol{P}^{\mathrm{T}}$.

四、用正交变换化二次型为标准形及矩阵的特征值和特征向量

由前面的分析可知，对于三元二次型，利用配方法不一定能找到化二次型为标准形的正交变换，因此需要探讨一般的方法. 下面用前面的一个例子，来说明这种一般方法.

例 2 用正交变换化二次型$f = x_1x_2 + x_3^2$为标准形.

分析 对二次型做正交变换$\begin{pmatrix} x_1 \\ x_2 \\ x_3 \end{pmatrix} = \boldsymbol{P}\begin{pmatrix} y_1 \\ y_2 \\ y_3 \end{pmatrix}$后，得

$$f = x_1x_2 + x_3^2 = (x_1, x_2, x_3)\boldsymbol{A}\begin{pmatrix} x_1 \\ x_2 \\ x_3 \end{pmatrix} = (y_1, y_2, y_3)\boldsymbol{P}^{\mathrm{T}}\boldsymbol{A}\boldsymbol{P}\begin{pmatrix} y_1 \\ y_2 \\ y_3 \end{pmatrix}$$

其中$\boldsymbol{A} = \begin{pmatrix} 0 & \frac{1}{2} & 0 \\ \frac{1}{2} & 0 & 0 \\ 0 & 0 & 1 \end{pmatrix}$. 将二次型化为标准形，即存在实数$\lambda_1, \lambda_2, \lambda_3$，使得

$$(y_1, y_2, y_3)\boldsymbol{P}^{\mathrm{T}}\boldsymbol{A}\boldsymbol{P}\begin{pmatrix} y_1 \\ y_2 \\ y_3 \end{pmatrix} = (y_1, y_2, y_3)\begin{pmatrix} \lambda_1 & 0 & 0 \\ 0 & \lambda_2 & 0 \\ 0 & 0 & \lambda_3 \end{pmatrix}\begin{pmatrix} y_1 \\ y_2 \\ y_3 \end{pmatrix}$$

由此可得$\boldsymbol{P}^{\mathrm{T}}\boldsymbol{A}\boldsymbol{P} = \begin{pmatrix} \lambda_1 & 0 & 0 \\ 0 & \lambda_2 & 0 \\ 0 & 0 & \lambda_3 \end{pmatrix}$，由于$\boldsymbol{P}$为正交矩阵，所以有$\boldsymbol{P}^{-1} = \boldsymbol{P}^{\mathrm{T}}$，于是

$$\boldsymbol{P}^{-1}\boldsymbol{A}\boldsymbol{P} = \begin{pmatrix} \lambda_1 & 0 & 0 \\ 0 & \lambda_2 & 0 \\ 0 & 0 & \lambda_3 \end{pmatrix}, \quad \boldsymbol{P}\boldsymbol{P}^{-1}\boldsymbol{A}\boldsymbol{P} = \boldsymbol{P}\begin{pmatrix} \lambda_1 & 0 & 0 \\ 0 & \lambda_2 & 0 \\ 0 & 0 & \lambda_3 \end{pmatrix}, \quad \boldsymbol{A}\boldsymbol{P} = \boldsymbol{P}\begin{pmatrix} \lambda_1 & 0 & 0 \\ 0 & \lambda_2 & 0 \\ 0 & 0 & \lambda_3 \end{pmatrix}$$

设$\boldsymbol{P} = \left(\overrightarrow{\alpha_1}, \overrightarrow{\alpha_2}, \overrightarrow{\alpha_3}\right)$，其中$\overrightarrow{\alpha_1} = \begin{pmatrix} p_{11} \\ p_{21} \\ p_{31} \end{pmatrix}$，$\overrightarrow{\alpha_2} = \begin{pmatrix} p_{12} \\ p_{22} \\ p_{32} \end{pmatrix}$，$\overrightarrow{\alpha_3} = \begin{pmatrix} p_{13} \\ p_{23} \\ p_{33} \end{pmatrix}$，由上面的式子可以得到

$$A\left(\overrightarrow{\alpha_1},\overrightarrow{\alpha_2},\overrightarrow{\alpha_3}\right)=\left(\overrightarrow{\alpha_1},\overrightarrow{\alpha_2},\overrightarrow{\alpha_3}\right)\begin{pmatrix}\lambda_1 & 0 & 0\\ 0 & \lambda_2 & 0\\ 0 & 0 & \lambda_3\end{pmatrix},\quad \left(A\overrightarrow{\alpha_1},A\overrightarrow{\alpha_2},A\overrightarrow{\alpha_3}\right)=\left(\lambda_1\overrightarrow{\alpha_1},\lambda_2\overrightarrow{\alpha_2},\lambda_3\overrightarrow{\alpha_3}\right),$$

因此

$$\begin{cases}A\overrightarrow{\alpha_1}=\lambda_1\overrightarrow{\alpha_1}\\ A\overrightarrow{\alpha_2}=\lambda_2\overrightarrow{\alpha_2}\\ A\overrightarrow{\alpha_3}=\lambda_3\overrightarrow{\alpha_3}\end{cases}$$

为了求得 $\overrightarrow{\alpha_1},\overrightarrow{\alpha_2},\overrightarrow{\alpha_3}$，对上面的式子做变形，得

$$\begin{cases}(A-\lambda_1E)\overrightarrow{\alpha_1}=\vec{0}\\ (A-\lambda_2E)\overrightarrow{\alpha_2}=\vec{0}\\ (A-\lambda_3E)\overrightarrow{\alpha_3}=\vec{0}\end{cases}$$

因为 $\overrightarrow{\alpha_1}\neq\vec{0}$，$\overrightarrow{\alpha_2}\neq\vec{0}$，$\overrightarrow{\alpha_3}\neq\vec{0}$，所以 $\begin{cases}|A-\lambda_1E|=0\\ |A-\lambda_2E|=0\\ |A-\lambda_3E|=0\end{cases}$，因此 $\lambda_1,\lambda_2,\lambda_3$ 是方程 $|A-\lambda E|=0$ 的三个实根.

下面求出这三个实根.

由 $|A-\lambda E|=0$ 可得 $\begin{vmatrix}-\lambda & \frac{1}{2} & 0\\ \frac{1}{2} & -\lambda & 0\\ 0 & 0 & 1-\lambda\end{vmatrix}=0$，根据行列式的定义，有 $\lambda^2(1-\lambda)-\frac{1}{4}(1-\lambda)=0$，$(1-\lambda)\left(\lambda-\frac{1}{2}\right)\left(\lambda+\frac{1}{2}\right)=0$，可得 $\lambda_1=-\frac{1}{2},\lambda_2=\frac{1}{2},\lambda_3=1$.

此时称 $\lambda_1,\lambda_2,\lambda_3$ 为矩阵 A 的特征值.

有了 $\lambda_1,\lambda_2,\lambda_3$，就可以求出 $\overrightarrow{\alpha_1},\overrightarrow{\alpha_2},\overrightarrow{\alpha_3}$ 了，具体过程如下：

（1）先求 $\overrightarrow{\alpha_1}$.

将 $\lambda_1=-\frac{1}{2}$ 代入 $(A-\lambda_1E)\overrightarrow{\alpha_1}=\vec{0}$ 中，可得 $\begin{pmatrix}\frac{1}{2} & \frac{1}{2} & 0\\ \frac{1}{2} & \frac{1}{2} & 0\\ 0 & 0 & \frac{3}{2}\end{pmatrix}\overrightarrow{\alpha_1}=\vec{0}$，这是一个关于 $\overrightarrow{\alpha_1}$ 三个分量的三元齐次线性方程组，该齐次线性方程组的系数矩阵经过初等行变换可变为 $\begin{pmatrix}1 & 1 & 0\\ 0 & 0 & 0\\ 0 & 0 & 1\end{pmatrix}$，于是

该齐次线性方程组与齐次线性方程组$\begin{pmatrix}1&1&0\\0&0&0\\0&0&1\end{pmatrix}\overrightarrow{\alpha_1}=\vec{0}$同解，不难看出后者有一个自由未知数，其基础解系为$\begin{pmatrix}-1\\1\\0\end{pmatrix}$. 将其单位化可得$\begin{pmatrix}-\frac{\sqrt{2}}{2}\\\frac{\sqrt{2}}{2}\\0\end{pmatrix}$，于是取$\overrightarrow{\alpha_1}=\begin{pmatrix}-\frac{\sqrt{2}}{2}\\\frac{\sqrt{2}}{2}\\0\end{pmatrix}$.

（2）再求$\overrightarrow{\alpha_2}$.

将$\lambda_2=\frac{1}{2}$代入$(\boldsymbol{A}-\lambda_2\boldsymbol{E})\overrightarrow{\alpha_2}=\vec{0}$中，可得$\begin{pmatrix}-\frac{1}{2}&\frac{1}{2}&0\\\frac{1}{2}&-\frac{1}{2}&0\\0&0&\frac{1}{2}\end{pmatrix}\overrightarrow{\alpha_2}=\vec{0}$，这是一个关于$\overrightarrow{\alpha_2}$的三个分量的三元齐次线性方程组，该齐次线性方程组的系数矩阵经过初等行变换可变为$\begin{pmatrix}1&-1&0\\0&0&0\\0&0&1\end{pmatrix}$，于是该齐次线性方程组与齐次线性方程组$\begin{pmatrix}1&-1&0\\0&0&0\\0&0&1\end{pmatrix}\overrightarrow{\alpha_2}=\vec{0}$同解，不难看出后者有一个自由未知数，其基础解系为$\begin{pmatrix}1\\1\\0\end{pmatrix}$. 将其单位化可得$\begin{pmatrix}\frac{\sqrt{2}}{2}\\\frac{\sqrt{2}}{2}\\0\end{pmatrix}$，于是取$\overrightarrow{\alpha_2}=\begin{pmatrix}\frac{\sqrt{2}}{2}\\\frac{\sqrt{2}}{2}\\0\end{pmatrix}$.

（3）求$\overrightarrow{\alpha_3}$.

将$\lambda_3=1$代入$(\boldsymbol{A}-\lambda_3\boldsymbol{E})\overrightarrow{\alpha_3}=\vec{0}$中，可得$\begin{pmatrix}-1&\frac{1}{2}&0\\\frac{1}{2}&-1&0\\0&0&0\end{pmatrix}\overrightarrow{\alpha_3}=\vec{0}$，这是一个关于$\overrightarrow{\alpha_3}$的三个分量的三元齐次线性方程组，该方程组与$\begin{pmatrix}1&0&0\\0&1&0\\0&0&0\end{pmatrix}\overrightarrow{\alpha_3}=\vec{0}$同解，不难看出该方程组有一个自由未

知数，其基础解系为$\begin{pmatrix}0\\0\\1\end{pmatrix}$．于是取$\overrightarrow{\alpha_3}=\begin{pmatrix}0\\0\\1\end{pmatrix}$．

综上可得正交矩阵$P=\begin{pmatrix}-\frac{\sqrt{2}}{2} & \frac{\sqrt{2}}{2} & 0\\ \frac{\sqrt{2}}{2} & \frac{\sqrt{2}}{2} & 0\\ 0 & 0 & 1\end{pmatrix}$，经过正交变换$\begin{pmatrix}x_1\\x_2\\x_3\end{pmatrix}=\boldsymbol{P}\begin{pmatrix}y_1\\y_2\\y_3\end{pmatrix}$后，二次型化为

$f=-\frac{1}{2}y_1^2+\frac{1}{2}y_2^2+y_3^2$．可以看出$y_1^2,y_2^2,y_3^2$前面的系数恰为$\lambda_1,\lambda_2,\lambda_3$．

在上面的分析中，我们把满足$(\boldsymbol{A}-\lambda_1\boldsymbol{E})\overrightarrow{\alpha_1}=\vec{0}$的向量$\overrightarrow{\alpha_1}$称为矩阵$\boldsymbol{A}$属于$\lambda_1$的特征向量，满足$(\boldsymbol{A}-\lambda_2\boldsymbol{E})\overrightarrow{\alpha_2}=\vec{0}$的向量$\overrightarrow{\alpha_2}$称为矩阵$\boldsymbol{A}$属于$\lambda_2$的特征向量，满足$(\boldsymbol{A}-\lambda_3\boldsymbol{E})\overrightarrow{\alpha_3}=\vec{0}$的向量$\overrightarrow{\alpha_3}$称为矩阵$\boldsymbol{A}$属于$\lambda_3$的特征向量．

下面将矩阵的特征值和特征向量的概念推广到一般矩阵情况，有下面的定义．

定义 4　设$\boldsymbol{A}$为3×3的矩阵，如果存在实数λ和非零的列向量$\vec{\alpha}$满足$\boldsymbol{A}\vec{\alpha}=\lambda\vec{\alpha}$，则称实数$\lambda$为矩阵$\boldsymbol{A}$的特征值，非零的列向量$\vec{\alpha}$称为矩阵$\boldsymbol{A}$的对应于特征值$\lambda$的特征向量．

由例 2 的分析可知，要求特征向量必须先求出特征值．为了求特征值，需要求解方程$|\boldsymbol{A}-\lambda\boldsymbol{E}|=0$，此方程也称为矩阵$\boldsymbol{A}$的特征方程．

下面再通过几个具体的例子来说明求特征值和特征向量的方法．

例 3　求矩阵$\begin{pmatrix}3 & 2 & 4\\2 & 0 & 2\\4 & 2 & 3\end{pmatrix}$的特征值和特征向量．

解　矩阵的特征方程为$\left|\begin{pmatrix}3 & 2 & 4\\2 & 0 & 2\\4 & 2 & 3\end{pmatrix}-\lambda\begin{pmatrix}1 & 0 & 0\\0 & 1 & 0\\0 & 0 & 1\end{pmatrix}\right|=0$，即$\begin{vmatrix}3-\lambda & 2 & 4\\2 & -\lambda & 2\\4 & 2 & 3-\lambda\end{vmatrix}=0$，

于是特征方程化为$(\lambda-8)(\lambda+1)^2=0$，解得矩阵的特征值为$\lambda_1=8$，$\lambda_2=\lambda_3=-1$．

当$\lambda_1=8$时，对应的特征向量$\begin{pmatrix}x_1\\x_2\\x_3\end{pmatrix}$应满足

$\begin{pmatrix}3-\lambda_1 & 2 & 4\\2 & -\lambda_1 & 2\\4 & 2 & 3-\lambda_1\end{pmatrix}\begin{pmatrix}x_1\\x_2\\x_3\end{pmatrix}=\begin{pmatrix}0\\0\\0\end{pmatrix}$，即$\begin{pmatrix}-5 & 2 & 4\\2 & -8 & 2\\4 & 2 & -5\end{pmatrix}\begin{pmatrix}x_1\\x_2\\x_3\end{pmatrix}=\begin{pmatrix}0\\0\\0\end{pmatrix}$，此方程组与方程组$\begin{pmatrix}1 & -4 & 1\\0 & 2 & -1\\0 & 0 & 0\end{pmatrix}\begin{pmatrix}x_1\\x_2\\x_3\end{pmatrix}=\begin{pmatrix}0\\0\\0\end{pmatrix}$同解，其基础解系为$\begin{pmatrix}2\\1\\2\end{pmatrix}$，于是矩阵的特征值$\lambda_1=8$对应的特征向量

为$k\begin{pmatrix}2\\1\\2\end{pmatrix}$，其中$k$为任意实数.

当$\lambda_2=\lambda_3=-1$时，对应的特征向量$\begin{pmatrix}x_1\\x_2\\x_3\end{pmatrix}$应满足

$\begin{pmatrix}3-\lambda_2 & 2 & 4\\2 & -\lambda_2 & 2\\4 & 2 & 3-\lambda_2\end{pmatrix}\begin{pmatrix}x_1\\x_2\\x_3\end{pmatrix}=\begin{pmatrix}0\\0\\0\end{pmatrix}$，即$\begin{pmatrix}4&2&4\\2&1&2\\4&2&4\end{pmatrix}\begin{pmatrix}x_1\\x_2\\x_3\end{pmatrix}=\begin{pmatrix}0\\0\\0\end{pmatrix}$，此方程组与方程组$\begin{pmatrix}2&1&2\\0&0&0\\0&0&0\end{pmatrix}\begin{pmatrix}x_1\\x_2\\x_3\end{pmatrix}=\begin{pmatrix}0\\0\\0\end{pmatrix}$同解，其基础解系为$\begin{pmatrix}1\\-2\\0\end{pmatrix}$，$\begin{pmatrix}0\\-2\\1\end{pmatrix}$，于是矩阵的特征值$\lambda_2=\lambda_3=-1$对应的特征向量为$k_1\begin{pmatrix}1\\-2\\0\end{pmatrix}+k_2\begin{pmatrix}0\\-2\\1\end{pmatrix}$，其中$k_1,k_2$为任意实数.

练习 1　求矩阵$\begin{pmatrix}1&2&3\\2&1&3\\3&3&6\end{pmatrix}$的特征值和特征向量.

从例 3 可以看出，当所讨论的矩阵为对称矩阵时，都能找到实特征值和特征向量，这里隐含着一个一般的结论，可以概括为下面的定理.

定理 3　实对称矩阵的特征值都是实数.

证明　下面利用复数的方法来证明. 要证明特征值都是实数，即证明任一个复数的特征值都具有其共轭复数与其相等的特点.

设复数λ为实对称矩阵$\boldsymbol{A}$的特征值，其对应的一个复特征向量为$\vec{x}$，即$\boldsymbol{A}\vec{x}=\lambda\vec{x}$，其中$\vec{x}$为非零向量. 设$\bar{\lambda}$为$\lambda$的共轭复数，$\bar{\vec{x}}$为$\vec{x}$的共轭向量. 因为矩阵$\boldsymbol{A}$为实对称矩阵，所以$\bar{\boldsymbol{A}}=\boldsymbol{A}$，$\boldsymbol{A}^{\mathrm{T}}=\boldsymbol{A}$，$\bar{\boldsymbol{A}}^{\mathrm{T}}=\boldsymbol{A}$. 于是

$$\bar{\vec{x}}^{\mathrm{T}}\boldsymbol{A}\vec{x}=\bar{\vec{x}}^{\mathrm{T}}(\boldsymbol{A}\vec{x})=\bar{\vec{x}}^{\mathrm{T}}(\lambda\vec{x})=\lambda\bar{\vec{x}}^{\mathrm{T}}\vec{x},$$

$$\bar{\vec{x}}^{\mathrm{T}}\boldsymbol{A}\vec{x}=\bar{\vec{x}}^{\mathrm{T}}\bar{\boldsymbol{A}}^{\mathrm{T}}\vec{x}=(\bar{\boldsymbol{A}}\bar{\vec{x}})^{\mathrm{T}}\vec{x}=(\overline{\boldsymbol{A}\vec{x}})^{\mathrm{T}}\vec{x}=(\overline{\lambda\vec{x}})^{\mathrm{T}}\vec{x}=(\bar{\lambda}\bar{\vec{x}})^{\mathrm{T}}\vec{x}=\bar{\lambda}(\bar{\vec{x}})^{\mathrm{T}}\vec{x},$$

因此
$$\bar{\lambda}(\bar{\vec{x}})^{\mathrm{T}}\vec{x}-\lambda\bar{\vec{x}}^{\mathrm{T}}\vec{x}=0\text{，即}(\bar{\lambda}-\lambda)\bar{\vec{x}}^{\mathrm{T}}\vec{x}=0.$$

由于
$$\bar{\vec{x}}^{\mathrm{T}}\vec{x}=(\bar{x}_1,\bar{x}_2,\bar{x}_3)\begin{pmatrix}x_1\\x_2\\x_3\end{pmatrix}=\bar{x}_1x_1+\bar{x}_2x_2+\bar{x}_3x_3=|x_1|^2+|x_2|^2+|x_3|^2\neq0,$$

所以
$$\bar{\lambda}-\lambda=0\text{，即}\bar{\lambda}=\lambda.$$

证毕.

上式说明特征方程的根全部为实根，即实对称矩阵的特征值都是实数.

从例 3 还可以发现，三阶对称方阵的不同特征值对应的特征向量是正交的，这里隐含着

一个一般的结论，可以概括为下面的定理.

定理 4　三阶对称方阵的不同特征值对应的特征向量正交.

证明　设λ_1和λ_2为实对称方阵$\boldsymbol{A}$的两个特征值，且$\lambda_1 \neq \lambda_2$，$\overrightarrow{p_1}$和$\overrightarrow{p_2}$分别为λ_1和λ_2的特征向量. 由特征值和特征向量的定义可知$\boldsymbol{A}\overrightarrow{p_1} = \lambda_1 \overrightarrow{p_1}$，$\boldsymbol{A}\overrightarrow{p_2} = \lambda_2 \overrightarrow{p_2}$，于是

$$\begin{aligned}\lambda_1 \overrightarrow{p_1}^{\mathrm{T}} \overrightarrow{p_2} &= \left(\lambda_1 \overrightarrow{p_1}\right)^{\mathrm{T}} \overrightarrow{p_2} = \left(\boldsymbol{A}\overrightarrow{p_1}\right)^{\mathrm{T}} \overrightarrow{p_2} \\ &= \overrightarrow{p_1}^{\mathrm{T}} \boldsymbol{A}^{\mathrm{T}} \overrightarrow{p_2} = \overrightarrow{p_1}^{\mathrm{T}} \boldsymbol{A}\overrightarrow{p_2} = \overrightarrow{p_1}^{\mathrm{T}} \left(\boldsymbol{A}\overrightarrow{p_2}\right) \\ &= \overrightarrow{p_1}^{\mathrm{T}} \left(\lambda_2 \overrightarrow{p_2}\right) = \lambda_2 \overrightarrow{p_1}^{\mathrm{T}} \overrightarrow{p_2}\end{aligned}$$

因此$(\lambda_1 - \lambda_2)\overrightarrow{p_1}^{\mathrm{T}} \overrightarrow{p_2} = 0$. 又$\lambda_1 - \lambda_2 \neq 0$，故$\overrightarrow{p_1}^{\mathrm{T}} \overrightarrow{p_2} = 0$，即$\overrightarrow{p_1}$与$\overrightarrow{p_2}$正交.

证毕.

由于三元二次型所对应的矩阵为实三阶对称矩阵，由定理 3 可知，该二次型矩阵的三个特征值都是实数. 由定理 4 可知，当三个实特征值各不相同时，可以得到正交矩阵，并使得二次型化为标准形. 当三个特征值不是各不相同时，会是什么情况呢？下面分两种情况进行分析.

（1）三个特征值均相等.

假设三元二次型所对应的矩阵为$\boldsymbol{A}$，矩阵$\boldsymbol{A}$的特征值为λ_1，λ_2，λ_3，正交矩阵为$\boldsymbol{P}$. 由于三个特征值相等，即$\lambda_1 = \lambda_2 = \lambda_3$，由例 2 可得

$$\boldsymbol{AP} = \boldsymbol{P}\begin{pmatrix} \lambda_1 & 0 & 0 \\ 0 & \lambda_2 & 0 \\ 0 & 0 & \lambda_3 \end{pmatrix} = \boldsymbol{P}\begin{pmatrix} \lambda_1 & 0 & 0 \\ 0 & \lambda_1 & 0 \\ 0 & 0 & \lambda_1 \end{pmatrix} = \boldsymbol{P}\lambda_1\begin{pmatrix} 1 & 0 & 0 \\ 0 & 1 & 0 \\ 0 & 0 & 1 \end{pmatrix} = \lambda_1 \boldsymbol{P}$$

上式两边同乘以$\boldsymbol{P}^{-1}$，可得$\boldsymbol{A} = \begin{pmatrix} \lambda_1 & 0 & 0 \\ 0 & \lambda_1 & 0 \\ 0 & 0 & \lambda_1 \end{pmatrix}$. 这说明三元二次型为

$$f = \lambda_1 x_1^2 + \lambda_1 x_2^2 + \lambda_1 x_3^2$$

它本身就是标准形.

如果用例 2 的方法求解，此时特征值λ_1对应的特征向量$\begin{pmatrix} x_1 \\ x_2 \\ x_3 \end{pmatrix}$满足的特征方程变成恒等式$\begin{pmatrix} 0 & 0 & 0 \\ 0 & 0 & 0 \\ 0 & 0 & 0 \end{pmatrix}\begin{pmatrix} x_1 \\ x_2 \\ x_3 \end{pmatrix} = \begin{pmatrix} 0 \\ 0 \\ 0 \end{pmatrix}$，所以$\begin{pmatrix} x_1 \\ x_2 \\ x_3 \end{pmatrix}$可以为任意数组，选$x_1, x_2, x_3$为自由未知数，可得基础解系为$\begin{pmatrix} 1 \\ 0 \\ 0 \end{pmatrix}$，$\begin{pmatrix} 0 \\ 1 \\ 0 \end{pmatrix}$，$\begin{pmatrix} 0 \\ 0 \\ 1 \end{pmatrix}$. 由于这三个向量均为单位向量且两两正交，于是可得正交矩阵$\boldsymbol{P} = \begin{pmatrix} 1 & 0 & 0 \\ 0 & 1 & 0 \\ 0 & 0 & 1 \end{pmatrix}$，用此正交矩阵也可将二次型标准化，所得结果与直观分析一致.

（2）三个特征值中只有两个相等.

假设三元二次型所对应的矩阵为 $\boldsymbol{A}$，矩阵 $\boldsymbol{A}$ 的特征值为 λ_1，λ_2，λ_3，其中 $\lambda_1=\lambda_2$，$\lambda_1\neq\lambda_3$.

对于特征值 $\lambda_1=\lambda_2$，在求相应的特征向量时，该特征向量的分量所满足的线性方程组的基础解系中有 2 个线性无关的向量，这些向量未必正交，需要进行正交化，一般采用的方法为施密特正交化方法. 下面通过一个具体的例子加以说明.

例 4 用正交变换化二次型 $f=3x_1^2+4x_1x_2+8x_1x_3+4x_2x_3+3x_3^2$ 为标准形.

分析 二次型 $f=3x_1^2+4x_1x_2+8x_1x_3+4x_2x_3+3x_3^2$ 的矩阵为 $\begin{pmatrix}3&2&4\\2&0&2\\4&2&3\end{pmatrix}$，利用例 3 的结果，可知特征值为 $\lambda_1=8$，$\lambda_2=\lambda_3=-1$.

当 $\lambda_1=8$ 时，对应的特征向量所满足的齐次线性方程组的基础解系为 $\begin{pmatrix}2\\1\\2\end{pmatrix}$.

当 $\lambda_2=\lambda_3=-1$ 时，对应的特征向量所满足齐次线性方程组的基础解系为 $\begin{pmatrix}1\\-2\\0\end{pmatrix}$，$\begin{pmatrix}0\\-2\\1\end{pmatrix}$.

为了后面叙述方便，假设 $\overrightarrow{a_1}=\begin{pmatrix}1\\-2\\0\end{pmatrix}$，$\overrightarrow{a_2}=\begin{pmatrix}0\\-2\\1\end{pmatrix}$.

虽然这两个向量线性无关，但不是正交的（因为内积不为零）. 不难看出，由基础解系中的向量所组成的线性组合都是对应该特征值的特征向量.

一般地，有下面的定理.

定理 5 如果向量 $\overrightarrow{a_1}$ 和 $\overrightarrow{a_2}$ 都是矩阵 $\boldsymbol{A}$ 的对应于特征值 λ 的特征向量，则非零线性组合 $k_1\overrightarrow{a_1}+k_2\overrightarrow{a_2}$ 也是矩阵 $\boldsymbol{A}$ 的对应于特征值 λ 的特征向量.

利用特征向量的定义不难证明此定理.

下面给出从基础解系中的向量所组成的线性组合中寻找两个正交的向量的方法.

选取原线性无关向量组中的一个向量 $\overrightarrow{a_1}$ 作为新的两个正交向量中的一个向量 $\overrightarrow{b_1}$，然后将原线性无关向量组中的另一个向量往此向量上做投影，该投影向量可以表示为

$$\left|\overrightarrow{a_2}\right|\cdot\cos\theta\cdot\frac{1}{\left|\overrightarrow{a_1}\right|}\overrightarrow{a_1}=\left|\overrightarrow{a_1}\right|\left|\overrightarrow{a_2}\right|\cdot\cos\theta\cdot\frac{1}{\left|\overrightarrow{a_1}\right|^2}\overrightarrow{a_1}=\frac{\overrightarrow{a_2}\cdot\overrightarrow{a_1}}{\overrightarrow{a_1}\cdot\overrightarrow{a_1}}\overrightarrow{a_1}$$

再利用向量的减法运算，可以得到与 $\overrightarrow{b_1}$ 正交的向量 $\overrightarrow{b_2}=\overrightarrow{a_2}-\dfrac{\overrightarrow{a_2}\cdot\overrightarrow{a_1}}{\overrightarrow{a_1}\cdot\overrightarrow{a_1}}\overrightarrow{a_1}$，如图 9-17 所示.

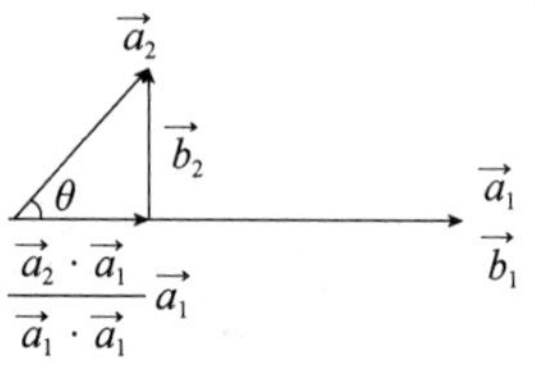

图 9-17

对于例 4，有

$$\overrightarrow{b_1}=\begin{pmatrix}1\\-2\\0\end{pmatrix},\quad \overrightarrow{b_2}=\overrightarrow{a_2}-\frac{\overrightarrow{a_2}\cdot\overrightarrow{a_1}}{\overrightarrow{a_1}\cdot\overrightarrow{a_1}}\overrightarrow{a_1}=\begin{pmatrix}0\\-2\\1\end{pmatrix}-\frac{4}{5}\begin{pmatrix}1\\-2\\0\end{pmatrix}=\begin{pmatrix}-\frac{4}{5}\\-\frac{2}{5}\\1\end{pmatrix}$$

这种选取正交向量组的方法称为**施密特（Schmidt）正交化方法**.

再将上面所得的正交向量单位化，可得

$\lambda_1=8$ 对应的单位特征向量为

$$\frac{1}{\sqrt{2^2+1^2+2^2}}\begin{pmatrix}2\\1\\2\end{pmatrix}=\begin{pmatrix}\frac{2}{3}\\\frac{1}{3}\\\frac{2}{3}\end{pmatrix}$$

$\lambda_2=\lambda_3=-1$ 对应的单位特征向量为

$$\frac{1}{\sqrt{1^2+(-2)^2+0^2}}\begin{pmatrix}1\\-2\\0\end{pmatrix}=\begin{pmatrix}\frac{1}{\sqrt{5}}\\-\frac{2}{\sqrt{5}}\\0\end{pmatrix},\quad \frac{1}{\sqrt{\left(-\frac{4}{5}\right)^2+\left(-\frac{2}{5}\right)^2+1^2}}\begin{pmatrix}-\frac{4}{5}\\-\frac{2}{5}\\1\end{pmatrix}=\begin{pmatrix}-\frac{12}{5\sqrt{5}}\\-\frac{6}{5\sqrt{5}}\\\frac{3}{\sqrt{5}}\end{pmatrix}$$

由此可得正交矩阵

$$\boldsymbol{P}=\begin{pmatrix}\frac{2}{3}&\frac{1}{\sqrt{5}}&-\frac{12}{5\sqrt{5}}\\\frac{1}{3}&-\frac{2}{\sqrt{5}}&-\frac{6}{5\sqrt{5}}\\\frac{2}{3}&0&\frac{3}{\sqrt{5}}\end{pmatrix}$$

经过正交变换 $\begin{pmatrix}x_1\\x_2\\x_3\end{pmatrix}=\boldsymbol{P}\begin{pmatrix}y_1\\y_2\\y_3\end{pmatrix}$，使得二次型化为 $f=8{y_1}^2-{y_2}^2-{y_3}^2$.

通过对例 4 的分析，可以得到正交变换化实系数二次型为标准形的一般步骤：

（1）写出二次型的矩阵 $\boldsymbol{A}$；

（2）求出矩阵 $\boldsymbol{A}$ 的所有特征值；

（3）对于每个特征值求出对应的特征向量，特征向量有无穷多个时，求出其基础解系，并利用施密特正交化方法将其正交化，再将这些特征向量单位化；

（4）用上述单位化的特征向量作为矩阵的列，从左到右依序排列构造正交矩阵 $\boldsymbol{P}$；

（5）做正交变换，则二次型化为标准形，标准形的二次项前面的系数依次为正交矩阵的列向量从左到右所对应的特征值.

下面给出例 4 的求解过程.

二次型的矩阵为$\begin{pmatrix}3&2&4\\2&0&2\\4&2&3\end{pmatrix}$，矩阵的特征方程为$\left|\begin{pmatrix}3&2&4\\2&0&2\\4&2&3\end{pmatrix}-\lambda\begin{pmatrix}1&0&0\\0&1&0\\0&0&1\end{pmatrix}\right|=0$，即$\begin{vmatrix}3-\lambda&2&4\\2&-\lambda&2\\4&2&3-\lambda\end{vmatrix}=0$，于是特征方程化为$(\lambda-8)(\lambda+1)^2=0$，解得矩阵的特征值为$\lambda_1=8$，$\lambda_2=\lambda_3=-1$.

当$\lambda_1=8$时，对应的特征向量$\begin{pmatrix}x_1\\x_2\\x_3\end{pmatrix}$应满足

$$\begin{pmatrix}3-\lambda_1&2&4\\2&-\lambda_1&2\\4&2&3-\lambda_1\end{pmatrix}\begin{pmatrix}x_1\\x_2\\x_3\end{pmatrix}=\begin{pmatrix}0\\0\\0\end{pmatrix}，即\begin{pmatrix}-5&2&4\\2&-8&2\\4&2&-5\end{pmatrix}\begin{pmatrix}x_1\\x_2\\x_3\end{pmatrix}=\begin{pmatrix}0\\0\\0\end{pmatrix},$$

该方程组与方程组$\begin{pmatrix}1&-4&1\\0&2&-1\\0&0&0\end{pmatrix}\begin{pmatrix}x_1\\x_2\\x_3\end{pmatrix}=\begin{pmatrix}0\\0\\0\end{pmatrix}$同解，其基础解系为$\begin{pmatrix}2\\1\\2\end{pmatrix}$，对其单位化可得

$$\frac{1}{\sqrt{2^2+1^2+2^2}}\begin{pmatrix}2\\1\\2\end{pmatrix}=\begin{pmatrix}\frac{2}{3}\\\frac{1}{3}\\\frac{2}{3}\end{pmatrix}$$

当$\lambda_2=\lambda_3=-1$时，对应的特征向量$\begin{pmatrix}x_1\\x_2\\x_3\end{pmatrix}$应满足

$$\begin{pmatrix}3-\lambda_2&2&4\\2&-\lambda_2&2\\4&2&3-\lambda_2\end{pmatrix}\begin{pmatrix}x_1\\x_2\\x_3\end{pmatrix}=\begin{pmatrix}0\\0\\0\end{pmatrix}，即\begin{pmatrix}4&2&4\\2&1&2\\4&2&4\end{pmatrix}\begin{pmatrix}x_1\\x_2\\x_3\end{pmatrix}=\begin{pmatrix}0\\0\\0\end{pmatrix},$$

此方程组与方程组$\begin{pmatrix}2&1&2\\0&0&0\\0&0&0\end{pmatrix}\begin{pmatrix}x_1\\x_2\\x_3\end{pmatrix}=\begin{pmatrix}0\\0\\0\end{pmatrix}$同解，其基础解系为

$$\overrightarrow{a_1}=\begin{pmatrix}1\\-2\\0\end{pmatrix}，\overrightarrow{a_2}=\begin{pmatrix}0\\-2\\1\end{pmatrix}$$

利用施密特正交化方法，将$\overrightarrow{a_1},\overrightarrow{a_2}$正交化，得

$$\overrightarrow{b_1}=\overrightarrow{a_1}=\begin{pmatrix}1\\-2\\0\end{pmatrix},\quad \overrightarrow{b_2}=\overrightarrow{a_2}-\frac{\overrightarrow{a_2}\cdot\overrightarrow{a_1}}{\overrightarrow{a_1}\cdot\overrightarrow{a_1}}\overrightarrow{a_1}=\begin{pmatrix}0\\-2\\1\end{pmatrix}-\frac{4}{5}\begin{pmatrix}1\\-2\\0\end{pmatrix}=\begin{pmatrix}-\frac{4}{5}\\-\frac{2}{5}\\1\end{pmatrix}$$

将$\overrightarrow{b_1},\overrightarrow{b_2}$单位化，可得

$$\frac{1}{\sqrt{1^2+(-2)^2+0^2}}\begin{pmatrix}1\\-2\\0\end{pmatrix}=\begin{pmatrix}\frac{1}{\sqrt{5}}\\-\frac{2}{\sqrt{5}}\\0\end{pmatrix},\quad \frac{1}{\sqrt{\left(-\frac{4}{5}\right)^2+\left(-\frac{2}{5}\right)^2+1^2}}\begin{pmatrix}-\frac{4}{5}\\-\frac{2}{5}\\1\end{pmatrix}=\begin{pmatrix}-\frac{12}{5\sqrt{5}}\\-\frac{6}{5\sqrt{5}}\\\frac{3}{\sqrt{5}}\end{pmatrix}$$

由此可得正交矩阵

$$\boldsymbol{P}=\begin{pmatrix}\frac{2}{3}&\frac{1}{\sqrt{5}}&-\frac{12}{5\sqrt{5}}\\\frac{1}{3}&-\frac{2}{\sqrt{5}}&-\frac{6}{5\sqrt{5}}\\\frac{2}{3}&0&\frac{3}{\sqrt{5}}\end{pmatrix}$$

经过正交变换$\begin{pmatrix}x_1\\x_2\\x_3\end{pmatrix}=\boldsymbol{P}\begin{pmatrix}y_1\\y_2\\y_3\end{pmatrix}$，使得二次型化为$f=8y_1^2-y_2^2-y_3^2$.

练习 2　用正交变换化二次型　$f=6x_1^2+3x_2^2+6x_3^2+4x_1x_2+8x_1x_3+4x_2x_3$为标准形.

综上所述，对于三元二次型有下面的定理.

定理 6 对于任意的实系数二次型

$$f=a_{11}x_1^2+2a_{12}x_1x_2+2a_{13}x_1x_3+a_{22}x_2^2+2a_{23}x_2x_3+a_{33}x_3^2,$$

其中$a_{11},a_{12},a_{13},a_{22},a_{23},a_{33}$为实数，则一定存在正交变换$\begin{pmatrix}x_1\\x_2\\x_3\end{pmatrix}=\boldsymbol{P}\begin{pmatrix}y_1\\y_2\\y_3\end{pmatrix}$，使得二次型化为

$f=\lambda_1y_1^2+\lambda_2y_2^2+\lambda_3y_3^2$，其中$\lambda_1,\lambda_2,\lambda_3$是二次型矩阵$\begin{pmatrix}a_{11}&a_{12}&a_{13}\\a_{21}&a_{22}&a_{23}\\a_{31}&a_{32}&a_{33}\end{pmatrix}$的特征值.

习题九

1．利用截痕法说明下列方程所表示的曲面形状：

（1）$\dfrac{x^2}{3}-\dfrac{y^2}{4}-\dfrac{z^2}{6}=1$；（2）$\dfrac{x^2}{2}+\dfrac{y^2}{4}-\dfrac{z^2}{6}=1$；（3）$\dfrac{x^2}{9}-\dfrac{y^2}{16}=z$；（4）$\dfrac{x^2}{25}+\dfrac{y^2}{9}=z$．

2．说明方程 $x^2-2y^2-z^2-2x+4y-5=0$ 所表示曲面的形状．

3．说明方程 $x^2-xy+2y^2-z^2-2x+4y-5=0$ 所表示曲面的形状．

4．用配方法化三元二次型 $f=x_1^2-x_1x_2-x_2^2+4x_2x_3+2x_3^2$ 为标准形，并将变换写成矩阵形式．

5．用配方法化三元二次型 $f=x_1x_2-2x_3^2$ 为标准形，并将变换写成矩阵形式．

6．将二次型 $f=2x_1^2-x_1x_2+x_2^2+3x_2x_3+2x_3^2$ 表示为矩阵形式．

7．求矩阵 $\begin{pmatrix}-1 & 1 & 0\\ -4 & 3 & 0\\ 1 & 0 & 2\end{pmatrix}$ 的特征值和特征向量．

8．用正交变换化二次型 $f=4{x_1}^2+4{x_2}^2+4{x_3}^2+4x_1x_2+4x_1x_3+4x_2x_3$ 为标准形．

习题答案

测试题

1．$y=\frac{2}{3}x-\frac{4}{3}$.

2．$a=1$.

3．$m\neq-\frac{3}{2}$.

4．（1）$\begin{cases}x=-1\\y=2\end{cases}$；（2）$\begin{cases}x=\dfrac{c_1b_2-c_2b_1}{a_1b_2-a_2b_1}\\y=\dfrac{a_1c_2-a_2c_1}{a_1b_2-a_2b_1}\end{cases}$；（3）$\begin{cases}x_1=\dfrac{b_1a_{22}-b_2a_{12}}{a_{11}a_{22}-a_{21}a_{12}}\\x_2=\dfrac{a_{11}b_2-a_{21}b_1}{a_{11}a_{22}-a_{21}a_{12}}\end{cases}$.

5．（1）$\begin{cases}x=-\dfrac{38}{3}\\y=\dfrac{49}{3}\\z=-3\end{cases}$；（2）$\begin{cases}x=\dfrac{d_1b_2c_3+d_2b_3c_1+d_3b_1c_2-d_3b_2c_1-d_1b_3c_2-d_2b_1c_3}{a_1b_2c_3+a_2b_3c_1+a_3b_1c_2-a_3b_2c_1-a_1b_3c_2-a_2b_1c_3}\\y=\dfrac{a_1d_2c_3+a_2d_3c_1+a_3d_1c_2-a_3d_2c_1-a_1d_3c_2-a_2d_1c_3}{a_1b_2c_3+a_2b_3c_1+a_3b_1c_2-a_3b_2c_1-a_1b_3c_2-a_2b_1c_3}\\z=\dfrac{a_1b_2d_3+a_2b_3d_1+a_3b_1d_2-a_3b_2d_1-a_1b_3d_2-a_2b_1d_3}{a_1b_2c_3+a_2b_3c_1+a_3b_1c_2-a_3b_2c_1-a_1b_3c_2-a_2b_1c_3}\end{cases}$；

（3）$\begin{cases}x_1=\dfrac{b_1a_{22}a_{33}+a_{12}a_{23}b_3+a_{13}b_2a_{32}-a_{13}a_{22}b_3-b_1a_{23}a_{32}-a_{12}b_2a_{33}}{a_{11}a_{22}a_{33}+a_{12}a_{23}a_{31}+a_{13}a_{21}a_{32}-a_{13}a_{22}a_{31}-a_{11}a_{23}a_{32}-a_{12}a_{21}a_{33}}\\x_2=\dfrac{a_{11}b_2a_{33}+b_1a_{23}a_{31}+a_{13}a_{21}b_3-a_{13}b_2a_{31}-a_{11}a_{23}b_3-b_1a_{21}a_{33}}{a_{11}a_{22}a_{33}+a_{12}a_{23}a_{31}+a_{13}a_{21}a_{32}-a_{13}a_{22}a_{31}-a_{11}a_{23}a_{32}-a_{12}a_{21}a_{33}}\\x_3=\dfrac{a_{11}a_{22}b_3+a_{12}b_2a_{31}+b_1a_{21}a_{32}-b_1a_{22}a_{31}-a_{11}b_2a_{32}-a_{12}a_{21}b_3}{a_{11}a_{22}a_{33}+a_{12}a_{23}a_{31}+a_{13}a_{21}a_{32}-a_{13}a_{22}a_{31}-a_{11}a_{23}a_{32}-a_{12}a_{21}a_{33}}\end{cases}$.

6．（1）（1，−2）；（2）（−1，2）；（3）（2，1）.

7．$\sqrt{13}$.

8．（1）$y-4=2(x-2)$；（2）$y-2=3(x-1)$；（3）$y-2=\sqrt{3}(x+1)$；（4）$y-3=-\frac{2}{3}(x-2)$；（5）$y-3=\frac{3}{2}(x-2)$.

9．$\overrightarrow{OA}=(2,3)$.

10．建立如图所示的坐标系．$\overrightarrow{AB}=(2,0)$，$\overrightarrow{BC}=(0,1)$，$\overrightarrow{DB}=(2,-1)$.

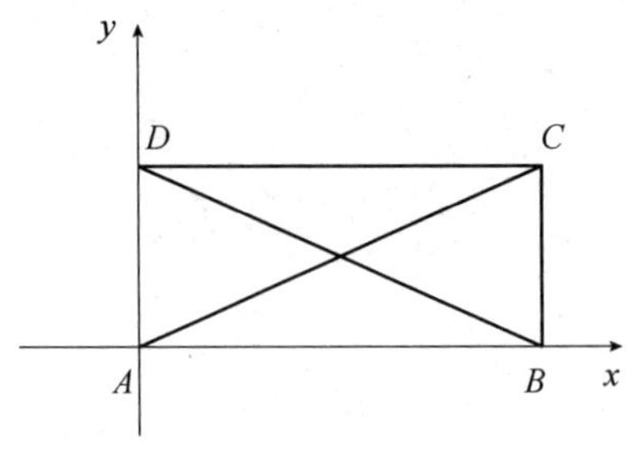

11. $\vec{a}+\vec{b}=(3,2)$，$\vec{a}-\vec{b}=(-1,4)$，$2\vec{a}-3\vec{b}=(-4,9)$．

12. $\left(\dfrac{1}{\sqrt{10}},\dfrac{3}{\sqrt{10}}\right)$．

13.（1）-1；（2）不正交；（3）$\theta=\arccos\left(-\dfrac{\sqrt{2}}{10}\right)$．

14. $M\left(3,\dfrac{4}{3},0\right)$，$N\left(\dfrac{3}{4},0,1\right)$，$|MN|=\dfrac{\sqrt{1129}}{12}$．

15. $\overrightarrow{OA}=(2,3,1)$．

16. 建立如图所示的坐标系

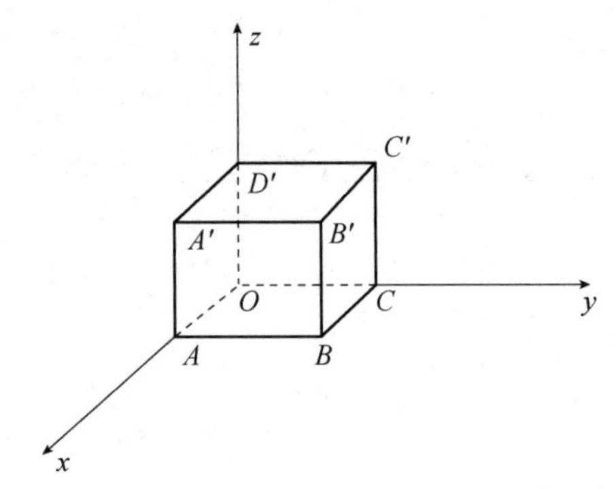

$\overrightarrow{AB}=(0,3,0)$，$\overrightarrow{CC'}=(0,0,1)$，$\overrightarrow{B'C'}=(-2,0,0)$，$\overrightarrow{DB'}=(2,3,1)$．

17. $\vec{a}+\vec{b}=(3,2,3)$，$\vec{a}-\vec{b}=(-1,4,-1)$，$2\vec{a}-3\vec{b}=(-4,9,-4)$．

18.（1）-1；（2）不正交；（3）$\theta=\arccos\left(-\dfrac{\sqrt{55}}{55}\right)$．

19. 略．

习题一

1. $x=\dfrac{3}{4}y+\dfrac{5}{4}$．

2. $a=\dfrac{1}{3}$．

3. $m\neq-\dfrac{2}{3}$．

4.（1）$\begin{cases} x=\dfrac{16}{11} \\ y=-\dfrac{3}{11} \end{cases}$；（2）$\begin{cases} x=\dfrac{c_1b_2-c_2b_1}{a_1b_2-a_2b_1} \\ y=\dfrac{a_1c_2-a_2c_1}{a_1b_2-a_2b_1} \end{cases}$；（3）$\begin{cases} x_1=\dfrac{b_1a_{22}-b_2a_{12}}{a_{11}a_{22}-a_{21}a_{12}} \\ x_2=\dfrac{a_{11}b_2-a_{21}b_1}{a_{11}a_{12}-a_{21}a_{22}} \end{cases}$.

5.（1）$\begin{cases} x=-\dfrac{9}{2} \\ y=0 \\ z=\dfrac{29}{6} \end{cases}$；（2）$\begin{cases} x=\dfrac{d_1b_2c_3+d_2b_3c_1+d_3b_1c_2-d_3b_2c_1-d_1b_3c_2-d_2b_1c_3}{a_1b_2c_3+a_2b_3c_1+a_3b_1c_2-a_3b_2c_1-a_1b_3c_2-a_2b_1c_3} \\ y=\dfrac{a_1d_2c_3+a_2d_3c_1+a_3d_1c_2-a_3d_2c_1-a_1d_3c_2-a_2d_1c_3}{a_1b_2c_3+a_2b_3c_1+a_3b_1c_2-a_3b_2c_1-a_1b_3c_2-a_2b_1c_3} \\ z=\dfrac{a_1b_2d_3+a_2b_3d_1+a_3b_1d_2-a_3b_2d_1-a_1b_3d_2-a_2b_1d_3}{a_1b_2c_3+a_2b_3c_1+a_3b_1c_2-a_3b_2c_1-a_1b_3c_2-a_2b_1c_3} \end{cases}$；

（3）$\begin{cases} x_1=\dfrac{b_1a_{22}a_{33}+a_{12}a_{23}b_3+a_{13}b_2a_{32}-a_{13}a_{22}b_3-b_1a_{23}a_{32}-a_{12}b_2a_{33}}{a_{11}a_{22}a_{33}+a_{12}a_{23}a_{31}+a_{13}a_{21}a_{32}-a_{13}a_{22}a_{31}-a_{11}a_{23}a_{32}-a_{12}a_{21}a_{33}} \\ x_2=\dfrac{a_{11}b_2a_{33}+b_1a_{23}a_{31}+a_{13}a_{21}b_3-a_{13}b_2a_{31}-a_{11}a_{23}b_3-b_1a_{21}a_{33}}{a_{11}a_{22}a_{33}+a_{12}a_{23}a_{31}+a_{13}a_{21}a_{32}-a_{13}a_{22}a_{31}-a_{11}a_{23}a_{32}-a_{12}a_{21}a_{33}} \\ x_3=\dfrac{a_{11}a_{22}b_3+a_{12}b_2a_{31}+b_1a_{21}a_{32}-b_1a_{22}a_{31}-a_{11}b_2a_{32}-a_{12}a_{21}b_3}{a_{11}a_{22}a_{33}+a_{12}a_{23}a_{31}+a_{13}a_{21}a_{32}-a_{13}a_{22}a_{31}-a_{11}a_{23}a_{32}-a_{12}a_{21}a_{33}} \end{cases}$.

6.（1）(−1，−3)；（2）(1，3)；（3）(3，−1)

7. $\sqrt{37}$.

8.（1）$y-3=\dfrac{1}{4}(x+2)$；（2）$y+2=4(x-1)$；（3）$y-2=x+1$；

（4）$y-3=\dfrac{3}{2}(x-2)$；（5）$y-3=-3(x+2)$.

9. $(2,-3)$.

10. 建立如图所示的坐标系 x，$\overrightarrow{AB}=(3,0)$，$\overrightarrow{BC}=(0,2)$，$\overrightarrow{DB}=(3,-2)$.

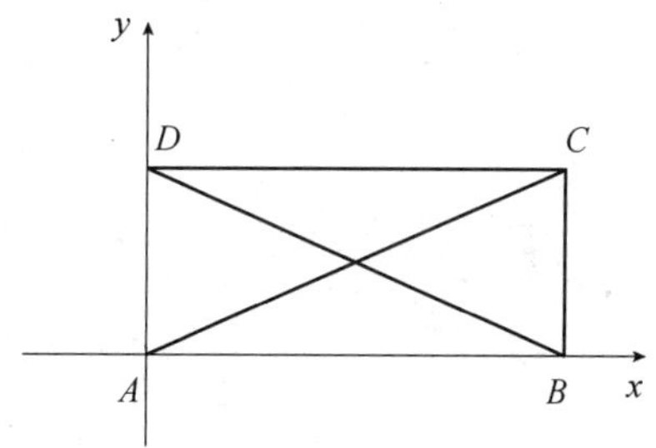

11. $(2,0)$，$(6,-2)$，$(14,-5)$.

12. $\left(\dfrac{2}{\sqrt{13}},\dfrac{3}{\sqrt{13}}\right)$.

13.（1）0；（2）正交；（3）$\theta=90°$.

14. $M\left(2,\dfrac{2}{3},0\right)$，$N\left(\dfrac{1}{2},0,1\right)$，$\dfrac{\sqrt{133}}{6}$.

15. $\overrightarrow{AB}=(1,2,2)$.

16. 如图建立坐标系

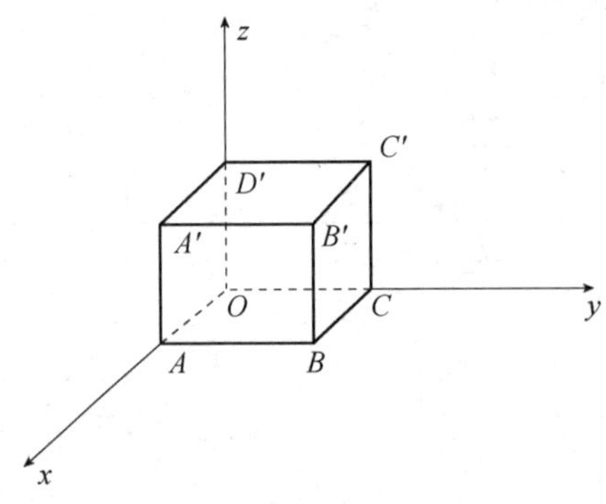

$\overrightarrow{AB}=(0,2,0)$， $\overrightarrow{CC'}=(0,0,1)$， $\overrightarrow{B'C'}=(-3,0,0)$， $\overrightarrow{DB'}=(3,2,1)$.

17. $(-1,4,2)$， $(3,0,0)$， $(8,-2,-1)$.

18.（1）3；（2）不正交；（3）$\theta=\arccos\dfrac{\sqrt{6}}{6}$.

19. 略.

习题二

1. 略.

2. $\begin{pmatrix}5 & -3\\ 2 & 1\end{pmatrix}\begin{pmatrix}x\\ y\end{pmatrix}=\begin{pmatrix}2\\ 7\end{pmatrix}$.

3. 略.

4. $\boldsymbol{A}^{-1}=\begin{pmatrix}\dfrac{4}{11} & \dfrac{1}{11}\\ -\dfrac{3}{11} & \dfrac{2}{11}\end{pmatrix}$.

5. $\vec{x}=\boldsymbol{A}^{-1}\vec{b}=\begin{pmatrix}\dfrac{1}{4} & \dfrac{1}{4}\\ -\dfrac{1}{8} & \dfrac{3}{8}\end{pmatrix}\begin{pmatrix}1\\ 3\end{pmatrix}=\begin{pmatrix}1\\ 1\end{pmatrix}$.

习题三

1.（1）-4；（2）2；（3）14；（4）2.

2. $D=\begin{vmatrix}3 & -2\\ 2 & 3\end{vmatrix}=13$， $D_1=\begin{vmatrix}2 & -2\\ 5 & 3\end{vmatrix}=16$， $D_2=\begin{vmatrix}3 & 2\\ 2 & 5\end{vmatrix}=11$，

所以方程组的解为 $x_1=\dfrac{D_1}{D}=\dfrac{16}{13}$， $x_2=\dfrac{D_2}{D}=\dfrac{11}{13}$.

3. (1) $\left|\begin{pmatrix} a & b \\ c & d \end{pmatrix}\begin{pmatrix} a & b \\ c & d \end{pmatrix}\right| = \begin{vmatrix} a & b \\ c & d \end{vmatrix}\begin{vmatrix} a & b \\ c & d \end{vmatrix} = 4\times 4 = 16$;

(2) $\left|\begin{pmatrix} a & b \\ c & d \end{pmatrix}\begin{pmatrix} 2 & 4 \\ 1 & 3 \end{pmatrix}\right| = \begin{vmatrix} a & b \\ c & d \end{vmatrix}\begin{vmatrix} 2 & 4 \\ 1 & 3 \end{vmatrix} = 4\times 2 = 8$.

4. 略.

5. -14.

6. $\begin{pmatrix} 0 & -15 \\ -25 & 5 \end{pmatrix}$.

7. $\boldsymbol{A}^{\mathrm{T}} = \begin{pmatrix} 3 & 6 \\ 2 & 5 \\ 1 & 4 \end{pmatrix}$.

8. $\boldsymbol{A}^{-1} = \frac{1}{8}\boldsymbol{A}^{*} = \frac{1}{8}\begin{pmatrix} -1 & -3 \\ 3 & 1 \end{pmatrix} = \begin{pmatrix} -\frac{1}{8} & -\frac{3}{8} \\ \frac{3}{8} & \frac{1}{8} \end{pmatrix}$.

习题四

1. $\vec{\alpha} = -\frac{2}{7}\overrightarrow{\beta_1} + \frac{10}{7}\overrightarrow{\beta_2}$，即$\vec{\alpha}$可由$\overrightarrow{\beta_1},\overrightarrow{\beta_2}$线性表示.

2. $\overrightarrow{\alpha_1} = 5\overrightarrow{\beta_1} - 2\overrightarrow{\beta_2}$，$\overrightarrow{\alpha_2} = 5\overrightarrow{\beta_1} - \overrightarrow{\beta_2}$，向量组 $\boldsymbol{A}$ 可由向量组 $\boldsymbol{B}$ 线性表示.

3. 略.

4. 线性相关，一个极大无关组为$\overrightarrow{\alpha_2},\overrightarrow{\alpha_3}$，原向量组的秩为 2.

5. $\begin{cases} 2x - 3y = 3 \\ x + 2y = 5 \end{cases}$.

6. 线性无关.

7. $\begin{pmatrix} \frac{3}{2} \\ 0 \end{pmatrix}$.

8. 基础解系为$\begin{pmatrix} 2 \\ 1 \end{pmatrix}$，通解向量可以表示为$k\begin{pmatrix} 2 \\ 1 \end{pmatrix}$，其中 k 为任意实数.

9. $\begin{pmatrix} 1 \\ 0 \end{pmatrix} + k\begin{pmatrix} -3 \\ 1 \end{pmatrix}$，其中 k 为任意实数.

习题五

1．$x=\frac{17}{3}$，$y=\frac{11}{3}$，$z=-\frac{7}{3}$.

2．$\begin{pmatrix}2 & -3 & 1\\ 1 & -2 & -2\\ 3 & -1 & 4\end{pmatrix}\begin{pmatrix}x\\ y\\ z\end{pmatrix}=\begin{pmatrix}-2\\ 3\\ 4\end{pmatrix}$

3．$x_1=\frac{6}{25},x_2=-\frac{43}{25},x_3=-\frac{7}{5}$.

4．$\boldsymbol{A}^{-1}=\begin{pmatrix}-\frac{1}{13} & -\frac{2}{13} & \frac{5}{13}\\ -\frac{1}{13} & \frac{11}{13} & -\frac{8}{13}\\ \frac{4}{13} & -\frac{5}{13} & \frac{6}{13}\end{pmatrix}$.

5．$\vec{x}=\boldsymbol{A}^{-1}\vec{b}=\begin{pmatrix}\frac{7}{25} & \frac{8}{25} & \frac{3}{25}\\ \frac{4}{25} & \frac{1}{25} & -\frac{9}{25}\\ \frac{1}{5} & -\frac{1}{5} & -\frac{1}{5}\end{pmatrix}\begin{pmatrix}-2\\ 1\\ 4\end{pmatrix}=\begin{pmatrix}\frac{6}{25}\\ -\frac{43}{25}\\ -\frac{7}{5}\end{pmatrix}$

习题六

1．（1）-6；（2）-8；（3）-5；（4）5.

2．$x=\frac{D_1}{D}=\frac{29}{7}$，$y=\frac{D_2}{D}=-\frac{24}{7}$，$z=\frac{D_3}{D}=-\frac{28}{7}$.

3．（1）49.（2）-14.

4．$\begin{vmatrix}1 & 1 & 0\\ 2 & 3 & 1\\ 1 & 2 & 2\end{vmatrix}=1$.

5．5.

6．$\begin{pmatrix}2 & 2 & -2\\ -4 & 2 & -4\\ 2 & -6 & 4\end{pmatrix}$.

7．$\begin{pmatrix}3 & 6 & 9\\ 1 & 1 & 1\\ 1 & 4 & 7\end{pmatrix}$.

8. $A^{-1}=\frac{1}{|A|}A^{*}=\frac{1}{7}\begin{pmatrix}-6 & 5 & 7\\ 1 & -2 & 0\\ 9 & -4 & -7\end{pmatrix}=\begin{pmatrix}-\frac{6}{7} & \frac{5}{7} & 1\\ \frac{1}{7} & -\frac{2}{7} & 0\\ \frac{9}{7} & -\frac{4}{7} & -1\end{pmatrix}$.

习题七

1. $\vec{\alpha}=\vec{\beta_1}+\vec{\beta_2}-2\vec{\beta_3}$，即$\vec{\alpha}$可由$\vec{\beta_1},\vec{\beta_2},2\vec{\beta_3}$线性表示.
2. 向量组 $\boldsymbol{A}$ 可由向量组 $\boldsymbol{B}$ 线性表示.
3. 向量组 $\boldsymbol{A}$ 与向量组 $\boldsymbol{B}$ 不等价.
4. 线性相关，极大无关组为$\vec{\alpha}_1,\vec{\alpha}_3,\vec{\alpha}_4$，原向量组的秩为 3.
5. 去掉冗余方程后的方程组为$\begin{cases}3x+2y+z=2\\ x+5y-z=-1\end{cases}$.
6. 线性无关.
7. $\begin{pmatrix}\frac{2}{3}\\ 0\\ 0\end{pmatrix}$.
8. 基础解系为$\begin{pmatrix}-\frac{3}{2}\\ 1\\ 0\end{pmatrix}$，$\begin{pmatrix}\frac{1}{2}\\ 0\\ 1\end{pmatrix}$. 通解向量可以表示为$k_1\begin{pmatrix}-\frac{3}{2}\\ 1\\ 0\end{pmatrix}+k_2\begin{pmatrix}\frac{1}{2}\\ 1\\ 0\end{pmatrix}$，其中$k_1$，$k_2$为任意实数.
9. 基础解系为$\begin{pmatrix}-\frac{4}{11}\\ -\frac{10}{11}\\ 1\end{pmatrix}$，通解向量可以表示为$k\begin{pmatrix}-\frac{4}{11}\\ -\frac{10}{11}\\ 1\end{pmatrix}$，其中$k$为任意实数.
10. 通解为$k_1\begin{pmatrix}3\\ 1\\ 0\end{pmatrix}+k_2\begin{pmatrix}2\\ 0\\ 1\end{pmatrix}+\begin{pmatrix}4\\ 0\\ 0\end{pmatrix}$，其中$k_1,k_2$为任意实数.

11．通解为$k\begin{pmatrix} -\frac{4}{17} \\ \frac{11}{17} \\ 1 \end{pmatrix}+\begin{pmatrix} \frac{12}{17} \\ \frac{1}{17} \\ 0 \end{pmatrix}$，其中$k$为任意实数.

习题八

1．$x^2+(y+3)^2=4^2$.

2．$(u-4)^2+(v+5)^2=4^2$.

3．$P_0(6,-2)$，平移变换为$\begin{cases} x=6+u \\ y=-2+v \end{cases}$，矩阵表示为

$$\begin{pmatrix} x \\ y \\ 1 \end{pmatrix}=\begin{pmatrix} 1 & 0 & 6 \\ 0 & 1 & -2 \\ 0 & 0 & 1 \end{pmatrix}\begin{pmatrix} u \\ v \\ 1 \end{pmatrix},\quad \begin{pmatrix} u \\ v \\ 1 \end{pmatrix}=\begin{pmatrix} 1 & 0 & -6 \\ 0 & 1 & 2 \\ 0 & 0 & 1 \end{pmatrix}\begin{pmatrix} x \\ y \\ 1 \end{pmatrix}$$

4．短半轴$b=3$．长半轴长度$a=5$．以两焦点之间的连线为x轴，以两焦点之间连线的中点为平面直角坐标系的原点，建立平面直角坐标系．则在此坐标系下的椭圆方程为

$$\frac{x^2}{5^2}+\frac{y^2}{3^2}=1$$

5．$2c=2\sqrt{11}$.

6．$\frac{7}{48}u^2+\frac{7}{48}v^2-\frac{uv}{24}=1$.

7．以两焦点之间的连线为x轴，以两焦点之间的连线的中点为平面直角坐标系的原点，建立坐标系，则该双曲线的方程为$\frac{x^2}{9}-\frac{y^2}{\frac{45}{4}}=1$.

8．$y=\pm\frac{\sqrt{5}}{2}x$.

9．$\frac{23}{144}v^2-\frac{1}{48}u^2+\frac{13\sqrt{3}}{72}uv=1$.

10．过抛物线的焦点作垂直于准线的直线，以此作为x轴，以焦点到准线所作的垂线的中点为平面直角坐标系的原点，建立坐标系．则该抛物线的方程为$y^2=10x$.

11．$u^2=6v$.

12．$\frac{y^2}{\frac{3}{5}}-\frac{x^2}{3}=1$，其图形为双曲线，如图所示.

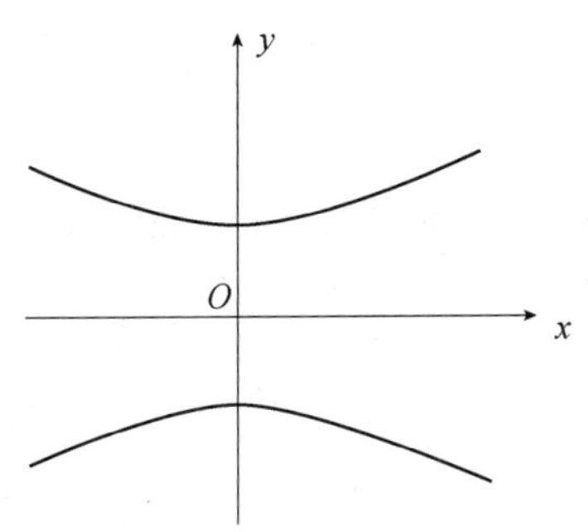

13．此方程表示 $O''-uv$ 坐标系中的双曲线.

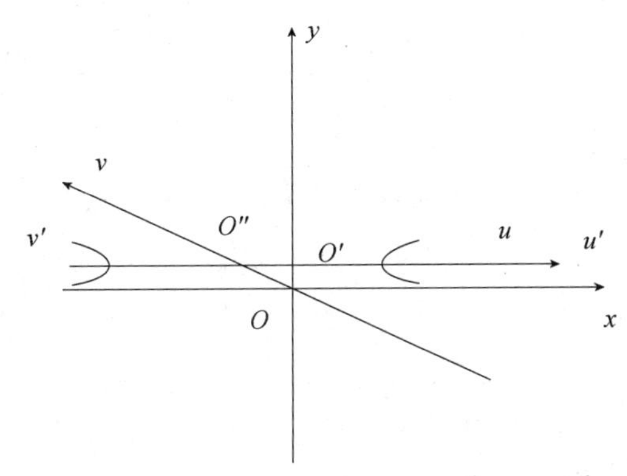

14．标准形为 $f=5y_1^2+\dfrac{51}{20}y_2^2$，所用变换为 $\begin{pmatrix}y_1\\y_2\end{pmatrix}=\begin{pmatrix}1&-\dfrac{3}{10}\\0&1\end{pmatrix}\begin{pmatrix}x_1\\x_2\end{pmatrix}$.

15．标准形为 $f=5y_1^2-5y_2^2$，所用变换为 $\begin{pmatrix}y_1\\y_2\end{pmatrix}=\begin{pmatrix}\dfrac{1}{2}&\dfrac{1}{2}\\-\dfrac{1}{2}&\dfrac{1}{2}\end{pmatrix}\begin{pmatrix}x_1\\x_2\end{pmatrix}$.

16．$f=(x_1,x_2)\begin{pmatrix}4&\dfrac{1}{2}\\\dfrac{1}{2}&-3\end{pmatrix}\begin{pmatrix}x_1\\x_2\end{pmatrix}$.

17．$\lambda_1=\dfrac{5+\sqrt{5}}{2}$，$\lambda_2=\dfrac{5-\sqrt{5}}{2}$.

$\lambda_1=\dfrac{5+\sqrt{5}}{2}$ 对应的特征向量为 $k\begin{pmatrix}\dfrac{1+\sqrt{5}}{2}\\1\end{pmatrix}$，其中 k 为任意实数.

$\lambda_2=\dfrac{5-\sqrt{5}}{2}$ 对应的特征向量为 $k\begin{pmatrix}\dfrac{1-\sqrt{5}}{2}\\1\end{pmatrix}$，其中 k 为任意实数.

18．正交变换 $\begin{pmatrix}x_1\\x_2\end{pmatrix}=\begin{pmatrix}\dfrac{\sqrt{2}}{2}&-\dfrac{\sqrt{2}}{2}\\\dfrac{\sqrt{2}}{2}&\dfrac{\sqrt{2}}{2}\end{pmatrix}\begin{pmatrix}y_1\\y_2\end{pmatrix}$，经正交交换化为标准形 $f=y_1^2+5y_2^2$.

习题九

1．（1）双叶双曲面．（2）单叶双曲面．（3）双曲抛物面．（4）椭圆抛物面．

2．单叶双曲面．

3．单叶双曲面．

4．标准形为 $f = y_1^2 - \frac{5}{4}y_2^2 + \frac{26}{5}y_3^2$．所用变换为 $\begin{pmatrix} y_1 \\ y_2 \\ y_3 \end{pmatrix} = \begin{pmatrix} 1 & -\frac{1}{2} & 0 \\ 0 & 1 & -\frac{8}{5} \\ 0 & 0 & 1 \end{pmatrix} \begin{pmatrix} x_1 \\ x_2 \\ x_3 \end{pmatrix}$．

5．标准形为 $f = y_1^2 - y_2^2 - 2y_3^2$．所用变换为 $\begin{pmatrix} x_1 \\ x_2 \\ x_3 \end{pmatrix} = \begin{pmatrix} 1 & -1 & 0 \\ 1 & 1 & 0 \\ 0 & 0 & 1 \end{pmatrix} \begin{pmatrix} y_1 \\ y_2 \\ y_3 \end{pmatrix}$．

6．$\boldsymbol{A} = \begin{pmatrix} 2 & -\frac{1}{2} & 0 \\ -\frac{1}{2} & 1 & \frac{3}{2} \\ 0 & \frac{3}{2} & 2 \end{pmatrix}$，$f = (x_1, x_2, x_3)\boldsymbol{A}\begin{pmatrix} x_1 \\ x_2 \\ x_3 \end{pmatrix}$．

7．矩阵的特征值为 $\lambda_1 = \lambda_2 = 1$，$\lambda_3 = 2$．

当 $\lambda_1 = \lambda_2 = 1$ 时，对应的特征向量为 $k\begin{pmatrix} -1 \\ -2 \\ 1 \end{pmatrix}$，其中 k 为任意实数．

当 $\lambda_3 = 2$ 时，对应的特征向量为 $k\begin{pmatrix} 0 \\ 0 \\ 1 \end{pmatrix}$，其中 k 为任意实数．

8．正交矩阵 $\boldsymbol{P} = \begin{pmatrix} \frac{1}{\sqrt{3}} & -\frac{1}{\sqrt{2}} & -\frac{1}{\sqrt{2}} \\ \frac{1}{\sqrt{3}} & \frac{1}{\sqrt{2}} & 0 \\ \frac{1}{\sqrt{3}} & 0 & \frac{1}{\sqrt{2}} \end{pmatrix}$，经过正交变换 $\begin{pmatrix} x_1 \\ x_2 \\ x_3 \end{pmatrix} = \boldsymbol{P}\begin{pmatrix} y_1 \\ y_2 \\ y_3 \end{pmatrix}$，二次型化为标准形 $f = 8y_1^2 + 2y_2^2 + 2y_3^2$．

参考文献

［1］解顺强．高等数学（上册）[M]．北京：电子工业出版社，2020.

［2］解顺强．统计与概率基础[M]．2 版．北京：北京大学出版社，2022.

［3］同济大学数学系．工程数学线性代数[M]．5 版．北京：高等教育出版社，2015.

［4］谢国瑞．线性代数及应用[M]．北京：高等教育出版社，2002

［5］李・W. 约翰逊，R. 迪安・里斯，吉米・T. 阿诺德．线性代数引论[M]．孙瑞勇，译．北京：机械工业出版社，2002.

［6］David C．Lay．Linear Algebra and Its Application[M]．3 版．北京：电子工业出版社，2004.

［7］S．K．Jain．Linear Algebra：An Interactive Approach[M]．北京：机械工业出版社，2003.

［8］齐民友．线性代数[M]．北京：高等教育出版社，2003.

［9］张鹏鸽，高淑萍，马建荣．对比国外优秀教材 探索我国线性代数课程改革的新思路[J]．大学数学，2010，26：132-135.

［10］黄磊．线性代数[M]．北京：高等教育出版社，2015.